科学文化经典译丛

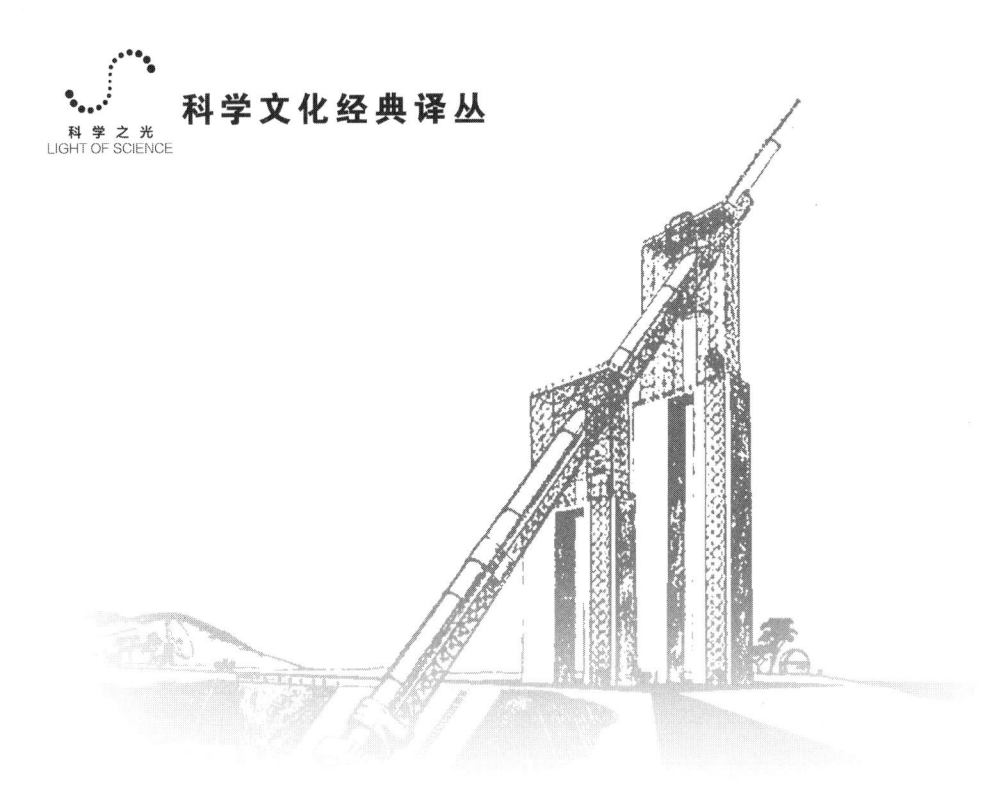

加拿大现代科技之路

MADE MODERN

SCIENCE AND TECHNOLOGY IN CANADIAN HISTORY

［加］爱德华·琼斯－伊姆霍特普　［加］蒂娜·阿德考克　主编
薛卓婷　张晓霞　曹湘洁　译
高　洁　审译

中国科学技术出版社
·北京·

图书在版编目（CIP）数据

加拿大现代科技之路 /（加）爱德华·琼斯 - 伊姆霍特普，（加）蒂娜·阿德考克主编；薛卓婷，张晓霞，曹湘洁译 . -- 北京：中国科学技术出版社，2024.1
（科学文化经典译丛）
书名原文：Made Modern: Science and Technology in Canadian History
ISBN 978-7-5236-0321-5

Ⅰ. ①加… Ⅱ. ①爱… ②蒂… ③薛… ④张… ⑤曹… Ⅲ. ①科学研究事业—发展—研究—加拿大 Ⅳ. ① G327.11

中国国家版本馆 CIP 数据核字（2023）第 218888 号

Originally published as *Made Modern: Science and Technology in Canadian History* under the imprint UBC Press © The University of British Columbia Press, 2029 West Mall, Vancouver, Canada, 2018.

北京市版权局著作权合同登记　图字：01-2022-4642

总 策 划	秦德继
策划编辑	周少敏　李惠兴　郭秋霞
责任编辑	张晶晶　汪莉雅
封面设计	中文天地
正文设计	中文天地
责任校对	邓雪梅
责任印制	马宇晨

出　　版	中国科学技术出版社
发　　行	中国科学技术出版社有限公司发行部
地　　址	北京市海淀区中关村南大街 16 号
邮　　编	100081
发行电话	010-62173865
传　　真	010-62173081
网　　址	http://www.cspbooks.com.cn

开　　本	710mm×1000mm　1/16
字　　数	333 千字
印　　张	25
版　　次	2024 年 1 月第 1 版
印　　次	2024 年 1 月第 1 次印刷
印　　刷	河北鑫兆源印刷有限公司
书　　号	ISBN 978-7-5236-0321-5 / G · 1022
定　　价	118.00 元

（凡购买本社图书，如有缺页、倒页、脱页者，本社发行部负责调换）

目　录

引言　加拿大的科学、技术与现代性 …………………………… 1

第一部分　对现代科学的认知

第1章　与原住民建立友谊 ………………………………………… 30
第2章　科学家或游客，狩猎者或间谍 …………………………… 48
第3章　城市中的电疗 ……………………………………………… 68
第4章　加拿大的原子时代与科学边缘 …………………………… 83

第二部分　技术与社会的冲突融合

第5章　加拿大的第二次工业革命 ………………………………… 100
第6章　新式电话 …………………………………………………… 114
第7章　小型科学 …………………………………………………… 134
第8章　杰拉尔德·布尔的现代技术系谱 ………………………… 152
第9章　加诺拉油菜与加拿大农业现代性 ………………………… 177

第三部分　科技与自然环境的交融

第10章　加拿大科学的现代性和颠覆性 ………………………… 206

第 11 章　加拿大北极探险考察 ⋯⋯⋯⋯⋯⋯⋯⋯⋯⋯⋯⋯ 229
第 12 章　环加拿大航空公司对国家和社会的影响 ⋯⋯⋯⋯ 251
第 13 章　圣劳伦斯海道和电力项目 ⋯⋯⋯⋯⋯⋯⋯⋯⋯⋯ 269

结语　加拿大现代化作为"人类世"的明喻 ⋯⋯⋯⋯⋯⋯⋯ 287

贡献者 ⋯⋯⋯⋯⋯⋯⋯⋯⋯⋯⋯⋯⋯⋯⋯⋯⋯⋯⋯⋯⋯⋯ 296

注释 ⋯⋯⋯⋯⋯⋯⋯⋯⋯⋯⋯⋯⋯⋯⋯⋯⋯⋯⋯⋯⋯⋯⋯ 297

索引 ⋯⋯⋯⋯⋯⋯⋯⋯⋯⋯⋯⋯⋯⋯⋯⋯⋯⋯⋯⋯⋯⋯⋯ 392

致谢 ⋯⋯⋯⋯⋯⋯⋯⋯⋯⋯⋯⋯⋯⋯⋯⋯⋯⋯⋯⋯⋯⋯⋯ 395

引 言
加拿大的科学、技术与现代性

在 20 世纪的大部分时间里，学者们都认为科学和技术是推进现代性（modernity）发展的强大引擎。在他们看来，世界历史进程由革命推动，而世界革命的中心在西欧，系统性的科学知识和划时代的发明创造则为这个世界提供了发展的原动力。[1] 在这样的叙事中，科学和工业革命促成了现代社会的产生，其重要性与 18 世纪至 19 世纪那些撼动世界的政治动荡不相上下。这些历史发展起源于西欧，随后通过武力征服和商业贸易横扫全球。那个时代的人们，用地质学和天体物理学中才有的强大词汇来描述这些巨变——深渊、地震、火山爆发、万有引力……只有这些压倒性的词汇，才能描述这种超过人类身体极限的量级。[2] 那时的历史学家，将科学知识和工业机器视为无形之伟力。科学技术以其理性主义和经验主义，以其新颖性和实用性及其对自然界在精神和物质上的双重驾驭，斩断人类与蒙昧旧时代的纠葛，使人类从此迎来了理性、工业、民主和世俗的现代社会。科学技术不仅是现代世界和现代思维的真正起源，也是世界性祛魅的源头。[3]

但随着历史的发展，我们已不再随意使用这种笼统概括的说法。过去四百年间，世界历史变革参差多态，整齐划一的现代性叙事方式已不再适用。革命不再单一化地代表与历史的断裂。比如科学革命，借用伏尔泰谈及神圣罗马帝国的妙语，它"既不单一，也不科学，更非革命"。[4]当时的世界既有工业革命式的生产力转变，也有适应传统的生活生产方式。[5]并且，现代的审视也并不是要褪去那个时代的光环，而是始终在尝试发现和保留自然知识和物质发明的魅力。[6]欧洲现代性起源的故事也受到了学者们的质疑，这些学者试图建构起一个更加全球化的、属于我们这个时代的历史观。[7]他们的研究没有弱化科学、技术和现代性三者之间的联系，而是使这一联结更加紧密、更加活跃、更加复杂。科学知识和工业机械产生于那个时代，也开创了那个时代。人类应该如何出产知识，应该如何设计和制造机械，这些科技问题的答案，其实就是社会制度问题的答案。[8]科学知识和技术生产从来都不是自发产生的力量，它们本就构成了现代性的内部肌理。人类的科学知识和技术生产不仅存在于机械装置、经济帝国和工业图景中，同时也深度构建了那些经历了激荡时代的人们的身份与认同、焦虑与渴望、理解与认知。

本书促进了这一学术研究的丰富多样性。它透过"现代"的镜头，探索性地思考加拿大科技史的实用性。它并没有讲述起源于欧洲的科技传播史，而是提出了一个问题：加拿大这个国家深深扎根于欧洲的政治、社会和文化规范的土壤中，并深受殖民统治影响，而在这样一个国家里，科学知识、有形（技术）文物和现代性这三者之间的关系是如何形成、如何被调用起来，以及如何受到挑战的？本书梳理了加拿大19世纪和20世纪存在于科技活动中的模糊不清、矛盾对立及前后不一的状态，使这些说法以多种方式与加拿大的现代性这一主题紧密衔接起来。本书颠覆了一直以来关于现代性意义和体验的假设，因此在国内和国际的史学讨论中具有重要的影响力。最重要的是，它们致力于探索科技如何为加拿大人构筑了场所，使得他们可以在其中作为现代人想象未来，摒弃过往，重塑自身。

"现代"（modern）一词，本是历史分析的一个类别，存在多种形式——现代性、现代主义、现代化，但却在最近几十年遭到猛烈的批判。[9]"现代"一词作为专门术语，据说可追溯至5世纪末期的拉丁语，彼时它已具有"当下"的意味。在17世纪的"古今两派的论战"①中，"现代"这个词已经与线性时间的概念联系起来，对这个词的定义则基于"过往既不可追也不完美"，以及"当下是迈向完美未来的第一步"的观念。[10]而至19世纪，"现代"对于像古斯塔夫·福楼拜（Gustave Flaubert）这样的观察者来说意味着新奇及转瞬即逝的当下。它在文学、艺术、科学、经济、政治各个领域的"现代主义"中得到了表达，它们诠释了"当下现代"的意义。然而，在"现代"变化多端的形式中，最神秘莫测也最具争议的是它作为历史条件的状态，即"现代性"。[11]对于坚持认为它具有分析作用的学者来说，"现代性"标志着各种迅猛的转变，这些转变代表了人类社会组织方式的巨变：兴起的不仅仅是中央集权的国家，还有公众影响力、工业资本、全球贸易、庞大的政府机构，以及大规模的城市化运动等。[12]现代性也昭示着一系列经验常常要与更广泛的进程相冲突，需要批判性审视，例如：创造出的"陌生人社会"、持续性的社会变化、断裂及动乱。对新事物的评定，随之而来的是对于失去的讲述，对理性方案支配一切的呼吁，以及人们贯穿其中则反复经历的驳斥、悖论和紧张关系（希望和恐惧、绝望和兴奋、堕落和重生）。[13]但对于批评家来说，"现代性"这一概念的使用，仅是自负地假定出对历史的线性理解，泛化了对进步和发展的叙述，含蓄表达了西欧的优越性，进而默许了更加黑暗的科技史叙事方式野蛮地生长。如此以往，它不仅将欧洲经验奉为标准，还把世界其他地方的人们简单粗暴地归类为"等待现代化进程"的民族。正如迪派希·查克拉巴

---

① 指在17世纪英法两国文艺界掀起的古今两派的论战。争论的焦点是古希腊罗马的文艺作品是否应该被奉为经典和模范。古代派持肯定态度，而现代派则挑战这一价值观。（本书中凡是没有特别指明的，均为译者注，不再一一提示）——译者注

蒂（Dipesh Chakrabarty）指出，是将那些非欧洲民族打发到了"历史的候车厅"。[14]

"西方科学和技术"作为"现代性"的代表，与现代化的历史及其问题密不可分。正如伊曼纽尔·沃勒斯坦因（Immanuel Wallerstein）所指出的，这两项事业代表着人类对自然界的所谓凌驾。[15]人类的起源故事与"现代"的理念紧密相连。例如，"科学"一词如今指代对自然界的现象和秩序进行有规律的探究，但这个词在16世纪和17世纪没有一致的对应词。我们所理解的科学范畴是现代的产物，它与进步和完美的意识形态紧密相连，但它也曾与厄运、不祥之兆和危险纠缠不清。同样，"技术"这一概念，也是在19世纪末和20世纪初，作为一种自主的历史力量，在公众所目睹的生产、运输和创新中形成的。[16]因此，科学和技术（正如我们所理解的那样）承载着现代的矛盾。它们既代表了抽象的现代改良理想，也是改变甚至破坏传统规约、价值观念和自然环境的具体推动者，而这些改变和破坏又引发了反现代主义者、基础设施破坏者、工厂机器捣毁者、环保主义者等群体的愤怒和沮丧。科学和技术被称为自由的工具，它们使人流、物流及信息流更加顺畅地跨越大洋和大洲。然而，它们也被用来对非西方民族进行分类、奴役和控制，具体化了"纯正"的观念——将现代物品与前现代文化的混杂性对立起来，并将世界上非西方国家排入"被启蒙"国家的列表。[17]这些矛盾被铭刻在科学理论和物质技术的结构中，而这些理论和技术又为泰勒主义和法西斯主义等乌托邦式的社会和政治意识形态提供了核心隐喻；这些理论和技术以越来越抽象和量化的术语来描述人类关系，并激发了20世纪初未来派、达达派、爵士乐流派和精确主义等运动的现代主义审美。

扩大现代性的范围，作为一种思潮，逐渐成为对上文提及的针对现代的批判观的一种回应，即应当探索多元化的现代性，应当寻求现代生活的多样性。[18]这种回应至关重要，其最显著的优点就是把现代性变成了一种全球现象，从而将现代变成全球历史的主题。[19]这种回应也认可了人们在努力应对更大的历史进程并努力融入时，可能会有各种各样的行动和反应。在这种观点中，利害攸关的是历史代表权和代理权，即世界各民族的人们根据自身的方式成为现代人的能力，从而完全参与到现代性的历史进程中。[20]但也有人会批判这些尝试，认为使现代性大众化的人实则倡导了自身的"现在主义"（presentism）①判断，认为这些尝试者掩盖和淡化了现代性的概念，剥夺了该概念原本能带来的分析力。[21]从这个观点来看，只有当现代性表示一个单一的（尽管可能有争议）过程或条件时，它才是一个有用的类别，即使不同的社会在不同的地方和时间有不同的体验，它们仍具有跨越空间和时间限制的共性。正如卡罗尔·格鲁克（Carol Gluck）所写，现代性对于历史学家来说是不可或缺的，正是因为社会无法为自己选择另一种历史条件，这些社会经历的相似性使得现代性不可能有真正的替代品。[22]

现代性的起源和优越性并非故事的全部。作为历史分析的一个类别，现代性对于全球各国人民的感染力才是它的巨大价值所在。现代性是世界各国人民共同塑造的，尤其是由一些处于边缘或弱势国家的人们塑造的。[23]正是因为这些国家和人们的贡献，现代性才能成为桑贾伊·苏拉马尼亚姆（Sanjay Subrahmanyam）所说的全球性现象，"而不似病毒般流窜暴发"。[24]现代性是受到有志之士青睐的，在欧洲之外也具有巨大响应；如果在研究中忽略了这一点，就只能在欧洲中心主义里打转，必然是看不到欧洲之外的地区和人民在一开始对现代性的期冀和贡献的。[25]

现代，既是一种历史条件，也是一种历史愿景。本书旨在探讨加拿大现代性在全球的有用性，以思考和描述加拿大的科学技术。本书始于这样一个前提，即现代性代表了一种特定的、具体的历史条件，这种历史条件

---

① "现在主义"这一概念源于哲学中描述强调"过去"和"未来"都无法像"现在"一样可以被证实。延伸到文学和历史学的分析中，则成为一个贬义词，指代强行将当今思想观点用在对过去的描述和解释，从而形成文化偏见的行为。

塑造了加拿大社会以及加拿大人自身的经历和他们在世界上的地位。现代性作为人类的一种生活形式和一种生存方式，在世界范围内具有强大的吸引力。[26]在加拿大，现代性与科技的交汇之处，也正是当代人沟通和表达其意识中的现代性、寻求实现其现代主义愿景，或对现代的各种焦虑和过度行为做出反应的场所。科学和技术，正如其他意识层面的标准，使得加拿大人也内化了现代价值观、预设和态度，塑造了他们的选择和行动。[27]类比其他国家和地区的人，对于他们来说，其在现代性发展历程中的定位对自身的身份认同感至关重要。[28]通过研究现代性概念的历史用途及其与科学技术的联系，学者们可以更好地理解一般的历史经验，本书则是加拿大历史的经验。本书采用三个部分和子章节讲述具体对象（专利、神秘学、探索、科学理性和基础设施等），来阐明加拿大与科技的关系，并将其置于现代世界特有的更大的国家和跨国发展之中。[29]

加拿大一直具有现代特征

加拿大这个诞生于19世纪末的殖民国家一直是具有现代特征的。[30]因此，加拿大主流的英语区和法语区的历史学家们，像其他国家的历史学者一样，仍然倾向于使用国民和民族国家作为他们的参照物，一直热衷于探究加拿大人在不同的时间、地点和政治中对现代性的多方面体验。[31]一些历史学家，包括：基思·瓦尔登（Keith Walden）、克里斯托弗·杜米特（Christopher Dummitt）、贾勒特·鲁迪（Jarrett Rudy）、尼古拉斯·肯尼（Nicolas Kenny）和简·尼古拉斯（Jane Nicholas），直接研究了加拿大现代性的迭代。他们的研究范围从19世纪末到20世纪末，范围从温哥华到蒙特利尔。[32]然而，加拿大最近的关于现代的历史著作更倾向于采用间接的方式，选以下三个视角中的一个探讨该问题：与城市化和工业化最直接相关的现代化、反现代主义、极端现代主义。[33]通过这些视角简要地回顾一下，将有助于读者在下面的章节中了解类似的主题。

随着社会历史的转变深深嵌入加拿大主流史学，许多学者已经注意到这个国家现代化带来的多样压力。这些压力在不同群体——性别化、种族化、阶级化、老龄化和地区化的群体中，留下了不平衡的、往往是不公平的印记。我们比上一代人更了解现代化对男性群体私人和公共生活的影响，包括管理者和被管理者在新工业化和理性化的工作场所中的表现。[34] 我们更了解女性群体在其生活和劳动的不同阶段的现代化经历，包括未成年女性、成年职场女性、家庭主妇等的现代化经历，以及儿童和青少年如何从不断现代化的家庭和学校中准备好，进入日益现代化的工作场所。[35] 我们也了解到加拿大原住民与现代化的邂逅，以及那些从古至今生活在被大都会视角看作是"偏远"或"欠发达"地区的人们的遭遇。[36]

这些研究共同表明，在整个19世纪晚期到20世纪的加拿大，在女性、男性和儿童群体中都以各种不同的方式显示出了现代化及现代性的各种迫在眉睫的危害：过度文明导致身体衰弱退化、社交放荡、性不道德等。正如卡洛琳·斯特兰奇（Carolyn Strange）的经典专著的副标题所暗示的那样，这些危害更为紧迫，因为它们来源于，或者经常被最直接地感知为清晰直白的现代快乐——城市赋予年轻女性的新式自由，或者各性别青少年从商业化休闲中获得的欢愉。[37] 这些快乐不仅威胁到个人身体的完整性，也威胁到全体国民的完整性。与其他西方国家相比，加拿大是一个较为年轻的国家，在整个现代进程中也经常被认为是一个未成熟或处于青春期的国家。[38] 因此，有人认为，如今越发重要的是将现代化之力倾注到发展加拿大新生的社会经济潜力，促成一个完全成熟的国家，能利用其蓬勃发展的人力和非人力资源为加拿大增光添彩。

但实现这一点究竟对谁比较重要呢？现代化的意愿沿着加拿大社会中有时已经陈旧的渠道流动。权力集中在特定群体的脚下，包括：政客、公务员、商品制造商和供应商、道德改革者及其后代、社会工作者、公共卫生官员、医疗、教育和精神病学的专业人员、城市规划者,以及本书集中展示的科学家、技术人员和工程师。虽然这些现代化推广者所进行的项目往往披着时髦、现代的外衣,但他们支撑的往往是已经确立的前现代权力结构,正如辛西娅·科马奇奥(Cynthia Comacchio)指出的那样,20世纪初针对安大略省的母亲和儿童的现代化计划就正是如此。[39]这些自上而下的努力往往对人民的生活产生实质性、长期性,有时是预期外的影响。然而,加拿大历史学家也得出结论,这些努力的结果很少像现代化主义者所希望的那样全面或永久。

加拿大人对现代化的危害做出的反应分为个人层面和群体层面。百货商店、夏令营、工业展览,这些是加拿大人学习如何成为现代主体的典型场所。对这些场所的研究表明,学习成为现代人的过程可能是困难的、有压力的,甚至是可怕的。[40]即使在追求现代生活乐趣的同时,许多加拿大人也试图逃避现代生活带来的危害。他们在当今历史学家称为"反现代"的场所和实践中找到了避难所,这些场所和实践充满了强烈的真实感,或风险重重的体验,这在现代平淡无奇、千篇一律的生活中是很难找到的。[41]和其他地方一样,在加拿大,反现代主义经常掺杂着军事、原始、民间、乡村或狂野的概念,而这些概念通常会混合成一个大杂烩。学者们已经证明了加拿大新斯科舍地区和北部地区是如何被建造成卓越的反现代空间的。[42]他们还记录了大量的活动,这些活动使反现代主义者从现代生活令人疲惫或不受欢迎的特征中得到了身心的解脱。这些活动包括但不限于狩猎、钓鱼、野营、登山、户外写生、收集民间知识和手工艺品、写作、阅读情感丰富的诗歌和骑警探险故事、从事荒野旅游项目,以及参加有组织的体育运动和训练。[43]

尽管加拿大的反现代主义者付出了最大的努力,但他们并没有抛弃现代主义,而是将现代主义强行转入地下。不可避免地,他们的行动和观念不仅处在现代化框架的影响之下,还往往将他们表面上试图抛弃的非常现代的习惯和价值观念带入丛林或村庄。事实上，一些反现代主义的表现，特别是那些与北方和荒野有关的，已经极大地影响了现代人对加拿大民族的想象。将近整个 20 世纪，围绕"七人画派"（the Group of Seven）[①]及其"腹地艺术"而建构出的谜一般的国民文化身份情结风行一时尔后又受到争议，这极好地说明了个人对现代性的反应如何通过象征国家的油画布大放异彩，进而给其他人的行为塑形。[44]

近年来，在加拿大关于"极端现代主义"（high modernism）[②]的学术文献日益增长，它们极其清楚地描述了现代性的危害。历史学家们尤其关注水电站大坝和电力工程，这些都是第二次世界大战后标志性的超大型建筑。当然，即使在第二次世界大战之前，现代化项目也并不局限于市区中心。正如斯蒂芬·博金（Stephen Bocking）在本书中所述，以及蒂娜·卢（Tina Loo）和约翰·桑德洛斯（John Sandlos）等人在其他地方所证明的那样，国家和非国家层面的环保主义者游说并颁布了各种政策和方案，以他们认为有效和理性的方式管理内陆地区的非人类（间接地关联到人类）的数量和资源。[45]但是，1945 年以后的大型项目在建筑规模、资金规模和行政规模方面，都使之前在环保道路上前行的加拿大人的所有努力相形见绌，令其担忧。

尽管加拿大历史学家已经将詹姆斯·C. 斯科特（James C. Scott）[③]批

[①] "七人画派"是活跃于 19 世纪末至 20 世纪 30 年代的加拿大本土风景画派。作为反欧洲艺术文化的产物，七人画派的创作基于加拿大富有特色的荒野自然景观，成为加拿大本土艺术的开拓者，激发了加拿大人的国家意识和国民认同。

[②] "极端现代主义"是现代性理论中，批判性的分支概念，是一种在冷战时期，尤其是在 20 世纪 50—60 年代在西方流行的思潮。其思想中心强调历史的线性进步、对科学技术的发展的信心、社会秩序的理性设计及不断满足人类的需要，并相信人类借由科学技术不断发展而最终得以控制自然，但常忽视历史和社会的复杂性，以及人类发展中保护传统、地方价值与社会的需求。

[③] 耶鲁大学政治学和人类学教授，美国艺术和科学研究院及东南亚研究会成员。代表作有《逃避统治的艺术》《支配与抵抗艺术》《国家的视角》。

判极端现代主义的开创性著作适配于加拿大本土环境，但他们对其细节进行了相当多的修改。在斯科特看来，"国家的视角"不能或不愿使"米提斯"①影响到那些自上而下的特质和极端现代主义的统一视角。[46]然而，蒂娜·卢和梅格·斯坦利（Meg Stanley）发现，在皮斯河和哥伦比亚河上建造水电站大坝的工程准备规模正在下滑。工程师和地质学家会花费数年时间对工程选址进行第一手研究，进行详细的地图绘制和勘测，这也就是两位学者所说的"极端现代主义的本土知识储备"或"为更大的全局图景提升局部像素知识"。[47]

斯科特基于他对20世纪中期"威权国家"的案例研究提出的极端现代主义的"加强"版本，并没有在加拿大发生过。作为一个自由民主的国家，加拿大的处境，是丹尼尔·麦克法兰（Daniel Macfarlane）所说的"协商型极端现代主义"（negotiated high modernism）。[48]公务员、工程师、规划人员和企业代表会举行社区协商会，开展公关活动，以进步和繁荣的名义，劝说"阻碍"这些工程项目的人们放弃土地，迁离故乡。许多公民则借机反驳公权并提出现代化的其他愿景，以使不同的社会经济生活方式享受同等权利。[49]但最终，这些愿景在水电站面前败下阵来。政治权力和经济权力虚构出了最终结果，迫使当地居民同意。他们手中掌握着淹没整个地区和家园的技术力量，而这根典型的极端现代主义大棒让当地居民无法反抗。他们付出了沉重的代价，他们突然脱离了自己长期以来习惯的自然和社会空间，只得绞尽脑汁与他们从未见过的钢筋水泥建立新的关系，被迫应对随之而来的各种创伤。[50]

作为对过去的批判分析家，或许是因为对"晚期现代性"②的"世纪

---

① 斯科特借用古希腊语"mētis"（音译为"米提斯"）指代符合本土社会环境发展的实践知识。
② "晚期现代性"又称"液态现代性"，是被用来描述高度发达的全球社会特征的术语，"晚期现代性"的标志是全球资本主义经济及其日益私有化的服务和信息革命等。

末"①的幻灭［埃达·克拉纳基斯（Eda Kranakis）在本书第9章中对这点有着精妙的阐述］，社会转向之后的历史学家们倾向于强调加拿大现代化和极端现代性中薄弱、失败和破坏性的方面。科学和技术在这些阴暗的叙事中显得尤为突出。母亲们从未能像医生和儿童福利专家们所预设的那样精确；在工厂和其他工作场所，身体被证明是有缺陷的有机机器；钢铁机械的成败则成了自然世界和国家身份的定义。[51]与此同时，工程师们重现了《旧约》中上帝的伟力（甚至是审判），淹没了平原和山谷中的一切痕迹。许多19世纪和20世纪的加拿大人对科学、技术和现代性的乐观情绪，在本书的许多章节中都有所体现，可能历史学家们会觉得这些乐观情绪过时而陈旧，在之后的历史发展中也显得格格不入。

然而，情感的钟摆可能正在开始再次朝另一个方向摆动。像蒂娜·卢和乔伊·帕尔（Joy Parr）这样的历史学家已经从加拿大那些误导性现代化实验中汲取了教训，看到了救赎和希望。在近年一篇关于极端现代主义的加拿大史学评论中，除了大型工程破坏性的一面，蒂娜·卢还强调了其创造性与变革性，并描述了全局观如何提高我们明智管理非人类世界的能力。乔伊·帕尔在她关于第二次世界大战后的大型工程的专著中，重点关注了居民面对重建世界的适应能力。[52]这些学者转向积极的一面，可能是因为他们比较熟悉环境史领域，尤其是该领域一直在与衰退主义做斗争。衰退主义倾向于持续衰落的叙事，会让读者在面对持续的大规模环境问题时感到徒劳无功。[53]加拿大人仍然生活在一个现代化的时代，而晚期现代性的问题并不仅限于人类活动造成的气候变化。在加拿大，研究现代性的历史学家在回顾分析时，不需要戴上一副古董玫瑰色眼镜。但他们可能会考虑发掘和讲述故事的价值，这些故事展示了加拿大人应对这个国家现代化的挑战和挫折时，所采取的脚踏实地、自我恢复、充满希望，甚至是乐

---

① "世纪末"（fin de siècle）的概念源于19世纪末以法国为主要发源地、席卷整个欧洲的诸多文化与艺术运动，后被用于笼统地形容世纪末期的思潮。

观的方式，以期为他们的后代留下一些可能的智慧或灵感。

加拿大科学技术从来就不只是加拿大的

传统上，加拿大的科技史在国别或主题的历史编纂学资料中都不曾占据中心地位。然而，正如贝丝·罗伯逊（Beth Robertson）在本书第4章所述，来自边缘地带的观点能有效地对目前的科技，甚至是加拿大本身的叙事发起挑战。例如，本书从多重视角向读者展示了加拿大的地理边境——北部地区（The North）。蒂娜·阿德考克（Tina Adcock）和安德鲁·斯图尔（Andrew Stuhl）分别在本书第2章和第11章中说明，关于加拿大北部地区的科学报告和探索许可，是如何同时增强和削弱加拿大在北大西洋地区的统治权和认知权。这两章节及布莱尔·斯坦因（Blair Stein）的第12章，都证明了加拿大对北部地区的政治和文化主张往往是微弱无力的。避开加拿大漫长而寒冷的冬天而选择"阳光胜地"会让加拿大人变得"不够加拿大"吗？像候鸟一样去温暖的地方过冬是对加拿大的背叛吗？加拿大学者经常提出"技性科学"（Technoscience）[①]和加拿大北部地区的讨论，将其视为国家的公共事业，同时也支持软实力和硬实力自上而下的表达方式。但是这些手段是否精确？要知道，这些手段表面上可以用来支持国家权威，也可以轻易（有时是无意中）让人看到国家这一宏伟"建筑"的"墙体裂缝"。

现在我们把目光转向加拿大的其他边境，那里的科技史则让我们看到了现代国家"墙体"的不稳定性和多孔性。在追求实践的过程中，人类、非人类和工业制品在其门槛之间自由流动。在本书的前两章，有像理查

[①] "技性科学"（又译"技术科学"）这一概念，被普遍认为是"二战"后开始流行的、将科学与技术相联系的跨学科的视角。研究者试图通过这一概念表明一种普遍性认识：科学知识不是由社会编码和历史定位的，而且是由物质（非人类）维系的。

德·金（Richard King，1810—1876 年）这样的英国民族学家和乔治·帕尔默·普特南（George Palmer Putnam）这样的美国探险家来研究加拿大北部的人类和自然种群。国家或州政府有时会充满怀疑地审查这些外国人。同时，加拿大的标本、科学家和技术远远超出了加拿大的边界，这些人与物的流动勾勒出了令人熟悉又惊讶的轨迹（下文会探讨）。从以上简短的边境探险和考察中，我们在本部分先行得出两个结论（正文的章节将提供经验支持）：首先，加拿大的科学和技术从来都不仅属于加拿大。其次，加拿大的科技现代史的发展并未止步于边境，它既是一个国家故事，也是一个跨国故事。

从历史学的角度来说，这两点都不新奇。曾经占主导地位的西方发展叙事将殖民地和殖民地国家（如加拿大）走向现代化的进程描述为国际传播和转移的产物。历史学家追溯了在从帝国中心到被称为边缘或"处女地"的领土之上，宪法、科学和技术模式是如何传播，并最终移植在加拿大原住民文化和社会之上的。历史学家展示了殖民地的政治家和科学家是如何使他们的国家沿着整齐划一的单行道，跨过了一个个普遍存在的里程碑。他们认为这些殖民地最终不仅成为国家，而且还发展出了独特的"技性科学"风格。虽然关于科学传播和技术转移的普遍主义、实证主义目的论在现在几乎已经完全过时，但它们构成了 20 世纪 70 年代中期加拿大科技领域知识背景的一角，针对这些主题的第一代研究也因此成形。[54]

这些最初研究的侧重点，主要甚至全部是关于"技性科学"及欧洲中心现代性的核心特征，如机构和教育、学科和专业化、边缘化和身份感、国家建设和市场经济、技术官僚和政治权力。[55]这一领域的早期学术研究反映了上述历史学潮流及对加拿大主权和学术界以外身份感的学术关切，力求确定科学和技术在加拿大文化和历史中的独特作用，甚至提出了加拿大技性科学发展具有自己的"风格"。[56]此处理查德·贾雷尔的工作值得特别关注，正是他的工作为加拿大在该领域打下了大部分基础。此前贾雷尔在印第安纳大学学习天文学和科学史哲学，但对美国的政治走向日益失望。贾雷尔代表着一种双重错位：他是一个美国人，却选择移居加拿大，并对其展开学术研究。在一系列广泛的话题、地区和时期中，他专注于"科学技术在加拿大社会文化发展中的中心位置"这个主题。与这一新兴领域的许多学者一样，贾雷尔的研究重点，在于厘清加拿大的技性科学与欧洲－美国的技性科学有何区别。[57]他的研究探索了加拿大国家的概念和形成过程；地理、政治和环境因素如何促进了加拿大科学实用主义的特性；看似激进的欧洲都市与保守的加拿大边缘地区之间的关系；以及当地的历史条件，如人口密度、政治控制、经济资源等，是如何使加拿大的科学和技术不断更新迭代的？[58]

这些研究迫切需要阐明的是，在一个被现代科学技术的实践活动、重点关注和成果产出所界定和改变的世界中，加拿大在其中所处的地位和重要性。[59]贾雷尔，以及卡尔·伯格（Carl Berger）、罗伯特·博斯韦尔（Robert Bothwell）、伊夫·金格拉斯（Yves Gingras）、特雷弗·莱维（Trevor Levere）、苏珊娜·泽勒（Suzanne Zeller）等人把国家作为分析的基本单位。[60]随后的加拿大科技史学家的学术研究越来越多地探讨了这一假设，将国家本身作为一个历史因素提出问题。科技与商业和政治经济的联系这一新兴领域最能反映这种转变。泰德·宾内玛（Ted Binnema）在他最近关于哈得孙湾公司科学网络的书中，展示了18世纪和19世纪早期的企业赞助是如何在加拿大还没形成时就建立起国际物流和符号网络的，书中同时模拟了未来加拿大的科学、政治地位和商业利润之间的共生关系。[61]同样，加拿大商业技术的社会史可以揭示民族国家的观点所掩盖的信息。在商业和经济史学家的工作的基础上，多罗蒂亚·古奇亚多（Dorotea Gucciardo）对19世纪末20世纪初加拿大电气化的研究不仅仅局限于电力作为政治治理对象的观点。她认为，电气化是一种国际社会现象，它与加拿大的消费、家庭生活和劳动力的性别历史有着深刻的联系。[62]对公司、消费者、商业基础设施和网络的关注为我们提供了一种关于"国家"科学和技术的全新视角，它描绘了构成和超越现代民族国家的度量、体系和历程。它也改变了我们对加拿大国境内外的理解。皮埃尔·贝朗格（Pierre Bélanger）最近对采矿这个加拿大历史学家长期研究的话题进行了探索，说明了现代加拿大人的生活是如何通过矿物开采进行调节的。他还通过将加拿大的采矿活动置于全球经济基础设施的背景下，描绘了加拿大从殖民地到帝国的惊人发展历程：从一个英国的资源生产殖民地发展到一个独立自主的采掘帝国。如果加拿大人像贝朗格所主张的，将自己定位为这个地球上的大型"采掘国"——不仅是资源给予者，而且是全世界自然财富的获取者，这又意味着什么？[63]

从上文罗列的研究可看出，学者们已经开始青睐比国家规模更小或更大的研究范围。研究新帝国主义、后殖民主义和全球科学技术的历史学家鼓励读者关注存在于本土环境特征要素和跨国别流动现象之间的动态张力。本土环境要素的重要作用在于，能在确定的时间、地点实践和体验科学技术；而人口、货物和思想的跨国别流动则能连接风格迥异的技性科学场景，并对那里的科学技术行为模式产生创新和变革性的影响。[64]这些方法借鉴了目前在更广泛的后殖民、跨国和全球历史领域所使用的方法，并有了进一步发展。这些发现也常常引起那些研究该领域的学者的兴趣，其中就包括研究加拿大跨国境、跨大西洋和跨国别历史这些小众但蓬勃发展的学科。[65]

本书旨在介绍加拿大历史上跨度更大的跨国别转变时期，也同时揭示了加拿大科技史上类似的转变期。如上所述，本书的案例研究微观和宏观并重，揭示了加拿大各地独特的科技文化、科学实践和人工制品的本土元素，并将它们置于更大的历史回路和历史学探讨中。本书旨在对知识在加拿大的地位进行定位。这些章节展示了特定场所地区的独特性也是加拿大科技不可或缺的组成部分。[66]通过这些章节中的离散数据点，作者们为现代加拿大的科技活动建立了一个更加连贯的历史。[67] 也许我们可以对加拿大科技中似乎不可避免的霸权风格置之不理，但正如大卫·西奥多（David Theodore）在本书第 7 章中所说的，我们对加拿大现代科技的精确轮廓仍然知之甚少。而到了爱德华·琼斯－伊姆霍特普（Edward Jones-Imhotep）所撰写的第 8 章，从航空工程师变身为军火商的杰拉尔德·布尔（Gerald Bull）的形象，真的是个非典型案例吗？（平心而论，我们依旧保持怀疑态度。）本书从微观层面以特定的人物和地点出发，试图在叙述中拼凑出现代加拿大的宏观技性科学史。我们希望能使未来的历史学家更好地区分正常与例外、普遍与特殊、平均与偏差，并相应地调整他们的假设和方法。

在本书各章节中，我们尽力避免对加拿大现代科技史采用例外主义①的方法。同时在学术的基础上，试图确定加拿大科技实践中在地方、区域和全国层面的标志性影响、主题和模式。各章节的作者既有科技史学家，也有环境史学家，议题涵盖了技术在加拿大历史中的核心作用，加拿大生态系统和气候的多样性和极端性，该国丰富的可再生和不可再生的自然资源，以及国家在科技工作中的突出地位[68]。当然作者们也会提出自己的论断，最值得一提的是大卫·西奥多，他断言"加拿大的常态科学②是小型科学③"。鉴于加拿大科技史学家将面临的大量档案和分析工作，本书中提出

---

① "例外主义"又称"例外论"，是一种对学术研究的看法，认为某个国家、地区、社会、民族、组织、社会运动或历史时期具备特殊的性质，以至于无法被一般性的理论或规则所解释。

② 常态科学，亦译"常规科学"。指在一定范式支配之下的科学。其目标是科学知识的稳步扩大和日益精确化，而不是获得新颖的事实或理论。故其任务在于解决"疑点"而不是"难题"。该阶段的科学家在发现观察结果与范式不符或运用范式不能获得预期结果时，不会怀疑范式本身，而只是检验和审核自己的假说、设计、计算及仪器使用方面的疑点。（资料来源：金炳华，《哲学大辞典》，上海辞书出版社，2001 年）

③ "小型科学"是以较小规模进行的科学，例如由个人、小团队或在社区项目中进行的科学，在规模上与大科学（big science）相对，详见本书第 7 章。

的观点更多的是需要进一步检验的假设，而不是关于加拿大科技现代化本质的明确断言。

同时，本书作者们认为，地方性科技史是范围更大的跨国交流网络中的节点。他们探讨了科学技术人员、研究对象和知识的跨界流动如何将加拿大的科技表现形式与其他地方的科技实践联系起来，并提出了加拿大的科技和这些活动中的个体、群体及其思想是如何互相影响的。[69]读者们可能会比较熟悉本书中描绘的许多人类和非人类的活动路线。这些路径与较早的加拿大大陆史和帝国史，以及较新的边境地区和跨国历史中的路径相似。[70]本书中的章节也揭示了医学、技术、工程知识、主要人物和科技实践等是如何沿着不同渠道从美国向北流动，从欧洲跨越北大西洋向西流动的。就这部分而言，加拿大向全世界同时提供了技性科学人员、知识、技术和物质的原始版本和加工版本。而像本书中詹姆斯·赫尔（James Hull）在第5章中提到，其中最美味的贡献当属香兰素①。

本书还描述了跨国轨道和路线，该话题在具有全球意识的加拿大历史中讨论得还比较少。20世纪中期，加拿大人在假期能享受到美国佛罗里达地区和加勒比海地区充足的阳光，有赖于"全天候"喷气式飞机的发明——尽管旅途会有点不太舒服。在巴巴多斯的"高空飞行研究计划"②中我们看到，技术既是工作的媒介，也是休闲的工具。[71]已经有学术文献探讨加拿大在冷战背景下的地理极端环境，如极地、沙漠、热带和高山，当然最主要还是极地环境。[72]爱德华·琼斯-伊姆霍特普在本书第8章中揭示了加拿大科学家也对热带地区的研究做出了贡献。随着对杰拉尔德·布尔生涯的了解，我们会看到加拿大居然与萨达姆·侯赛因和伊拉克有联系，

---

① 香兰素，又名"香兰醛"，最初为天然香草的提取物，是一种调味品，从19世纪50年代开始有人工合成法。1981年，安大略省的一家纸浆和造纸厂供应了世界上60%的合成香兰素市场。
② 高空飞行研究计划（HARP），指19世纪60年代中期，加拿大人杰拉德·布尔在加勒比海的巴巴多斯岛上建立起的一个试验场，旨在设计一种能够发射人造卫星的超级大炮。

| 加拿大现代科技之路

这也许是本书中最令人惊讶的部分。布尔将弹道技术改头换面,最初是为了帮助像加拿大这样的中等实力国家在太空竞赛中与资金更充足的国家竞争。在20世纪末,布尔将这一技术转售给伊拉克政府,以帮助伊拉克实现现代化。布尔的例子说明了个人的"生命地理"(life geographies)在描绘加拿大科技史在域外范围和轨迹方面的潜在价值。这种流动的个人就像实验中的染料注射成像,以前隐藏在历史学家视线之外的路径,就这样被他们的荧光轨迹照亮了。[73]

本书讲述加拿大远超国界的现代科技故事,有望与其他的加拿大跨国别史研究一同阐述和分析加拿大对全球社会和经济网的贡献,其中包括工业资本主义的定性结构。詹姆斯·赫尔、扬·哈德劳(Jan Hadlaw)和埃达·克拉纳基斯的撰写的本书第5章、第6章和第9章揭示了加拿大人对历史经济发展的反应和贡献,人们是如何被教育成为消费者的,工业生产是如何被重构为科学过程的,自然物质是如何被重塑为知识产权的。他们的叙述让边缘问题进入聚光灯下,重塑了全球资本主义的历史。正如阿黛尔·佩里(Adele Perry)指出:"研究帝国的残缺边缘是有分量的。"[74]我们认为,从科学和技术的角度研究加拿大现代史也是如此,虽说这种历史叙事往往被放在加拿大史学编纂的边缘。本书从边缘角度讲述的故事巧妙地颠覆了众所周知的国家叙事。看了他们的叙事,读者会开始感觉到现代加拿大没有我们想象的那么伫立偏远北方(参见本书阿德考克的第2章,斯图尔的第11章,第12章),没有那么平静(参见琼斯-伊姆霍特普的第8章,克拉纳基斯的第9章),也比我们想象中的要小(参见西奥多的第7章)。

然而,中心和边缘是相对可变的空间概念。之所以如此,是因为这两组概念的社会、经济、智力和制度资本(或缺乏这样的资本)与他们的实际地位同样重要。[75]那么,在现代加拿大历史上,科学和技术真的处于边缘地位吗?又或者科技议题只是在短时间内得到了少数历史学家的关注?考虑到这一点,我们进一步提出——在此处我们改写珀西·比希·雪莱

（Percy Bysshe Shelley）①的一句话："科学和技术一直是现代加拿大未经公认的立法者。"[76]科技对加拿大的（高度）现代化至关重要，无论是好还是坏，科技生动地体现了这个国家充满希望和矛盾的现代生活，我们在正文的章节中就能得到证明。

人、技术、环境

本书主要探讨三个关键主题：人、技术和环境。从过去到现代，这三个主题是加拿大科技历史学家的努力方向，包括医学、建筑和环境方面的历史学家。正如多莉·约根森（Dolly Jørgensen）在本书后记中所说的，这三者在现代加拿大是相互关联的。在这三个主题的引导下，本书作者们将分析的目光聚焦在具有代表性的话语和材料上，提出并解答了一系列相关的问题。在理解加拿大的科学、技术和现代性的交汇时，身体对我们有何帮助？技术呢？环境呢？

第一个主题"人"中的章节，可被归为加拿大有关感官和有形历史，此类作品队伍日益壮大，且往往以现代性的体验为基础。[77]本书的这些章节还能归到其他丰富的文献，扩充对医学与科学、技术、健康在概念、物质和社会层面的交叉融合。[78]这些章节的特别研究兴趣，主要是加拿大的群体是如何被新的科学归类、科学理论和技术疗法重塑和重构的；通过掌握新的学科理论与实践，这些群体又是如何被训练得具有现代性的。章节从不同的角度，如地理角度、智力角度、社会角度，关注了较为边缘的群体或活动这一主题。这些关于现代性的全新观点促使读者重新思考加拿大人与社会的关系，这也是近期其他学术研究中的一个热点问题。[79]

---

① 珀西·比希·雪莱（1792—1822年），英国浪漫主义诗人、作家。"诗人是世间未经公认的立法者"（Poets are the unacknowledged legislators of the world）是雪莱的《为诗辩护》（*A Defence of Poetry*）中其最著名和最常被引用的一句话。

本书第 1 章，埃弗拉姆·塞拉－史利亚尔从现代社会的时间边缘和后来形成了加拿大的空间边缘入手，讲述了英国医生理查德·金的故事。理查德·金于 19 世纪早期，在今天加拿大的努纳武特地区和西北地区进行了探险。塞拉－史利亚尔的章节从加拿大北部地区的无名小地如何形成民族志的观点出发，说明了金在那里的经历如何直接导致了英国种族科学的变革。[80] 金试图将民族志的见证和报告过程现代化，为理论民族学家提供数据、为实地人种学工作者提供方法。在此过程中，他被北方原住民当时所面临的重重困难所打动，并认为正是当时哈得孙湾公司的政策加剧了他们的困境。对金来说，现代民族志本质上应是人道主义。这一学科的职责是要使它所研究的人民文明化，从而引导他们进入现代世界，使其在共同的基础上与其他现代人互动。

本书第 2 章也定位在加拿大的北方的土地上，蒂娜·阿德考克记录了两次时间离我们更近的探险，这两次探险是在 20 世纪 20 年代中期，由美国出版商乔治·帕尔默·普特南所领导的，目的地是加拿大东部的北极地区。以这些探险活动和它们引起的外交风波为载体，阿德考克的章节主要分析了管理对希望在加拿大西北地区进行考察的外国科学家和探险家而开展的工作。那时加拿大新出台的《科学家和探险家条例》(*Scientists and Explorers Ordinance*) 赋予国家机构强制野外考察人员遵守某些规章制度的能力，但它也带来了一个意想不到的、现代性的分类问题（以及进一步的专业化问题）。科学或探索的定义究竟是什么？或者，是什么将科学探索与狩猎旅游区分开来？普特南的探险在理论上似乎是合法的，但是他们用当地候鸟练靶和食用的做法，却超越了北方野外科学的认知和法律界限。尽管当时美国外交官迅速寻求对造成的损害进行修复的方法，但这一事件还是暴露了加拿大在北极群岛上科学和政治主权的局限性。

阿德考克的章节和随后多罗蒂亚·古奇亚多撰写的第 3 章都展示了对于 19 世纪晚期和 20 世纪早期的人们来说，喧嚣疲惫的城市生活有哪些治疗方案。当乔治·普特南和他的儿子大卫来到所谓"野外"环境中，以狩猎和捕鱼这样的典型反现代主义方式寻求出路时，其他城市居民则在为现代问题寻找技术方面的疗法。古奇亚多在文中记录了1880年至1920年电疗法（electrotherapy）在加拿大城市地区的兴衰。她认为，电是一把双刃剑：正是电力把现代生活提升到了导致神经衰弱和歇斯底里的狂热高度，但它也被认为可以治愈这些疾病。古奇亚多跟阿德考克一样，在该章节中探索了现代科学中合法与非法实践之间的界限：虽然所谓的电疗师很少接受过医疗培训，但在医生办公室里，人们可以看到电疗设备的存在，随之而来的是电疗的应用被更广泛的合法化、被滥用了。通过揭露出这一现象的来龙去脉，古奇亚多在章节中说明，现代性与医疗技术的碰撞本质上是亲密与性别化的。无论是从比喻意义还是实际意义上来讲，电流都一度穿流过加拿大人的身体，使其具有现代化的特性。但是，社会和医学知识不断变化，最终主流思潮还是抛弃了电疗法。在两次世界大战之间，电疗法便销声匿迹了。

第4章同样展示了关于群体和现代性的深度解读。该章考察的也是一组边缘话语与实践——神秘学。罗伯逊在章节中考察了一群住在基奇纳－滑铁卢一带的灵修者的文化。他们奉托马斯·莱西（Thomas Lacey）为"灵媒"。从20世纪30年代到50年代，这群人接触到了原子能理论，该章节讨论的便是这一情况。这些灵修者不仅成功地将现代物理知识融入了他们关于身体和精神能量本质的话语中，还创造了"神秘学科学"（occult science）这样的词，进一步探索"唯灵论"（spiritualism）①和科学之间的界限。以莱西为首的唯灵论小群体极其看好原子科学，他们相信原子科学

---

① 唯灵论，又称"灵性主义"，指主张精神是世界的本原，是不依附于物质而独立存在的、特殊的无形实体的一种信仰文化，1840年至1920年，其追随人数在英语国家范围内达到顶峰。1880年后，由于该信仰文化出现涉嫌媒体欺诈的指控，非正式运动的可信度已经减弱，正式的唯灵论组织开始出现在英语国家。

的力量最终能让人返老还童，甚至长生不死。这种对现代科技改善人类状况的乐观情绪在本节的各篇文章中将反复被讨论，我们后面就会看到。

1974年，在一套关于加拿大历史上的技术与社会的学科读物里，一群编辑断言："与科技的发展相比，加拿大人更了解他们的总理，虽然前者才是国家经济和社会生活框架的建构者。"[81]经过一代社会史学家的努力，加拿大人对历史建构主体的认识才被拓宽。现在，对于支撑加拿大社会发展的基本科技架构，技术史学家也开始丰富其细节。本书第二部分的章节以不同的方式探讨了加拿大的技术和现代性的具体问题。一些章节在实践中就地取材，从地区到国家层面，考察加拿大独特技性科学文化的成型。还有一些章节探讨了加拿大（人）现代性的意义，以及技术如何加强或挑战了这一点。还有一些章节追踪技术人员、技术知识和技术产品在加拿大和其他地方的迁徙流转，将对加拿大的技术史的探讨延伸到加拿大发达地区之外。

在第二部分的第一篇章即第5章中，詹姆斯·赫尔质疑了加拿大城市化、第一波工业化和现代化之间的因果关系。他认为，现代化实际上是从加拿大的"第二次工业革命"中产生的，即基于科学技术和对自然世界的进一步了解而进行的工业研究和应用。他在章节中细致讨论了这一概念，主题包括了这场工业革命中产品和组织的性质；性别、阶级和国家在其中所起的作用；加拿大和美国工业之间的联系；以及加拿大在这场革命中的独特之处。赫尔不遗余力地寻求所谓的加拿大现代化的转折点，如"劳里埃① 繁荣时期"和第一次世界大战，挖掘为科技成果做出贡献的加拿大因素，并给予充分的肯定。他的结论是，到1914年，第二次工业革命给加拿

---

① 威尔弗里德·劳里埃（Wilfrid Laurier），加拿大总理（1896—1911年在任）。他是加拿大第一位法裔总理，并且是加拿大任期第四长的总理；任内发展工业，建造第二条横贯大陆的铁路，开发西部地区，并建立独立的海军；同美国签订互惠贸易协定；对英国商品施行优惠关税政策，但加强了对英的政治独立性。曾派兵参加英布战争。

大社会带来了重大变化，且加拿大的某些第二波产业部门确实是世界级的，在这个意义上做出了重要的国际贡献。

正如扬·哈德劳在第 6 章所述，使用新技术的能力并不是与生俱来的。但在过去，几乎没有技术教育的相关信息流传下来。[82] 于是，哈德劳在获取到了技术教育的相关资料后，在章节中讲述了一个相对罕见的故事。加拿大贝尔电话公司（Bell Canada）在国内中部城市开展过一个教育活动，目的是在两次世界大战之间的时期里，引导其用户向拨号式电话过渡。自动接线的拨号服务在引入过程中威胁到了已经建立起来的电话社交文化，也引发了现代人对机械化阴暗面的恐惧，包括社会原子化和技术性失业。贝尔公司利用业已存在的关系和实践，巧妙地化解了这些现代人的焦虑，努力说服客户自己拨号是"更可取、更进步"的方式。该公司用橱窗展示、打印手册和真人演示等手段教客户正确操作新式电话。哈德劳认为，正是通过学习如何使用拨号电话等现代技术，加拿大人从实际和想象层面都获得了自己是现代人的自我形象。

大卫·西奥多的第 7 章提供了一个关于加拿大战后科学的新视角。该章聚焦于一个特定地点：麦吉尔大学的蒙特利尔神经病学研究所（the Montreal Neurological Institute）。以克里斯托弗·汤普森（Christopher Thompson）和他的 PDP-12 微型计算机为叙述和分析的载体，西奥多阐述了"小型科学"的概念。"大科学"通常被认为是第二次世界大战后的主导或默认的实践模式，与之相反，小型科学的特点有几个关键因素：个人研究团队，聚于某个学科，以及空间（已建成和未建成）和时间的有限经验。西奥多认为，虽然科学史学家经常关注科学问题更宏大、更多学科的发展；但对小型科学的关注，可能有助于研究人员捕捉到那些经常被科学史学家忽略的故事。小型科学也强调个人履历因素或小规模因素在创建和维护特定科学工作环境中的重要性。最后，如果真的像西奥多所断言的那样，"加拿大的常规科学是小型科学"，那么他的章节就能帮助我们更全面地理解加拿大的现代科学实践。

爱德华·琼斯-伊姆霍特普的第 8 章则描述了一个加拿大人和他的装备的故事：研究巨炮的杰拉尔德·布尔和他跌宕起伏的一生。布尔的故事体现了在 20 世纪中后期的加拿大，围绕科学、技术和现代性议题的张力。就像"鲁宾的花瓶"（Rubin's vase）[①]的错视效果一样，根据个人的视角，布尔的巨炮既可以被看作是科学装备，用于推进大气研究，以确保加拿大在全球太空竞赛中的地位；也可以被看作超级大炮，用于恐吓邻国，从而重新划分区域冷战局势中的权力。地点至关重要：魁北克省和佛蒙特州附近的加拿大-美国边界。在那里巨炮更像是一个科学研究项目，但放到巴巴多斯或伊拉克显然就更具威慑力。巨炮的位置在转移，围绕着巨炮的现代情绪也在起变化。当布尔的巨炮从 20 世纪中叶的加拿大转移到 20 世纪末的伊拉克时，依然承载着一种特殊的技术万能药的意象，因为人们担心自己国家现代化的速度不够快。然而，正如琼斯-伊姆霍特普所述，布尔认为自己的超级武器具有和平性质，但他技术专家式的理性论证，既没有说服当时的其他人，也没有随着时间的推移得到实现。而他自己的身份，也从一位研究型科学家变成了一个军火商，直到最后成了别人的暗杀目标。

埃达·克拉纳基斯的第 9 章描写了孟山都公司（Monsanto）于 20 世纪末将其专利产品抗农达®（Roundup Ready®）[②]油菜籽引入加拿大草原地区之后的法律纠纷，让我们看到了整个事件中的暴力与混乱。孟山都公司熟练地运用生物技术专利，挑战长期存在的农村农业社会化模式和土地使用模式，以其新的抗杂草种子覆盖了整个加拿大草原地区。孟山都公司也有着强大的法律专业知识。它从自身利益出发，在法院重新划定了人与

[①] 鲁宾的花瓶，又称"鲁宾酒杯-人面图"或"花瓶与人脸交变图"。知觉的对象和背景可以互相转换的图形。由丹麦心理学家鲁宾创造。常用来说明知觉的选择性。

[②] "农达"是一种以草甘膦为原料的除草剂，20 世纪 70 年代初由孟山都公司开发，而"抗农达"则是孟山都公司开发的转基因种子品牌，该种子对"农达"除草剂具有耐药性。

非人的界限。法律界人士和加拿大公众中普遍缺失相关科学知识，孟山都公司则利用这一点巩固了自己的优势。长期以来，加拿大农民一直遵循极端现代化的农业原则，用科学技术帮助控制和整理农田。克拉纳基斯说明了这种意识形态是如何在孟山都公司的攻击下迅速瓦解的；在孟山都公司的攻势中，科学被用作控制农民的手段和煽动社会混乱的工具。在孟山都公司的攻势中首当其冲的是萨斯喀彻温省的农民珀西·施梅瑟（Percy Schmeiser），他如今已成为一个全球性的象征，代表着晚期现代技性科学对农民和农田造成的伤害。

克拉纳基斯的章节用来引入本书最后一部分关于环境的探讨再合适不过了。最后一部分中的章节，展示了非人类世界在加拿大历史的各个方面（包括科技方面）的突出作用。加拿大环境历史学针对这些学科、实践和制品领域深耕数十年，论文数不胜数，数量还在增长。在加拿大以外，科技工作者与环境工作者之间的关系也明显加强，最显著的可能要数被称为"环境技术"（envirotech）或"环境技术史"（envirotechnical history）的跨界合作。[83]

在加拿大学术界，斯蒂芬·博金是专攻科学与环境的学者之一。他在本书第10章，调查了他所说的现代加拿大的"科学景观"（landscapes of science）。[84] 博金通过四个关键主题描绘了现代科技对加拿大景观的干预：国家权力在其领土上的扩展，从景观到利润的转化，对环境和人类活动的行政与监管，以及以晚期现代性下科学和人类与非人类世界互动的扰乱，主要通过加拿大原住民传统生态知识和公众科学（Citizen Science）①，对现代化的进程产生有效的质疑。科学和现代性的共生关系帮助驯服了不羁的加拿大自然景观和生物，促进了条理化的改革。然而，正如博金所说，在这种共生掌控之外的人类和非人类也在不断挑战和扰动科学家和现代主义

---

① 公众科学，又称公民科学，描述的是公众和职业科学家之间的合作关系。通常，公众科学指的是公众成员参与收集、分类、记录或分析科学数据的项目。

者的筹谋布局。

安德鲁·斯图尔在第 11 章中则在北极地区、加拿大本土科学和全球科学领域中选择了一条不同的道路。他的章节重点关注了在整个两次世界大战之间的一套科学文本的跨国制作和流通，即《加拿大北极探险考察报告：1913—1918 年》(*Report of the Canadian Arctic Expedition 1913–1918*)（共 14 卷）。虽然这次探险考察经常被描述为一个为国家服务的科学冒险故事，但它的报告是在国际科学界的协助下并根据国际科学界的标准编写的。这 14 卷文本的完成，对于加拿大科学在世界舞台上的形象改善很有帮助。随着该报告在整个西方世界传播，它为随后的项目和学科的科学工作提供了资讯，甚至有些受其启发的项目和学科离北极和加拿大都很遥远。斯图尔在章节中指出，该报告提出了关于北极的新的经济和环境愿景，这些愿景增强了，但同时也颠覆了关于加拿大北部地区属性的既定观念。其他章调查个别科学主体和跨国旅行，斯图尔的章节则追溯这套探险考察报告及其跨国地理，这对其他章形成了很好的补充。

像塞拉-史利亚尔、阿德考克和斯图尔一样，布莱尔·斯坦因的第 12 章将目光转向了加拿大的寒冷气候；然而，与其他作者不同的是，她关注的主要是技术问题与环境变化。斯坦因研究了环加拿大航空公司（Trans Canada Air Lines，TCA，后来的"加拿大航空公司"）从 20 世纪 40 年代至 70 年代在航空方面的创新，包括"北极星"Canadair DC-4M 客机和"阳光胜地"航线的引入，以及解决加拿大人在 20 世纪中叶对冬季机动性担忧的构思和营销方式。尽管这些新技术和新航线帮助加拿大人很好地应对了本国独特的地理和季节性挑战，但其中现代性对时空的瓦解，使植根于加拿大地广人稀和寒冷冬季的共同经历或国家认同感开始摇摇欲坠。面对难熬的加拿大冬季，一旦人们可以乘坐喷气式客机向南飞往加勒比海地区，把加拿大的冬天改成了"加拿大的夏天"，或者完全逃离加拿大的冬天，气候学上的必胜信念又给加拿大人带来了矛盾情绪。正如第 11 章斯图尔关于加拿大北部的科学一样，20世纪中叶的航空技术既支持了加拿大人长期坚持的北方严寒之地的意象，也动摇了这种意象。对于一些气候爱国者来说，能在阳光明媚、温暖如春的海滩上度过冬天，并不能让人感到安慰，因此，在1977年，约翰·克罗斯比（John Crosbie）甚至发出了"禁止晒黑"的呼吁。

丹尼尔·麦克法兰的第13章让我们的视线重新投向加拿大的心脏地带——圣劳伦斯河。在20世纪60年代，圣劳伦斯航道及水电站项目建成。对这个庞大工程的思考，使麦克法兰提出了"协商型极端现代主义"一说。"协商型极端现代主义"是"极端现代主义"的一个分支，适用于加拿大等自由民主国家。从圣劳伦斯河的巨大工程来看，协商型极端现代主义与极端现代主义有很多相似之处。工程师们热衷于从理性定量的角度看待复杂的环境地貌，收集当地的本土知识，对当时的地理原貌和建成后的景观进行模拟，并在当地创建了全新的环境技术体系。同时，当地的权力机构制定了详细全面的措施，取得了当地居民的同意，将其安置到现代化的村庄。知识也在传播延续。圣劳伦斯航道及水电站项目吸收了来自世界各地其他大型工程项目的人才和专业知识，成为极端现代化的教学基地，全球各地的水利工程师蜂拥而至。尽管协商型极端现代主义倾向于用"胡萝卜"而不是"大棒"来实现其预期效果，但它仍然展示了政府和企业的巨大力量，加拿大人在圣劳伦斯河沿岸的生活和景观就这样被永久重塑了。

1980年，布鲁斯·辛克莱尔（Bruce Sinclair）曾预言："我们将发现科学和技术，以接近加拿大经验的中心。"[85]从那时起，研究相关活动的历史学家们为揭示这一论断的真相做了很多工作。我们现在知道，当加拿大还是欧洲定居者的殖民地国家的时候，加拿大人就通过产品清单和产品说明的科学技术，丈量了本国的广阔领土。[86]技术使加拿大人拥有了"塌缩"时空的能力，将分散在各地的全体国民联系在一起。班廷①实验室发现了胰岛素，给各地的糖尿病患者带来了希望；亚北极地区铀的发现使加拿大与原子时代的破坏难脱干系。现代科学技术既能促进加拿大作为一个国家的成型，在国际舞台上为加拿大带来骄傲和荣耀；但也可能带来耻辱，如医生在保留地和寄宿学校中用加拿大原住民儿童进行营养实验。[87] 总体上讲，本书肯定了科学和技术在创造现代加拿大过程中发挥的核心作用，以及向加拿大境外的科学、技术和现代性学者传播加拿大案例研究的价值。

---

① 弗雷德里克·格兰特·班廷爵士（Sir Frederick Grant Banting，1891—1941年），加拿大生理学家、外科医师。与C.H.贝斯特（C.H. Best）等一同从动物胰腺中提炼出可供临床应用的胰岛素，为糖尿病临床治疗做出贡献，因此获1923年诺贝尔生理学或医学奖。

第一部分
对现代科学的认知

第1章
与原住民建立友谊

1836年，北极探险家、外科医生出身的民族学家理查德·金（1810—1876年）发表了一篇文章，讲述了他在1833年至1835年作为"大鱼河探险队"（后来被称为"乔治·贝克探险队"）成员，横穿加拿大北部的旅行经历。在这次旅行中，他广泛接触了各种各样的北方原住民群体，并开始撰写详细的民族学报告，介绍他们的外貌、习俗、习惯和信仰体系。理查德·金不满当时的欧洲人在出版作品、图片和展览中对这些民族的研究和表现。他试图改变英国的种族科学，使其更符合一个现代学科严格和标准化的要求，从而产生更加可靠的结果。与此同时，世界范围内的科学机构也在蓬勃发展，印刷文化方兴未艾。[1]金抱怨说："由于缺乏必要的事实，后世研究者只能依靠那些编纂作品和错漏百出的相关典籍。"[2]于是，金开始撰写关于北方原住民的民族学著作，并将余生精力投入对人类多样性的科学研究中。

本章研究了金在19世纪30年代前往加拿大北极地区的航行中的民族学报告。这段经历是金的民族学和民族学研究生涯的形成期，直接促使他在 1843 年建立了伦敦民族学会（ESL）[3]。此次经历，是他与非欧洲人的初次接触，帮助他认识到了当时英属北美地区原住民民族志中的一些缺陷。此外，他在不同原住民群体中生活的经历也让他看清了帝国主义在英属北美地区制造的暴行。他目睹了欧洲人在加拿大定居对原住民的影响。由于看到这些人民的悲惨处境，他承担起与原住民建立友谊并教化他们的这一使命。金相信，对非欧洲人的科学研究与人道主义是密不可分的。所有人，不论种族，都有平等的潜力，因此应该得到公平的对待，已经有足够的论据支持这一科学论点。[4]这种观念可以被看作是该学科发展中的一个现代主义转向。而这种转向的达成，则要归功于 18 世纪开明理性主义思想逐渐取代前现代时期中的种族等级制度。[5]

金在民族学方面的权威来源于他关于英属北美地区原住民的第一手知识。对于许多早期的民族学家来说，像金这样的旅行叙事为他们的研究提供了重要的数据来源。这些叙述使相关档案日益丰富，在此基础上，他们得以验证、扩展和纠正相关的民族学知识。[6]伦敦民族学会的共同创始人，医生和民族学家托马斯·霍奇金（Thomas Hodgkin，1798—1866 年），认为金关于英属北美地区原住民的民族学工作是现有的最佳范例之一，为学会其他人提供了一个可以效仿的良好框架。霍奇金写道：

在与理查德·金医生的交流中，我们得到了很好的范例……对原始记录和观察的小心求证，得以支持民族学的个人知识，……这对于那些可能从事类似调查的人来说价值不菲。[7]

金的旅行叙事详细描述出了英属北美地区原住民的历史图景。他将个人见解与其他见证人的权威文本结合，证实旧报告的准确性，更新和改进前后不一或含糊不清的民族学记录，并纠正错误信息。他的民族志著作的核心，是要帮助北方原住民获得欧洲的先进知识，促进其文明，从而主张他们的土地权、公平报酬权，以及获得资源和道德待遇的权利。

但在很大程度上，金对英国民族学、民族志和民族学学科史的贡献被忽视了。关于他最详尽的传记由休·华莱士（Hugh Wallace）撰写，其中描述了他作为一名北极地区探险家的丰功伟绩。然而他的贡献不止于此。在19世纪上半叶，金认为民族学报告方式亟须现代化，于是着力改进其方式方法，并在英国建立了一个民族学的研究团体。基于此，他应被定位为现代学科的先驱之一。[8] 同时，鉴于他对民族学和民族志的兴趣起源于他前往加拿大北极地区的航行，那么我们可以细读他在《北冰洋海岸之旅叙事》（*Narrative of a Journey to the Shores of the Arctic Ocean*）中关于北方原住民的文字。

需要强调三点。首先，金希望在他的旅行叙事中，通过详细记叙北方原住民的外貌、物质文化以及风俗习惯，来扩展对北方原住民的民族学知识。其次，他对当时的大量民族学报告持批评态度，因为他认为这些报道歪曲了原住民的形象。因此，金想要改进与非欧洲人接触时记录其信息的方式。最后，"友好教化"这一使命是其民族志研究的重要组成部分，这一主题贯穿其作品始终。19世纪30年代是联邦前（pre-Confederation）时期，此时加拿大还是大英帝国的一部分。尽管金是英国海军的工作人员，但他在加拿大进行研究。因此，这份研究是英国－加拿大科学的绝佳案例，为我们理解现代科学在加拿大的形成过程提供了另外一个角度。金的民族学研究填补了加拿大地区原住民的信息空白。正如苏珊娜·泽勒（Suzanne Zeller）所说："科学这一工具是加拿大人评估自己国家未来的标准。"[9] 而各种探险，如金在19世纪30年代早期开始的北极探险，则是建构加拿大之后几年科学特质的重要组成部分。

金关于大鱼河探险的民族学著作

理查德·金在伦敦长大，中等阶层家庭背景。他的父亲老理查德·金（Richard King Sr.）在伦敦的军械办公室工作。14岁时，金开始接受外科医生和药剂师的培训。1824年，他开始在药剂师协会进行为期7年的实习。1832年，他在伦敦的盖伊医院（Guy's Hospital）见习时获得了执业医师资格。[10]在完成医学培训后不久，金加入了皇家海军，受命担任医疗官，并作为资深北极探险家乔治·贝克（George Back，1796—1878年）手下的副指挥，加入加拿大北极探险。当时英国海军正在寻找西北航道（the Northwest Passage）①，贝克的探险正是该计划的一部分。贝克本人也曾参与约翰·富兰克林（John Franklin，1786—1847年）的铜矿河探险（Coppermine River Expedition，1819—1822年），此次探险的成员差点全军覆没。19世纪20年代中期，富兰克林在马更些河（Mackenzie River）另一次探险的结果稍好一些，这很大程度上得益于哈得孙湾公司（HBC）的赞助。[11]英国海军希望借助这种积极的势头，进一步探索该地区。

贝克的探险主要走陆路，成员人数大约16人，不过这一数字会随健康问题和探险需要而有所波动。队员们于1833年2月起航，主要负责三项任务。第一项任务是找到失踪的英国探险家约翰·罗斯（John Ross，1777—1856年）和他的船员，并提供帮助。第二项任务是收集博物研究数据，调查大鱼河（Great Fish River）沿岸的景观。大鱼河今天被称为"贝克河"②（the Back River），位于加拿大西北地区和努纳武特地区。第三项任务是

---

① 又称"西北水道"，是一条穿越加拿大北极群岛，连接大西洋和太平洋的航道。
② "大鱼河"这一地名是在乔治·贝克的探险过程中被首次被译成英语的，尔后的19世纪后期的探险家习惯性地将这条河称为"贝克的大鱼河"，最后名字逐渐简化为"贝克河"。

尽可能寻找通往西北航道的路线。探险队从蒙特利尔地区开始长途跋涉，穿越魁北克地区、安大略地区和马尼托巴地区，前往他们位于西北地区大奴湖（Great Slave Lake）东部的里莱恩斯堡（Fort Reliance）的冬季住所。这些住所是专门为探险队建造的。当贝克的队伍到达里莱恩斯堡的时候，约翰·罗斯已经回到了英格兰。因此，他们就把注意力完全转移到博物研究的收集和调查上。[12]

在此过程中，尽管金从事过几项探险队工作，比如勘察风景、担任医疗官、收集博物研究标本，但民族学研究似乎一直是他的首要任务。他的旅行记录中散布着民族学研究的观察结果，但他最重要的民族学研究分析是其《北冰洋海岸之旅叙事》第二卷的第12章。这一章用大部分篇幅描写了北美地区原住民，尤其是加拿大北部原住民的情况。[13]整体而言，《北冰洋海岸之旅叙事》是一个令人印象深刻的民族学研究资料来源，其中详细描述了几个原住民群体，包括易洛魁人（Iroquois）、索尔托人（Saulteaux）、克里人（Cree）、契帕瓦人（Chipewyan）、甸尼人（Dene）和因纽特人（Inuit）。金勾勒出了每个族群的外貌和智慧，并且描述了他们的物质文化、习俗和习惯。这些都是早期民族学家的宝贵的资料来源。金所留下的资料高度适应民族学研究人员的需要，而且他自己还有过博物研究和医学方面的训练——这两个领域被认为是这一新兴学科研究计划的关键。[14]

旅行叙事，如金所写的《北冰洋海岸之旅叙事》，是英国理论民族学学者的重要证据资源，他们依靠目击者的叙述来证实其理论的可信度。[15]金的民族学权威来源于他与当地原住民的直接接触，基于这一点，他被视为一个可信赖的记录者。[16]了解他对北方原住民描述的撰写方式是很重要的，因为这一点说明了原住民的现代建构是如何形成的，以及社会政治影响是如何塑造他们的。[17]在这些被玛丽·路易斯·普拉特（Mary Louise Pratt）称为"接触区"的地方，欧洲人通过将自己的语言、习俗、习惯和身体特征与原住民的语言、习俗、习惯和身体特征并列对比,描绘了原住民的种族特征。[18]金的《北冰洋海岸之旅叙事》也不例外。为了最大限度地利用这一文本的研究价值,理解其中所蕴含的写作政治性是很重要的。金在其著作中建立的种族身份根植于欧洲人对北方原住民的先入之见,而并非代表原住民的自我认知。[19]

尽管金的叙述有高度复杂的民族学资料来源,但在前几章中,他的种族描述相当简单,一般都提到了原住民的外貌和服装。这种描述说明了在探险初期,他与不同原住民群体的接触还不深入。他在前往里莱恩斯堡途中,与原住民的会面大都很短暂。例如,他与北美原住民最早的一次接触,是在现在的雷鸣湾(Thunder Bay)地区威廉堡(Fort William)附近与一群索尔托人接触。[20]金简要描述了他们的身体特征,称他们"好战、健壮、大胆",还顺便提到了他们的珠宝和头饰。他并没有试图了解这些饰品在索尔托文化中的意义。金当时也没有试图与他们建立密切的关系。两队人马只是交换了一些货物,然后就分道扬镳了。[21]这种民族学描述在19世纪早期的旅行故事中很常见。外科医生、医学讲师、民族学家威廉·劳伦斯(William Lawrence,1783—1867年)在《人类博物学》(*Natural History of Man*,1819年)的讲座中哀叹道,科学旅行者在与原住民互动时,往往只注重对他们的外貌和物质文化的描述,而没有探究文身、穿孔、服装、饰品或任何其他物质物品的意义,从而浪费了扩展民族学知识的机会。民族学家需要对所观察到的文化有更深刻的理解。[22]随着探险的进行,金就逐渐采用了后者。

随着他与各种原住民的进一步交流,对非欧洲人的认识不断增长,金的民族学观察也得到了改进和深化。例如,金很快就了解了原住民之间贸易物品的标准价值,并在他的《北冰洋海岸之旅叙事》中解释了这种基于习惯的贸易体系:

在与印第安人的所有交易中，河狸[①]皮是交换的标准。基于此，一把粗糙的屠刀和一把小锉刀被认为是等价的。一把在英格兰价值20先令的枪等价于15张河狸皮，1英寻[②]粗布或一张小毛毯价值8张河狸皮。3张貂皮，8张麝鼠皮，或1张貂熊[③]皮，算作1张河狸皮；1张银狐皮或水獭皮，算作2张河狸皮；1张黑狐[④]皮或黑熊皮，算作4张河狸皮。[23]

这种对原住民群体毛皮和欧洲物品货币价值的一般性概述不仅对外欧经济体系感兴趣的民族学家和人种学家有用，而且对商人、殖民代理人和军官也有用。正如迈克尔·布拉沃（Michael Bravo）所说："民族学研究的成功取决于能否获得关于其他民族的可靠信息……为了获得这种知识，必须在世界各地，特别是在涉及英国政治和经济利益的地区，找到高效可靠的来源。"[24]将民族学知识与帝国主义者的关切联系起来对双方都有好处。政府官员能了解到非欧洲市场的微妙之处，民族学者则得以在政府赞助的土地考察中收集信息，并进一步接触到原住民群体。[25]

在1833年9月抵达里莱恩斯堡后，金与原住民的接触很快发生了重大变化。在里莱恩斯堡，他与克里人、契帕瓦人和甸尼人群体住得很近。这种条件使金有了更多了解原住民文化的细节的机会。例如，金详细讨论了这些原住民群体如何捕猎驯鹿，并利用驯鹿的各个身体部位制作不同的物品。他还研究了北方原住民如何用兽皮制作衣物，如何用骨头和鹿角制作工具和武器，如何将动物肌腱和背部肌肉变成缝纫线。[26]此外，金还全面描述了其他原住民的生活物件，如雪橇。[27]简而言之，这些民族志观察描

---

① 又称"海狸"，啮齿目河狸科的物种。
② 海洋测量中的深度单位，1英寻约等于1.83米。
③ 又称"狼獾"，鼬科貂熊属的物种。
④ 银狐中的黑色品种。

绘了北方原住民生活的全貌。这些民族志观察虽难以避免欧洲人的视角，却也记录了原住民社会组织和物质文化的微小细节。对于那些对英属北美地区原住民感兴趣的英国研究人员来说，这些资料是无价之宝。[28]

随着时间的推移，金对自己的民族学报告越来越有信心，他开始纠正其他到访该地并记录原住民生活的探险者。例如，金认为，由于欧洲探险家缺乏统一的拼写知识，在确定北方原住民命名的地理标志时，他们的记录产生了许多不一致之处：

> 探险者们没有费心去听清，导致大鱼河有很多名字。大鱼河是由三个词组成的，应该写成"Thlĕwŷ-cho-dĕzză"，对应英文中的"Fish-Great-River"这三个词，但原住民语言中代表"河"的词"dĕzză"却被误拼为"dezeth""desh"甚至是"tessy"，而代表鱼的词"Thlĕwŷ"则被拼成了"thlew-ee""threw-ey""thelew-eye"最后一个词在原住民语言中的意思是什么也没有，像"twoy-to"一样。鱼河（The Fish River）这个词组的拼写就更加混乱了，应该写为"Thlĕwŷ-dĕzză"，但却被错拼为"The-lew""The-lon""Thelew-ey-aze""Thlew-y-aze"。[29]

探险家们记录中的这些差异意味着，读者无从了解他们不同版本的叙述是否讨论的是同一个正确的位置。而且，拼写的混乱使得交叉对比变得非常困难。[30]为了解决这个问题，金认为最好使用英文术语来命名地标。[31]

在金的民族学观察中也有一些提高认知的例子。在第一次遇到因纽特人之前，金先入为主地认为他们是未开化的野蛮人。其实，他对因纽特人的极端看法，来自他之前与其他北方原住民的交流。在里莱恩斯堡过冬期间，金与甸尼人的黄刀部落（Yellowknife）首领阿凯乔（Akaitcho，1786—1838年）建立了密切的关系，阿凯乔一直向英国人提供肉类。[32]

通过与阿凯乔的友谊，金对北方原住民有了很多了解。然而，正是由于这一点，他收集的关于因纽特人的信息是有偏见的，因为阿凯乔的部族正在与因纽特人竞争北部荒原边上的稀缺资源。由于这种争斗，阿凯乔对因纽特人的描述是负面的。[33]金记录了阿凯乔带领的黄刀部落与因纽特人之间的不和，但这有可能是错误的信息，因为阿凯乔描述的可能是他和当地多格里布人（Dogrib）首领埃德佐（Edzo）之间的竞争。[34]在19世纪的民族学报告中，不同北方原住民群体被混淆这一现象屡见不鲜。这一现象经常导致记录中存在着对非欧洲人的错误描述，并带来长期后果。例如，如果一个欧洲探险家读到相关记录，说某个群体充满敌意或攻击性，其与该原住民群体的互动和未来的交易就会受到这些不实记录的影响。[35]

贝克的探险队初遇因纽特人时，气氛就非常紧张。金鉴于与阿凯乔的讨论，认为因纽特人会对英国人怀有敌意。然而，金的镇定自若和他对原住民习俗的敏感帮助他平息了局面，并使他重新评估了此次偶遇的文化意义。当英国人靠近因纽特人驻扎的海岸时，全副武装的因纽特人迅速包围了他们。因为英国人没有带翻译，他们很难理解因纽特人包围他们的意义。金描述道：

> 这群人大约有9个，他们知道我们打算登陆，就向船靠近，挥舞着带有骨头的长矛；他们围成一个半圆形，开始大声讲话，在整个讲话过程中，他们不断地交替抬高、压低他们的双臂。他们示意我们离开岸边，同时用一种疯狂的手势说了一些难以理解的话，清楚地表明他们正处于极其兴奋的状态。[36]

英国探险家威廉·爱德华·派瑞（William Edward Parry，1790—1855年）在1810年至1820年的各次北极探险中，记录了贝克的探险队有一份因纽特语的词汇表。[37]然而，由于他们对口语不熟悉，金和团队其他人发现无法用词汇表理解这群因纽特人。金描述道，他们开始说一些基本的词语试图平息局势："我们一开始说'tĭmā'（和平）和'kăblōōns'（白人）这两个词，他们就停止了喊叫；然后我们不断重复这些词，他们就一个接一个地放下长矛，开始轮流拍他们的胸部，并指向天空。"[38]这个例子说明贝克的探险队是依赖早期旅行者的记录来获取原住民信息的。同时也说明，关于因纽特人等群体，当时的文献记录存在缺陷。直到19世纪晚些时候，才出现了与非欧洲民族打交道的民族学手册，而且英国人所掌握的信息并不是总能派上用场。[39]然而，正如金所指出的那样，当时掌握的信息至少能有效地避免冲突。缺乏熟练的翻译人员也妨碍了探险队收集因纽特人信息的能力。金就很遗憾他们失去了一位因纽特语翻译奥古斯都（Augustus）。19世纪20年代早期，在富兰克林指挥的北极探险中，贝克遇到了奥古斯都。奥古斯都原本打算加入贝克的探险队，但在前往里莱恩斯堡的途中不幸遇难。金写道：

> 此时此刻，如果可怜的奥古斯都在场有多好！如果他仍存活世间，他本可以向我们解释有关这些有趣族群的重要事实。这样，海岸沿线的无数不确定因素就会消失，我们也能从这些族群当中获得信息，从而推进我们的探险进程。[40]

金相信，有一个熟练的翻译在场，英国人可以获得更多的信息，尤其是当地地形的地理知识。从与阿凯乔和他的族人的讨论中，贝克的探险队已经获得了一些关于大鱼河沿岸景观的信息；然而，考虑到因纽特人对这条河更加熟悉，他们的知识将大大有助于英国人的探险。[41]北极旅行叙事中有大量记录表明，欧洲人是通过与因纽特人的互动来了解北极地区的自然现象和地理知识的。这种知识交流对欧洲人探索未知土地至关重要。[42]

金作为民族学家的反思，使他敏锐地意识到自己的观察具有局限性。在他与因纽特人的第一次偶遇中，他承认由于互动时间很短，他无法全面了解该群体："整个过程大约半个小时，还没开始就结束了，因此我们对这些人的观察必然非常有限。"[43]金还根据一位年长因纽特人加入之后情况的变化，重新评估了贝克探险队与该原住民群体最初接触时他们动作的意义。他写道：

> 船第一次靠岸的时候，他们正在劳动，警惕性很高，这是毫无疑问的；但是，他们的双臂交替抬高、放低时，脸上的表情是愉快的；在整个会面过程中，他们后方不远处的一位老人很快放下了双臂，表情轻松、步履轻快地加入了前方的年轻人。所以，我倾向于认为那些动作象征着和平。[44]

随后，金继续描述了因纽特人的外貌、物质文化和社会活动。他最后说："与阿凯乔的观点相反，因纽特人是友好和乐于助人的。"[45]

因为许多早期的民族学家从未离开过欧洲海岸，所以他们高度重视有关原住民生活的图片。这些图片被用来交叉比较不同族群的身体特征。通过识别世界各民族特征之间的相似之处和不同之处，民族学家们可以建立支持或否定单基因或多基因的论点，这取决于他们的理论方向。[46]收集这类数据的民族学家非常在意图示的准确性。[47]为了描绘他的研究对象，金使用了一种叫作投影描图器（camera lucida）的设备。这种光学设备可以将研究对象的投影叠加到画面上。

投影描图器使金的插图更加真实客观，因为他的这些插图是基于工具所做的投影，是对原住民的真实描绘。[48]在探险期间，金与原住民进行互动并描绘出他们的形象，有意思的是，很多时候，模特们并不喜欢插图中描绘出的样子——即使这些插图都是用投影描图器描绘出来的。有时，金的模特们会对如何描绘自己积极提出意见,这也是旅行记叙中关于原住民能动性的一个有趣插曲。

比如,一位年轻的原住民妇女给金当模特,她有一只眼睛受伤了,所以用头发遮了起来。然而,当金用投影描图器将她的形象画出来时,把这只伤眼也画出来了。金回忆说,当她看到这一幕,"她非常窘迫,拒绝我继续为她画肖像,坚持要在画面中遮盖自己的瑕疵。"[49] 同样的情况也发生在金为阿凯乔作画时。

> 阿凯乔的额头上长着一个豌豆大小的赘肉。一开始,阿凯乔以为把这部分画出来是为了夸张,他也觉得非常好笑;但随后他发现金没有改动的意思,于是他把手指放在画像上遮住,面带微笑地观察着说,这样"năzōō"(好);然后再收回手指,鄙夷道,"năzōōlăh"(不好)。[50]

这位妇女和阿凯乔都希望以一种理想化的方式来表现自己,而金出于民族学的目的,则希望对他们进行真实的描绘。最后,这两个插图都没有出现在旅行故事中。要么是因为他们的抗议,画像未能完成,要么是因为金因为尊重他们的决定而没有将其收录。

整体而言,《北冰洋海岸之旅叙事》用两卷篇幅记录了金的民族学研究,详细描述了当时英属北美地区的几个原住民群体,包括易洛魁人、索尔托人、克里人、契帕瓦人、甸尼人和因纽特人。金勾勒出了每个族群的外貌、物质文化、习俗和习惯。他也意识到自己观察的局限性,在叙事中也公开表述了这一点,并为其他前往英属北美地区的探险者就如何改善记录提出了建议。但是在他关于北方原住民的民族学著作中还有另外一个方面,批评了欧洲人在该地区的定居和贸易是如何对原住民生活产生负面影响的。为了应对这些负面影响,金开始了自己的教化使命。

金和他的教化使命

在目睹了北方原住民居民的悲惨境遇之后，理查德·金有了教化英属北美地区原住民的想法。尽管这种想法中的欧洲中心主义仍倾向将欧洲文化凌驾于他者之上，但这仍不失为一项极富同情心的事业。根据金的说法，1833年至1834年的冬天，里莱恩斯堡的情况非常严峻。许多北方原住民来到营地寻找食物。随着寒冷加剧，情况日益变糟。金记录道，这是一个特别严酷的冬天，土地变得越来越贫瘠。由于几乎没有可用的资源，英国人几乎无法帮助当地居民。定居在里莱恩斯堡的克里人、契帕瓦人、甸尼人大部分死于饥饿。这种极端的情况严重影响了他的民族学报告，使他对原住民的困境更加敏感。例如，金在1834年1月记录："我们附近死了四五十个人，他们的尸体四散倒毙在房子周围20英里（1英里=1.6093千米）内，去任何方向都会被冻僵的尸体绊倒。"[51]他对死亡人数感到不知所措，想在英属北美地区引进一种制度，以改善原住民的生计。金将北美原住民的衰落与欧洲人的到来和定居联系在一起，认为欧洲人打破了当地脆弱的环境平衡。在《北冰洋海岸之旅叙事》的第二卷中，他几乎用了整整一章的篇幅来讨论如何改善这种严峻的状况。这篇分析充满激情，促进了他教化原住民的使命。

金对北方原住民进行民族学描绘的一个主要目的，就是用积极的眼光来描写他们，展示他们的善良和智慧。这一形象意义重大，因为如果英属北美地区的原住民居民是善良的群体，那么他们就有可能通过欧洲文化的熏陶而成为有道德的公民。这种对非欧洲人身份的重新评价受益于18世纪开明的理性主义思想，相较于对人种贬损性的前现代观念（起源于中世纪基督教种族主义），是一项重大转变。[52]对于许多19世纪的英国人来说，道德被视为现代文明生活的象征。同样，如果原住民通过他们的行动或手艺表现出先进的智慧，那么这就是理性主义的证据，这意味着他们能够适应欧洲的习俗、习惯和价值观。这也使金相信，北美原住民可以成为现代文明的臣民。

为了强调他们的道德观，金在记录中讨论了几个历史事件，在这些事件中，北方原住民在英国人最需要帮助的时候帮助了他们。例如，在富兰克林灾难性的铜矿河探险中（超过50%的船员死于饥饿），金说当地的甸尼人"对约翰·富兰克林船长和他的团队给予了细致入微、富于人道的关怀。"富兰克林和其他人得以幸存，全有赖于甸尼人在自己都缺乏补给和土地的情况下，慷慨地为英国人提供了食物和住所。[53]正如金所说，他们的行为"在最文明的人民中也被视为荣誉"，并且说明，由于他们的善良和慷慨，北方原住民是可与欧洲人平等的。[54]在回顾他和贝克探险队的其他成员在严冬期间如何对待在里莱恩斯堡寻求食物和住所的原住民群体时，他说："我希望我们能投桃报李。"[55]

在说明北方原住民的先进智慧时，金用大量实例展示了他们对自然世界的全面了解和娴熟的手工艺技能，旨在说明北方原住民可以像现代欧洲人一样理性和文明。例如，金认为，原住民对生理学的了解非常广泛，而且"我发现他们熟知伤口的严重程度：他们知道对动物身体的某些器官造成伤害，会导致其瞬间死亡或奄奄一息，而即使对其他器官造成更严重的伤害，也只会造成暂时的不便"。[56]根据金的说法，这种生理学上的理解深度与欧洲人相当。此外，这表明北方原住民可以切实学习自然发展过程和内科医学。

当谈到建造诸如独木舟、烟斗或雪鞋这样的物质工具时，金认为，"他们的技术绝不逊色于"欧洲人，他认为这尤其令人印象深刻，因为原住民只有一小部分工具可使用，包括斧头、刀子、锉刀和锥子。[57]金同样对北方原住民掌握新语言的轻松程度印象深刻："他们还拥有掌握不同语言的强大能力，因为他们通常会说三种语言，我还遇到过一些能够用四种语言交流的人,即英语、法语、克里语和契帕瓦语。"[58]金认为,学习多种语言的能力是北方原住民先进智力的另一个例证,证明他们可被教化并适应欧洲社会文化。

尽管有这种文明化的潜力,金认为,欧洲人在英属北美地区的定居不仅阻碍了原住民的社会发展,而且往往导致不同原住民社区的衰落(或消失):

> 令人伤感的是,北美原住民是一个数量众多的民族,他们具有人类天性所能展示的最优秀的品质,但他们与欧洲人的交流却阻碍而不是促进了他们的文明。他们被灌输了堕落的恶习;却没有在那些本可以增加他们的舒适和便利的技艺上得到指导。[59]

欧洲定居者没有向北方原住民提供获得新知识、药物或技术的机会来改善他们的生活,而是为了自己的利益,引入酗酒等恶习损毁他们。例如,哈得孙湾公司就利用酒精作为一种控制和剥削原住民的方式。他们鼓励技艺更高超的猎人们沉溺于饮酒,其真实目的是通过酒精和债务,使他们不得不为公司服务。[60]然而,如果一个猎人过度依赖酒精,公司将对他弃若敝屣,使他陷入极度贫困之中而不闻不问。[61]

对火器的依赖也给原住民群体带来了困境。金写道:

> 引进火器可能是原住民群体衰落的一个原因:只要能够获得弹药供应,原住民们就渐渐不再使用弓箭、长矛和其他诱捕猎物的方式,长此以往,这些技术便用进废退了。而原住民在冬季和夏季狩猎中所能偿还的装备和弹药的数量,远超他们在春秋两季赊欠的数量,因此而产生的债务使他们完全受制于欧洲商人。这必然是他们衰落的另一个原因。[62]

事实证明，火器是非常有效的狩猎工具，并迅速成为原住民狩猎的首选武器。然而，随着原住民猎人们越来越依赖于火器，他们失去了对传统狩猎工具的掌握。当他们完全依赖于欧洲的火器，他们在哈得孙湾公司就会债台高筑。金写道，这种体系在北美原住民群体中造成了严重问题，因为随着猎人年龄的增长，他们打到的毛皮越来越少，哈得孙湾公司就会因此停止放贷给他们。由于没有能力支付弹药费，许多老猎人就这样在贫困中死去。[63]

哈得孙湾公司和为公司收集毛皮的原住民之间的关系严重失衡。最值得注意的是，与哈得孙湾公司在欧洲各地销售这些皮毛所产生的利润相比，这些猎人并没有获得公平的报酬。正如金所说："一把粗糙的刀可以换得三张貂皮，但这把刀的价值，包括运送到那些遥远地区的费用，估计最高不超过6便士（0.5先令）；而三张貂皮去年1月在伦敦的价格是以5几尼（105先令，1几尼=21先令）。"[64]他还写道，"黑狐皮或者海獭①皮更昂贵，利润会增加三倍多；但是几年前，黑狐皮一张可以卖到50几尼（1050先令），而原住民只能换到价值2先令的东西。"[65]这种利润差对哈得孙湾公司来说是一笔巨大的经济收益。金写道："手拿皇家特许状收益盆满钵满的公司，如果想要令人尊敬，应该挪用一小笔资金，用于救助那些在年轻时为其财富做出贡献的老人和患者，使他们免于挨饿。"[66]金认为哈得孙湾公司在人道主义上有义务帮助在这种剥削性经济体制下遭受巨大痛苦的原住民。

金认为，解决英属北美地区原住民困境的办法是使他们文明起来，给他们提供与欧洲人相同的机会。金也认为，这个方法的问题在于，原住民群体不再信任欧洲人，因为欧洲人到达英属北美地区以来一直在剥削和征服。金写道：

---

① 水獭亚科海獭属的动物，分布在北太平洋沿岸。

让他们忘记我们给他们留下的印象将是一项艰巨的任务。北美原住民人对白人两个多世纪以来的所有认知和记忆一直伴随着恐惧和混乱，如果能把这种认知和记忆从他们的头脑中消除，回到最初刚刚发现他们的状态，那么影响他们的文明就会容易得多。[67]

金认为，如果能在原住民群体和欧洲定居者之间重新建立某种信任，那么教化原住民就有实现的可能。在19世纪30年代，关于原住民教化，欧洲人有两种方式。第一种方法是改变信仰，但金认为，这种方法只会加剧原住民的不信任感，因为这种方法是在用另一种形式显示自己的权威。金支持的第二种方法是文化适应。他认为，在原住民群体中引入欧洲的习俗、价值观、知识等，才有更大的可能使他们开化。然而，他认为这种方法要想成功，就必须改善原住民目前的状况。[68]

金支持文化适应这种方式，要归功于托马斯·霍奇金的著作。两人是密友，从19世纪30年代开始经常通信。[69]霍奇金批评基督教传教士试图通过皈依来教化世界各地的原住民。他认为接受基督教应该是一个理性的选择，但要做出理性的选择，人必须接受欧洲的价值观、习俗、习惯等。因此，掌握欧洲文化是这种模式不可或缺的第一步。[70]金提出了一个类似的计划："我认为他们既应该受教化，也应该皈依；但根据我自己的经验，我认为从前者着手会更容易，也会更成功；如果对新一代给予适当关注，信仰的转变便可得以顺利迅速地达成，无论老少。"[71]金认为，教化的使命能否成功，取决于北美地区年轻一代的原住民是否认同这一体系。此类方式的支持者认为，如果原住民的年轻一代认同了该体系，则文化适应这种方式将更能影响到原住民的子孙后代。

本章小节

在本章中，笔者研究了理查德·金在1833年至1835年的大鱼河探险中的民族志著作。他在这次航行中编写的旅行叙事受众甚广，包括民族学家、慈善家、军事官员、殖民地代理人和毛皮商人。[72]他的民族学研究代表了这门学科转向现代的种族观的历史转变。这种观点受益于开明、理性的思维，融入了新的技术形式，并以当时最新的科学和医学知识为基础。这些研究不仅包含了不同原住民民族详尽细致的民族学图片，而且着重描绘了欧洲帝国主义在英属北美地区对原住民的影响。金找到了问题的根源（欧洲人剥削原住民），并提出了解决问题的办法（教化原住民）。

可是，尽管金的叙事视野宽广、心怀同情，但它仍然具有高度主观性，并植根于当时欧洲人的偏见之中，这种偏见仍然认为原住民社会是低等的——即使它们有可能与现代欧洲社会平等。研究金如何构建叙事和种族范畴是一项重要的历史工作，使我们有机会审视19世纪早期对种族的科学理解。[73]作为民族学资料，金的叙事改变了英国人对现今加拿大北部原住民的理解。在试图说服殖民者反思其帝国计划影响这方面，金做出了早期尝试。加拿大的科学——尤其是在19世纪30年代，金的活跃时期——并不是孤立的，而是一个更大的全球网络中的一部分。将这个故事与一个更大的大英帝国视角联系起来，为加拿大现代科学史增添了另一个维度。金是英国种族科学的重要创始成员，因此他关于北方原住民的民族学著作是英国人类学历史的重要组成部分。在某种程度上，这些原住民为进一步的研究提供了一个重要的样本群体，金的叙述则是英国加拿大科学全盛时期的一个经典范例。

第 2 章

科学家或游客，狩猎者或间谍

> 探险这种活动既不是冒险也无关牺牲，却能带来极大的乐趣。狩猎大型动物也没什么风险。这两个观念我是同意的。但这样的观念给我带来了很多麻烦。
>
> ——乔治·帕尔默·普特南[1]

1925年8月19日，加拿大总督批准了《西北地区法》第8条修正案。该条例也被称为《科学家和探险家条例》(Scientists and Explorers Ordinance)，其中规定，所有野外考察人员在加拿大西北地区进行调查之前必须获得加拿大联邦政府的许可。迄今为止，历史学家对该条例的政治意义做出了正面评价。该条例通过主张国家控制外国科学家和探险家进入和通过北极高纬度地区的活动，旨在加强加拿大对这一仍有争议的地区的主权主张。[2] 然而，在解决这一政治问题时，加拿大联邦政府无意间又制造了一个新的认知问题。他们现在不得不详细说明科学家和探险家的性质，以确定哪些申请者有资格获得许可。尽管政府一开始对这些职业类别的解释比较宽松，但法令的第 4a 条明确禁止野外考察者从事商业或政治活动。[3] 假扮成科学家或探险家的狩猎者或间谍在西北地区不受欢迎。然而，政府部门在 20 世纪 20 年代后期发现，合法和非法之间的界限不仅难以确定，而且容易逾越，这点令人惊讶，也让人不安。

这个认知问题并不仅限于 20 世纪早期的加拿大北部。杰弗里·鲍克（Geoffrey Bowker）和苏珊·利·斯塔（Susan Leigh Star）认为，类别系统是现代性的重要惯例，也是 19 世纪末 20 世纪初官僚体系塑造公民社会的一个重要载体。分门别类是一种固有的政治行为，赋予某些个人和群体权利，抹杀或边缘化其他人。[4] 托马斯·吉伦（Thomas Gieryn）已经论证了划界工作①的重要地位，即某些行为人、活动和地方被认为是可信的科学知识来源，其余则被排除在科学领域之外，认为其不具备科学价值。划界工作具有本地化、偶发性和实用性的特征。如何检验知识的可信度，知识的边界又是如何被定义和捍卫的，正是这些因素决定了某时某地科学的状态及运作方式。[5]

在所有科学产生的场所中，"野外"（field）被认为是最需要划界工作的地方；但它也是在实践中最不受划界工作控制的地方。对于那些希望在科学和非科学人员和活动之间建立牢固界限的人来说，它提出了特殊的物质和智力挑战。与实验室的私人空间不同，"野外"的边界是公开可渗透的。大量的人类和非人类因素都可能进入该空间并在其中流动，且使用其中的资源，以达到不同的目的。然而，在行外人看来，这些目的往往是通过类似手段实现的。"在野外调查中，"亨里卡·库克利克（Henrika Kuklick）和罗伯特·科勒（Robert Kohler）指出："科学家们的实践有时会不知不觉地影响到当地其他的活动，比如旅行、运动或资源采集。"[6]

行为的相似性，确实会导致人们无法区分实地工作中的各种职业。北

---

① 社会学家托马斯·吉伦首先使用"划界工作"（boundary work）这个术语来讨论科学的边界问题，即在"科学"和"非科学"之间找到一个严格的界定所面临的哲学难题。

方地区的政府官员们担心他们会把科学家误认为狩猎者、游客或者偷猎者，反之亦然，这种担心是完全合理的。事实上，在20世纪早期的北美，人们很难区分科学采集者和狩猎者。这两种职业所需要的技能与知识，包括野外生存技术、高超的射击技巧，以及对动物习性的熟悉程度，基本是一样的。[7]即使是职业内的区分，例如，接受过科班训练的科学家和自学成才的收藏家这两个职业，要区分起来也是难上加难。实地工作中专业和业余的边界本就模糊，在北极这样的环境下尤甚。在20世纪晚期，北极的实地科学才逐渐有了些许专业化的萌芽。[8]20世纪后期，加拿大北部地区的政府官员对认知划界工作采取了一种工具性的方法：先大幅度划定北方科学和探索实践的边界，再根据后续事件的需要缩小他们的职权范围。

《科学家和探险家条例》的施行显示了官方态度的演变，其作用在于界定并从而控制现代加拿大北部地区的科学和探险。[9]鲍克和斯塔写道，"当目标分解或成为研究对象时，分类就会变得更加明显"[10]确实，那些在科学领域看起来合理，但后来违反了法令规定的探险活动，最能让人们认识到，1925年以后国家有效管理西北地区科学探险所需要的所有政治和认知划界工作有哪些。因此，本章描写了两次此类探险，分别是1926年夏天和1927年夏天，由乔治·帕尔默·普特南率领的前往加拿大东部的北极地区的探险，以说明在两次世界大战之间，加拿大北部科学探险的边界是如何在实践中谈判、建造、突破和重建的。通过考察促成这一事件的信仰、希冀和各类关系，本章也描绘了彼时彼地野外科学探险的情绪与情感。最近，罗纳德·E.杜尔（Ronald E. Doel）、乌尔班·弗罗克贝格（Urban Wråkberg）和苏珊娜·泽勒三位学者确认了"微观社会和个人经验在现代野外科学制度框架和意识形态动态中的重要性。"[11]此外，情绪和情感问题在广义科学史上的地位也越来越突出。[12]分析人们对普特南第二次探险中遇害的鸟类的强烈而迥异的反应，有助于阐明在20世纪初加拿大北部地区科学与运动之间模糊的界线，也让人们能够看到，不注意区分这两者的差别，会带来哪些实际后果。

该法令使加拿大政府拥有控制外国野外考察者进入西北地区的主权领土的权力。然而，该法令的实际权力仍有赖于加拿大和其他北极地区利益相关方国家，特别是美国之间的睦邻友好关系。1925年，麦克米伦-伯德（MacMillan-Byrd）探险队严重破坏了北纬四十九度沿线的外交关系。此后，在普特南的一系列探险中，美国探险家、外交官、科学机构代表和加拿大官员建立了友好的双边关系，以确保美国野外调查者能够继续进入北极地区的野外地点，并确保他们尊重加拿大法律。然而，当普特南的巴芬岛探险队在1927年突破这些法定边界时，两国之间的关系再次紧张起来。然后，加拿大人使用正式的外交手段，要求那之后科学界和探险界的外来人士在北部地区注意自己的表现。此时，美国政府默认，甚至相当于明确承认，北部地区属于加拿大主权范围。但讽刺的是，普特南事件的解决方式暴露了加拿大在其北极领土上权力有限。

自19世纪末以来，加拿大政府对美国在北美北极地区的活动日益关注。在1903年阿拉斯加边界争端之后，目睹英国外交官为了英美友好牺牲了阿拉斯加有争议的狭长地带后，加拿大政治家保护自己其他北极边界的决心变得更加坚定。[13] 20世纪20年代初，当美国和欧洲探险家开始在戴维斯海峡和北极群岛东部进行实地考察时，加拿大内政部在西北地区和育空地区的政府工作人员采取了各种措施，突显这一地区的加拿大国家身份。从1922年起，东北极巡逻队（the Eastern Arctic Patrols）每年都把政府代表送到拉布拉多、哈得孙湾和东北极群岛的定居点。皇家加拿大骑警在德文岛、巴芬岛和埃尔斯米尔群岛的战略要地设立了哨所，并在那里全年驻扎。

然而，加拿大政府也非常清楚，美国探险家的一些所作所为，就好像北极是一个国际无人区一样。1925年5月，前英国皇家空军和加拿大空军军官罗伯特·A.洛根（Robert A. Logan）报告说，自己在纽约市探险者俱乐部（Explorers Club）听到"探险者们就北极地区的主权问题大谈特谈"。他说："像唐纳德·B.麦克米伦（Donald B. MacMillan）这样的探险家，出于他们自己的私心，并不希望任何国家在北极地区宣示主权。"[14]确实，就在当年晚些时候，由麦克米伦率领、美国海军部分赞助的一次探险，就让加拿大在北极的主权问题进入了紧要关头。[15]麦克米伦和他的副手理查德·伯德（Richard Byrd）提议在阿克塞尔海伯格岛上建立一个补给基地，以支持他们在北极高地的空中勘探计划。加拿大官员担心，美国政府可能会质疑加拿大对这座岛屿的主权主张，因为挪威早些时候在这里进行过勘探活动。他们还担心，这次考察可能会在该群岛发现新的岛屿，而美国预计未来会在那里进行商业活动，借此宣称对这些岛屿拥有主权。

加拿大官员最初是通过美国报纸发表的报道，而不是通过正式的外交渠道得知麦克米伦和伯德的计划的。他们迅速执行了在1921年就已经萌生的想法：立法要求外国科学家和探险家在加拿大西北地区进行实地考察前，需要申请许可。[16]6月1日，下议院提出相关修正案，随后加拿大通过英国驻华盛顿大使馆通知美国国务院，麦克米伦和伯德需要申请许可才能进入。一开始，美国官员表示反对，他们不希望出现任何可能正式承认加拿大在阿克塞尔海伯格岛或其他北极高海拔岛屿主权的行动。然而，到8月中旬，美国国务院的立场软化了。他们给麦克米伦发电报，要求他们为仅限于埃尔斯米尔岛以南的活动非正式地向加拿大政府申请许可。尽管如此，麦克米伦和伯德都没有申请许可。伯德还告诉1925年东北极巡逻队的指挥官乔治·P.麦肯齐（George P. Mackenzie），在他们离开之前已经获得了必要的许可证。由于无法立即核实这一说法，麦肯齐做出了让步。但加拿大最终还是胜利了。这是美国政府支持的美国探险家最后一次如此厚颜无耻地挑战加拿大在北极高纬度地区的主权。对于加拿大北部地区的政府官员来说，这一事件给美国后来的加拿大北极探险活动带来了深远影响。[17]

在加拿大对北极及其更广泛的对外关系的政治划界工作中，麦克米伦 -

伯德探险队事件是一个分水岭。这一事件的关键成果之一，即《科学家和探险家条例》，在1925年后成为加拿大北极地区政治和认知边界工作的主要载体。由于迫切需要维护加拿大在北部的主权，该法令在实质上将非英国属地的野外考察人员隔离于该地区之外。它使加拿大北方政府有能力筛选希望在西北地区从事科学工作的外国人，拒绝证件可疑或动机不明的野外考察人员，驱逐从事未经许可进行野外考察工作人员，并对这种行为处以最高1000美元的罚款。[18]

该法令同时巩固了加拿大国家在北方的认知权威。安德鲁·斯图尔在本书第11章也会讨论到，在1913年至1918年的加拿大北极探险考察之后，加拿大联邦政府再也没有承担或赞助任何更大规模的北极或亚北极探险。加拿大地质调查局实际上暂停了对该国偏远和经济"贫瘠"地区的考察。[19]即使政府能筹得资金派遣一名科学家参加东北极巡逻队，他们也很难找到技术上和气质上都能胜任北极野外考察的人。[20]同时，19世纪20年代中期之前，非英国属地的工作人员每年都会到西北地区考察。官方担心，尽管存在《西北狩猎法》(*the Northwest Game Act*)等保护性立法，这些入侵者还是会对加拿大北部的自然和文化资源造成重大压力。猎物和鱼类消失在探险家和他们的狗的食道里，动植物标本以及考古学和民族学的样本被偷运到美国和欧洲自然历史博物馆的地窖里。[21]"我们很乐意在我们的领土上看到科学工作的进行，"内政部西北地区和育空分部部长O.S.芬尼（O.S. Finnie）在1924年指出："但令人遗憾的是，我们加拿大的博物馆没有从所有这些研究工作中获得过一丝好处。"[22]

鉴于科学与加拿大北部主权之间的密切关系，如同其他存在野外工作的极端气候地区的一样，加拿大联邦政府需要对外国科学家获取知识和消耗资源的方式实行控制。该法令强制这些科学家和探险家与加拿大政府建立互惠关系。为了获得生物标本和文物，野外考察人员必须提交一份科学发现报告、采集标本清单和他们在西北地区的旅行记录。通过主张外国野外考察者所产生知识的所有权,政府加强并巩固了对其北极领土物质与非物质方面的控制。该法令还使政府工作人员能够跟踪北方研究对象在加拿大以外的流通和最终栖息地,并迫使野外考察人员注意包括如《西北狩猎法》和《候鸟公约法》(*Migratory Birds Convention Act*)此类法律对某些非人类群体划定的保护边界。

然而,该法令并没有精确定义其所管控的职业。当加拿大皇家骑警专员科特兰特·斯塔恩斯(Cortlandt Starnes)要求芬尼"界定'科学'和'探索'这两个词的含义,以免产生误解"时,芬尼仅提及了法令第4a条中规定的排除政治和商业活动的内容。[23] 在该法令施行的早期阶段,"科学"和"探索"之间的界限仍然很宽泛。几乎可以肯定,这是一个战略举措,旨在最大限度地扩大法令的潜在影响力,使其成为控制西北地区访客的政治和认知手段。与此同时,政府工作人员认识到有必要确保申请许可证的人具备基本的科学或探索能力。下文中的1926年美国博物馆格陵兰探险队的历史,就是该法令通过后的几年里,核实申请人的真实性和发放许可证的过程的绝佳案例。[24]

这次探险是乔治·帕尔默·普特南的主意,他是纽约一位著名的出版商,同时也是一位探险业余爱好者。普特南年轻时热衷于户外活动,他对"埃菲·M. 莫里西"号(Effie M. Morrissey,以下简称"莫里西"号)的北方游轮之旅最感兴趣。"莫里西"号曾是一艘捕鲸纵帆船,经过改装后可以在冰雪覆盖的水域中航行。普特南宣称:"我不喜欢把(北极)想象成要人命的冰冷荒野。""最好是把它想象成一个壮丽的自然公园,每天都可以亲身体验。"[25] 但是他的这次探险既有科学的成分,也有旅游的成分。它的目的是为美国自然历史博物馆(the American Museum of Natural History,AMNH)收集埃尔斯米尔岛、德文岛和巴芬岛以及更东部地区的动物资料。[26] 博物馆的代理馆长G.W.H. 舍伍德(G.W.H. Sherwood)写信给内政部公园专员J. B. 哈金(J. B. Harkin),申请科学家和探险家的许可证，以收集受《候鸟公约法》保护的物种标本。对于这项申请，哈金的同事评论说："博物馆的诚意没有问题。"[27]在内政部官员眼中，有公认的科学机构的支持，也有训练有素的野外工作者，已足以证明此次探险的可信度。

在该法令实施的早期，美国博物馆格陵兰岛探险队（American Museum Greenland Expedition）的申请过程完善了发放科学和探索许可证的程序，反映了处理该事项的政府工作人员的包容性。加拿大官方规定水路进入西北地区附近水域的探险船船长需要许可证，陆路进入西北地区的科学和探险人员也需要许可证。[28]此外，尽管探险队成员很少受过正规科学培训，但内政部副部长认为最好向所有人员发放个人科学家和探险人员许可证。[29]由此，探险队的摄影师、艺术家、无线电操作员和专业的牧牛工（想当麝牛牧人的成员）都变成了"科学家"或"探险人员"，并与专业的标本剥制师、鱼类学家和动物学家归为同一类别。野生动物保护咨询委员会（The Advisory Board for Wild Life Protection）授予他们许可证，可以分别有选择性地采集哺乳动物、野鸟、鸟巢和蛋的标本。在此次探险中，自由猎手丹尼尔·W. 斯特里特（Daniel W. Streeter）和普特南13岁的儿子大卫·宾尼·普特南（David Binney Putnam）也获得了许可证。[30]

美国探险队人员和加拿大政府工作人员之间的政治划界工作同样务实而慷慨，可能是为了修复几个月前由于麦克米伦和伯德的行为而受损的关系。就在探险队离开之前，普特南对加方的礼貌和合作表示感谢。他告诉芬尼："我很高兴，也有责任确保……考察的方式能够得到您和加拿大当局的充分认可。"他承诺将免费分享收集到的所有数据，包括电影胶片，并邀请芬尼作为嘉宾出席探险家俱乐部（the Explorers Club）11月的年度晚宴，以表达个人的感激之情。[31]当探险队在北部水域时，其代理人菲茨休·格林（Fitzhugh Green）船长在写给芬尼的信中也表达了同样的热情。

他注意到在庞德·因莱特（Pond Inlet），探险队员、加拿大皇家骑警和哈得孙湾公司的人员之间"愉快的……接触"，声称这说明了"对北方地区共同的兴趣，使两国人民的精神日益和谐"。[32]

这些看似千篇一律的客套话，可以被解读为麦克米伦-伯德事件之后，加拿大和美国试图通过微观外交手段重新调整两国在北极的关系。作为探险家俱乐部的成员，普特南和格林非常清楚，加拿大官员现在对美国在北极的探险持有全新同时合理的怀疑态度。为了确保他们能够继续进入这一地区，他们明确表示，这批美国探险队将不同于其他探险队，在加拿大的北极地区将尊重加拿大的法律和主权。这样的声明在公开和私下的场合都有发表。普特南发给《纽约时报》的一份报道中，描述了他们代表伯德观测琼斯海峡（Jones Sound）的情况。伯德希望在那里建立一个基地，作为未来空中探险的一部分。同样在《纽约时报》，麦克米伦曾宣布打算将新发现的北极岛屿标记为美国领土，而普特南则强调，伯德"将在加拿大领土上工作，要取得加拿大的许可。'任何上帝或人类的律法都不可能在五十三度以北的纬度运行'这一说法将成为历史。"[33]尽管伯德在普特南的队伍中，但普特南毫不犹豫地放弃了个人关系，至少是暂时放弃了，以加强两国双边关系。[34]

芬尼对普特南的回应是真诚的，不经意间流露出温暖。大卫·宾尼·普特南记录了他在"莫里西"号上的夏季经历，并在父亲的出版社出版，名为《大卫去格陵兰》（David Goes to Greenland，1926年）。收到免费赠书后，芬尼赞扬了本书勇敢冒险的叙事风格，他写道："大卫写的故事，趣味横生，可读性强……这本书将与其他所有'伟大的'科学家和探险家的作品一起放在我们图书馆北方探险类的书架上。"[35]在随后的一封信中，芬尼透露自己的儿子理查德也曾多次前往西北地区。普特南热情回应："我想见见你去过北极的那个儿子，我之前都不知道我们都是父亲身份。"[36]这些情感交流作为政治划界工作的替代品，说明个人关系可以影响到跨国友好关系。芬尼等官员敏锐地意识到，由国家监控外国科学家和探险家的活动，并惩罚他们可能违反法令的行为，这种做法的实际影响有限。他们与外国野外工作者建立友好的个人关系，希望后者出于对个人的信任和尊重而遵守加拿大的规定。

第二年夏天，普特南在福克斯盆地（Foxe Basin）和巴芬岛（Baffin Island）西南部附近，驾驶"莫里西"号进行了第二次北极探险。就在这次探险中，双方在此前精心建立的关系破裂了。开始一切都很顺利。普特南要求芬尼延长1926年发给他们的许可证，表示由于"莫里西"号出了些问题，他们当时几乎没有机会在加拿大领土上收集动物标本。他向芬尼保证，他的探险在科学上是合理的，并明确表示不会滥杀哺乳动物或鸟类。"我的主要兴趣是用照相机'狩猎'"，他肯定地说。[37]鉴于探险队以前遵守加拿大法律法规的记录，它与美国自然历史博物馆的长期关系，以及它与其他著名的科学机构如美国地理学协会（American Geographical Society, AGS）的新关系，芬尼没有理由怀疑普特南的意图。芬尼回答说，加拿大政府很乐意向这次探险队发放许可证，允许他们在西北地区进行科学实地考察，并收集哺乳动物和非候鸟的标本。他还转交了一份普特南写给哈金的信的副本，以便获得收集候鸟标本的许可。芬尼的信以一封温暖的私人信息结尾："我很高兴看到你的儿子大卫再次成为探险队的一员，并将怀着极大的兴趣期待他的下一部作品。"[38]

对于这次巴芬岛探险，普特南表示："几乎完全成了一项地理事业，不涉及任何动物收藏。"[39]在密歇根大学的劳伦斯·M.古尔德（Laurence M.Gould）这位探险队地理学家和第二指挥官的领导下，探险队重新绘制了巴芬岛的西南海岸线，发现南部地图上超过5000平方英里的推测陆地其实是水域。"至少可以说，这是一次独特的经历，"普特南惊叹道，"航线图上清楚地显示，我们现在距离海洋还有50英里甚至更远，但实际上，我们还在海上舒适地漂浮着！"[40]加拿大当局对收到这一资料感到惊讶，并给了普特南传统的探索特权，即首位发现者可以将他喜欢的名字赋予清晰可辨的各种地貌。普特南岛（Putnam Island）和鲍曼湾（Bowman Bay）这两个名字——后者以美国地质调查局当时的主席以赛亚·鲍曼（Isaiah Bowman）的名字命名，以感谢他的支持——一直延续到现在的北极群岛地图上。[41]

除了代表美国地质调查局进行的地理勘探外，探险队成员还为史密森尼学会（Smithsonian Institution）、美国渔业局（United States Bureau of Fisheries）和布法罗自然科学学会（Buffalo Society of Natural Sciences）进行了海洋学野外考察；为美国印第安人博物馆（Museum of the American Indian）、赫耶基金会（Heye Foundation）进行了考古学和民族学野外考察；为美国自然历史博物馆（American Museum of Natural History）进行了动物学野外考察；在阿马德朱瓦克（Amadjuak）和多塞特角（Cape Dorset）进行了因纽特人的医学实验。[42] 唯一被带到南方的动物标本是在福克斯盆地猎到的蓝雁皮。在《大卫去巴芬岛》（*David Goes to Baffin Land*，1927年）中，大卫描述了那个夏天的探险，说："狩猎成果是非常令人失望的。我们原本期待着在哈得孙湾能有所收获，但结果却一点也不好。"[43]

和去年一样，普特南送了一本大卫最新的书给芬尼。它大概存放在西北地区和育空分部的图书馆里，内政部的工作人员可以查阅。这本书很有可能就是这样在第二年春天被哈里森·F.路易斯（Harrison F. Lewis）看到的。他是安大略省和魁北克省的首席候鸟官员。路易斯是一个热心的业余鸟类学家，不知疲倦地追踪野外偷猎者。这一次，他在这本书这一页上，看到了偷猎的痕迹。[44] 令路易斯感到恐惧的是，大卫的书中写道，普特南巴芬岛探险队的成员在加拿大境内逗留期间，杀死了许多受保护的候鸟，包括鸭、雁、岸禽以及其他动物。路易斯哀叹道："杀害这些生物的行为经常在叙述中偶然提及，给人留下了这样的印象——这种杀戮很常见，而且很多都没有记录。"[45]在核查了第1488号许可证的验收情况后，路易斯确认普特南只申报了上文提到的蓝雁。所有其他的狩猎，看起来，都是打算供探险队在野外食用的，因此是在禁猎季节被非法杀害的。

这些动物的命运因为看起来毫无目的而显得更加悲惨。路易斯指出："这次考察只在野外进行了短暂的一季，没有受到加拿大的邀请或赞助，而且似乎主要是为了赚钱和做广告。""在启航前他们没有理由未得到充足的补给，但记录显示，在他们到达巴芬岛后不久，就捕杀了鸭子。"探险队"自私和无情的行为"产生了各种层面的政治后果。作为在加拿大领土和加拿大水域上的美国人，他们的行为违反了两国之间的双边条约《候鸟公约法》，这种行为有可能再次激化加拿大和美国在北极地区的关系。此外，这些杀戮是对加拿大和国际有关法律的公开藐视，有可能使"开放的北极"的这一加拿大政府全力否定的说法死灰复燃。

这些死去的鸟类可以被解读为边界对象，或者有能力联结不同实践群体的事物。边界对象具有某些固定属性，使它们对一系列相互交叉的行为者和群体具有可理解性和意义，但也保留了足够的延展性，以有效地响应个人和处境的想法。[46]认识互有交叉的美国和加拿大群体赋予这些死去鸟类的意义，进一步让我们看到了两次世界大战之间，加拿大北部野外科学和野外运动之间的细微界线。普特南和加拿大政府工作人员都赞同精英自然保护主义精神，这种精神要求明智和合理地使用自然资源，以确保它们的长期性。他们的分歧在于使用资源的性质和规模。

普特南小心翼翼地将自己与前一代肆意屠杀北极野生动物的狩猎者和探险家区分开来。在谈到他自己和两次探险的船长鲍勃·巴特利特（Bob Bartlett）时，他写道："除了食品储藏或科学用途之外，我们都不太热衷于杀戮。"[47]但是对于普特南来说，通过狩猎自由消费野生动物的能力，虽然并不过分，但却是他在"野生"环境中艰苦休闲的一个重要组成部分。这次探险以典型的反现代方式，提供了一种身体和精神上的灵丹妙药，能够治愈繁忙城市生活带来的疲惫。在因纽特导游的帮助下,大卫与各种物种的接触来提高自己的跟踪、围捕、射击和野外生存技巧,这一点,无论是作为父亲还是作为出版商,普特南都认为是非常重要的。

成功学会狩猎是英美精英运动和男子气概文化中一个关键的成长仪式。大卫1927年的狩猎故事为成人和青少年读者提供了宝贵的教育材料。有一次,大卫开了五枪,仍未命中一只"看起来在看热闹"的野兔。随后两位成年人(一位因纽特人、一位欧美人)告诉他,他只能再开一枪了。他们对大卫浪费粗心的批评正中要害,他最后一枪打死了野兔。[48]同时,观看因纽特人捕猎北极野生动物的方法,例如用鱼叉从皮艇上捕杀雄海象,教会了大卫及其读者,绅士的体育行为超越了文化界限。为动物提供合理逃跑机会的狩猎行为并不仅仅是英美精英狩猎运动的专利。这些狩猎课程是为科研收集标本活动的有效补充,后者很有效率,但却有失刺激。普特南说,用高性能步枪杀死海象并装进袋子里送到自然历史博物馆的大厅里,其挑战性和危险性,就像在牧场上射杀牛群一样,平淡无奇。[49]然而,即使是这种狩猎,也让普特南得以向儿子和加拿大政府工作人员展示了绅士的狩猎方式。制作科学标本剩下的肉会给因纽特人和他们的狗吃,以确保不会被浪费。[50]

讲述狩猎和捕鱼轶事也是探险故事的一般惯例,以吸引读者的眼球。此类情节也为微妙的植入性营销提供了一个合适的场景:帕克猎枪、雷明顿步枪、托马斯钓鱼竿和盔甲牌肉糜压缩饼①的优越性能被巧妙地编织到大卫的旅程梗概中。[51]为了让大卫的书在青少年(和成年)阅读旅行者中畅销,并为未来的探险吸引企业赞助,它的主人公必须打猎和捕鱼——越频繁越好。

普特南北极东部探险队的队员们似乎认为,对北极野生动物的消费是

---

① 肉糜压缩饼(pemmican),北美洲原住民的特色食品,是一种将干肉加动物油脂、糖浆、干果、香料等捣碎后压制而成的食物,可用作应急干粮。

极地探险的特权和前提——如果你愿意,可以看作是探险者的权利。即使在像普特南这样供应充足的探险队中,许多野外工作者也尽情享用乡村美食,因为他们通常赖以生存的进口食物营养丰富但味同嚼蜡。[52]1926年从格陵兰岛返回后,普特南举办了一次晚宴,庆祝克努德·拉斯穆森(Knud Rasmussen)、鲍勃·巴特利特,当然还有大卫·宾尼·普特南北极探险故事的发表。晚宴上,几乎每一道菜都是动物做成的——北极熊、雷鸟、一角鲸①、海象、白鲸、毛鳞鱼,这些动物都来自他们最近工作的野外。晚宴最后的压轴菜,竟合乎常理地叫作"爱斯基摩派"②。[53]

1927年,在巴芬岛上,大卫享受着油炸驯鹿牛排、小鹅肉和沙锥鸟的盛宴。他津津有味地写道:

> 沙锥鸟的味道很不错。你可以把肉剔出来,把上面剩下的小羽毛燎去,或者把它们完全剥皮。剩下的就交给煎锅里的培根和培根油脂,小鸟很嫩,你可以全部吃掉,把骨头和剩下的都嚼碎,大概四口就能吃完。[54]

大卫字里行间的喜悦使他在路易斯眼中显得更加可恶了,他在信中一字不差地复述了这段话,人们可以想象,当时他的情绪带着一种厌恶和执着。与美国的环保主义者一样,加拿大的环保主义者谴责并试图通过立法限制"任意捕杀"(pot-hunting)的行为,即农村居民和工薪阶级为了补充家中的食物储藏室而捕杀动物和鸟类的行为。[55]相比之下,以一种引人注目甚至是华而不实的方式食用北极动物的行为,提升了普特南作为一个精英运动爱好者和旅游者的地位,他个人的科学可信度却因为这些行为受

---

① 又称"独角鲸""长枪鲸"。
② 此处指雪糕,品牌叫"爱斯基摩派"。这是最早的雪糕品牌之一,后由于"爱斯基摩"作为品牌名称受到抗议,后更名为"Edy's Pie"。

到了损害，其严重程度使加拿大政府无法忽视。

对于路易斯和他在内政部的同事来说，这些被杀死的鸟类不仅使他们感到悲痛，也是政治上的定时炸弹。他们都是自然历史学家，即使不是专业人士，也是野生动物保护的热情拥护者。[56]此前，J. B. 哈金和麦克斯韦·格雷厄姆（Maxwell Graham）发起了一系列双边谈判，这些谈判成果丰硕：1916年《候鸟保护公约》通过，该公约在加拿大的必然结果，即《候鸟公约法》也得以起草，该法在一年后生效。[57]设立"野生动物保护咨询委员会"，也就是哈里森·路易斯所在的委员会。该委员会的设立是为了确保加拿大遵守相关条约和法律，该委员会也很快成为加拿大联邦政府在野生动物保护立法和政策制定的主要推动力量。[58]在加拿大，自然资源传统上是各省而不是联邦的责任；然而，加拿大西北地区的野生动植物属于内政部的管辖范围。因此，从成立十几年到二十几年的时间里，委员会的时间和精力几乎都放在了管理北方动物上。[59]但与野生动物有关的法律在北方执行起来尤其具有挑战性，因为北方土地面积辽阔，而狩猎活动的管理官员人数稀少，无论是指定的野生动植物巡视员还是依职权有权管理的人员（例如警察）。

然而，加拿大政府意识到，为了公开证明立法的有效性，那么至少要有一小部分人被定罪。引用路易斯的话，在谈到"庄严的国际条约"时，就更该如此。[60]加拿大不能不履行其睦邻友好的义务，但也不能允许其邻国像普特南和他的探险队那样，利用自己的一番热情。幸运的是，自1925年以来，北美外交格局发生了变化，加强了加拿大与美国政府讨论此事的能力。在麦克米伦-伯德探险期间，加拿大缺乏与美国之间独立的外交关系。此前，由于需要通过英国驻华盛顿大使馆传递信件，加拿大与美国国务院官员的沟通受到了阻碍。英国驻华盛顿大使馆并不总是高度重视加拿大的公报。次年，在伦敦举行的帝国会议（the Imperial Conference）之后，加拿大总理威廉·莱昂·麦肯齐·金（William Lyon Mackenzie

King）与美国建立了直接的外交关系。非官方的外交关系在普特南远征中失败了，加拿大政府现在有了更好的正式手段来迫使这些美国人和美国政府解释和弥补他们的行为。

负责外交事务的加拿大副国务卿 O. D. 斯凯尔顿（O. D. Skelton）依据路易斯的信作，向美国政府发布了官方公报。1928 年 8 月，该公报通过加拿大驻华盛顿代表团发布。[61]美国副国务卿小威廉·R. 卡斯尔（William R. Castle Jr.）很快向加拿大保证，如果美国探险队"滥用贵国政府赋予的特权"，那将是"令人严重关切的问题"。他把公报转发给了探险队的主要赞助商——美国自然历史博物馆，请博物馆的管理人员调查此事。[62]与此同时，普特南显然还没有意识到外交纷争的日益增长，还在 9 月中旬向芬尼发出了最后一封友好信函，以确保去年夏天探险的所有行政工作都以正确的步骤完成了。他写道："我非常真诚地希望履行每一项义务，以证明我非常感谢你们的友好礼貌和在各个方面的合作。"[63]鉴于这封信的日期距离卡斯尔转发信息的时间已经过了三周，加拿大政府很难相信博物馆或美方的工作人员还没有联系到普特南。[64]即使普特南的信件是为了恢复他和芬尼的友好关系而做出的最后努力，芬尼现在也被正式启动的外交机制束缚住了手脚。斯凯尔顿建议芬尼，在此事得到正式调查和解决之前不要做出任何回应。

到 9 月底，美国自然历史博物馆已与普特南进行了交谈，卡斯尔得以非正式地向加拿大驻美大使文森特·梅西（Vincent Massey）报告，并正式向加拿大驻华盛顿代表团报告。[65]普特南颜面尽失，承认自己违反了相关法律，并认为一切错误的原因是自己在一开始就误解了加拿大关于狩猎的相关法律法规。他错误地认为只有猎物被杀死并被带到国外作为科学标本才需要向政府报告，所以没有报告作为食物的猎物。他声称，生活在巴芬岛上的因纽特人可以不遵守狩猎相关法律，自由地捕杀动物以供食用（事实并非如此）。这次探险可能是在无意中不恰当地（在他看来）模仿了这些因纽特人的行为。尽管他的行为无意中暴露出他更像是一个狩猎运动爱好者而不是探险家，但他并不是一个间谍。他否认自己存有任何隐秘的意图，指出探险队发表在美国地理学会《地理学评论》(Geographical Review)的官方报告中，和大卫的书中，就提到过他们的狩猎猎物是为了获得食物。[66]普特南也强调了他长期以来对野生动物立法的尊重，指出在他20年的狩猎生涯中，"不遗余力地维护狩猎相关法律"。[67]博物馆方面也证实，普特南是一位"品格高尚的绅士"，他绝不会故意让官方不满。[68]

普特南的边界工作兜了个大圈，又回到了原点。当年（1926年），他主动试图修补在北极高纬度地区美加关系的裂痕，以便更好地为他的第一次北上探险铺平道路。两年后，他再次尝试，这一次是回应他自己造成的损害。首先，普特南试图修补对美国自然历史博物馆和它未来可能赞助的北极探险的认知损害。他再次说明，本次探险后来已经发展为一次基本上属于地理范畴的探险，在实地考察期间已经超出了博物馆的职权范围和专业知识。他还强调，博物馆工作人员中没有人陪同探险，"违反加拿大狩猎法律的过错和责任完全在他"。[69]接下来，普特南试图修复他所造成的政治损害。他不仅向博物馆和国务院官员提供了完整的解释，而且请野生动物保护顾问委员会与他会面，以亲自赎罪，这一姿态得到了美国国务卿弗兰克·B.凯洛格（Frank B. Kellogg）的明确支持。[70]"鉴于此，"梅西在给斯凯尔顿的信中写道："我认为不宜再做进一步要求了。"[71]1928年12月10日下午，委员会在举行的特别会议上接受了普特南的解释和道歉。当天早些时候，在美国驻加拿大公使安排的一次会议上，普特南也向加拿大总理麦肯齐·金表达了个人歉意。随后，一份详细说明此次访问结果的公报被递交了国务院，事情就此结束。[72]

美国政府在国内外可能卷入了一些与这件事有关政治边界工作。美国政府中某个对这一事件有内部了解并能接触到官方信件的人可能向

《渥太华晨报》(*Ottawa Morning Journal*)的华盛顿分社泄露了这一消息。[73] 关于"一个14岁男孩的作品如何引发了一场国际外交争议"的报道适时地出现在美加两国的报纸上。[74] 虽然公开来得太晚，无法改变调查结果，但是对探险队不当行为的广泛报道，尤其是其违反《候鸟公约法》这一点，使得官员们特别难以忽视其行为。[75] 但是，为什么美国政府希望对自己的北极探险家的不当行为予以强调呢？通过公布普特南的违法行为及其后果，美国的政府官员可能希望公开确认美国和加拿大在北极群岛东部的合法存在，进一步批驳开放北极的说法。不管泄露的确切原因是什么，美国国务院对普特南事件的处理表明，美国探险家今后将对他们在北极地区的行为负责，他们的政府不会无视其违反北极地区条约的行为。尽管这样做，美国政府是承认双边而不是加拿大对北极空间的主权，但美国政府不仅愿意按照加拿大的意愿提出此类主张，而且也许还愿意将此类案件公之于众，这表明加拿大对北极高地的主张得到了全新的尊重，尽管在那里的加拿大的主权问题尚未有令美国人满意的解决方案提出。

至少在中短期内，美国个人和机构在边界问题上的努力看起来是成功的。加拿大官员与美国官员恢复了友好的微观外交关系。普特南表示要为加拿大政府工作人员放映巴芬岛的影片，芬尼也对普特南再次邀请他参加探险家俱乐部的年度晚宴表示感谢，并重申他有兴趣观看探险队拍摄的巴芬岛的影片。[76] 同时，在普特南探险之后的几年里，美国对北极的探险活动很少（如果有的话）引发加拿大和美国政府之间类似的外交交流。直到20世纪30年代中期，加拿大外交部才开始理所当然地对外国科学家和探险家许可证的申请进行审查。[77] 最后，普特南可能对这件事的影响感受最深。虽然他继续出版探险故事，并担任其他探险家的赞助人，但他再也没有再次组织到北极或其他地方的大规模探险了。

普特南北极东部探险队的故事揭示了加拿大政府在《科学家和探险家

条例》通过后，尝试直接对外国野外工作者进行管理，但有时会有失败的例子。政府工作人员在西北地区的科学和探险活动中划定了宽松的认知界限。在粗略地检查许可证之后，他们常常直接指定探险队为科学探险队，因为这样在实践中很方便，也使官方有一种能够控制他们行动的错觉。然而，普特南探险队在科学上似乎是无懈可击的。[78]在所有早期的科学家和探险家许可证的申请中，普特南递交的申请似乎是最不可能引起任何麻烦的。于是，1927年夏天，当该探险队成员们冲破了科学活动与体育活动的界限，才令人那么惊讶。本章开头所提出了野外工作中存在的认知危险，而普特南的北极之旅就很好地说明了这一点：开放空间的边界难以监测，在这种空间中的科学实践很容易变成体育狩猎或资源开发，以及在不同的自然和社会劳动环境中，职业身份具有不确定性。[79]

加拿大官员担心狩猎者和间谍会故意伪装成科学家和探险家。普特南探险队的事件告诉我们，这种职业的模糊性也可能是无意中产生的。借用基督教神学家的语言，探险队可能因为疏忽，也可能因为恶意而犯下罪行。普特南误入歧途，加拿大政府更加失望，因为在麦克米伦－伯德事件之后，双方都煞费苦心，才重建了睦邻友好的关系。美国探险家与加拿大官员建立了良好的私人关系，以便能够进入加拿大的领海。加拿大政府也做出了回应，希望更友好的关系能使美国探险家采取更恰当的行动。但是，当这些希望破灭时，加拿大人可以通过外交渠道寻求正式道歉。在普特南的案例中，这一行为是由违反双边条约引发的，并通过加拿大－美国外交最近的结构性进展而得到缓解。这是美国探险队第一次在加拿大北极地区受到这样的谴责，但这不会是最后一次。

在这个故事中，死去的鸟类不仅是划界物体，把不同的政治和认知团体聚集在一起，同时暴露出对何为自然资源的适当使用和消耗，双方抱持的不同信念。对于加拿大官员来说，它们也标志着补偿的政治边界。死鸟无法复活，它们的死亡给个人和职业层面都带来了巨大的遗憾。但是，为了在北极问题上保持良好的跨境关系，那些有悔意的鸟类杀手必须得到赦免。外交层面上，加拿大不得不宽恕科学探险队在西北地区的罪行，无论这种罪行多么严重。这表明在两次世界大战之间，加拿大在高纬度北极地区的主权实际上是有限的。

第 3 章

城市中的电疗

电力时代将开阔我们的视野，拓宽我们的心胸，让我们走出混乱与动荡，迎来和平、安宁与秩序。伪善的信条、虚伪的教义、宗教和社会的狭隘和不平等都将让位于一个更大、更广、更虔诚的概念，而电力时代将是世界上有史以来最伟大、最幸福的时代。[1]

1919 年，记者盖伊·卡斯卡特·佩尔顿（Guy Cathcart Pelton）这样写道。他表达了一种愿景，即由于电力的力量，加拿大将发生积极的转变。受到最近医学、通信和交通领域电力化发展的启发，佩尔顿写道，自己"越来越认为……电是生命之源"。他预言，患者将得到治愈，机器将得到供电，体力劳动的负担将得到解除，通信将因为空气中的电能而变得即时。尽管他对加拿大社会即将进入一个新的电力时代有着乌托邦式的愿景，有时近乎荒谬（他相信宇宙被"看不见的电力频带绑定在一起……这将把明天变成一个充满希望、幸福和爱的时代"），但他认为电力是通往繁荣未来的钥匙的这一观点，在 20 世纪初，在加拿大非常流行。[2]

加拿大当时确实处于电力时代。19世纪欧洲和美国电磁学的进步对加拿大的工业发展产生了直接影响，许多人乐观地认为，电力，特别是水力发电，将使加拿大中部的工业摆脱进口煤炭带来的限制。在20世纪的第一个十年，加拿大的"水电装机容量从17.3万马力增长到将近100万马力。到了1920年，已经达到了250万马力"。[3]与此同时，通信（电报，后来是电话）、交通（电动有轨电车）和照明等形式的电力成为全国各地城市中心的必需品。在19世纪80年代到20世纪20年代，除了非常富有的人能够负担得起在他们的房产上安装电灯之外，公众接触电力的地方往往是共享空间：公共街道、商店橱窗或展览会的照明。夸张的电灯配置成了展示公民自豪感的时尚方式，在两次世界大战之间，全国各地的城市官员将"灯火辉煌的大街"（Great White Ways）纳入城市规划。[4]电力从根本上改变了这些共享空间的体验；城市街道的明亮灯光和有轨电车的叮当声令人惊叹，也令人困惑。医疗从业者们则用大批量的文献探讨这种现代电源在人类健康中可以发挥什么作用。

电能作为一种治疗手段的想法并不新鲜，但在当时的电力时代，人们对其医用价值的兴趣进一步提高了。许多像佩尔顿这样的当代观察家乐观地认为，电力将彻底改变加拿大人的生活；也许没有什么地方比加拿大城市更能感受到电力技术带来的变革性影响。正是在这些城市中，电力成了现代性的同义词，正如历史学家马歇尔·伯曼（Marshall Berman）所写，电力提供了一个"充满活力的现代体验新景观"[5]这种现代经验有些是非公开的；在大多数人与电力的接触仅限于公共场所的时候，已经有一些加拿大人通过电疗使他们的身体与电力产生了更亲密的关系。电疗基于这样一种概念，即电是人体的自然生命力，必要时可以通过外部能源进行补充，或者更准确地说，进行充电。因为电力为加拿大生活的各个方面提供了能量，于是就有一些人认为这种"神秘的力量"也可以为他们自己的身体提供能量。在寻求电疗法治疗的无数症状和病例中（无论是真实的还是想象的），电力展示出了它在公众体验中所隐藏的一面。

本章考察了1880年至1920年，在加拿大英语城市电力化的大背景下电疗的实践。[6]电疗法，或称"医用电"，可由执业医师和电疗师提供。电疗师通常是一些创业人士，他们认为电流可以使衰败的身体恢复活力。正如蒂娜·阿德考克在本书第2章所阐述，在加拿大北方地区，科学实践合法和非法的界限有时是模糊的。本章也探讨了这一点，即拥有执照的专业医师和自封的电疗医生之间的界限往往是不明确的。在一定程度上，造成这一现象的原因是缺乏监管，任何人都可以通过报纸广告和小册子，或者建立自己的诊所治疗患者，来鼓吹电疗法的好处。

一位来自多伦多，自称"医疗电力专家"的人J. 亚当斯（J. Adams）在他的文章中说，电是宇宙的基本动力，负责所有自然现象，当然也包括人体的内部运作。这种说法基于一个共同的中心思想：神经系统，特别是大脑被认为是电驱动的，容易受到外部压力，比如加拿大现代城市的一些特有压力的"负担过重"（overtaxation）。亚当斯认为："由于电能是健康的最大动力，在治疗人类躯体方面，它肯定也是最自然最适当的疗法。"[7]当时的电疗理论和实践揭示了那个年代中，有关加拿大现代性的一个有趣的悖论：电力，既负责为现代世界提供动力，也被视为消耗社会能量的罪魁祸首。用大自然自身的力量做治疗，加拿大人重新定义了新电力时代现代化的含义。

把身体理解为电池

到了1900年，电力作为一种治疗手段，已经被主流医学从业者和普通群众所接受。19世纪，越来越多的实验似乎证实了人体具有电力特征，可以通过电流和电光操纵。第二次工业革命中，电磁学和电力技术的进步带来了马达和发电机，而电疗法的兴起与这个快速工业化的发展时期也是分不开的。工业化到底在多大程度上，是帮助还是阻碍生活水平的提高，这一点难以评估，但当代观察家认为"工业化危害身体健康"。[8] 在 1880 年出版的《神经紧张的美国》（*American Nervousness*）一书中，乔治·比尔德（George Beard）写道，以电报、铁路和电灯等新技术为幌子的现代化正在给人类健康带来危机。比尔德坚持认为，这些新技术的后果——即时通信、速度、耀眼的亮度，已经超出了人类合理身心承受范围。[9]

今天的读者如果觉得比尔德的说法古怪，那是可以理解的。同时兴起的细菌理论从根本上改变人们对健康和疾病的理解，与之相比，比尔德的理论显得无关紧要。但当时的人们，相信身体是一个可渗透的实体，对他们来说，比尔德的说法很容易接受。环境历史学家，如琳达·纳什（Linda Nash）和格雷格·米特曼（Gregg Mitman）就记录了在整个19世纪，许多美国人对健康和疾病与当地环境关系的理解。"早在现代生态学出现之前，"纳什写道，"人们把自己理解为以多种方式与环境联系在一起的有机体。"[10] 细菌被发现后，人们仍担心自己的身体在当地环境中的脆弱性；在19世纪的城市，科技奇迹对个人健康造成了迄今为止后果未知的危险。虽然比尔德把电力过度刺激描述为一种独特的美国体验，但工业化生活似乎也让加拿大人陷入了情绪困扰，越来越多的人抱怨神经紊乱，比如"神经衰弱症"（neurasthenia），这是比尔德创造的一个术语。[11] 许多加拿大城市居民的身体似乎无法适应现代城市。[12] 1888年，多伦多一家精神病院的医疗主管丹尼尔·克拉克（Daniel Clark）说："在这个神经疲惫的年代，患者类别急剧扩大。"[13]

电为加拿大生活的方方面面提供能量，有些人认为这种"神秘的力量"也可以为他们的身体提供能量。大多数加拿大医生都在国外接受过培训，他们很可能精通电疗技术。医学思想不分国界，而且大多数医学论文都是由欧洲和美国医生撰写的，因此加拿大医生受到加拿大以外作品的影响也就不足为奇了。19世纪的加拿大医生并不排斥自身领域来自国际的影响,正如历史学家温迪·米钦森(Wendy Mitchinson)所说,这"让加拿大医生感到他们属于全世界的科学团体,而不只是一个地方职业"。[14] 医学期刊,包括《加拿大柳叶刀》(Canada Lancet)的文章也显示了医学思想的无国界性质,这些期刊为加拿大读者再版有关技术方法的外国文献。因此,加拿大从业者很可能知道比尔德,以及他的同事阿方索·罗克韦尔(Alphonso D. Rockwell)。比尔德与罗克韦尔合著了一本书:《关于电力的医疗和外科用途的实用论述》(A Practical Treatise on the Medicinal and Surgical Uses of Electricity)。[15] 他们的书多次重印,受到来自欧洲和北美医学界的好评。许多医疗从业者支持这样的观点:电能起到强效镇静剂的作用,可以治疗大多数神经紊乱,并能缓解疼痛。[16]

为了帮助解释电在人体中的作用,医生们经常使用"身体就像电池"这个比喻,在这个比喻中,疾病是由于"(人类)系统电极被干扰"引起的。[17] 19世纪的电池最常见的毛病就是它的偏极现象;因此,如果人体像机器一样,那么人体系统就会偏极,耗尽人体电池的能量。[18] 还有一些描述人体的其他说法,说人体运行是通过类似电路的方式:大脑通过神经接收和分配电流信号,而神经就像电线一样。温哥华医生麦凯·乔丹(MacKay Jordan)认为,眼睛是"光线和生命力进入身体的主要动脉"。[19] 医学界使用技术委婉语来解释身体,这已经渗透到主流社会中。历史学家卡罗琳·托马斯·德拉佩尼亚(Carolyn Thomas de la Peña)认为:"民间信仰、不确定的医学知识和定义模糊的技术结合在一起,创造了一个对电力充满兴趣的空间,'给我的电池充电'和'短路'等短语悄悄渗入了日常语言。"[20]

在那个时代,加拿大人可以在日报上找到电子腰带和振动器的广告,同时还有声称拥有电的所有治疗特性的灵丹妙药的广告。[21] 患者也可以从电疗机构或像阿伯纳·穆赫兰·罗斯布鲁(Abner Mulholland Rosebrugh)这样的医生那里接受治疗。罗斯布鲁是一名眼耳专家,他的日常治疗就结合了电疗方式,他也是电疗法的坚定支持者,他写了大量文章,支持在医学院教授电疗法原理。19世纪80年代,他为加拿大最重要的医学杂志《加拿大柳叶刀》撰写了一系列关于电疗的文章,他在文章中认为,"电力管理是每个医生都能做到的"。[22]他还在1885年发表了专著《医用电力手册》(*A Handbook of Medical Electricity*),并设计了一种便携式电池用于电疗。[23]

罗斯布鲁和罗伯特·L.麦克唐奈(Robert L. MacDonnell)医生等从业者将电疗技术引入蒙特利尔,但电医学的发展主要还是留给了电疗师,如1876年多伦多维诺伊电医学研究所的创始人S.维诺伊(S. Vernoy)教授。[24]维诺伊和他的许多电疗师同行一样,没有医学学位,但那些寻求他治疗的人认为这一点无关紧要。由于正统医生无法成功治疗大多数疾病,许多人转向替代药物寻求治愈。正是靠着正规医生和冒牌医生之间的模糊界限,电疗法蓬勃发展。维诺伊宣传自己的"激进疗法"适用于治疗"神经、性和脊柱无力"等疾病以及痤疮、痛风和风湿等慢性疾病。患者可以在他位于贾维斯街的地方接受治疗,或者"如果愿意,可以在患者自己家里接受治疗"。[25]或者,患者也可以通过购买他的"改进型家庭开关电池"来自己治疗。这是一种木质外壳的电池,患者可以用锌板将电流引入自己的身体。[26]患者只需轻轻一按开关,他们就可以成为自己的电疗师。维诺伊也是一位多产的作家,他出版了无数的小册子,向有兴趣的团体传授电的治愈能力。他还刊印了《电力时代》(*Electric Age*),一本"颂扬电疗优点"的季刊。[27]

女性患者则可以在一座邻近的建筑中接受治疗,在那里,加拿大第一批获得执照的女医生珍妮·特劳特(Jenny Trout)、阿米莉亚·特福特(Amelia Tefft)和艾米莉·斯托(Emily Stowe)为患有各式疾病的妇女提供电治疗。[28]她们在多伦多的电疗机构为患者提供通过电流浴或针对特定疾病(如神经衰弱或风湿病)的局部治疗。[29]然而,对于特劳特和特福特来说,"人体系统中没有哪个器官比位于盆腔的器官更容易发生紊乱"。[30]

1877年，两位医生出版了一本名为《电的治疗能力》(The Curative Powers of Electricity Demonstrated)的手册，其中解释了电疗是如何使一个衰弱的身体恢复"生命能量"的。患者可以在她们的机构寻求治疗——这是一个令人印象深刻的建筑，为外地患者提供一个餐厅和一个客厅的治疗空间——或者请医生去家里治疗。[31]

特福特还与维诺伊合做出了一个电生理学、电诊断和电疗法的全套课程，为任何在这些领域寻求指导的人提供自己治疗的手段。学完这套课程后，学生们将获得一张证书，证明他们有能力用电疗法治疗疾病。[32]这类机构明显缺乏监管，遭到一些执业医师的强烈反对，他们指出这些机构是江湖骗子和狗皮膏药的典型例子。像罗斯布鲁这样的医生试图取消这些人自封专家的资格，他们在提供常规服务的同时提供电疗服务，但这份好意实际上却还是帮助电疗机构和其电疗服务合法化了他们的手段。[33]在那以后，患者几乎没有理由怀疑电疗师的合法性了，特别是电疗师自己都可能坚信"电的治疗能力"。但是，电到底是如何治愈患者的呢？

尽管有大量的小广告和小册子宣传电疗的好处，但是没有广告能够为电疗下一个确切的定义。电疗师常常用模糊但有希望的语言来弥补这类信息的匮乏，向公众保证电是"自然界最伟大的治疗剂"，电流将"恢复身体系统的活力"。[34]最清楚的解释在医学教科书上：电疗法的原理是通过将患者的身体暴露在电灯的热量下或者将电流施加到患者的四肢上来进行治疗。[35]电流可以治百病，通过静电或摩擦电、电化学或感应电刺激肌肉收缩从而缓解疼痛或促进健康。[36]例如，在医生办公室接受电疗的患者可能会使用一个可以施加50伏以上电压的红木外壳电池。这些设备通常包括一个变阻器，可以让电疗师增加或减少电压，以及连接到患者的电极线。这些设备也可在家庭使用。历史学家约翰·瑟尼尔(John Senior)指出，今天"人们认为，这些治疗方式对其发明之初所针对的疾病是无效的。"[37]但在当时，以这些形式进行电疗是非常合理的，尤其是人们相信电现象在体内是自然发生的。来自蒙特利尔的妇科医生拉普桑恩·史密斯（Lapthorn Smith）指出，他的患者在治疗后很长时间内症状都得到了缓解。他的理由是，"身体的组织和体液就像一个感应装置，或者更确切地说，像一个蓄电池，会在治疗之后的一段时间里继续发出电流"。[38]

19世纪70年代，电疗的一种既定形式是通过电浴进行普遍治疗。它还被用来治疗衰弱、贫血、风湿、痛风和发烧，并被认为是清除体内金属毒素（如汞或铅）的理想疗法。[39]电浴是矿物温泉浴替代品，甚至一些电疗师声称，电浴的版本更优越……确实也更安全——因为患者没有呼吸到热空气，从而减少了心脏或呼吸系统出现问题的机会。[40]电浴有两种常见形式：白炽灯浴和电水浴。在白炽灯浴中，患者会脱掉衣服，坐在一个绝缘的凳子上。电疗师让患者进入一个特别设计的柜子里，只露出头。柜子的墙壁上会有白炽灯（有时是弧光灯），患者用灯泡发出的热量治疗。[41]罗伯特·巴索罗（Robert Bartholow）观察到，"患者身上或多或少带有高电荷的电流，这些电流被无痛接收……患者脸红，心跳加快，脉搏加快。皮肤普遍感到刺痛，全身大量出汗"。[42]身体被认为是一个可渗透的实体；这种方法的目的是排出毒素，让光线穿透皮肤，净化血液。电疗师可以定制此类柜子；患者也可定制可折叠浴盆，在家中进行治疗。[43]

白炽灯浴多年来一直沿用。1932年，伊莎贝尔·摩根（Isabel Morgan）在《周六夜》（*Saturday Night*）上发表了一篇文章，描述了"现代橱柜浴的磁场效应"。那时已经不是坐在绝缘凳子上，而是躺在一张可以滑进橱柜的小床上，露出头部，用一条冷毛巾遮住脸部，隔绝热量和光线。她写道，灯光给人以强烈的热感，并且：

> 局部按摩器（连接到慢交流电的圆形扁平毛毡垫）开始进行轻微刺痛的按摩，当热量开始发挥作用时，身体会出一层汗——这时毛孔打开，身体排出各种杂质，即使是最完美的皮肤中也存

在这些杂质。[44]

光浴背后的原理保留了它在19世纪后期的含义；然而，治疗场地已经改变。摩根没有去电疗机构，而是在水疗中心接受治疗，这表明这种形式的电疗已经演变成一种奢侈的疗法，已经不是医学治疗了。

电浴则需要一个浴缸，通常是用瓷器或木头建造的，通常有5.5英尺（1英尺=0.3048米）长，里面装满了足够的水，可以淹没患者的肩膀，而且水的温度要保持在华氏90度。[45]有时，如果患者的臀部或膝盖有特殊病痛，电疗师会在这些部位放一个小金属板。[46]铜是最好的，因为不会被腐蚀，但有时也使用锌制金属板代替。这个浴缸的原理是，水作为导体，患者只能接触到一部分静电发生器或电流电池提供的电流。[47]根据一本用户手册，一旦电流打开，患者的脚踝或膝盖就会感到刺痛。[48]随着电流增强，患者也有可能会闻到轻微的金属味。根据病情的不同，治疗时间通常在10~15分钟，一个月12次。[49]电热水一般主要是为了缓解神经紊乱。1873年5月《加拿大柳叶刀》上的一篇文章质疑道："如果这种疗法只能治疗便秘，它还值不值得高度赞扬？"[50]

到了19世纪80年代，加拿大人可以进行更局部的治疗了。在特殊附着物的帮助下，电流可以通过患者身体任何疼痛的部位。在相对较新的妇科医学领域，妇女经常接受这种治疗方法；随着电疗作为一种治疗形式日益普及，妇科电疗成为一个重要的研究课题。[51]米钦森认为，妇科医学是"基于这样一种假设，即妇女易患疾病，而罪魁祸首是她的生殖系统"。[52]在这一时期，大多数医生把女性的月经周期看作是她健康状况的晴雨表；1892年，美国内科医生亨利·查瓦斯（Henry Chavasse）指出，女性初潮后，其"精神力将得以扩大和提高"。[53]尽管有这样的说法，但当代社会评论家又认为，现代生活的压力可能会导致歇斯底里症等不正常现象。

1880年4月发表在《加拿大柳叶刀》上的一篇文章将癔症描述为"每

个女人都有可能患上的一种疾病"。[54]歇斯底里症的症状很难确定，它可能表现为失眠、神经质、易怒、下腹疼痛、月经周期不规律或缺失。医生们花了很大力气将它与乔治·比尔德提出的神经衰弱概念区分开来。加拿大内科医生 J. 马修斯（J. Matthews）在 1889 年 7 月的一篇文章中试图解释这种差异："一个歇斯底里的女人往往表现出强大的身心力量。而一个神经衰弱的人则会失去愉快的心情和力量……他的神经是脆弱的。"[55]神经衰弱症和歇斯底里症之间的两个主要区别来自现代性和性别，即当代压力导致身体状态滑坡，而歇斯底里症则与几个世纪以来女性疾病起源于子宫的信念有关。

然而，一些妇科医生的确认为，外部压力可能会引发歇斯底里症。1868 年《加拿大柳叶刀》上的一篇文章指出，长期使用缝纫机的妇女可能会出现生殖系统紊乱，如痛经和白带，从而导致歇斯底里症。文章指出，"在操作机器时，四肢的运动会引起性兴奋"。[56]这篇文章认为，操作踏板的劳动对于年轻女性娇弱的身体来说实在是太繁重了。拉普桑恩·史密斯认为，学校是罪魁祸首。在学校，女孩的大脑"耗尽了她们羸弱的食欲和消化所能提供的所有血液，这意味着她们的生殖器官无法得到发育所需要的大量优质血液"。[57]史密斯的文章反映了一种广泛的社会观念，即女性是弱势的性别。在当时，史密斯认为这一问题的"讨论范围不仅包括物理原因，而且包括社会和道德原因"，[58]而且这种认知并不罕见。这样他才能强调自己的重要性，拿出自己的治疗方案（多是电疗法），以减轻生殖障碍的不良影响，从而治愈妇女的歇斯底里症。[59]

乔治·阿波斯托利（George Apostoli）帮助普及了妇科用电。[60]这位巴黎医生用电流和感应电来治疗妇科疾病，他的方法在整个欧洲和北美都得到了采用。阿波斯托利设计了特殊的电极，将电流引入子宫，以治疗女性生殖障碍，如闭经或痛经。[61]在一个典型的疗程中，患者取仰卧位，头部和肩膀抬高，双脚支撑起来。妇科医生将插入一个宫内电极，在电流计的帮助下逐渐增加电流，从而建立患者对电流的耐受性。[62]为了避免休克，医生很可能告诉患者要保持完全静止。如果她提出有痛感，那么医生会先减少电流，然后再逐步增加，最大达到250毫安。[63]妇科医生会把他的双手插入阴道，以便调整电极；有些医生，例如史密斯，强调清洁——"必须把手洗干净，用升华溶液擦洗手指"——但宫内程序是否卫生值得怀疑。[64]

在19世纪和20世纪之交，振动和按摩也是可以接受的治疗歇斯底里症的方法。一些妇科医生指出，虽然这是一种剧烈的治疗，手动阴道按摩至少可以"给患者一定程度的缓解"。[65]无论是手动还是专门设计的工具，医生都会按摩女性的生殖器直到女性达到高潮。这个过程通常很费力，很少有医生喜欢。因此，历史学家瑞秋·梅恩斯（Rachel Maines）指出，振动器演变成了一种"电子机械医疗仪器……以使医生能更有效地进行物理治疗，特别是针对歇斯底里症"。[66]电疗专家认为，如果子宫能够"恢复到健康状态"，那么歇斯底里症就可以治愈，而电能则可以提供动力，确保即时的缓解。[67]19世纪80年代推出的电动振动器不需要什么技术就能操作，是手动刺激的快速替代品。美国缅因州政府开玩笑地将其称为"资本劳动力替代选择"，指出振动器"将医生产生结果所需的时间从1小时减少到10分钟左右"。[68]个人振动器也在日报上出售，尽管没有一个明确说明它们刺激阴道的用途。[69]在1916年，伊顿公司（Eaton's）推出了自己的品牌振动器，有兴趣的消费者也可以购买该公司专为"肌肉和神经疾病"设计的产品。[70]

采用电疗法的电疗师和妇科医生似乎达成了共识，即宫内电极和振动器仅适用于已婚妇女。处女需要非侵入性治疗。史密斯认为，对于未婚或处女患者，没有任何形式的生殖紊乱需要进行阴道检查。[71]相反，这些妇女会通过她们的生殖器官所在的身体部位接受治疗："在处女身上用感应电极，一个放在腰部，另一个放在小腹，效果非常好。"[72]另一种特别适合的治疗方法是电动坐浴盆。与白炽灯浴类似，坐浴盆采用箱形凳的形式，带有靠背和扶手。在座位中间有一个洞，下面有六盏灯可以提供治疗。放置在地板上的镜子可以反射光和热。这种形式的局部光浴被认为是治疗月经紊乱和两性的直肠问题的好方法。电疗师声称，这种方法能平衡身体循环、减轻疼痛。[73]

这些方式都是在用现代方法解决古老问题。历史上，男性也有针对自己性别的电疗法，他们的问题往往与比尔德的神经衰弱概念有关。患者的平均年龄从 21 岁到 35 岁不等，根据电疗师让娜·卡迪·索利斯（Jeanne Cady Solis）的说法，"来源于生活的压力和紧张是最大的原因"。[74]这些压力在患有一种特殊症状的男性身上尤其严重，而正是这种症状将神经衰弱确定为一种男性病——阳痿。[75]

阳痿是加拿大维多利亚时代的禁忌话题，在当时，社会礼仪通常由严格的性别符号来确定。勃起困难被等同于道德上的软弱——但是由神经衰弱引起的心理压力导致的身体失衡这一描述，使男人丧失性能力有了正当性。[76]例如，比尔德和罗克韦尔鼓励用电疗作为治疗性问题，特别是那些由"负担过重"引起的性问题。[77]历史学家安格斯·麦克拉伦（Angus McLaren）指出，一些医生曾试图将阳痿归因于生理和器官原因，如癌症、畸形或性传播疾病。[78]加拿大的电疗师倾向于在电疗程序和设备的广告中使用比尔德和罗克韦尔所说的神经衰弱，这样做有助于转移人们对男性阳痿的注意力。男性阳痿传统上被归咎于过度的性行为和手淫式的道德犯罪。

电疗师为男人的问题提供了各种各样的电疗方案，而最早的治疗形式之一就是电疗带。德·拉佩尼亚指出，在美国，直到 20 世纪 20 年代，电疗带一直是治疗阳痿的最普遍形式。[79]加拿大没有销售电疗带的统计数字；然而，从 19 世纪 90 年代到 20 世纪初，这种产品的广告大量出现，表明加拿大也出现了类似的趋势，尽管这种趋势有所延迟。电疗带的结构各不相同，既可以由简单的布料和镀锌圆盘制成，也可以由高端丝绸和里面藏有黄铜盖的电池制成。[80]电疗带相对无害，尽管一些早期的版本有裸露的锌电极，可能会导致皮肤烧伤或起泡。[81]

电疗带的使用说明各不相同，但一般情况下，患者应取下电池，将其浸入乙酸或醋酸中，擦去多余的水分，再将其放到皮带中。这是为了给电池"充电"。根据使用说明，患者需要"将电疗带紧紧扣在裸露的臀部皮肤上，背板放在脊柱的底部……然后将睾丸穿过前面装有小银片的环"。[82]这些腰带可以在白天或晚上佩戴，以便在患者睡觉时提供"电的活力"。[83]后来的腰带包括一根电线和一个插头，患者可以直接把电疗带插到电源插座上接受治疗。[84]电疗带的广告以男性为目标，并以神经衰弱的术语为框架。鼓励"筋疲力尽"和"虚弱"的男性寻求专家的治疗或购买家用电疗带。制造商承诺，他们的腰带可以挽回年少轻狂带来的后果，"饱满的电流直达关键部位，培养活力四射的男子气概"。[85]与这些广告相关的图片往往暗示了阴茎健康与男子气概之间的关系——被电疗带"治愈"的男人强而有力，有着宽阔的肩膀和明显的肌肉。相比之下，"虚弱的男人"则很脆弱，保持坐着或垂头丧气的姿势，肩膀耷拉着，面部表情忧虑。[86]而作为身体自然生命力的恢复工具，电疗带的图片经常被描绘成从电池中射出微小闪电的样子，这些小闪电偶尔还会从佩戴者身上射出。这些图片反映了维多利亚时代的男子气概的概念，通过推广电疗技术作为现代人的现代治疗手段，界定了电的社会意义。

现代疗法何去何从

加拿大人从他们的周围环境中了解电力。电报缩短了各省之间和国家之间的距离，电磁学证明了它在工业机械中的价值，有轨电车改变了城市景观，托马斯·爱迪生把黑夜变成了白天，电疗学就是在这样的时代背景中成熟起来。电力为这些创新提供了动力，但它的工作原理仍然是个谜。

在一个对电的性质一无所知的社会，电疗师定义了电，将自己放在一个权威的位置。当时电力技术仍处于起步阶段，电的社会意义仍然没有明确。记者们把它吹捧为"神秘介质"和"强大力量"。不止一名记者称为"液体"，认为其与人体静脉中流动的血液没有什么不同。[87]有些电疗师利用了这些描述，坚持认为电是一种"食物"：正如它为现代世界提供动力一样，它也为人体提供动力。[88]在世纪之交，补充身体的电疗手段随处可得，但接受治疗的加拿大人不仅仅是这个过程中的棋子——他们有选择。如果去看电疗师比普通医生更便宜，就很容易做决定。而且，如果他们对服务不满意，就不再去了。

因为19世纪和20世纪之交的大多数人并不完全了解电，所以电疗师——不管是真心相信电疗技术的还是其他浑水摸鱼的，总有受众。据报道，一位渥太华妇女认为，乘坐有轨电车可以治愈她的风湿病。[89]电疗师试图通过宣传电疗法的科学价值，使自己免于江湖骗子的指控："医生和患者的科学素养越高，治疗用电就越容易被接受。"[90]在19世纪晚期，许多从业者发表了关于电疗法的文章、书籍，这些文字材料的受众是普通内科医生、医学院学生和普通大众。大多数人强调，电疗师先是电力技师，其次才是医生。美国医生威灵顿·亚当斯（Wellington Adams）在1891年写道："在没有对电学的基本原理和规律有充分了解的情况下进行电疗法实践，就像在没有熟悉化学原理的情况下进行化学分析一样荒谬和不切实际。"[91]

尽管这些人尽了最大的努力，电疗师仍然无法阻止电疗法的衰落。随着医学的专业化，19世纪的多元化医学在20世纪转向更加集中的医疗保健。[92]市场上的设备混杂，没有执照、未经训练的江湖医生对患者造成伤害的风险日益增加，社会对电疗法的态度日渐严厉。[93]如果电动机械和现代生活不是加拿大人患病的原因，那么他们的身体就不需要为治疗而"充电"。尽管电疗法的各个方面继续发展（一个典型的例子就是20世纪30

年代后期广受宣传的用于治疗精神疾病的休克疗法），但公众对电的认识也在发展。电力技术仍然有潜力，特别是在家庭内部和农村地区；然而，在两次世界大战之间的年代，当电在城市地区变得普遍时，它已经部分失去了吸引力，使得普通加拿大人很难再认为它是现代的神奇疗法。

第 4 章
加拿大的原子时代与科学边缘

如果现代性可以体现在加拿大地图上，那么它可能就在基钦纳－滑铁卢地区。毕竟，这个地区现在被称为"北方硅谷"，可与世界各地众多产生了许多尖端创新的"具有全球竞争力的技术集群地区"比肩。[1]但可能不那么广为人知的是，南安大略，包括基钦纳－滑铁卢地区，历史上一直是凯瑟琳·艾尔巴尼斯（Catherine Albanese）所说的"形而上学宗教"的温床。[2]该地区是国界线以南"宗教燎原区"①的近邻，从19世纪初开始，基钦纳－滑铁卢地区迎来了各种各样的信仰团体。[3]这些信仰包括"唯灵论"这种在19世纪中期出现的宗教文化，其哲学观认为活人可以与死人交流。莉亚、玛格丽特和凯特·福克斯姐妹就是唯灵论发展早期的活跃分子。在19世纪40年代，她们从南安大略搬到了纽约，并在纽

---

① "宗教燎原区"（burnt-over district）一词指的是19世纪初美国纽约州的西部和中部地区，当时该地属于美国的边疆区域，专业和成熟的神职人员很少，众多思想流派自成一体，亦发展出活跃而多样的宗教文化，这种精神点燃了整个地区。

约开始了对神秘学①的研究,名声大噪。在19世纪50年代,她们一家人回到加拿大,使得南安大略人对超自然理论热情高涨。[4]这样的历史背景似乎与该地区的现代高科技抱负相去甚远,但这也许并非巧合。正如杰弗里·斯康斯(Jeffrey Sconce)、吉尔·加尔文(Jill Galvan)和其他人所说,历史上的唯灵论作为一种思潮,利用对科学和技术的想象力来理解他们周围世界的变化,以及他们在其中的位置。[5]因此唯灵论文化对新科学思想和技术的持续参与,成为加拿大人学习"何为现代性"的又一过渡平台。[6]

本章即在此种前提下考察1930年至1950年在基钦纳-滑铁卢的一个小型唯灵论团体的话语。在20世纪30年代到冷战时期,该团体的灵媒②托马斯·莱西(Thomas Lacey)发表了一系列讲座,声称自己是受到了异世界智慧的影响。他借鉴了当代甚至是前沿的原子理论,解释了精神、宇宙以及人体的内在运作。他鼓吹原子时代的科学发现是新时代的黎明,且人体将在这个时代发挥关键作用。莱西的教义是现代物理学原理对经历两次世界大战的加拿大主流文化和边缘文化的影响的一个缩影:不管在哪种文化中,人体的地位都会被重新批判性定位,预示着原子时代——一个振奋人心但前景不祥的时代的到来。

边缘地带的科学与技术

1993年,理查德·贾雷尔写道,尽管科学史这门学科"长期以来一直与伟人和伟大思想紧密相连",但它终于慢慢"从狭隘的、高高在上的

---

① 神秘学(occult),自16世纪便在欧洲用于指代占星术、炼金术和自然魔法等神秘的知识、或超自然的知识,19世纪中叶在欧美国家呈现空前热度,其中多数假说已被证明不成立,但是仍被看作是科学时代的过渡期思想。
② 唯灵论思想中能与非物质世界的"灵魂"进行交流的人或物体,"灵媒"的真实性未得到主流科学理论的证实,而多数已被证明不实。

'纯科学'的观念解放出来了"。[7] 尽管科学史这门学科将在多大程度上从历史上预设的"纯科学"观念中"自我解放",贾雷尔未能预见和说清,但他的话还是指出了关注科学边缘划界工作的效用和必要性。通过研究科学和技术的表现形式,我们可以更深入地了解,随着人们试图理解不断变化的自然世界,以及这种变化对群体的影响:科技思想是如何在历史上形成概念的。上文中,多罗蒂亚·古奇亚多解释了早期的电是如何直接应用于人体的,本章也集中探讨了基奇纳-滑铁卢地区的一个案例,探讨在20世纪30年代到20世纪50年代,"原子能"这一概念是如何重塑了加拿大的神秘主义话语,就像上一章"人体年轻化"作为一种接触科学的过渡性术语。

20世纪30年代,基奇纳-滑铁卢的一个神秘学小组研究了新原子时代的启示与"神秘世界"之间的联系。作为灵媒,托马斯·莱西领导这个小组达数年之久。莱西是一名来自英格兰德比郡的移民,《两个世界》(*Two Worlds*)等著名的唯灵论出版物文章曾认可其才华。他还曾在美国纽约州莉莉戴尔村①(Lily Dale)唯灵静修所担任过一段时间的灵媒。[8] 早在1931年,他就在加拿大基奇纳-滑铁卢建立了一个唯灵论团体,除此之外,人们对他知之甚少。在整个20世纪30年代到20世纪60年代,他声称自己受到灵魂的影响,并在这种状态下举行了一系列讲座,举办"降神会"②,通过一种被称为是"降神喇叭"的铝制锥形装置与鬼魂交流。为了减少任何可能影响信息内容的外部干扰,其中一些讲座的录制房间只有莱西在场,这些讲座被称为"单独房间讲座"。这些"讲座"呈现出了有趣的信仰混合

---

① 19世纪初"宗教燎原区"内,唯灵论者聚集的村庄。
② "降神会"(séance)多指西方唯灵论文化中,人们围坐在一起开展的"通灵"活动,"通灵"这种一度为认为是超自然现象的文化活动,真实性未得到主流科学理论的证实,而多数已被证明不实。

现象，内容从唯灵论到神智学①再到诺斯替主义②都有涉及。[9]

莱西的追随者们编辑、转录并保存了这些讲座的录音，以备将来自己和其他感兴趣的业内人士使用。这个团体本身是相当不拘一格的，成员来自基奇纳和滑铁卢。他们在探索通灵和神秘实践方面投入了大量时间和精力，但大多数人都是虔诚的路德教徒。从20世纪30年代到20世纪60年代，团体在本地音乐家、基奇纳圣马太路德教堂的首席合唱团长奥托·G.史密斯（Otto G. Smith）的家中进行了许多会议。[10]史密斯在许多降神会中扮演双重角色，因为他经常演奏管风琴，以产生适当的"振动"来进行交流，也经常担任该团体的主要记录员。[11]其他成员包括路德教会牧师加内特·舒尔茨（Garnet Schultz）、本地银行经理E.W.谢尔顿（E.W. Sheldon）及其妻子（他们偶尔也主持会议），以及滑铁卢著名商人约翰·M.莱恩（John M. Laing）的妻子德西玛·莱恩（Decima Laing）。德西玛也是滑铁卢圣约翰路德教会的长期会员，她为滑铁卢路德教会神学院慷慨捐赠了很多物资。[12]西德尼·赖特（Sidney Wright），当地著名的企业家和基奇纳的办公用品商人，也定期参加会议。赖特与史密斯共同负责记录工作，同时与附近圣凯瑟琳斯（St. Catharines）的其他神秘学组织保持联系。[13]

常规参与者中没有一个是专业的科学家，然而降神会小组的笔记却显示了他们对科学和技术发展的共同兴趣。正如史密斯所描述的，随着时间的推移，莱西的团队进行了"详尽的记录"，尽职尽责地收集了"有趣且有支撑的数据"，以及各种"主动提供测试信息和物理现象"，以证明莱西的灵媒工作的重要性，体现他经验之丰富、理论之深奥。尽管他的讲座表面

---

① 又称"通神论"，19世纪70年代在美国出现的宗教文化，曾掀起融合不同文化教派的神秘学运动。

② 又名"诺斯底主义""灵知派""灵智派"，公元1世纪后期在犹太教和早期基督教教派中合并的宗教思想和体系的集合。这些不同的团体强调个人精神知识高于原始正统教义、传统和宗教机构的权威。

上涉及"广泛的话题",但在小组选择保留哪些信息方面,迅速变化的科学发现和技术进步是重要考量。[14]在许多记录在案的生者和死者之间的对话中,声波特性、无线通信、交通运输的进步以及空间时间观念的变化显得尤为突出。[15]

按理说,这些小组会议与加拿大或其他地方的科学技术史毫无关联。然而,这些降神会实际上揭示了在这一时期,科学技术以及现代概念是如何被重绘的。[16]在20世纪上半叶和冷战时期,形形色色的"科学"才是充满争议的概念。"现代物理学"的出现,带来了宇宙运作方式的多种新观点,才革命性地改变了科学家和普通人对周围世界的理解。[17]这种环境就为那些所谓不必要的科学信条留下了很大的讨论空间。正如迈克尔·戈登(Michael Gordin)和其他人的观点,从20世纪30年代到20世纪70年代,J. B. 莱茵(J. B. Rhine)和伊曼纽尔·维里科夫斯基(Immanuel Velikovsky)这些奇怪的理论家,都在试图宣称自己是科学权威,挑战经验主义探索的边界,引发了"现代边缘学说的诞生"①。[18]

这群唯灵论者被这种不可知的"边缘理论"所吸引,有着多方面的历史原因。自19世纪以来,虽然唯灵论者会为了自己的目的,延伸和重塑科学理论,但他们会与迅速发展的专业科学保持着紧密关系,与时俱进。甚至可以说,唯灵论和科学互相定义,因为在所谓的"现代"时代,两者都被赋予了全新的意义。[19]新兴技术和科学理论往往为神秘学者理解世界提供基础。不论是将灵媒比喻为"灵性电报",还是对如X射线的科学新发现给予超自然的定义,[20]人们开始将介乎日益迥异的科学和宗教领域之间的主观理解定义为"神秘学科学"(occult science)。[21]

将科学和唯灵论假说之间建立联系的最好例子,莫过于被称为"电浆"

---

① 上述两位精神分析学家的研究方法在当时很快被定为"伪科学",引发科学划界问题的思潮,并作为讨论该问题的典型案例。

或"灵外质"[①]的超自然凝结物。据称这种物质与人类身体和精神的本质密切相关，从灵媒身体的孔窍中出现。[22]在19世纪末20世纪初，一些科学家试图从生物学角度解释这种物质。据报道，在1894年，法国著名生理学家查尔斯·里歇[②]（Charles Richet）对意大利灵媒尤萨皮亚·帕拉迪诺（Eusapia Palladino）的一系列调查中首次使用"灵外质"一词。[23]里歇认为，这种物质实际上是一种"原生质"[③]。这是一种类似当时科学水平的视角，呼应着原生质这个在19世纪末20世纪初在生物学中占有重要地位的概念。正如不列颠哥伦比亚大学教授罗伯特·布莱恩（Robert Brain）所描述的，原生质是"研究生命物质终极奥秘的关键对象"，无论是从其"自动性还是可塑性，记忆还是遗传，暂时性、自主性和永生性"各个方面来讲都是如此。[24]

里歇的结论对灵外质的理解产生了深刻影响，在此之后，研究人员继续根据灵外质的表面生物学特性进行相关研究。加拿大医生T.格伦·汉密尔顿（T. Glen Hamilton）去世后的1942年，他的一本书出版，其中详细引用了里歇的灵外质理论，以解释他自己遇到的凝结现象。汉密尔顿深信这种物质的重要性，相信它可以解释正常生物学和"超常"的生物学的相关概念。汉密尔顿自1928年在灵性调查中发现灵外质后，便致力于此种物质材料化。他自己将灵外质的物体描述为"有伪足[④]的"——就好似不寻常

---

① "电浆"和"灵外质"都是借鉴自当时较新的科学概念，但实则是唯灵主义描述精神能量"外化"的物理媒介的概念。其真实性未得到主流科学理论的证实，而多数已被证为不实。

② 查尔斯·里歇（1850—1935年），法国法兰西学院的生理学家和免疫学先驱。1913年，他获得诺贝尔生理学或医学奖。里歇也多年致力于超自然现象和唯灵论现象的研究，并结合生物学研究了"灵外质"这一超自然概念。

③ "原生质"在细胞研究中多泛指细胞膜以内的物质，但具体包含哪些成分，至今仍存争议。

④ 此处用生物学术语"内质"的属性"伪足"来类比唯灵思想中"灵内质"。"灵内质"一词，最早便是借自19世纪80年代的细胞学中，描述单细胞生物变形虫的术语"内质"（ectoplasm），细胞学同时在变形虫身上发现的还有"伪足"。

的细胞膜或变形虫的临时投影,它们会形成不同类型的拟像,能够在降神会室里表演一系列物理壮举。"原生质体团块"以多种不同的形状、大小和质地出现,转变成不同密度和内聚力的多种"纤维结构",每种结构都保持着特定和独特的功能。[25]

汉密尔顿等人在主流科学和边缘学科中找出相似之处,以研究超自然现象。然而,还有一些人并没有从生物学出发,而是用物理学的转变理论,特别是原子结构和能量相关理论进行研究。哈维·阿格纽(Harvey Agnew)博士是汉密尔顿的同事,后来成为加拿大医学协会的秘书,后人称其为"医院管理之父"。他认为,原子和放射性的新兴理论可以帮助解释这种奇怪的现象。[26]阿格纽引用罗伯特·米利肯(Robert Millikan)关于宇宙射线的工作,提出"电浆"或"灵外质"的超自然凝聚实际上可能是高能辐射的副产品。这种材料普遍脆弱,特别是暴露在光下的时候,可以与原子轨道暴露于强光源下变宽变不稳定的特性类比。他进一步解释:"当一束强光射入原子时,围绕中心质子的电子轨道会明显放大。因为轨道扩大而原子膨胀,一些电子就可能逃逸。这与同位素的存在有关,不同元素具有不同的原子质量。"[27]阿格纽将这些实验与对灵外质的研究相类比,因为灵外质在白光下会迅速分解。他认为,"灵外质"之所以会这样,是因为构成这种不可知物质的原子尚未"稳定"到能够承受光源下暴露。[28]

阿格纽的观点揭示了20世纪上半叶人们是如何理解这个世界的。这些重大变化标志着马修·拉文(Matthew Lavine)所说的"第一个原子时代"的开始,即1945年7月第一颗原子弹爆炸前的几十年。正如拉文所主张的那样,认识到这段早期原子历史的重要性,对于理解当时流传的原子能相关知识至关重要。[29]世界上第一次核试验"三位一体"(Trinity)以及随后的广岛和长崎原子弹爆炸惊天动地,但早在此之前,原子能已经开始改变人们对自然世界形成和毁灭方式的构想。这些转变所产生的影响比人们通常认为的要广泛得多。在政府、政治和军事等更为官方的领域,出现了大量关于原子时代或"核文化"的学术研究。然而，正如乔纳森·霍格（Jonathan Hogg）、克里斯托弗·劳克特（Christoph Lauct）等人所证明的，原子能的影响范围更广，从实验室、演讲厅到报纸和其他公共论坛，再到黑暗的降神会室。[30]

20世纪30年代加拿大神秘学的原子化

哈维·阿格纽并不是唯一一个将神秘能量与现代物理学新理论联系起来的人，这些理论在唯灵论者和神秘主义者中都有广泛的吸引力。[31]原子、原子能、辐射和核能的概念中有多种相互关联而无形无相的力量，唯灵论者坚持认为这些力量证明了无法解释和看不见的东西的存在。[32]同样，新兴理论（如相对论）的不直观性也使许多精神学家和神秘学家觉得不得不做些什么。正如斯蒂芬·G.布拉什（Stephen G. Brush）和阿里尔·西格尔（Ariel Segal）所指出的，乍看之下，爱因斯坦的相对论似乎是"违背常识的"。[33]像"神秘学科学"一样，相对论挑战了时间和空间的静态概念，指出了物理能量和物质的概念，这些理论在那个时代是闻所未闻的。事实上，相对论远远超出了当代人的理解范围，以至于有些人认为它是形而上学方向的，毕竟形而上学在当时仍是普遍认知。[34]实际上，许多神秘主义者认为相对论证实了他们的信仰，特别是他们相信存在着超越正常人类感知范围的多维存在。[35]

托马斯·莱西和他的追随者们就研究这些联系。在他们的小组会议上，著名发明家托马斯·爱迪生的"灵魂"频繁出现，预言了科学、通信和交通的各种进步。1933年的一个预测涉及汽车，以及内燃机将如何很快被更有效率的东西所取代，可能是爱迪生自己在生活中研究的电池。[36]同一天晚上，爱迪生和其他灵魂详细阐述了物质的变化性质，把水（或者更准确地说，氢气和氧气）从液体变成气体的过程比作灵魂的变化。[37]在接下来的几年里,"异世界的灵魂"也同样提到了科学发现了各种新的射线"穿透……物质的固体"。虽然没有被人确切感知到,但莱西的"灵魂向导"①曾透露,人类通过科学和精神启蒙,将很快觉悟并"利用这些启蒙的脉动",彻底改变他们周围的自然世界及自身身体的组成。通过发明"强大到足以看透微观世界"的"工具",通过"神秘学科学"表现出来的形而上学和经验主义之间的联系会变得更加明显,并为更广泛地深入理解现实世界和人类物质的多重层面铺平道路。[38]

在莱西的小组中,有很多关于物质和物质世界本质理论的冗长讨论。关于原子生命的思考和预测就是其中一种。或者,正如一位"灵魂向导"在1934年通过莱西所解释的:

> 物质是不存在的。一切都在与宇宙生命共振。你所坐的椅子只不过是一系列……原子和电子的脉动……在你有限的感官中所感知到的构成。对你们来说,它是固体物质,实际上它只是一系列的电子脉动,人体也是如此,物质层面中所显现的一切都是如此。[39]

正如这段引文所显示,神秘学对原子及其在自然和超自然过程中的作用的迷恋,直接塑造了有关身体的话语。虽然大家通常会认为,那些追求深奥的神秘事物的人只会被不可名状的灵魂所吸引。然而,正如历史学家玛丽·格里菲思(Marie Griffiths)和其他人所认为的那样,信仰,无论是"形形色色的神秘学"的范畴或否,常常会使人们密切关注身体的内部运作和健康状况。[40]许多研究身体的历史学家认为,这种关注并非没有意义。[41]对莱西的神秘学组织来说,在他们所预见的人类未来的转变中,身体扮演了重要的角色。他们详细讨论了身体的方方面面,还将身体分为

---

① 在唯灵论的通灵文化中,"灵魂向导"通常是已故智者,其真实性未得到主流科学理论的证实。

各种物质和精神成分。灵魂向导"白鹰"①在1936年阐述:"我们不仅有物质的身体,而且有一个'以太体'(根据一些学说的说法)或一个'根本体'(根据另外一些学说的说法)……接下来我们会来到'愿望体'这个阶段。有些人称为'星体'②。"[42]

与其他神秘主义和唯灵论团体一样,19世纪"以太"的概念在莱西的精神指导和团体讨论中频频出现。尽管这可以被解释为对现代理论接受的滞后,但当我们分析神秘学家如何使用这些术语时,情况显得更为复杂了。毫无疑问,以太的概念在这一时期经历了一些重大的转变,但它也没有完全消失,事实上,许多人依然认为,现代物理学的原理仍然可以与这种古典物质的概念相容。[43]神秘主义者如莱西和他的追随者们,并没有忽视这些转变,而是在将以太的概念与新兴的原子理论模型相结合时,使这些转变更加突出了。或者,正如"白鹰"在1936年所声称的,通过"以太体",灵媒可以将自己投射到其他维度,因为"以太体"是由"密度更大的原子"而不是物质体组成的,而这一特征表明它高度进化的状态。[44]

莱西认为,无论是在以太还是其他层面,关于原子和原子能的新发现对于人体的恢复和重构具有巨大的潜力,这些发现最终将推动人类来到科学和精神世界的新高度。1936年,他预言一群灵性大师即将到来,他们将很快"找到自己的定位,在人群的肉身中安顿"。莱西声称,这将导致社会和医学科学的迅速发展,包括用"宇宙射线"通过创新的外科手术方法治愈和完善人体。[45]他对于宇宙射线的说法可能较为夸张,但考虑到当时正在进行的科学研究,这一点值得注意。1912年,物理学家维克多·赫斯(Victor Hess)首次发现辐射现象,随后,罗伯特·米利肯(Robert

---

① "白鹰"作为唯灵论的通灵文化中"灵魂向导",被认为是借鉴了美洲原住民领袖"黑鹰"这一形象概念。

② 星体(astral body),又名"星光体",是唯灵论文化中的一种描述灵魂出窍的说法。未得到主流科学的证实。

Millikan）在对其进行了深入研究后，于1925年首次提出了"宇宙射线"一词。通过这些研究，米利肯能够证实，正如赫斯假设的那样，这些射线确实来源于外太空。这些发现引发了公众的天马行空的想象，并且正如拉文所描述的那样，"几十年来一直是科学新闻的主要内容"。宇宙射线展示了神秘的"蕴含在原子内部的能量"，外行可能还不能完全理解。然而，这些新发现的射线似乎说明了原子日益深奥的本质。[46]

一些对抗疗法药物和化妆品声称因为其中含有镭，能带来健康和长寿，到20世纪30年代中期这一说法已经销声匿迹。然而，仍有人希望辐射可以治疗一些严重疾病。[47]特别是宇宙射线引起了人们的极大兴趣，人们假设这种真正的外星辐射不仅可能含有治疗特性，而且会推动进化过程，创造出身体更先进的人类。[48]考虑到这种情况，莱西提到的宇宙射线以及他声称宇宙射线可以治愈并最终完善人体的说法，并不一定是他们所特有的。相反，他的说法证明了在20世纪30年代，原子及原子能为神秘学者提供了一种话术。这种"原子"概念的相关话语将新的科学发现带来的医学进步，与精神上甚至是躯体上的进步联系了起来。

冷战时期的原子概念具象化

随着第二次世界大战的爆发，托马斯·莱西的小组在20世纪30年代剩下的时间里继续聚会，但是他们的小组会议记录与前几年相比显著减少。不提交报告的确切原因尚不清楚。随着战争结束，该小组又开始进行严格的记录工作，但显然他们的信念并未能使他们毫发无损。所谓出现在1946年秋天的灵魂警告称，"怀疑很普遍，不信任的精神状态普遍存在"。自战争以来，快速的技术变革创造了一个更小、联系更紧密的世界，但这并不一定能带来乐观情绪，尤其是在原子弹的阴影下。"世界变得越来越小，距离越来越近，时间越来越短，那些我们认为是障碍的东西不再存在。现在如果一个人有摧毁世界的想法,那么实现起来将会很容易"。[49]

然而,尽管原子能可能造成破坏,抑或是它已经造成的破坏,使其保留了它在战前的神秘感。原子和原子能经常被等同于思想、精神的力量,进而等同于身体的力量,它同时突显了人类的精神潜力和暴力潜力。或者,正如莱西所描述的那样:

> 原子中就包含着一个内在世界。这个小小的内在世界依靠其内聚性完整存在着,而科学家们通过破坏这种凝聚力以扰乱或粉碎原子……原子的电压有多大?是谁在发挥这种能量?在这一点上,我们讨论的内容与我们自身息息相关。我们必须建造机器的那股力量,使原子被机器分解。[50]

新发现的原子奥秘也可以引导人类不被这份自己的新能力毁灭。既然原子的全部破坏力已经释放出来,科学就可以致力于"建设而非破坏"了。或者,正如莱西在1948年所讲的那样,那些使用"如此巨大的分解力量"的科学家们已经"看到了相反的情况……这是物质转化的开始,直到人类能做到对物质的完全操纵和投射"。[51]"核嬗变"的发现,即通过使用粒子加速器,例如回旋加速器,一种元素或同位素可以转变成另一种元素或同位素,使"造物之力掌握在了人的手中"。[52]

在20世纪40年代后期,在强调原子能的有益方面,莱西带领的小组与其他一些唯灵论者一起,推崇斯科特·泽曼(Scott Zeman)所说的"光明的原子能未来"。这种话语出现在广岛和长崎原子弹爆炸之后。其观点认为,尽管原子能确实可能带来毁灭性后果,但这种能量也可以提供"无限的力量",也能"结束战争、疾病甚至贫困"。[53]这种话语主要建立在"和平原子"的思想之上,强调诸如核裂变的研究和"取之不尽的能源"的承诺。同样,核医学的进步被认为是潜在的"人类对疾病的终极征服"。[54]

这种对核医学的乐观看法在战后几年似乎是合理的，特别是在发现核反应堆可用于生产放射性同位素的时候。在第二次世界大战结束时，将放射性同位素用于医疗目的绝不是什么新鲜事，自20世纪30年代以来，医学家已经开始以治愈癌症为目的，操纵放射性同位素。莱西提到的回旋加速器的发展使这种应用更加可行，人造放射性同位素通过医生、生命科学家、物理学家和化学家之间严格限制的交换系统流通。在战后几年，为战争建造的核反应堆被重新用于生产放射性同位素后，这一循环范围进一步扩大了。这些同位素可以用于多种医学目的，包括植入体内成为有效的分子示踪剂，并在其通过生物系统的过程中进行跟踪，如此一来，曾经不可见的分子过程在科学观察中就变得显而易见了。[55]

神秘主义者努力应对这一新现实，他们既看到了巨大的毁灭，也看到了原子能在身体层面巨大的前景。莱西所设想的未来的科学实验也许有一定合理性，在他的设想中，身体将被摧毁然后重建，其原子材料被辐射射线分解，然后再次重组。正如莱西在1948年在"恍惚状态"下所描述的那样，科学家们"实际上可以融化（身体），无论他们希望它在哪里再次出现，瞧！它在他们眼前生长……几乎就像转动开关一样快"。[56]这仅仅是对人类身体已经被揭示出来的真相的延伸。在提到最近关于放射性同位素行为的发现，特别是它们的医疗用途和细胞再生的现象时，莱西声称："我们身体的每一分钟都在变化，可以说，我们身体中没有什么是不会完全改变的。"[57]他在身体和原子能之间建立的联系，反映原子及其物理效应并激发了小组更广泛的讨论。新发现为神秘主义信仰的"精神再生和转化"注入了新的活力，也为其提供了更为科学的支撑，这些发现强调世界以及身体是如何"充满了宇宙的奇迹"[58]。莱西认为，身体，特别是与其他群体结合时，"甚至可以比原子弹"发挥更大的威力。[59]莱西坚持认为，通过"巩固和调整身体"，"它将有能力"实现"它理所当然的正义目的"——这个目的将把人类推入"精神时代"，在这个时代，人类可以对物质和精神进行操纵和更新。[60]这个新时代只能通过原子和它所拥有的力量来想象,它提供了"对事物本质的更深刻的理解"。[61]

毫无疑问,莱西和他的追随者在20世纪40年代后期继续表达对原子能的焦虑,特别是如果它被"人"肆无忌惮地使用时。因为人倾向于"超越他的权力",特别是现在有些东西已经"放在他手中……借此,他可以非常轻易地毁灭自己"。[62]然而,莱西用一种近乎极端的乐观情绪来平衡这种谨慎,因为他们在等待一个新时代,或者更准确地说,一个"原子时代"。"你正在进入一个原子时代,事实上,原子时代已经到来,所有的奇迹都将从中衍生。如果人类以他们该有的方式接受这些奇迹,就不会有战争。"[63]这些"奇迹"包括无限的能量,车辆将"完全由一个原子单元推动",这将从根本上改变运输的方法和速度。与此同时,供暖、照明和一系列家用技术都将配备由"可持续一生的原子能"动力盒。这种发展本身可以确保"在几年内,整个宇宙都会发生革命性的变化"。[64]

然而,除了无限的力量之外,莱西对原子能乐观态度更多地强调了它对恢复人体青春活力的意义。这种能量的应用将最终确保人类不再经历"任何渐渐体现在我们身体上的老去过程""我们身体的所有活细胞都应该完全恢复活力……这样,构成我们物质生活的所有东西就不会有任何退化"。[65]每个人的"原子含量","隐藏在我们内心深处的力量",将赋予人们"超人"的力量,远远超过人们目前拥有的力量。[66]最终,这些发现将使人体变得完善,甚至将地球上的人类与宇宙中的其他生物区分开来。谈到其他星球的居民,莱西认为,即使是这些更加开明的生物也没有发展出任何与原子能相当的东西,这一说法得到了一位通过他身体讲话的"外星人"的证实:"我们确实没有见过任何类似于原子工业力量的东西!"[67]

因此,对于莱西和他的追随者来说,原子能知识成了一种手段,用这种手段,他们可以设想关于人体的崭新未来,在这个未来中,身体不会恶化，而是充分发挥其超常甚至宇宙级别的潜力。也许正是这种假定前景揭示了莱西小组被这种能量吸引的主要原因。原子能不仅与他们坚持的深奥信仰中看不见的力量不谋而合，而且原子本身也被视为唯灵论和神秘学核心原则的有力类比，也就是人类一直寻求的返老还童和永垂不朽。原子和它产生的能量赋予了人体新的意义，因为每份"释放出去的能量""都在复制，它们永远活着，不会死亡"。根据莱西和他的追随者的说法，即使被强行分开并抹去，原子和人体也同样在继续存活，产生无法估量且无法用肉眼看见的能量，治愈与破坏兼在。[68]

本章小结

20世纪现代物理学的化身，特别是原子能的概念，在基奇纳-滑铁卢和其他地方的加拿大神秘学家重构身体概念上发挥了关键作用。利用当时那个年代对原子的理解，以及如何将原子用作能量来源和恢复身体的手段，加拿大唯灵论小组以神秘视角阐述了对物质性的理解，采用原子物理的话语来描述精神和物质世界的内部运作，并坚持认为现代物理学的发现为人体的物质和形而上学的复杂性提供了精神上的见解。确实，原子的概念及其可以产生的能量提供了一个令人信服的类比，用于描述身体如何充分发挥其不朽的潜力——唯灵论者和神秘主义者长期以来一直坚持认为这是他们信仰的证据。反过来，这些新发现可以召唤一个全新的、现代的"原子时代"，在这个时代，身体和更广泛意义上的自然世界可以焕然一新，焕发活力。

莱西带领的小组并不是唯一一个将物理学和原子能与现代性的经验及其未来可能性紧密联系起来的团体。尽管莱西和他创立的神秘学团体可能被认为远远超出了"纯粹"科学的概念，但他们的观点在当时的历史中提供了一个独特的视角，猜想现代物理学在理解物理世界和身体更私密方面的多种用途。这些用途生动地传达了主流文化中科学知识和技术伦理表征的意外转移。更重要的是，它们展示了在一个全新的时代，个人是如何理解自己和周围世界的。在这个例子中，基奇纳-滑铁卢的神秘组织根据新兴的科学概念和技术，利用原子话语来重新阐述其对神秘学的理解，努力应对自身的时代局限性及其带来的巨大潜力。

第二部分
技术与社会的冲突融合

第 5 章
加拿大的第二次工业革命

在这一章就科技史在加拿大更广阔的历史中的地位问题提出了具体的建议。这一建议与著名的经济史学家彼得·特明（Peter Temin）几年前提出的建议不谋而合。彼得曾提出要将第二次工业革命作为一个特别问题密切关注，这样做有助于克服经济史研究中缺乏焦点的问题。[1]本章认为关注加拿大的第二次工业革命可以使加拿大的科技史学家更加明确他们的工作。同时要说明他们的工作对加拿大历史的其他方面的意义以及对于明确历史写作中的一个概念的意义。这个概念虽然已经存在了一百多年，但是至今没有明确的定义。[2]有关第二次工业革命的一些基本问题，史学家们不但相互无法达成一致，而且有时候他们对自己的想法也不坚定。彼得·斯特恩斯（Peter Stearns）在他的权威著作《世界史上的工业革命》（*The Industrial Revolution in World History*）中某一页上写道："与第一次工业革命相比，西欧的'第二次工业革命'也许给更多的人带来了更多的变化。"但是在一百多页后，他又写道："'第二次工业革命'这一说法是有误导性的——因为其中的许多基本趋势只不过是增强了而已。"[3]显然，这需要研究来澄清。但是，研究加拿大的第二次工业革命对此能有帮助吗？笔者认为答案是肯定的。

已故的伊恩·德拉蒙德（Ian Drummond）在《加拿大历史评论》（*Canadian Historical Review*）杂志上提议进行辩论。他认为"加拿大联邦建立（1867年7月）之后的工业变革在部分程度上是'第一次工业革命'的技术和组织形式的延伸……但最主要的还是迅速采用吸收了具有'第二次工业革命'特征的变革内容以及伴随第二次工业革命所产生的组织形式……"[4]而马文·麦金尼斯（Marvin McInnis）更加大胆，他甚至宣称，加拿大可以说是第二次工业革命新技术的最成功的开拓者，并用类似的措辞描述了"劳里埃繁荣时期"（1896—1911年）。[5]同伊夫斯·金格拉斯（Yves Gingras）对加拿大的物理学和科研方面所进行的研究的做法一致，麦金尼斯也特别关注加拿大工程教育体系的作用。[6]

如果德拉蒙德的说法是正确的——至少笔者赞同，那么加拿大经济和加拿大社会的现代化（有时被和加拿大的工业化和城市化混为一谈）事实上主要是第二次工业革命的现象。实际上，这样比较明确的聚焦有助于我们更好地利用现代化这一概念。这个概念由于从分析的角度上看非常蹩脚，因而经常遭到轻视。本章所讲述的现代化不是某种模糊不清地向着城市工业化社会的过渡，而是一种特别的、植根于以科学为基础的生产制度的现代化。这一现代化具有多个方面，它们以工厂和其他场所等生产地为起点，延伸进入更广泛的社会。是的，新的工业技术既改变了工作方式，也改变了人际关系、物质文化、国家以及自然环境，同时也是上述事物变化中的一部分。

在这一章节的第一部分，笔者给出了第二次工业革命的定义，同时参考加拿大历史进程举例说明了这一定义。什么是第二次工业革命？它在哪里发生的？什么时间发生的？加拿大当时可以说是一个快速发展的排名第二的工业化国家，它在其中发挥的作用是什么？本章在接下来首先要讲述什么是生产革命，它的具体内容或者基本要素是什么。变化是在各个层面上发生的，例如经济结构、各个行业企业，以及工厂车间。最后，如果一场革命仅仅是一个康德拉季耶夫周期①或是一股新鲜小玩意的浪潮，那么它就不是一场革命。革命必须是能够带来改变的，而且这些改变不能仅仅局限于科技上，要不然就过于狭隘了。笔者赞同斯特恩斯最初的说法，那就是在某些方面，第二次工业革命确实比（第一次）工业革命更具有变革性，同时也更直接地促成了现代世界的产生。原因也许是第二次工业革命把理解自然世界（科学）和理解对自然世界的操纵（技术）联系了起来。看看国家的崛起，看看对环境和性别的理解，我们就会看到这一点。

第二次工业革命

第二次工业革命不仅仅是（第一次）工业革命的第二阶段。早期工业化有自己的历史学，通常关注不同英属北美殖民地的不同工业化模式。[7] 罗伯特·斯威尼（Robert Sweeny）在他最新的倾注他大量心血的著作中提醒我们，这些工业化道路不是非个人经济力量的必然结果，而是特定的人在特定地方做出的选择所带来的具有深远影响的后果，这些人对财产、性别和许多其他问题有着特定的想法。[8] 我们可以将第二次工业革命的开始追溯到19世纪60年代和70年代。当时德国的大型化工公司巴斯夫（BASF）将更有正式资质的化学家置于生产控制职位，以取代熟练的工匠。而在美国，宾夕法尼亚铁路公司聘请查尔斯·达德利（Charles Dudley）对其材料进行研究和标准化。[9] 这将我们置于邦联时代和国家政策的起源中。它还将我们直接带入关于加拿大工业化的争

---

① 又称"康德拉季耶夫长波"，指苏联经济学家尼古拉·康德拉季耶夫将资本主义经济的产业革命划分成周期性的波动，即每次产业革命都会经历相应的起势、高峰与低谷。

论中。到什么程度就算是现代化——规模上很大、组织形式采用公司制度，同时在生产中利用的是新的知识体系——那么到哪种程度仍然算是传统和手工社会？[10]到目前为止，这场辩论主要是关于劳动力的，但我们可以假设适当关注各种生产场所中的技术有益无害。瑞克·绍斯塔克（Rick Szostak）在理论和经验上都有充分的依据，他认为大萧条是第二次工业革命的灾难性结局。如果进行长时间的工艺革新，而没有匹配的产品革新，那么只会导致产能过剩、人员冗余。[11]这与支柱产品理论家的一贯说法相吻合，并为其增添了新的内容。这种传统说法认为，加拿大在纸浆、纸张、有色金属以及水力发电这些新的支柱产品上的直接投资机会已经枯竭。而这些支柱产品皆是第二次工业革命的重要领域。同时那些更新的支柱产品（石油、钾碱、铀）尚未投产，还在等待对大型水电项目的新一轮投资。[12]

还有一个问题，或者说是一对问题，那就是第二次工业革命的内部分期。第一个问题是如何解释这一现象，即19世纪后半叶世界经济发展漫长而缓慢，但在世纪之交却出现了惊人的增长，并一直持续到第一次世界大战爆发之前。其中一部分原因很好理解，包括新的黄金涌入世界经济——提供了资金流动性，结束了价格通货紧缩，这种通货紧缩具有扭曲效应，特别是在美国政治经济中——以及鼓励国际商业的海运费率下降。但也有一部分原因是第二次工业革命新技术的引入与其对生产率的全面影响之间的滞后造成的。所以当投资快要耗尽之时，回报才来，说明新技术并没有立刻优于老技术。但随后的改进才是大部分收益的来源。而且，由于用户在工作中使用新技术方面越来越得心应手，也实现了边使用边学习这一理念。杰里米·格林伍德（Jeremy Greenwood）和其他人也探讨了这个问题，他们研究了技术在我们所谓的革命影响滞后中的作用。[13]对于加拿大，我们想更明确地说明技术和第二次工业革命的新兴产业在解释所谓的"劳里埃繁荣时期"所发挥的作用。我们知道，小麦的繁荣丰收不仅仅取决于早熟的小麦品种和成千上万队伍的收割者，其中的原因仍有很多可以去讨论。在一篇未发表的论文中，麦金尼斯直截了当地指出，加拿大经济不论是绝对增长还是相对增长都很快，尤其是在劳里埃繁荣时期刚开始时，对于这一现象的解释"可以总结为是因为第二次工业革命来到了加拿大"。[14]

第二个问题是第一次世界大战。这场政治和经济灾难在多大程度上成为经济分水岭？是这场战争实现了加拿大的现代化吗？我们很长时间以来一直认为确实是如此。而且现行的教科书依然如此讲述加拿大的历史。但我认为，道格拉斯·麦卡拉（Douglas McCalla）有效地论证了"战争并没有从基础上影响经济结构的趋势"。[15]对于加拿大科学技术历史学家来说，由于国家研究委员会起源于战时，因此这个问题尤其具有史学价值。对于这一机构的发展，已有很多的论述，而且哪怕是仅仅从理解联邦科学及其在经济发展中的应用的角度来说，对于这一机构发展所赋予的意义也无疑过大了。正如斯蒂芬尼·卡斯通圭（Stéphane Castonguay）看着这一结束于"一战"伊始的时代而解释的那样，"政府领导人希望扩大国家机构并使其多样化，以便更直接地干预国家经济事务。科学家通过解决与工业生产和资源保护有关的问题，成功地阐述了'科学研究是国家繁荣的关键'这一观点"。[16]笔者自己对于"一战"前和"一战"期间的加拿大的大学和科研的研究也证明：如果要审视科学工业研究的发展，第二次工业革命是一个远比第一次世界大战更有用的背景。[17]加拿大的大学实质上从一开始就致力于研究、应用科学和工业合作，并不需要战争的刺激来引导他们进入这些渠道。我们发现金斯顿矿业和农业学院（实际上是女王大学的应用科学系）院长 W.L. 古德温（W.L. Goodwin）早在 1895 年就自信地宣称，科学发现活动一般是由那些优秀的大学、理科学院和工业公司组织的。科学和工业终于结合了。[18]

美国和德国一起领导了第二次工业革命，而英国则固守第一次工业革命的成果来对抗第二次工业革命，这已是一个深入人心的事实，尽管其中一些细节可能存在争议。[19]然而，对于一个受到英国和美国强大影响的国家来说，这确实产生了一个有趣的问题。加拿大的成功有多少是大陆经济一体化的结果？有多少来自与美国的共同技术实践？我没有使用技术转移这一说法而是采用上述表达方式，尽管我们可能也喜欢阿诺德·佩西（Arnold Pacey）的"技术对话"这一术语。[20]这是布鲁斯·辛克莱（Bruce Sinclair）多年前在他《加拿大技术：英国传统和美国影响》的文章中论证的内容。[21]戴安·纽厄尔（Diane Newell）和戈登·温德（Gordon Winder）分别对采矿和农业设备进行了很好的研究，这些设备因为科技共享而具有欧洲属性。加拿大既汲取这些共享的科技资源，也为之贡献。[22]W.A.E.麦克布莱德（W.A.E. McBryde）已将安大略省西南部原油精炼的早期工作确定为北美新化学加工工业的"试点工厂"。[23]笔者本人在制浆造纸工业方面的研究文献记录了美国和加拿大边境两侧的国营和私营从业者明确试图联合编纂一套适用的技术信息和应用科学信息的共同体系。还初步记录了工业机构和公共机构使用的北美通用技术标准制度的演变。[24]我们还可以进一步从定性和定量两方面评估前面提到过的麦金尼斯那夺人耳目的主张，他认为加拿大在利用第二次工业革命技术方面取得了显著成功。

一场产业革命

发明史是科技史的拙劣代名词，这一点已经说得再清楚不过了。另外，如果还有什么能令研究加拿大科技的专业史学家感到尴尬的，那肯定就是各种列举加拿大史上第一的清单以及诸如此类的东西了。然而，关注那些加拿大在其中处于领先地位的各种发展是完全正当的。一个中等规模的经济参与者可能对第二次工业革命的新兴科学技术做出了具有国际重大意义的贡献。而这是如何发生的？提出此类问题也是完全合理的。电气化就是一个典型的例子，如安大略水电站和有关它的大量文献。在这个问题上，我们完全成为主流，因为电气化也同样吸引了政治和经济历史学家的注意，从H.V.内尔斯（H.V. Nelles）的经典作品《发展政治学》（*Politics of Development*）到杰米·斯威夫特（Jamie Swift）和基思·斯图尔特（Keith Stewart）对安大略水电站衰亡的描述。[25]除此之外，还有大量文献是关于魁北克水电、不列颠哥伦比亚水电开发，以及其他省份的数量较少的此类开发。尽管我们必须承认诺曼·鲍尔（Norman Ball）和约翰·瓦尔达拉斯（John Vardalas）对费兰蒂－帕卡德公司（Ferranti-Packard）的研究提供了一个有价值的模型，但有关电气行业在发电以外的业务上的文献还不太成熟。[26]在讨论这项技术在现代世界创造中的更广泛作用时，研究电气化的历史学家已经提请注意照明与启蒙之间的联系。实际上，几项近期研究已经明确将加拿大几个地区的电力发展和现代化联系起来。[27]至于化学品和工业化学化，我们可以有如下证明：沙威尼根瀑布水电站电化学和麦吉尔大学纤维素化学的开发，聚合物公司（Polymer Corporation）的崛起以及石油生产中的化学问题的早期研究。[28]这里穿插一点题外话，加拿大对物质文化的一点小贡献就是制造了一种美味——香兰素。它曾是一种稀缺的天然产品，但随后人们发现可以从纸浆厂废料中提取香兰素，并且优化了这种相对经济的方法，从而使香兰素非常容易获得。[29]那些真正"世界级"的经济领域——水电、纸浆和造纸行业，不仅是投资前沿，而且也是高科技工业前沿。除此之外，这些领域还吸引并且留住了世界顶尖人才，同时在国内和国际上为技术发展做出了重大贡献。

虽然生产的主要核心是公司，但是由阿尔弗雷德·钱德勒（Alfred Chandler）所描述的法人组织和公司垄断可以通过交易成本的内部化和其他效率所获得的一些收益，也可以通过其他方式获得，尤其是通过独立公司之间在以下事项上的合作：专利资源共享、电网、交互授权、货

| 第 5 章 加拿大的第二次工业革命 |

车共享、同业协会等。[30]这里涉及很多方面的技术，而我们对于国家任何领域内的这种情况都缺乏足够的了解。因此，我们最好先更多地关注整个行业范围内的合作研究活动，这些活动肯定在加拿大的纺织、金属、纸浆和造纸等行业中过去一直在进行。它们非常有趣，因为它们往往不仅涉及企业间的科学工业研究合作，还涉及行业、政府和学术界之间的合作。[31]对组织结构进行综合分析一直是关于现代美国写得最好的美国历史著作的特征之一。而这种综合分析最感兴趣的事情之一就是商业的政治经济学。我们也应该培养开发这种兴趣。[32]笔者和安德烈·西格尔（Andre Siegel）最近都得出结论认为，加拿大企业由于要通过加拿大制造商协会（Canadian Manufacturers' Association）等组织行事，因此不仅仅要致力于为关税和其他反竞争战略进行毫无想象力的辩护。更准确地说，这些战略还包括说服加拿大人认识到加拿大制造的商品的优点，以及如何使这些商品确实更为人们所称道。这些战略形成了一个一揽子计划，包括争取政府参与技术教育和支持工业研究。[33]技术当然不仅仅是硬件，生产过程也是工艺流程。在第二次工业革命中，车间通常要改变工作方法的一个方式就是通过工程师重新设计工艺流程，即泰勒制，又称科学管理法。加拿大主要铁路公司的车间制造了许多自己的车厢和机车，长期以来一直是全国最大最先进的辅助制造基地之一。[34]当年亨利·甘特（Henry Gantt）将泰勒的科学管理技术带到了加拿大太平洋铁路公司位于蒙特利尔的安格斯车间①时，正是在这样的加拿大铁路车间，泰勒管理技术跨越了国界。[35]另一个控制工厂生产发生变化的方式就是越来越依赖于一整套的测试和控制仪器，而不是个人的感官判断。有各种设备检查生产中发生变化的材料的物理状态，并形成过程控制决策的基础。[36]这些仪器通常由美国公司制造，但也有例外。西屋电

---

① 安格斯车间（Angus Shops），加拿大太平洋铁路公司的轨道车制造、维修和销售的一片工业区，1992年以后停用。这片土地随后被重新开发用于商业、工业和住宅区的建设。

›107

器的压力表、布朗仪器公司的高温计和流量计以及泰科公司的记录温度计在整个北美工厂中都有制造。同样是加拿大制造的还有标准游离度测试仪，该测试仪于20世纪20年代由加拿大森林产品实验室开发，并被北美制浆造纸行业的工厂采用。[37]

在第一次工业革命中，工厂中复杂的技能等级的发展人尽皆知。那第二次工业革命中的呢？我们可以谈谈几个相关的问题。首先是工厂中的一部分劳动力的重要性日益增长——半熟练的"放料工"，林迪·比格斯（Lindy Biggs）称这种新式工厂为第二次工业革命的"理性工厂"。[38]虽然物料搬运设备、装配线和连续工艺装置减少了对搬运这类杂活的繁重劳动的需求，泰勒制和新的程控技术对某些工作过程也降低了技术要求，但对那些拥有一套管理新机器的技能的工人的需求增加了。正如斯特恩斯所指出的，对于这部分日益占主导地位的劳动力来说，他们中一些人之前已经感受到了（第一次）工业革命的影响，现在还要面对"方法上的进一步转变——其中一些比之前的任何改变都要重要"。[39]那么这种感受在加拿大要更强烈，因为在这里第二次工业革命在第一次工业革命之后很快就产生了影响。人们很容易对半熟练工这一类别不屑一顾，包括许多劳工史学家也是如此。但事实上，这样做错失了能够熟练操作简单易学的任务的机会，并忽视了这些工人具有的诊断技能（如果不一定是操作技能）的重要性。此外，雇主发现提供计件工资而不是"基本工资"对他们有利。[40]为什么？因为工资占总成本的比例很小，而中断生产的成本很大。而且，给工人们支付高额工资也让他们能够接受中产阶级生活方式的各个方面，或许还可以接受与之相伴的一些中产阶级价值观。

工厂之外

詹妮弗·卡恩斯·亚历山大（Jennifer Karns Alexander）请求我们

将"效率"看作是工业和后工业时代的文化建构，从更广阔的角度去思考它。[41]当然，这种想法是工程师们的一种意识形态，是可以被赞扬或谴责的。而且在某些重要方面，它还可以被视为是与人类自由相对立的。正是在这种构思下，新生产方法的科学效率直接将我们带入国家功能、阶级和性别的功能，以及环境的功能这类社会和政治领域。

第二次工业革命的状态有很多功能。如果绝对有必要的话，甚至会出现时不时"惩罚"一些工人，杀一儆百（或激起懈怠）。但有些方法过于严厉了。因此首先，人们指望国家提供科学和技术服务。值得注意的是，这包括了那些依照德国帝国物理技术研究院建立的国家研究的顶级机构。尽管我们自己的国家研究委员会（NRC）并非其复制品，但是它的建立更准确地说确实是参照了英国国家物理实验室和美国国家标准局。在我们这个领域如果说有什么能够称得上是拥有完善的历史文献的话，那肯定就是国家研究委员会了。[42]我们对其他联邦科学机构虽进行了一些研究，但还远远不够。[43]在省一级，我们对魁北克的了解可能比任何其他省份都多，但在这里，我们也欢迎将省级研究组织和部级机构的工作融入联邦制和建省的叙事中。[44]在某些情况中，政府对于行业自身集体支持工业研究的措施，虽不积极支持但也普遍放任。1901年，在加拿大制造商协会的倡议下，英国化学工业协会加拿大分会成立，安大略省政府为支持其论文的出版提供了资助。[45]

其次，作为国家在资本合法化方面起的作用的一部分以及其他原因，联邦政府和省政府都要参与行业监管。这包括一些技术问题，为高度资本化的公用事业提供了民主监督的外表。克里斯托弗·阿姆斯特朗（Christopher Armstrong）和H.V. 内尔斯对这一方面进行过调查研究。[46]加拿大技术标准体系对制定法规和企业对企业关系方面至关重要，其特点是联邦科学研究机构、省级监管的工程协会以及独立和独特的国家标准协会之间的关系。汤姆·特拉维斯（Tom Traves）在他一直备受忽视的著作《国家和企业》(*The State and Enterprise*)中，提醒人们注意科学技术对加拿大的政府监管职责兴起的重要性。[47]我们需要接受这个挑战。正如艾米·斯莱顿（Amy Slaton）为美国所做的那样，以及克里斯托弗·阿姆斯特朗在有关多伦多现代建筑的最新研究中所提到的那样，可以在市政层面关注建筑规范和分区来进行有益的研究探讨。[48]

最后，需要为第二次工业革命中产生的这些新的以科学为基础的产业培训新的劳动力，而培训产生的管理费用中很大一部分，则指望国家在全社会进行分摊。尽管个别省份解决了这一问题，但在省这一级，随着1910年联邦皇家工业培训和技术教育委员会的成立，它成了一个国家层面的问题。[49]在更高的层次上，这涉及培养工程师、化学家、冶金学家等的教育。在这个领域，加拿大工学教育的各种模式和国际基本大同小异，尽管我们发展出了自己的特定模式，具有自己的鲜明特点——显然也是一个成功的模式。[50]

国家有自己的专家，但也必须说明谁是专家。中产阶级专家的资格经过国家的验证和强制执行，如果是自我管理的话，那么他们就越来越多地，不仅是为自己，而且也为那些位于他们之下和之上的人定义了游戏规则。[51]这并不是"崛起的中产阶级"（这个词已经成了一个历史的陈词滥调），而是一个新兴的、霸权的中产阶级。他们除了和工程师一样在生产领域，而且还在更广泛的社会组织和机构中越来越多地占据着决策地位。正如伯顿·布莱德斯坦（Burton Bledstein）所指出的那样，工程师这类典型的新专业人士引领了潮流。[52]在美国背景下，这方面都得到了很好的全面的研究，但不幸的是，在加拿大背景下，这方面的研究很少。[53]

新公司数量的增长和国家监管性质的公务的增多创造了大量新兴的、

主要由女性担任的低薪文书工作。关于"粉领贫民区"①的职位技术层面，格莱姆·罗威（Graham Lowe）已经做过了研究。[54]但是那些需要受过高等教育才能从事的职业呢？为接受医学教育从而能够进入现代医学职业领域，女性进行过抗争，这是众所周知的。同样众所周知的还有法律界女性的绝对不妥协。那么高等技术职业呢？牙科在北欧的一些国家被专业化为女性职业，在加拿大从一开始就向女性开放，但那时很少有女性进入这一职业。[55]从更广泛的角度讲，当女性要求进入任何一种职业领域时，控制职业协会的男性是否已经准备好说"是"了呢？而这种情况在美国的机械工程职业领域已经成为现实。颂扬埃尔西·麦吉尔（Elsie MacGills）一家的生活是件好事，但更为有趣的是了解整体情况。多个大学的家庭科学学院与加拿大生物委员会就海鲜进行了合作研究。[56]多伦多大学家庭科学学院的克拉拉·本森（Clara Benson）培训的一些年轻女性在"一战"期间继续在加拿大军需品工厂担任技术员，本森自己的食品化学分析技术也应用于军需品生产的标准化。[57]但我们想系统地知道，各个大学的家庭科学学院教授了什么样的科学，有什么目的，毕业生去了哪里？

此外，笔者怀疑，第二次工业革命与扬·德·弗里斯（Jan de Vries）为（第一次）工业革命所描述的"勤奋革命"类似。笔者还怀疑女性作为消费者她们的决定与之有很大关系。[58]这种情况是由于女性对于家庭消费模式的影响而产生的。而这种家庭消费模式是由名牌产品的大众营销方式造成的。多尼卡·贝莱尔（Donica Belisle）指出，19世纪末20世纪初，在加拿大许多地区，精打细算过日子已成为妇女的责任。[59]

最后，在第二次工业革命对环境和自然资源的态度中能清晰地看到

---

① "粉领"，通常指代以护理为导向的职业领域或历史上被认为是女性工作领域的工作者。这个领域一般包括美容行业的工作、护理、社会工作、教学、秘书工作、室内装潢或儿童保育等，薪酬可能远低于白领或蓝领工作。"粉领贫民区"则指特定的职业地位和薪酬等级随着新女工的涌入而下降的现象。

"效率"这一典型的现代美德。为了将科学带到关键的森林产品部门,与此相关的大部分重要事件都发生在1907—1913年,包括创建了第一个大学级的林业项目,成立了加拿大森林产品实验室,以及成立了联邦保护委员会。对自然资源的保护是想要更有利地利用,必须从这个角度去理解他们对于自然保护的兴趣。联合环保主义者、工程师和其他进步改革者绝对是在道德上出于对浪费的憎恶。"实施环保主义原则需要重新制定行业与政府之间的伙伴关系,纳入经过科学培训的专业人员"。[60]安德鲁·斯图尔在本书第11章指出,1913年开始的加拿大北极探险考察尤为突出地设法解决北方自然资源的利用和保护问题。[61]

本章小结

本章提了很多问题,但没有全部回答。笔者希望本章已经表明:关于第二次工业革命的问题是值得提出的,并且在加拿大科学技术史上可能会找到一些有价值的答案。在此,笔者也想得出对一些问题的哪怕是试探性地回答。首先,笔者赞同麦金尼斯、德拉蒙德和麦卡拉所提及的观点。加拿大很早就参与了第二次工业革命,而且很成功,在第一次世界大战前就完成了大部分重要变革。笔者认为,尽管当时还有后来都出现了一些相反的说法,但一个非常灵活、反应迅速的高等教育体系,以及在工业界、大学界和政界之间的轻松的人员流动,都发挥了重要作用。当然,与美国的关系也是至关重要的。不过,从应用科学和技术的角度而言,这种关系在主导地位、依赖性或衍生性方面还没能得到准确的描述。[62]事实上,加拿大的现代化在很大程度上就是北美地区的现代化。是的,我们为建立在美国模式基础上的工业化生产准备好了现代化装备,共享了科技资源,并调整了我们的技术标准。但还远远不止于此。第二次工业革命给予了我们的不仅仅是共同的物质文化,负有监管责任的国家，也许最引人注目的，还有对自然环境的共同理解。这些负有监管责任的国家之间的差异比它们的相似之处更容易被夸大。随着北美地区作为一个无限宝藏的观念变得不可持续，取代它们的与其说是浪漫主义，不如说是对效率的道德正义的信仰。林恩·怀特（Lynn White）在中世纪对自然的态度中不仅找到了工业主义的根源，而且也找到了当代生态问题的根源。正如他所做的一样，我们也可以在以科学为基础的非凡才能中找到以上事物。而正是这种非凡才能给已经转变的物质文化带来了更深层次的环境挑战。[63]

第6章

新式电话

从大多数北美电话用户的角度来看,从手控的、接线员辅助的电话服务到拨号的、自动接线的电话服务的转变,是电话通信从19世纪80年代的早期传播到一个多世纪后手机兴起的这一时期内最大的变化。这场社会技术变革的规模在当时是显而易见的,不仅成为诸多讨论的主题而且是人们产生焦虑甚至是争议之所在。20世纪20年代中期,加拿大贝尔电话公司(以下简称"加拿大贝尔公司")的相关主管们曾用"一系列心理变化"来描述加拿大中部城市引入拨号服务而引发的社会现象,并预言应对这些心理变化将与管理自动化电话通信的技术和组织方面同样重要。然而,不管是技术史学家还是通信史学家,都普遍忽视了电话从手动接入呼叫转变为拨打号码呼叫("拨叫")这一曲折过程。[1]也许这是因为转变过程不均衡,在不同的地方转变的时间并不相同:一些北美人是在两次世界大战之间才经历了这种技术转变,而有些其他地区的北美人则在此之前已经使用拨叫服务很多年了,另外还有些地区的北美人却是在此后几十年仍继续使用接线员服务。尽管如此,拨叫电话服务的引入支撑了一部更宏大的历史：一部北美人走向现代并成功定义自身"现代性"的历史。通过成为合格的技术使用者（家用电器操作者、汽车驾驶者，以及收音机和电话使用者等），北美人迎来了自己的现代时代。

加拿大曾经在1929年拍摄了一部耐人寻味的拨号电话宣传片，这部影片是为了庆祝安大略省汉密尔顿市第一个自动接入式电话拨号交换台的开通而拍摄，本片反映了两次世界大战之间加拿大中部多数地区对拨号电话的新奇感。[2]在影片中，当地电话通信的先行者休·科萨特·贝克（Hugh Cossart Baker）和他的妻子坐在花园里。在他们之间的一张桌子上放着一部新的拨号手持电话。贝克邀请他的妻子使用它，她欣然应允，拿起电话放到嘴边，并要求接线员接听。对于无须任何人工协助、完全依靠机械交换来连接来电者的拨号手持电话来说，这样操作是不正确的。但贝克太太的做法正是这一时期加拿大主要城市最常用的电话使用方式，通常是一部由北方电力公司提供的烛台式电话机连接到一部手动交换机，交换机由接线员操作，提供亲切的服务和有利的帮助。在这部简短的宣传片中，错误使用拨号电话的方式之所耐人寻味，是因为贝克夫人是熟悉电话机和接入式拨号服务的。正是她的丈夫在1877年第一次给加拿大带来了商业电话服务。1880年，他获得了在汉密尔顿建立一家全国性电话公司的特许，正是这一特许使加拿大贝尔公司得以成立。加拿大贝尔公司很快成为国内最大、最具影响力的电话公司。电影中宣传的汉密尔顿的新型自动接入式拨号电话交换机实际上就是"贝克"交换机，如此命名就是为了纪念休·贝克。

不管贝克夫人对丈夫的商业事务感兴趣与否，影片中她对如何使用新的拨号电话的困惑清楚地表明，拨号电话或者说更普遍意义上的自动接入式拨叫服务的操作其实是没有那么自然或明显的。这同时也提出本章的议题：人们是如何学会自己拨号的？自动接入式拨叫实现了拨号电话的最终普及，类似技术也使得人们把拨号电话等现代物品的使用看作理所当然，忽略了这些物品曾经也是新奇、神秘、陌生，必须通过教导学习才会使用的，这常常导致甚至历史学家在内的人们不再去积极地思考这些事实。但在技术的生命周期中，我们不可避免地会重新看到这些事实。历史学家卡罗琳·马文（Carolyn Marvin）将其称为"当旧技术还是新生事物"的时刻，也是普通人不得不学会使用它们的时刻。[3]这是技术能力尚未习得和完全掌握的时刻，或者是对某一技术设备的实际或象征性使用存在不确定性的时刻——也就是当技术、社会知识同实践的关系是不确定的或者是还在相互磨合的过程。正如文学理论家比尔·布朗（Bill Brown）所言，也是在这样的时刻，历史学家们能够更容易地理解"技术事物"是如何调解人类关系的，以及人类关系如何影响了"技术事物"的产生。[4]

像本书的其他章节一样——例如斯坦因有关广告宣传活动被用来教育加拿大人冬季飞行是安全的研究；古奇亚多有关加拿大人早期通过电疗接触了解电的描述；以及麦克法兰有关20世纪50年代宣传活动被用来诱导居住在拟议的圣劳伦斯航道附近的居民"出具同意书"的描述。本章讲述了加拿大人是如何尝试并且变得热衷于新的现代技术，热衷于新的现代社会关系和社会实践的。笔者没有追踪拨号电话及其相关技术系统的发展，而是思考了加拿大中部主要城市电话用户转用拨号电话后的实际使用方面的问题。笔者想根据报纸上的报道和公司记录，说明加拿大电话用户对引入自动服务的焦虑和反感的原因：既是由于他们不愿放弃打电话时已经熟悉的社交习惯，也是由于怀疑加拿大贝尔公司放弃接线员辅助电话的动机。接下来笔者研究了加拿大贝尔公司影响广泛的"用户教育"计划，该计划承认并试图满足公众对个人拨叫服务的期望。而人工电话服务和加拿大贝尔公司自身此前已经做了很多工作以导致这种期望的产生。加拿大贝尔公司开展的教育活动旨在确保像多伦多、蒙特利尔和汉密尔顿等主要城市的电话用户学会使用新的拨号电话技术，这是大型电话系统顺利运行所必需的。加拿大贝尔公司将拨叫系统描述为"通信艺术中的一种现代发展"，与"用机器取代过去的手工劳动的流行趋势"的时代趋势是一致的。[5]用自动交换机取代接线员，让电话用户融入对更大的电话系统的操作中。通过这些方式，拨号电话通信也与机械化和标准化相关的现代价值观（速度、效率、匿名性和可预测性）接轨。历史学家詹姆斯·弗农（James Vernon）认为，现代性的关键特征之一是创造了一个"陌生人社会"，这在一定程度上源于通信和运输领域的技术变革。电话通信从手动接入转变为自动拨叫，人际互动大幅减少，可以被视为20世纪初加拿大社会关系新形式的体现和实现。[6]因此，加拿大贝尔公司这一大规模的"用户教育"活动应该被理解为是一种普及现代性的教育活动。仔细观察加拿大贝尔公司是如何教育其用户（以及更广泛的电话用户）的，可以更清楚地了解在两次世界大战之间的那段时间技术和技术教育在加拿大那些最大城市中所起的作用。它还表明了电话的第二次"起源"，使它成为一种更加独立于人的技术设备——今天大多数加拿大人仍然惯用地看待电话和使用电话的方式。

从"呼叫"到"拨叫"

20世纪20年代中期，加拿大贝尔公司在国内中部的大城市引入自动交换机时，拨号服务或自动交换并不是一项新技术。早在几十年前的1889年，美国堪萨斯城殡仪馆老板阿尔蒙·B. 斯特罗格（Almon B. Strowger）就成功地开发出了第一个自动交换系统。因为他怀疑当地的电话接线员将他的客户电话（也就是他的生意）转接给了他的竞争对手。[7]自动交换是斯特罗格设计的一种技术解决方案，旨在避免接线员接听和接入能力的不足。拨叫服务最初对资本不足的小型独立电话企业家具有吸引力，其原因与其说是担心接线员渎职，不如说是它具有将劳动力成本降至最低的前景。在加拿大，最早的自动交换站是为了服务北方地区和草原上的新兴城镇和资源营地而建立的，这些地方的人口通常主要由流动的乡村工人组成，因此很难找到接线员。加拿大的第一个自动交换站于1901年也就是克朗代克淘金热期间在育空地区的怀特霍斯建立。[8] 早期采用拨号服务的是一些作为铁路枢纽的城镇和煤矿城镇。铁路枢纽城镇如新不伦瑞克的伍德斯托克和安大略省的西多伦多枢纽,两地分别于1903年和1905年建立交换站。煤矿城镇如新斯科舍的锡德尼煤矿于1904年建立交换站。[9]

虽然许多小型独立电话公司在20世纪早期就建立了自动交换站,但北美的主要电话系统仍继续依赖手动交换,其中包括占主导地位的贝尔系统的多家公司。加拿大贝尔公司实际上是美国电话电报公司(以下简称"AT&T",其前身是贝尔电话公司)的子公司,其在加拿大中部城市的运营网是该国最成熟、最广泛的网络。[10] 这意味着加拿大贝尔公司为其全部电话网络雇用大量的手控操作的接线员时,会产生大量的劳动力成本。然而,尽管自动交换在降低劳动力成本方面颇具吸引力,但该公司仍然有几个很好的理由使其对于将系统从手动转变为拨号保持谨慎态度。虽然相对而言,在没有电话网络的地方创建自动交换是一种节约成本的选择,但到1920年,将大型的、已建立的网络从手动转变为自动交换这一前景也具有自己的特殊挑战性。

也许令人惊讶的是,从手动服务切换到自动服务的技术挑战反而是加拿大贝尔公司在当时关注较少的问题。如果不经过仔细规划和实施,转变可能会造成重大的服务中断。但到20世纪20年代初,贝尔电话公司已经制定了一项技术协议,可以确保在不中断服务的情况下将手动交换转成自动交换。[11] 20世纪20年代初,北美电话用户数量呈指数级增长,已建立的人工电话通信的成本和技术限制日益明显。许多贝尔系统公司开始转向自动服务。1923年与AT&T签订的一项协议使加拿大贝尔公司能够了解交换传输的最新研究以及其他贝尔系统子公司的实践经验。[12] 转变为拨号服务会带来的财务和后勤的巨大挑战,正因如此,加拿大贝尔公司尽力拖延在主要城市中心实施这一变革。购买新的交换设备,以及建造新的中央交换大楼来容纳这些设备,都需要大量的资本投资。这些成本加上加拿大贝尔电话网络的规模,使得转变为拨号服务的进程必须逐步进行。1923年,加拿大贝尔公司经理弗兰克·M.肯尼迪(Frank M. Kennedy)估计,单单将多伦多的电话从手动系统转变为自动系统就需要花费400万加元,并且需要十年时间才能完成。[13]

加拿大贝尔公司不愿将其系统转变为自动交换的另一个重要因素是其现有设备质量良好。1885年贝尔专利到期后,电话公司之间竞争激烈。此后在1905年,议会对电话行业进行了调查,结果就是推出了一项监管制度。这一制度允许加拿大贝尔公司作为受监管的垄断企业运营,但要求其保持高标准的服务。[14]因此,正如加拿大贝尔公司蒙特利尔分部经理弗兰克·G.韦伯(Frank G.Webber)所指出的那样,加拿大贝尔公司的许多手动交换机都是"最现代、最昂贵的型号",由此加拿大贝尔公司认为"把它们全部更换成自动交换机并不划算"。[15]同时,加拿大贝尔公司将电话出租而非出售给用户的政策是它控制服务质量的另一种方式,也是推迟引入拨号服务的另一个原因。因为,加拿大贝尔公司拥有连接到其系统的所有电话,任何从手动交换服务向拨号服务的转变都需要加拿大贝尔公司购买成千上万部新的拨号电话来替换用户们仍然能正常使用的手动接入式电话,因此要承担这些冗余设备的成本。[16]鉴于所有这些原因,加拿大贝尔公司在商业上完全有理由推迟引入新的交换系统,直到需求足够大,使它能够及时收回投资成本。20世纪20年代初,加拿大中部那些大城市达到了这一点。当时由于对住宅电话服务的需求激增,导致中产阶级用户数量显著增加,电话使用量增加,对应的是加拿大贝尔公司的营业额也迅速攀升。[17]即使在这样前景光明的情况下,加拿大贝尔公司转变为自动服务的计划也需要逐步进行,只有当电话用户和连接的数量超过现有交换机所能处理通信量的能力时,加拿大贝尔公司才会行动起来。

20世纪20年代初,新用户的涌入为加拿大贝尔公司提供了更高的收入。这进一步证明其向拨号服务的转变是合理的。但这同时也加剧了所谓的"用户问题",即电话用户如何想象和使用电话。要使用手动服务拨打电话,用户只需拿起受话器,用它向接线员发出信号,接线员根据加拿大贝尔公司的既定协议,通过询问所需号码进行回应。然后,打电话的人会说出他或她想与之通话的人的号码,有时在较小的社区里,甚至只需说出姓名即可。接线员会重复这个号码,以在建立连接之前验证其准确性。正如加拿大贝尔公司的一则广告所宣称的,在人工电话通信或接线员辅助电话通信的体验中,要成功地接通电话要牵扯三个人、两次对话。这是20世纪20年代初那些加拿大中部城市里一种普遍的、众人皆知的体验,也是加拿大贝尔公司电话用户在当时习以为常的经历。

尽管第一批电话接线员都是受过电力技术培训的年轻人,但到19世纪80年代早期,加拿大贝尔公司开始雇用"女接线员",因为她们对用户说话声音温和,彬彬有礼,同时她们也被证明适应性更强、更守纪律。[18]加拿大贝尔公司深知其接线员代表公司为其用户服务,因此加拿大贝尔公司寻找的都是年轻的、受过教育的、中产阶级下层的和"受人尊敬"的工人阶级的女性,并对她们进行了全方位的工作培训,尤其是在"正确的说话方式"方面。这方面培训包括学习针对用户询问的标准化的答语,以及要在不浪费时间的条件下用真诚的语气和各种抑扬顿挫的语调将学习到的答语用来回复客户。加拿大贝尔公司本是坚持电话接线员和用户之间的交流保持公事公办,但用户有机会沉迷于闲聊,提很多问题,甚至在很多情况下发泄对电话服务的不满。加拿大贝尔公司最初鼓励将接线电话服务作为一种"个性化服务"的想法。加拿大贝尔公司早期的广告将电话描绘成办公室中可靠的员工和家中有用的仆人,这塑造了用户对接线员的看法,因此用户希望接线员能够实现广告中的那些行为方式。

有人说接线员会满足用户的各种要求,诸如提供佐茶饼制作方法,或是对恋爱关系的建议,或是在妈妈出门办事的时候帮着留心听熟睡的婴儿。这样的说法不胜枚举，可能有点夸张，但用户确实经常打电话给接线员，要求她们回答问题，并就与电话服务关系不大或者毫无关系的问题提供帮助。[19]

如果说与女性性别和教养相关的品质让她们成为完美的接线员，那么同样的品质也让她们成为一些无礼用户针对的目标。[20]尽管用户对电话接线员非常依赖，但他们对其赞美非常吝啬，而投诉起来却毫不手软，频率之高让人咋舌——电话号码错误、通话中断和信号繁忙都会责怪接线员。这些抱怨如此普遍，以至于成为笑话和卡通的素材。一位在渥太华交换站工作的接线员就说到，"电话转接需要大量的奉献精神，却很少能从公众那里获得感激"。[21]许多用户感觉自己理所应当享受服务，甚至对于接线员的服务表现出很强的占有欲，自我想象这些服务是电话接线员应该提供的。对于服务上出现的过失，不管这种过失是真实的，还是在他们眼中看来的，他们都可以有理由严厉地斥责接线员。用户对接线员态度粗鲁甚至辱骂并不罕见，但接线员接受的培训要求他们不能以牙还牙，而是要专注于提高客户数量。电话公司，尤其是加拿大贝尔公司，试图坚持用户必须遵守适当的电话礼仪，尤其是有关如何对待接线员方面的礼仪。但这种将接线员实际上视为家仆的观念如此地根深蒂固，以至于出现了这样一个案例：一个用户因为咒骂接线员而被拒绝服务，但他却向法院提起诉讼，要求恢复服务。[22]

一旦决定要在其主要城市交换系统中引入自动交换，加拿大贝尔公司得出的结论就是必须让用户从量身打造接线员为其服务的期望中戒断，同时还要逐步加大力度宣传自动化服务的优势地位和进步之处。1923年，也就是加拿大贝尔公司在多伦多引入它的第一台自动交换机的前一年，它开始简化用于连接呼叫的全系统接线员礼仪。从那以后，接线员无须再把电话号码重复给来电者，而是只需简单地说声"谢谢"并接通电话。[23]不久之后，加拿大贝尔公司向用户发出指令，从1923年2月20日开始，其接线员将不再回答用户有关时间的询问,之前许多人都是借此来设置自己的手表和时钟的。[24]加拿大贝尔公司希望此举能立刻减少一些不断增长的电话通信量,使得接线员能接通更多的电话。然而,此举更大的长期意图是使用户的电话服务体验更加趋于常规和机械。

对于加拿大贝尔公司的新指令有人报之以幽默,有人报之以愤怒。大多数用户很快就适应了与电话接线员更加例行公事般的交流,但还有一些人认为加拿大贝尔公司只是想通过让用户来做接线员之前一直做的工作来增加公司利润。另外还有人认为加拿大贝尔公司在没有相应降价的情况下却减少了服务,他们对此感到愤怒。一位多伦多电话用户写信给《环球报》(*Globe*),对"加拿大贝尔公司的这种愚蠢行为"表示失望,同时提醒加拿大贝尔公司"他们的顾客是支付了服务费用的……如果说顾客想知道时间,那么从礼节上讲,那位由我们支付报酬的年轻接线员女士也应当看一下时钟并告之正确的时间"。[25]

对加拿大贝尔公司即将推出拨叫服务的反应表明,用户认识到了这些所谓的技术变化实质上是文化变化。这些文化变化会影响他们对电话社交的期望和体验。正如米歇尔·马丁(Michele Martin)所写,"电话允许口头交流而无须视觉接触,这一事实创造了一种人们以前从未体验过的亲密感"。[26]她表示,"电话制造的那种让人感觉同时既远在天边又近在眼前的矛盾效应似乎让一些人更加大胆"。但笔者认为,与通话体验相关联的遥远亲密感也可能会让接线员产生同感。许多用户真正担心的是,随着自动交换的引入,接线员会失去生计。这种担忧可以看作是时代对自动化以及"技术性失业"的威胁的日益焦虑的一种表达。但这也同时表明了用户和接线员之间的复杂关系。[27]尽管一些用户会抱怨接线员,但许多人对"接线员女孩"怀有一种亲切或友好感,并盼望着"打电话"带来的社交机会。

随着自动服务的引入,电话通信服务的体验从"呼叫"转变为"拨叫"。[28]除了失去接线员提供的个人服务和必须学会用拨号方式打电话外，自动服务还要求电话用户适应一种新的、标准化的电话号码系统。电话号码是按照用户加入网络的顺序分配给用户的，因此例如在汉密尔顿市，里真特地区电话交换台（Regent Exchange）第七个加入的用户的号码将是"Regent 7"，依此类推。在手动连接电话时代，这套体系运行完美无缺。打电话的人只需告诉接线员交换机的名称和他们希望接通的号码就可以。然而，对于使用机电自动交换系统拨打电话的人来说，所有电话号码都必须在拨号盘上有相同数量的数字或"转孔"（pulls）。[29]汉密尔顿地区的五转（five pull）系统意味着，作为从手动服务转变为自动服务的一部分，所有由少于四位数字组成的用户的电话号码都需要重新配置，除交换机名称的第一个字母外，还需要在数字前加相应数量的零。因此，"Regent7"变成了"R 0007"，"Regent 32"变成了"R 0032"。打电话的人需要使用这些新号码，这对新自动交换系统的顺利运行至关重要。一些用户，尤其是企业主，对转变为拨号电话带来的不便感到不满，尤其是不满于要更改电话号码，从而导致还要更改信纸信封、标志和促销材料。用户既愤怒又兴奋的感受在多伦多一家剧院的一份大为光火的通知里展露无遗。通知在公布了剧院新电话号码的同时斥责加拿大贝尔公司做了"最卑鄙的事"，并用一部"让人转来拨去像个钟表的玩意替换了旧的电话"。[30]

加拿大贝尔公司知道使用机械化系统替换接线员服务将会改变用户的电话体验，于是战略性地引入了旨在减少打电话者和接线员之间社交互动机会的程序，例如将接线员传统的社交问候语替换为比较缺乏人情味的"请说出号码"。[31]简化接线员和打电话者之间互动的举措为公司节省了40000加元。虽然这些举措并非总是受到欢迎，但它们确实是改变用户期望的重要一步。[32]自动交换需要用户承担之前本是接线员的工作，加拿大贝尔公司真正担忧的是公众是否愿意并且有能力一直正确地执行这些必要的操作步骤。[33]正如加拿大贝尔公司的一位主管解释的那样，"拨号和人工接线的主要区别在于，用户的服务体验在更大程度上是受其自身对设备的使用情况的影响"。为此，这位主管提出："必须大力提高用户对设备的使用水平"。[34] 这种观点简明扼要地说明了加拿大贝尔公司推行的"如何拨号"用户教育计划的动机和目标。加拿大贝尔公司在 20 世纪 20 年代中期在国内中部城市实施了这一教育计划。

提高用户的使用能力

技术史学家约瑟夫·科恩（Joseph Corn）提请人们注意 19 世纪末出现的操作指导文本和用户手册，以及它们作为一种新的重要手段的作用。正是借助这些手段，普通北美人学会了如何使用和维护各种技术设备。他表示，通过"文本化技艺"，制造商将这些指导文本附加在产品中，目的是要寻求"改变行为和……控制消费者使用产品的方式"。科恩提出，正如制造商寻求通过设计和生产使其产品标准化一样，因此他们也采用了极具教导性的指导文献，努力想要增加这种可能性——用户会"以统一标准的方式思考和操作已经标准化的机器（并）使他们的操控机器能力达到设计者和制造商的预期"。[35] 就像科恩所描述的制造商一样，自 19 世纪 80 年代早期开始，电话公司就依靠印刷材料指导用户正确使用电话。加拿大贝尔公司效仿其母公司 AT&T，利用一切机会向用户提供有关如何使用电话的技术信息，并宣传其认为适当的电话礼仪。与向消费者销售产品的制造商不同，加拿大贝尔公司的电话租赁协议为其提供了不断向用户发送印刷物以传递信息的机会。新用户收到了含有使用拨号电话详细图示说明的小册子，随后他们在每月账单中又会收到附在后面的宣传通告，上面印着相关建议和有关电话的新闻。电话号码簿除了列出电话号，还会给所有用户提供重点说明和建议。

20 世纪 20 年代中期，加拿大贝尔公司决定在国内中部主要城市引入自动交换服务时，它形成了一套非常全面的、采用了多种通信策略的方法来向公众介绍拨号电话。除了指导说明式的小册子、传单和报纸广告外，加拿大贝尔公司还使用了橱窗展示。此外，还有也许是最重要的一个方式，即面向团体的演示和一对一的演示活动。这两种展示使用户以及普通大众能够观察拨号机制的操作并练习使用拨号电话。[36]尽管加拿大贝尔公司仅将活动命名为"用户教育"计划，但事实上，它不局限在用户，而意在教育更广泛的大众了解新的拨号系统和新的拨号技术。加拿大贝尔公司能够通过信件和电话号码簿与用户直接沟通，但是通过演示、展示、广告和报纸上的专题报道，它可以教导非用户的电话使用者使用新电话。

加拿大贝尔公司利用AT&T的建议来指导其在多伦多（1924年）和蒙特利尔（1925年）的拨号服务转变工作。它还详细记录了它制作的广告和宣传材料，以及为发起这些宣传所赞助的各种活动。1929年9月，加拿大贝尔公司决定向汉密尔顿市推出拨号服务时，它将这些资料汇编成一本综合手册，其中列出了汉密尔顿市的贝克电话交换台（Baker Exchange）的全年实施计划。[37]除了记录组织和技术信息，它还概述了"用户教育"计划，确定了战略，并提供了与用户、新闻界、服务组织和俱乐部以及公众沟通的模板。1928年7月，在一次为期四天的教育会议上，该手册被介绍给了负责监督加拿大贝尔公司的人员。通过该手册，他们了解了加拿大贝尔公司为教育和安抚电话用户而采取的各种策略。与科恩的"文本化技艺"案例研究中描述的制造商不同，加拿大贝尔公司的用户教育方法广泛使用了三种不同的传播或教学模式，即印刷材料、展示和演示。

印刷材料

除了使用宣传如何拨打电话的小册子、记事簿和广告外，加拿大贝尔公司的商业部还依靠与新闻界的私人关系和职业接触，在新闻中报道有关拨号电话的故事和即将转变为拨号服务的消息。在多伦多和蒙特利尔实施转变之前，加拿大贝尔公司邀请报社编辑和记者参观其电话交换机，以了解其设施，并向他们详细解释新的自动交换设备。为了确保记者了解并能够解释新系统，加拿大贝尔公司的宣传部门分发了小册子。小册子详细说明了如何拨号并提供了有关技术设备的信息。在敏锐地意识到用户对接线员能否保住工作的担忧之后，加拿大贝尔公司的代表借这些机会极力否认拨号服务会导致接线员失业。[38]加拿大贝尔公司发现，花时间陪同"新闻界人士"来参观是非常值得的，正如一位主管报告所言，"通过这种方式获得了一些品质极高的、具有很好的宣传价值的报纸文章。有些文章甚至把拨号电话的操作说明都巧妙地写了进去"。[39]

在多伦多、蒙特利尔和汉密尔顿实施转变之前，当地报纸刊登了大量的、通常是整版的专题文章，介绍了拨号服务，并详细说明了拨号电话的逐步操作步骤。1923年1月，报纸上开始刊登多篇文章，宣布多伦多要实施向拨号电话的转变。这比多伦多第一个自动交换机——格鲁佛地区电话交换台（the Grover Exchange），真正开始工作早了一年半还多的时间。[40]同样，蒙特利尔报纸的类似报道始于1923年6月，比1925年4月兰开斯特电话交换台（Lancaster Exchange）开始工作早了将近两年。[41]一篇《多伦多星报》（*Star*）专题文章"当你得到一个错误的号码时，谁之过？"描述了在很多情况中，用户投诉接线员，而其实大多数投诉的服务过错其实都是用户自己造成的。[42]不久之后，又有一篇文章——《很快你就成为自己的转接员》，提出拨号服务可以解决电话号码错误的问题，并为读者提供了自动接入式电话通信的入门知识，包括指导如何操作拨号电话。作者逐步介绍了拨号电话操作过程，其中间接提到了加拿大贝尔公司对面临的任务的看法："加拿大贝尔公司多伦多办事处经理弗兰克·肯尼迪先生表示，他钦佩《多伦多星周刊》（*Star Weekly*）在尝试（解释自动接入式的电话通信）

这项任务时的勇气。他祝我们一切顺利，并向我们提供了所有可能的数据、数字、统计数据和规格。但要让大家明白自动接入式电话……好吧，就这样。"逐步描述不仅解释了拨号过程——"您将听筒从挂钩上取下并放到耳朵边听"，还提醒呼叫者"在电话号码簿中查找号码"。[43]

为了与用户沟通，加拿大贝尔公司广泛利用其电话号码簿以及给老客户邮寄印刷广告。在汉密尔顿贝克电话交换台开始工作前一年，加拿大贝尔公司开始利用通常随用户账单一起寄出的"给老顾客的宣传广告"来报告交换台的建设、转变计划和直拨服务信息。1928年12月1日，分发给用户的电话簿列出了新的标准化电话号码，解释了号码前面为零的原因，并提供了详细的拨号说明。

在汉密尔顿市，正在"转变为拨号服务"的用户还收到了地区经理发给许多用户的私人信件，提醒他们电话的变化以及告知他们新的电话号码。首先针对的是大型企业用户。1928年9月，也就是贝克电话交换台开始工作的前一年，加拿大贝尔公司业务部的代表拜访了该交换台的大型商业用户，向他们解释了要更换他们的电话号码的原因，并建议他们相应地修改公司的信纸信封或广告材料。在这些访问结束之后不久，每个企业都收到了一封专门的信件，信中显示了其新的电话号码，并重申了使用专为他们设置的电话号码的重要性。较小的企业用户虽没有受到拜访，但都收到了类似的个性化信件。最后，在1928年11月的第一周，所有拥有"短"电话号码的住宅用户都收到了通知，告知他们即将发生的变化，并通过私人信件收到了给他们提供的新号码。在随后的几个月里，所有加拿大贝尔公司的用户都收到了大量的"提醒"信件。

展示和演示

加拿大贝尔公司在其营业厅和当地商场摆放展览品，向公众传递有关拨号电话的新闻。每天都有成百上千甚至成千上万的路人看到这些展览品。因此，通过这样的方式，加上展品展出时附带了指导说明性的操作文本同时还有演示活动，最终用户和非用户都熟悉了这些展览品。电话通信行业的期刊《电话通信》上有一篇文章指出，店面展示是向人们传递事实信息的有效方式，因为人们"经常被迫接受很多阅读材料，（以至于他们）最多读一两行"。[44] 在汉密尔顿的 G.F. 格拉斯科（G.F. Glassco）皮草店的橱窗里，加拿大贝尔公司的拨号电话展示活动采用了一个超大尺寸的立柱式拨号电话和一个大型拨号盘，同时在离观看者最近的地方放置了一台真正的手持式的拨号电话机。以圆形排列摆放的标牌描述了拨打拨号电话的步骤顺序。店面展示的优势在于它夜间依旧灯火通明，因此可以一天 24 小时推广拨号服务。橱窗展示一般还将一个标语牌放在显著位置，上面写着加拿大贝尔公司演示办公室的位置，邀请人们去参观并观看拨号电话的演示。[45] 这种引人注目的、信息丰富的店面展示是在两次世界大战期间让大批公众熟悉拨号电话的有效手段，比今天更为有效。[46] 演示活动是加拿大贝尔公司"用户教育"计划的另一个关键要素。他们让加拿大贝尔公司的代表有机会去演示如何操作拨号电话，解释拨号服务的工作原理，回答人们的问题，并消除人们有关失去接线员服务的担忧。演示活动并非只针对用户，他们在许多地方举办，以接触尽可能多的电话用户。通常，演示活动的中心会放置一个大型木制演示拨号盘和两个用于指导操作目的的正常工作的拨号电话。有时会放映一部电影。几乎在所有活动中，加拿大贝尔公司都会雇用其电话接线员来演示拨号电话的工作原理。[47] 这些年轻女性具有的"完美接线员"的特质也使她们非常适合教公众如何使用拨号电话的工作。她们的年轻、性别和友好的举止让观众感到放松，并使拨号电话操作看起来是一项容易掌握的技术。此外，雇用接线员演示拨号技术实际上承认了马丁提出的电话会产生亲密关系的说法。[48] 这种熟悉的通话习惯让电话用户与接线员以及用户之间都进行了亲密的交谈：当来电者要求接听电

| 第 6 章 新式电话 |

1928 年汉密尔顿国王街东 G.F. 格拉斯科皮草店的贝尔拨号电话橱窗展示。|BCHC36126-2。由加拿大贝尔公司历史博物馆提供。

话、询问问题或投诉服务时，回应他们的是人。演示活动以及接线员一对一的培训提供了一种互动形式。这种互动形式与加拿大中部城市居民所经历和期望的电话服务表现出一种让人安心的相似性。或许更具讽刺意味的是，由接线员主导的演示活动也可能加深了这样的印象，即接线员自己是期待新的拨号系统的。这样就减轻了公众对接线员被自动化取代的担忧。

在计划的转换日期前大约两个月，加拿大贝尔公司在其营业厅设立了面向公众的演示中心或"拨号服务学校"。[49]这使得来现场的人能够

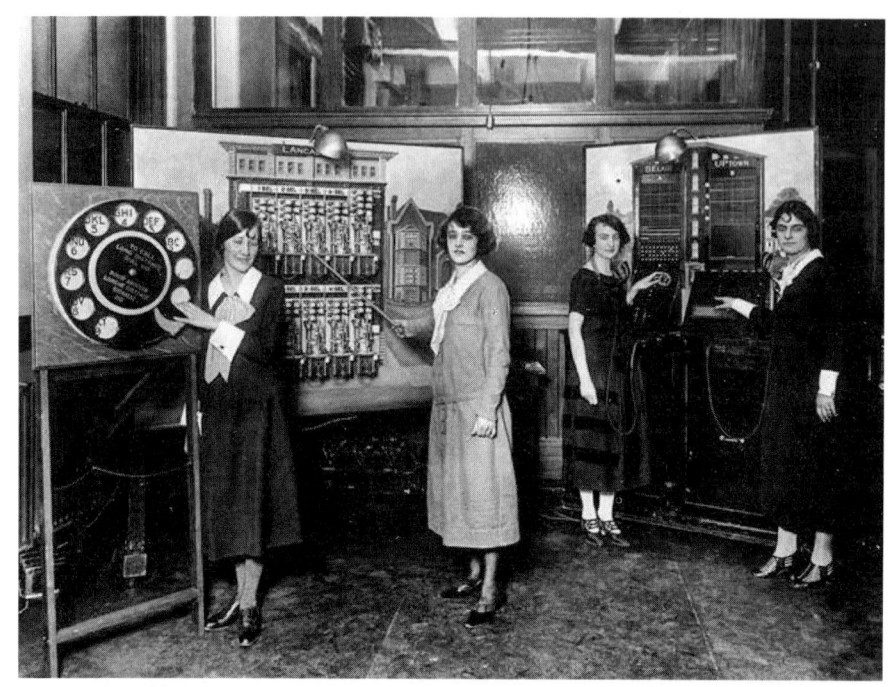

1925年加拿大蒙特利尔贝尔办公室开展的如何拨号演示活动。|BCHC5887。由加拿大贝尔公司历史收藏馆提供。

看到如何操作电话，并熟悉新的自动系统。这些"学校"每周六、周日向公众开放，从周一到周六，上午 10 点到晚上 10 点，方便各行各业的人在他们觉得合适的时间来参观。[50] 在某些情况下，示范者邀请有意愿的参与者练习使用拨号电话，从而向观众证明任何人都可以学会使用这项新技术。

在计划转换日期的一个月前，向目标电话用户群体进行了演示。加拿大贝尔公司商业部代表为基瓦尼①（Kiwanis）和路特利②（Rotary）等服务机构组织了会谈和演示活动，并派代表前往工作场所，特别是那些越来越依赖电话服务的工作场所，如报社、警察局和消防部门。还专为五年级

---

① 又被称作"同济会"，国际性服务组织。
② 又被称作"扶轮社"，国际性服务组织。

及以上的学生举行了演示活动。加拿大贝尔公司认为学校是"进行拨号教育讨论的绝佳场所,因为孩子们在接受指导后,回家会向父母展示如何操作"。[51]

对于那些位于新的自动交换服务区的用户,加拿大贝尔公司安排了一对一的演示或"面谈"。面谈就是由加拿大贝尔公司称为"飞行中队"的一名成员来拜访,以解释新的拨号电话及其在更大的自动系统中的位置,并让用户练习拨号。大约在转变日前两周,加拿大贝尔公司开始用新的拨号电话交换用户手中的旧电话。去安装这些新拨号电话的时候可以再次指导用户如何拨号,如何确定电话在家里或企业中的安装位置。确保电话安装在照明良好的位置,这被认为非常重要,因为这样用户就可以避免拨号错误,从而导致拨错电话号码或呼叫未完成,或不得不呼叫中心寻求帮助。

尽管在多伦多和蒙特利尔引入自动交换之前或之后,报纸都进行了大量的报道,内容都是与如何拨打电话有关的故事,以及对于拨号相关的事件、展示活动和演示活动的报道。但这种传播策略在1929年汉密尔顿的转变中并不明显。该市的两份日报虽然都对转变进行了报道,但专题故事仅出现在转变发生之前的一个月里。这种对转变实施较为低调的介绍可能是因为贝克电话交换台规模相对较小,转变所影响的用户数量要比多伦多的格鲁佛电话交换台或蒙特利尔的兰开斯特电话交换台少得多。或者加拿大贝尔公司可能认为,鉴于多伦多引入拨号服务的覆盖范围,汉密尔顿附近的用户可能对拨号电话的操作要熟悉一些。然而,加拿大贝尔公司并没有减少使用在汉密尔顿的展示活动、演示活动或面谈机会。这表明该公司发现面向公众的演示活动和入户的针对个人的面谈——面对面交流而不是文本交流,是教育公众使用新拨号电话技术的最有效方式。

| 加拿大现代科技之路

加拿大贝尔公司员工使用自动切换"走针轮系"演示新拨号系统的操作。贝尔加拿大商务办公室，主街东 8 号，汉密尔顿，1928 年。|BCHC36126-1。由加拿大贝尔公司历史博物馆提供。

本章小节

在加拿大中部主要城市引入拨号服务后，加拿大贝尔公司对新拨号电话的错误使用进行了跟踪和记录，以便为其未来的用户教育活动提供信息。加拿大贝尔公司的"服务观察"发现了电话用户常犯的错误，例如在听到铃声之前就开始拨号，多拨或少拨了数字，野蛮拨动拨号盘，以及在拨号时混淆字母和数字。这些观察结果表明，用户对拨号电话通信的新要求适应缓慢而不均衡。与本章导言中所描述的有关贝克夫人的电影剪辑一样，用户的错误提醒我们，操作拨号电话——大多数居住在城市的加拿大人很快不用思考就会做了，这个过程是技术和非技术因素的复杂啮合的结果。从用户的角度来看，这些因素都不是内在的或明显合乎逻辑的。因此，尽管似乎可以说人们必须学会使用进入他们生活的现代技术，但关注他们是如何学习或如何被教授使用这些技术的，有助于解释这些新的但很快就会被视为理所当然的知识和实践是如何塑造人与技术的关系的。过去人们是如何教授技术的证据无法面面俱到，但用户手册和说明书可被视为是20世纪初教育新技术的用户和所有者的主要手段。因为这样的文本证据很可能保存下来并为历史学家所用，所以很容易就会忽视人们学会使用新技术和将技术知识融入日常实践的其他各种手段。20世纪20年代中期，加拿大贝尔公司用户教育计划全面记录提供了一个罕见而有价值的概述。它说明了技术教育是如何成为一项复杂的、需要多方协调配合的、非常关键的事业。它还表明加拿大贝尔公司意识到，新系统的引入不仅要求用户接受正确使用拨号电话的培训，而且要求他们学会将自己想象成一个新的现代电话用户——一个在使用电话方面训练有素的人，同时也是与一个更大电话系统操作过程浑然一体的组成部分。

第 7 章

小型科学

　　1970 年，一位名叫克里斯托弗·汤普森的年轻科学家在蒙特利尔神经病学研究所（the Montreal Neurological Institute，MNI）开始了新工作。MNI 成立于 1934 年，隶属于加拿大麦吉尔大学医学院，既是一家运营的医院，也是科学研究中心。它拥有将神经科学和神经疾病的基础研究（如在脑成像和记忆方面的研究）与临床神经学和神经外科（如癫痫的外科治疗）相结合的辉煌历史。[1] 由于获得了医学研究委员会设立的重大设备拨款项目的一笔拨款，神经外科医生皮埃尔·格洛尔（Pierre Gloor）领导的 MNI 研究团队用它刚购得了一个"实验室计算系统"，即美国 DEC 公司①（Digital Equipment Corporation）制造的"PDP-12"小型计算机。[2] 在申请拨款时，该团队概述了"几个研究领域"，它们都"需要数字计算机进行多功能数据分析"。这几个研究领域包括体温调节机制、脑电图和立体

---

① DEC 公司又称"迪吉多"，其 20 世纪 60 年代推出的"PDP 系列"小型计算机在当时取得了商业上的成功，但随着其他电脑公司推出的微型计算机在 20 世纪 80 年代的商业普及，DEC 公司走向衰败，最终被多家电脑公司收购。

定向手术。[3] 威廉·芬德尔（William Feindel），杰出而精力充沛，时任MNI主任，他迫不及待。在给格洛尔的一封信中，他写道："我们早在一年半之前就已经准备好使用计算机技术了，亟待获得计算机设备。"[4] 换言之，MNI 团队计划进行较小规模的个性化研究，而不是将计算机用于需要协调大量脑研究人员的单个大型研究项目。汤普森在那时的任务是为各种小型研究项目的计算机编程并操作计算机。在接下来的十年里，汤普森和 PDP-12 小型计算机共同组成了一个单人跨学科研究团队。这是 MNI 将信息处理技术纳入大脑研究这一雄心勃勃、颇具影响力的计划的中心节点。

从表面上看，选择汤普森来从事这份工作是一件不同寻常的事，因为他没有受过医学培训，他仅拥有新西兰奥塔哥大学的物理学硕士学位。但他之前用小型计算机为加拿大原子能公司研究过地质伽马射线光谱学，这一工作刚刚结束。因此他了解那两个对蒙特利尔神经病学研究所研究人员至关重要的领域：信息处理技术和放射性同位素。[5] 汤普森也有改造计算

安装在蒙特利尔神经病学研究所克里斯托弗·汤普森实验室的 DEC 公司制造的 PDP-12 小型计算机，1970 年前后。| 克里斯托弗·汤普森提供。

机设备的经验，他之前帮助制造了一台移动计算机分析装置。勘测小组的成员当时正试图用计算机来实现自动化分析，以使地质勘测能够费用更低、速度更快。他们在飞机上装载了一台惠普2115电脑，以便在勘测现场进行分析。[6]汤普森在工作中学会了这些技能，这表明了他有能力也有意愿去学习其他的专业领域。

在蒙特利尔神经病学研究所，汤普森很快就展示出了他的学习才能和灵活性。例如，他将信息处理技术应用于神经外科。要求拨款的申请中提出需要计算机在立体定位手术中对探头进行实时定位。在1963年至1968年间，蒙特利尔神经病学研究所对大约115名患者，通常是帕金森症患者，使用了这种手术技术。[7]它需要通过头骨上的钻孔将探针插入患者的大脑，利用探针尖端的电极找到目标，然后外科医生用切割工具替换电极，来移除相应脑组织。患者在手术过程中保持清醒。[8]对汤普森来说，把电脑安装在飞机上的经验现在派上了用场，他得把电脑主机安装在手术室外面，而把电脑显示屏放在手术室靠近患者的位置。

更重要的是，汤普森还必须学习足够的神经解剖学知识，以了解探针位置的图像是如何相对于解剖结构移动的。他不需要成为一名神经外科医生，但他必须要学会相关的技能和知识，才能在手术室与一名神经外科医生密切合作。

本章中，笔者探讨了一个想法，即汤普森在蒙特利尔神经病学研究所的科学工作体现了"小型科学"（small science）。正如笔者所描述的那样，小型科学是一种在特定建筑环境中进行的、具有可识别属性的科学工作，具有特定的协作模式和活动规模。笔者在这里主要想表明小型科学在研究科学实践上是一个有用的概念。首先，笔者认为这个概念可以识别科学是如何被实践的，在哪里完成的。其次，笔者认为它可以使人们更加深入地思考科学史是如何被实践的。它形成了一个强有力的模式，可以从更广泛意义上思考"二战"后工作场所以及实践做法这二者的规模和性质。同样，

蒙特利尔神经病学研究所手术期间拍摄的 Tektronix4002 终端显示屏照片。神经外科医生可以通过操作右下角显示的操纵杆来改变显示。| 克里斯托弗·汤普森提供。

小型科学可能会更加丰富我们对加拿大现代科学技术的描述。小型科学将高科技和先进工艺精确地结合在一起，形成了一种科学生产的"匠人规模"。而许多学者认为，这种规模在"二战"后随着所谓的大科学的兴起而消失了。[9]这样，从学术的角度关注小型科学可以挑战我们学科的一些目的论。

笔者想着重谈谈小型科学的两个相互联系的而又特征鲜明的要素，即"单人研究团队"和"跨学科受训达到深入了解"的理念。后面这个术语是数学家诺伯特·维纳（Norbert Wiener）于1948年开始采用的。他想强调的是，一名科学家如果要积极加入一个多学科的研究团队（他特别考虑到自己的"控制论"领域），并不需要完全掌握一门其他学科，只要能够理解和批评此学科领域专家的学术贡献即可。[10]单人研究团队体现的就是这么一个理念，即单个科学家可以表现出通常是多学科研究团队才具备的相关的多学科培训背景。然而，单人研究团队并非是指一个在每门必要学科都拥有丰富经验的一个科学家，而是指一个对另一个学科的关键概念和实践做法在经过培训之后有了充分了解的科学家。然而，单人研究团队并不一定是一个独立的单位；这样的科学家可以在一个更大的研究团队中合作。但显然，如果这个在其他领域受过培训的科学家要加入进来，整个团队的规模可能会变小。

本章的案例研究聚焦于汤普森加入基于计算机的临床生物医学研究项目。这一项目于1970年前后在蒙特利尔神经病学研究所启动。汤普森的研究团队在人员构成上非比寻常，这类研究团队通常需要至少四人：一人拥有计算机编程的专业知识，一人熟悉计算机工程和硬件，一人要在神经外科和神经解剖学受过培训，另外还需一个能够从事放射性同位素研究。但这个团队并非由多名科学家组成，由于汤普森本人在这几个领域都受过足够的培训，因此足以组成一个单人团队。这个案例研究只是一特例，而不是一个缩影。本章使用这一案例是为了帮助说明"小型科学"存在的可能性。即使我的案例研究不具有代表性，但它可能会证明小型科学是一个有用的概念。接下来，在本章的最后一部分，我将评估我对这个案例研究的使用，并推测小型科学概念在诸如像加拿大的历史、科学和技术的新学术中的进一步应用情况。

大科学，小科学

在相关文献中，学者们通过首先评估"大科学"（big science）的特征来定义小科学。大科学是指科学实践在20世纪无论是在范围还是在规模上所经历的前所未有的变化，特别是物理学研究领域。大科学实验需要一个国家甚至是多个国家资助，需要跨学科合作者组成的大型研究团队，需要装备了较大专用设备的大型实验室甚至研究院，以及随之产生的复杂的后勤保障和协调工作。[11]

德里克·约翰·德索拉·普莱斯（Derek John de Solla Price）在他1963年的经典著作《小科学，大科学》（*Little Science, Big Science*）中，又增加了一些持久的区分方法。[12]他坚持两个与数量和规模的增加没有明确关系的标准：一个依据时间，另一个依据性质。第一，普莱斯利用统计数据表明大科学对社会和政治产生直接影响。虽然"小科学"可以通过技术转移产生广泛影响，但"大科学"本身就是一种社会政治现象。换句话说，由于涉及的经费、人员和材料的规模，大型科学具有重大的政治、经济和社会意义，而这与所产生的科学知识无关。如果像大型强子对撞机（Large Hadron Collider）这样的大型科学项目得以实施，不管物理学中的新思想会带来任何什么样的社会变化，它都将影响政府、职业、建筑和城市。[13]第二，普莱斯认为大科学是新事物。在20世纪之前，欧洲的所有科学都是"小科学"（little science）。[14]如果普莱斯是对的，那么任何现存的小科学都是以前实践做法的延续，而且向大科学的转变也是势不可挡的。[15]但是，还有一种区分科学实践的方法，这种区分方法使小科学和大科学互为补充而非相互对立。例如，H.M. 柯林斯（H.M. Collins）就问到小科学是否一定就具备改革创新的特征："正如许多科学家所认为的那样，是否还可能存在另外两种科学？一种我们姑且称之为'发展中的科学'（developing science）吧。这种科学一般由独立自主的个人或小团队利用直觉和工艺规程进行最好。还有另一种——'成熟科学'（mature science），而这种科学需要协调有序的大型团队尽可能地将其程序化才能做到最好。"[16]对于柯林斯来说，小科学可能只是通向"大科学"或"成熟科学"的必经之路上的一个阶段（发展中的科学）而已。

我想把小型科学与这三个范畴区分开来：大科学、小科学和柯林斯"发展观"的科学概念。大科学意味着从个体的研究人员或实验室向大型合作团队的转变。如果从历史性角度看大科学的转变，那么小型科学就是"工艺实践"的延续，与程序化科学共存；如果从发展性的角度看大科学的转变，那么小型科学就标志着那些不会发展成程序化科学的工艺实践。如果大科学需要大团队在大型实验室中使用多套集成设备组的话，那么小型科学就意味着那些依靠单个人在实验室中就可以监督的研究。这种实验室往往不大，不足以成为机构。最后，学者们有时会支持这样区分大科学与小科学的方法：大科学是多学科的，而小科学聚焦于单个学科。[17] 正如普莱斯和温伯格（Weinberg）设想的那样，小科学是具体到某一学科的。它意味着个体研究人员在自己学科范围内进行实验。[18] 大科学处理复杂的问题，利用来自多个学科的研究团队解决这些问题。[19] 正是以这样的方式，在麦吉尔大学实验室工作的欧内斯特·卢瑟福（Ernest Rutherford，另一位新西兰出生的物理学家）本身就体现了小科学；而欧洲核研究理事会（European Council for Nuclear Research）地下1区粒子探测器实验的建造和运行则是大科学的典范。相比之下，小型科学是一种现代现象，它以多学科的方式进行研究，但每次只涉及较少人数的科学家。

训练习得

如果没有大型的多学科的研究团队，如何开展多学科研究？在那些体现小型科学的例子中，学科之间的桥梁是通过"训练习得"（trained aquaintance）这一方式来实现的，这个术语是诺伯特·维纳在1948年创造的。[20] 他强调"训练习得"是"二战"后科学生活中的重要组成部分。维纳认识到，对于一些科学问题来说，科学专业化反而是一个障碍。他认为专家们有必要在"各个既定领域之间的无人地带"中穿梭。他坚决主张："科学家团队要在科学地图上的这些空白区域进行适当的探索，这个团队中的每位科学家在自己的领域都必须是专家，但每个人又都对队友的研究领域有着'训练习得'程度的了解。"[21] 并不需要他在别人的领域是专家或者说是完全精通，但他的讨论必须明确而且要符合规范。虽然只是利用轶事，但维纳确实证明了经过训练习得人们是可以对其他领域有所了解的，同时他认为应该有更多的这种情况的出现。

他举例讨论了这种跨学科"训练习得"达到深入了解的概念。他的第一个例子与我的医学案例研究相似。正如克里斯托弗·汤普森是一位训练有素的物理学家，也习得神经生理学，维纳研究了数学专家（他自己）和生理学家［他的合作者阿图罗·罗森布鲁斯（Arturo Rosenblueth）］之间的联系：

> 如果一个不懂数学的生理学家与一个不懂得生理学的数学家合作，那么他们任何一个都将无法用另一个能够熟练使用的术语来表述自己的问题，而另一个也将无法以任何形式给出一个对方能够理解的答案……
>
> 数学家不必具有进行生理实验的技能，但他必须有能力对实验进行理解、评价和提出建议。生理学家不必具有证明某个数学定理的能力，但他必须能够理解它的生理学意义，并告诉数学家他应该寻找什么。[22]

维纳的叙述意在表明，只有产生了解的需求才能达到对其他学科的训练习得。书中的其他例子讲述了他接触工程设计、通信工程、神经学、心理学、社会学和人类学等领域。汤普森的案例与维纳所举的例子的不同之处并不在于合作的细节，而在于维纳的动机。也就是说，他的目标是要建立"控制论这一新科学"，这是一种在机器和活体组织中进行通信和控制的统一理论。[23] 维纳在他一开始讨论如何用统一的数学语言表达通信和控制的时候就讲述了对其他领域需要深入了解的事例。汤普森没有这样的目标。他只是参加了MNI正在进行的研究活动。

通过跨学科合作的例子，维纳含蓄地表明，训练科学家从事可以跨越专业领域的工作，需要的是正规教育以外的训练，这既不能算作学徒培训也不能算作在职培训。他的这些例子表明（但没有具体说明），对其他领域的训练习得需要的不仅是愿意去理解另一位科学家学科模式中的概念性和实践性问题这么简单。维纳得"训练习得"和我使用的"小科学"主要区别是，维纳始终是指一个合作者团队；他从不认为跨学科研究可以仅由一位科学家完成。而我想说的是，由于维纳具有丰富的跨学科知识，他本人就应该被认为是一个跨学科的研究者——一个单人研究团队。汤普森的"团队"也是如此。

维纳没有涉及我的"小型科学"这一概念。此外，他对跨学科科学的强调可以被视为例证，证明了大型科学的合理性和合作的必要性。然而，他所举的例子使他所从事的工作与大规模的技术化科学相去甚远。相反，他专注于推广和解释控制论，这将为那些目前封闭在各自领域的科学家提供一套使他们能够进行协作的词汇和数学。维纳期待着"训练习得"将有助于处理命名的问题，特别是术语混乱的问题，因为对于科学工作来说，"每一个概念都能从不同群体那里得到一个不同的名称"。[24]"训练习得"可能成为一个重要的先决条件，可以使语言学中"皮钦语"① 和"克里奥尔语"② 得到发展，同时激活历史学家彼得·盖利森（Peter Galison）提出的"贸易区"（trading zones）理论③。[25]

---

① "皮钦语"又称"混语"，是指两个及以上的不同语言的混合语言，通常是在贸易或聚居而需要习得外语，而将外语简化和混合成的一种新形式。常见的例子有中文的"沙发""咖啡""吐司"。
② "克里奥尔语"和皮钦语均描述一种混合语言，但一般认为，"克里奥尔语"现象是将皮钦语的本土化，将皮钦语作为第二语言的群体让孩子们将该语言用作母语的现象。
③ 彼得·盖利森用"贸易区"比喻科技交流合作，两个不同领域、国家的学者在交流的过程，正如全球化过程中形成的贸易区会形成"皮钦语"和"克里奥尔语"，科技交流中会形成"混合型"的科技术语。

建筑体和空间

"建筑体"和"空间"是小型科学概念不可或缺的部分，主要体现在两个方面，一方面与隐喻有关，另一方面与科学实践的物理环境有关。

首先是隐喻。维纳曾通过空间和建筑隐喻谈到了跨学科训练习得的概念。他写道，科学家"会把相邻学科视为需要沿着走廊走过三个房间里的同事的东西"。这是使用了一个"建筑体"的隐喻。他还写道，"专业领域不断增长，并不断入侵新领地"。这是一个地理空间隐喻。最后他写道，"科学的边界区域……提供了最丰富的机会"。这是一个制图学隐喻。[26] 维纳并不是唯一一个这么做的。"空间"的隐喻已经在学者们用来研究"二战"后跨学科科学的历史学概念中普遍存在，这些概念包括科技贸易区、考古、结构、基础和角度等。[27] "小"与"大"的隐喻有多大用处？彼得·盖利森在他的《图像与逻辑》（*Image and Logic*）中论及物理学史，努力要打破以规模来判断科学实践之怪象："'大物理学'对科学史学家的帮助差不多与'大建筑'对建筑历史学家的帮助一样无用。"[28] 然而，几乎在盖利森写作这本书的同时，荷兰建筑师雷姆·库哈斯（Rem Koolhaas）和多伦多设计师布鲁斯·茅（Bruce Mau）出版了过去五十年来最具影响力的建筑书籍之一，书名恰好是《小号，中号，大号，超大号》（*S, M, L, XL*）。[29] 对于研究"二战"后建筑师的历史学家来说，"大建筑"确实是一个有用甚至是不可避免的概念。即使盖利森对大科学（或大物理学）持怀疑态度是正确的，但关键是，潜在的空间隐喻要弃之不用并不容易。空间很重要，规模很重要，甚至在隐喻的层面上也是如此。

其次是小型科学还能揭示科学与建筑体之间的其他联系。"二战"后对空间的关键的隐喻之一是"网络"这一概念。[30] 维纳想要寻找志同道合者，众所周知，这促成了梅西神经机械学研讨会（the Macy Cybernetics

Conferences）的召开。该会议被誉为维纳跨学科网络发展的重要构成。[31] 维纳为了能够在研讨会上与神经生理学家沃伦·麦卡洛（Warren McCullough）和人类学家玛格丽特·米德（Margaret Mead）交流，他需要了解他们专业知识的边界。类似这样的寻求志同道合者的活动在"二战"后的学术生活中比比皆是。例如，在建筑方面，希腊建筑师和规划师康斯坦丁诺斯·多夏迪斯（Constantinos Doxiadis）举行了一系列著名的会议。专门设计这些会议的目的就是要在维纳所提出的跨学科无人地带进行工作。这些会议有意将那些在跨学科工作方面有经验之人聚集在一起。例如，多夏迪斯组织了一次围绕希腊群岛的游船旅行活动，让马绍尔·麦克卢汉（Marshall McLuhan）和巴克敏斯特·富勒（Buckminster Fuller）有了第一次会面。[32] 在科学和建筑这两个领域，对隐喻性的"跨学科空间"的探索与物理空间组织直接相关。"空间"是对讨论跨学科现象的隐喻，而建筑体和领土则是跨学科性能够起作用的关键因素。[33]

汤普森在蒙特利尔神经病学研究所进行的项目也表明了隐喻的及物理的空间组织的重要性。笔者在这里的目标是提出与小科学发生在特定的时间和地点这一理念相关的小型科学的三个补充特征：小型设备、借用的建筑物和短暂的科学。

前两个特征紧密相连。小型科学使用小型设备，并在预先存在的地点进行。如果大型科学要在专门建造的建筑中使用大型机器，如美国的利弗莫尔国家实验室、美国的诺基亚贝尔实验室、加拿大萨斯卡通市的同步加速器实验室①，那么小型科学就是在"借用的建筑"中利用小型设备进行的。[34] 显然蒙特利尔神经病学研究所早期基于计算的研究就是这种情况。这个研究所其实是一所建立于两次世界大战期间的医院，外表不拘一格，内部非常现代，由位于蒙特利尔的著名的罗斯＆麦克唐纳公司（Ross and

---

① 这座加拿大萨斯卡通市的同步加速器实验室正式名称为"加拿大国家光源"（Canadian Light Source）。

Macdonald firm）设计。[35]它于1934年在皇家山南坡开业，与麦吉尔大学橄榄球馆相邻。这表明它与麦吉尔大学的医学院有着密切的外在和内在联系。同时它还与皇家维多利亚医院的病房通过一座廊桥相连。这是一家于1893年开业的廊亭式建筑风格的医院。

蒙特利尔神经病学研究所（1934年）及其通往皇家维多利亚医院的著名廊桥的当代视图。| 由唐·托罗马诺夫（Don Toromanov）提供。

虽然蒙特利尔神经病学研究所在1952年得到了扩建，但直到汤普森到来之时都没有大的变化。直到1970年，这座设计和建造于1934年的建筑才迎来了计算机安装，这是对现有环境的临时使用。请注意，蒙特利尔神经病学研究所在接下来的14年里没有为计算机设立专门的机房，直到1984年才开设了麦康奈尔脑成像中心。大规模数字成像是否应算作大科学的探讨超出了本章的范围，但重点没有改变：小型科学是在借用的建筑环境中进行的。[36]

小型科学也使用小型设备。蒙特利尔神经病学研究所的研究人员找的是一台"容易被各种非专业实验者使用"的计算机。[37]1969年夏天，他们将目光投向了新发布的美国DEC公司的PDP-12迷你计算机。他们认为它适合生物医学研究，因为用户们已经开始共享（和销售）那些使连接外围设备变得容易的软件和硬件。[38]至少在这个时期（即仍处于计算机联网的早期阶段），迷你计算机本身可能就具有小型科学的特征，因为它针对的是个体研究实验室。[39]

在蒙特利尔神经病学研究所，迷你计算机充当边界对象，不是为单个学科，而是为单人研究团队。汤普森一直是蒙特利尔神经病学研究所团队的一员。他的专长是计算机操作：即使他在这个学科没有接受过正式培训，但其他研究人员根本不知道如何使用计算机，他们的计算机操作知识甚至低于"非专业实验者"的门槛。他们不仅需要计算机，更需要会操作它的人。汤普森的计算机知识来源于即兴使用的灵活性。他学习这些领域的知识完全是基于了解的需要，而不是通过专门的学科培训。事实上，当时对微型计算机的编程和操作还没有系统的教育课程。[40]换句话说，他的做法符合维纳跨学科训练习得的标准。与维纳一样，汤普森也是通过跨学科的自我训练习得，他的习得行为具象化了多学科研究的特征。然而，与维纳不同的是，他的跨学科能力与他在借来的建筑中为之编程和维护的那台计算机有关。

小型科学的第三个特点是，无论研究计划多么成功，都不会持久。在最初的研究拨款申请中列出了一个富有成果的项目。其使用PDP-12来可视化暴露在外的人脑皮层中的癫痫样放电。癫痫发作并不常见，所以研究人员试图测量两次发作之间出现的情况。临床研究人员早已准备好再次尝试这一方法，但正是汤普森和他的计算机使之成为现实。[41]他为PDP-12编程，使用脑电图绘制放电过程的潜在表面空间和时间表示。

第7章 小型科学

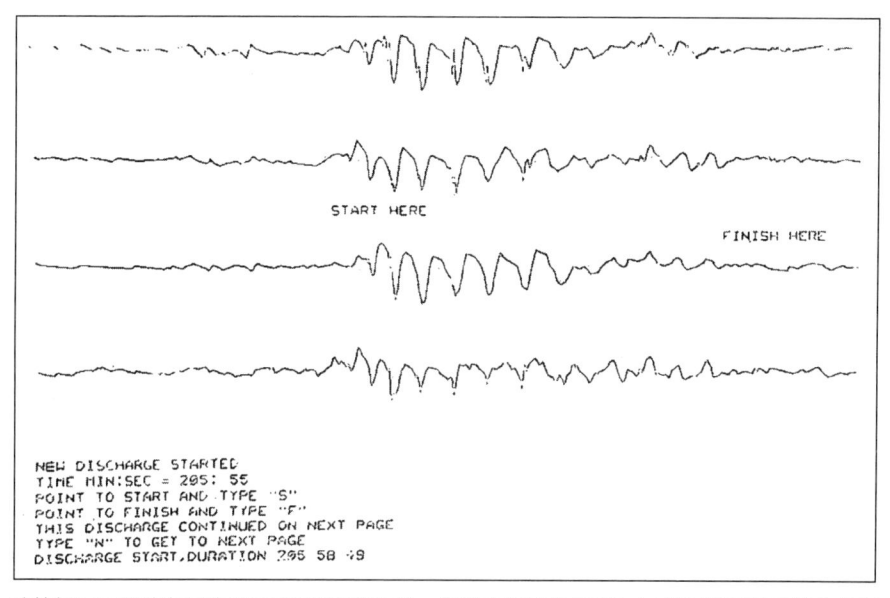

```
NEW DISCHARGE STARTED
TIME MIN:SEC = 205; 55
POINT TO START AND TYPE "S"
POINT TO FINISH AND TYPE "F"
THIS DISCHARGE CONTINUED ON NEXT PAGE
TYPE "N" TO GET TO NEXT PAGE
DISCHARGE START,DURATION 205 58 49
```

START HERE   FINISH HERE

计算机显示的脑电图特征区域提取的偏振片，汤普森后来给 PDP-12 编写监测癫痫发作的程序。| 图片由克里斯托弗·汤普森提供。

在十年内，其他类型的数字成像技术，即计算机断层扫描（CT）和磁共振成像（MRI），接管了这一绘图工作，因此汤普森的脑电图（EEG）团队开创的科学工作并没有持续下去。因此，小型科学这一称谓可以帮助我们特殊对待这些受时代限制的技术和实践做法，并且对它们进行调查研究。这样做揭示的不是持久的概念，而是临时的命题。

本章小节

关于小型科学的概念，我们可以从克里斯托弗·汤普森在蒙特利尔神经病学研究所的职业生涯中得到什么？它对历史学家有什么价值？它仅仅是一种启发式的方法呢，还是它真的可能会挑选出具有特色的历史实践？

笔者提出的小型科学的第一个价值是，它能够使历史学家利用诺伯特·维纳关于跨学科受训达到深入了解的概念。历史学家们倾向于讨论

"二战"后科学家的高度专业化的科学培训，但对于小型科学以及更广泛的跨学科工作，只需要熟悉其他学科，因为目标不是对其精通掌握，而是对操作概念、仪器和程序的有限但准确的理解。因此，小型科学提供了一个框架，帮助我们评估另一种类或另一程度训练的科学家，而非那些有高度专业化知识的科学家，那些代表"二战"后主流科学特征的人。[42]

为了研究大科学，也就是说，历史学家不得不重新编排学术著作的轮廓和内容。对于大科学的问题，由于它们的复杂性，似乎需要多名工作者进行深入的研究。[43]普赖斯认为，对于历史学家来说，大科学在一定程度上是一个信息检索问题，因此历史学家现在需要接受文献计量学方面的培训。[44]而近期以来，历史学家们认为，跨学科课题需要由专业历史学家组成的跨学科团队。[45]与此平行的是，像汤普森这样的小型科学活动的个例则引出了这样的问题：历史学家是否需要熟悉跨学科领域才能研究"二战"后课题？历史学家需要什么样的培训来研究小型科学？某些主题或研究领域可能需要历史学家通过培训熟悉多个科学学科领域，以便与科学家进行高深而有效的沟通，理解他们得出的数据，并将这些数据纳入对随时间而产生的变化的历史分析中。[46]

总的来说，笔者一直专注于复兴跨学科训练习得这一概念。我还讨论了环境（借用的建筑）的重要性，同时还讨论了这一理念：关注小型科学可以让我们对那些短暂的科学实践给予特殊的关注。最后，笔者想为历史学家推测一下还有的其他五种可能性。

第一，小型科学可能是加拿大的一种常规现象。可以说小型科学是以加拿大的规模为标准的科学，在没有大型的科学资源的情况下进行的。如果这样说是对的，那么我们就可以说加拿大的研究人员偶尔会参与大型的科学项目，但加拿大的一般科学都是小型科学。小型科学可能会描绘出一个国家主义的边界，指向一种独特的科学教育和研究方式。有人可能会说，正如丹尼尔·麦克法兰在本书第13章中使用圣劳伦斯航道的例子所指出的那样，普通工程在加拿大是以大工程出现的，这种大工程是"国家建设"的一种形式。[47]笔者不需要说这个词只适用于加拿大，只需要说在研究加拿大现代科学时它可能具有解释力。笔者只是假设有"加拿大"这样的事物，不是调查它的建设情况。[48]

但"小型科学"概念挑战首先可能来自从经验上处理这种推测：1945年后，加拿大是否有大量的科学家作为单人研究团队工作？科学家是否是通过跨学科训练习得这一方式获得了技能？也有可能，笔者在这里没有强调汤普森是个在其他地方接受过培训的移民这一事实。可能是来到加拿大的移民多从事与小型科学研究相关的工作和职业，而去美国或欧洲的移民则从事大型的多国参与的研究。移民们采用了加拿大特有的研究（小型）科学的方法。[49]

第二，小型科学可能是针对临床医学研究的一种实践做法。汤普森的案例用来代表神经外科的所有临床研究可能太泛泛，或许该案例的使用仅因为当时这种实践做法的范围非常有限。例如，1970年左右，在蒙特利尔神经病学研究所接受立体定向手术的患者数量仅为每年20名左右。这种小规模是许多研究领域特有的；并不是所有的科学实践都能通过变大而在概念或应用上有所收获。[50]换句话说，科学实践规模增加的历史趋势并不意味着规模的增加总是有益的，或者甚至说是可能的。这种类型的小型科学可能对科技研究领域的学者特别有用。这些学者的工作一般由政策制定者和监管机构来考虑和讨论。这些学者可能会用小型科学的概念来批评医学和其他领域中没有成效的研究项目——也就是说，迄今为止那些投入巨大人力财力物力的并没有多少成效的科学方法，那些收益甚微的项目。

第三，历史学家可以从事小型科学，他们可以从开始思考那些受小型建筑限制的并在其中进行的科学活动开始。手术室很小。医院里的人际接触，即使是外科团队和患者之间的接触，也是亲密的。即使存在大量类似的小型建筑物，这种空间狭小性也是有用的。例如，对实验室的学术研究往往强调单个实验室建筑（如美国的索尔克生物科学研究所）或所有实验室建筑的总和。小型科学可以指引我们去注意大型建筑的零碎部分和其中的部分区域，使我们与作为分析单元的建筑或建筑类型分离开来。[51]在这里，我们也可以看看对现有建筑环境的借用或重新利用，以了解空间环境在知识生产中的作用。关注小型科学可以帮助我们理解使用中的建筑，而不是只关注在设计和建造专门用途的建筑时清晰可见的规定性符号和功能意图。

第四，小型科学可以显示科学家的重要传记特征或社会学特征。正如科学天赋或创造力似乎是人的特性一样，对小型科学的倾向可能也具有这一特征。（在这里，笔者要指出，尽管维纳很乐观，但仅熟悉要从事的工作领域可能会让那些希望在研究团队中遇到专业人士的训练有素的科学家感到焦虑。笔者仍然不确定如果我自己是患者的话，是否愿意让一个非专业人士和我同处手术室！）同样，某些科学家群体可能只能进行小规模的研究（例如，上文讨论的医学研究人员）。小型科学可以在大型科学时代蓬勃发展，因为它具有社会学优势和适应能力。

第五，也是最后一点，最简约的解释可能就在于无人知晓。汤普森可能只是一位鲜为人知的科学家，他的工作尚未得到广泛承认。换言之，蒙特利尔神经病学研究所早期计算机研究的故事可能不是笔者所说的小型科学的典型案例研究，而是仅作为加拿大那大量而又尚未完成的科学史中的一个小迹象。

所有这些推测一方面是为了避免使用案例研究来支持对科学进行概括的老问题，另一方面也是为了避免构造畸形的微历史的新问题。[52]过度概括和过度具体都是危险的，因为汤普森的案例是目前笔者所能提供的唯一实证研究。尽管如此，坚持认为小型科学等估计性概念必须要找出世界上一系列可识别的对应物是荒谬的。毫无疑问，估计性概念在学术工作中有着自己的生命，因为它们只能以与产生它们的最初案例研究相关的系谱学方式使用。大型科学、训练习得、边界对象、贸易区,所有这些都应被视为学术概念,而不是关于世界的事实。更确切地说,它们是书写历史的模式。同样,小型科学也是历史学的重点和方向问题。通过使用它,学者们可以强调空间(借用的建筑)而不是时间,实践做法(训练习得)而不是语言,物体(PDP-12)而不是思想。回顾维纳关于领土的主张,我们可以说,小型科学既揭示了被忽视的科学实践景观,又能为科学实践提供导航的地图。

第8章
杰拉尔德·布尔的现代技术系谱

　　杰拉尔德·布尔（1928—1990年）一生中的大部分时间都在试图消除一种物体在用途上的模糊性。1985年年底他从美国监狱获释后不久，这位由前麦吉尔大学工程学教授转行而成的国际军火商，在一座西班牙小别墅里写了两本救赎史：一本旨在洗脱他被指控的罪名（向处于种族隔离[①]制度下的南非非法出售武器）的自传，长达千页；另一本是将他备受争议的弹道学研究与20世纪初的现代性的标志——"巴黎大炮"[②]——联系起来的技术的系谱。[1] 在1918年春天炮轰巴黎的德国远射程火炮是工程的奇迹，也是科学和工业力量的象征。巴黎大炮作为打击"现代之都"的心理战武器，是第一批能触及外太空的人造物体。[2] 在整整五个月的时间里，他们

[①] 此处的"种族隔离"（apartheid）特指1948年到1990年前后在南非地区的国家政权将黑人及其他有色人种隔离合法化的制度。该制度受到当地有色人种的抵抗，更受到联合国制裁，其中包括联合国安理会第418号决议，对南非时任的国家政权实施强制性的武器禁运。
[②] "巴黎大炮"又名"威廉皇帝炮"，是第一次世界大战中德国用来轰击巴黎的一门远程攻城炮，在1918年3月到8月期间服役，在投入使用初期是坚不可摧的象征。但杰拉尔德·布尔在内的学者揭示其作为军用武器并不是很成功。

从120多千米外轰炸了法国首都，然后在8月消失，几乎无影无踪。[3] 布尔将它们视为自己"用途不明确的发明"的前身。

布尔发明了既可充当科学仪器又能充当非法武器的巨型大炮。他的发明始于20世纪60年代初，麦吉尔大学"高空飞行研究计划"①（High Altitude Research Project, HARP）的一部分，在巴巴多斯岛上进行。许多人认为布尔的发明难以置信：威力巨大的火炮可以从地球表面向平流层发射装有仪器的投射物。[4] 布尔非常清楚自己从事武器交易的过往，但讽刺的是，他在寻求将高空飞行研究计划与巴黎炮相联系，却有意切断它们的军事内涵：他将自己的设备描述为革新而富有创意的研究工具。（他声称）它们是独一无二的，原因正是它们将现代火炮的技术精湛和最高暴力转向了和平、科学的目的。[5] 1967年，政府派的工作队突袭检查了这些大炮，决心要拆除和摧毁它们，抹去它们的存在，但布尔设法将它们以手工艺品的名义保留下来。将近二十年后，他对那些大炮们在历史意识中的地位仍深感忧虑，因为历史意识很难理解它们的作用。作为它们那个时代最先进的科技，这些巨型大炮似乎凭空出现。于是，他设法给它们一份系谱。"否则"，他解释道，"这些巨型大炮……形单影只，悬于历史"。[6]

布尔是冷战时期加拿大学术研究、政府资助和军事野心相互交织的世界中的一个反常现象。他在1980年的失势几乎和他当年的平步青云一样轰动一时。1951年，作为加拿大历史上最年轻的博士生，他将成为继拉斐特侯爵（the Marquis de Lafayette）和温斯顿·丘吉尔（Winston Churchill）之后，唯一通过国会特别法案获得美国公民身份的外国人。虽被誉为"天才少年"，多个外国政府想招募他，同时受到弹道专家和武器

---

① "高空飞行研究计划"是美国和加拿大的国防部门的合资项目，旨在研究重返大气层运载工具的弹道学和收集高层大气数据以供研究。项目的成形很大程度受到杰拉尔德·布尔在加拿大军备和研究发展机构的导弹项目与发射实验，后由布尔在麦吉尔大学主导该计划，计划的实施时间为20世纪50年代至60年代末。在巴巴多斯、加拿大魁北克省、美国亚利桑那州建立导弹发射基地，并在导弹射程上创造了世界纪录。

工程师的奉承，但他却一直是加拿大政府官员和那些他看作是官员随从的"鸡尾酒科学家"的眼中钉。[7]尽管布尔有着种种异于常人的品质，但他在他最引人注目的那些项目中——包括他想要能够发射卫星级的超级火炮的梦想，都融入了典型的现代关注面：进步、时间和记忆。当他以侨民身份居住在比利时的时候，他想要挽回自己的发明和自己的名声，这些努力引发了一种有关失去和消灭的、大致属于现代的焦虑。[8]他为包括加拿大和伊拉克在内的非超级大国创造发射技术而尝试时，遭遇到那些担心会落后的、广泛的、现代近期的焦虑情绪。布尔的故事说明了加拿大科学技术，与现代更广泛的、基于国家的、全球弥漫的焦虑之间，至关重要的历史和地理联系。

布尔不仅回顾性地将他的发明描述为"系谱中丢失的一部分"，[9]在他的整个职业生涯中，他还多次将他的发明描述为一种非常具有吸引力的现代主义愿景的一部分。这种愿景是一种围绕太空活动和武器基础设施构建的技术表达，是20世纪中期作为一个创新的、具有前瞻性思维的当代国家的技术表达。[10]对于中等强国如何在超级大国竞争的时代保持重要作用和影响力这一问题，高空飞行研究计划便是加拿大对日益程式化的科技的一部分回应。从技术上讲，这种回应采取的形式是专注于"利基"（细分的、强大竞争对手不感兴趣的领域）的项目（经常聚焦于加拿大北部地理）和中等规模技性科学项目，这些项目将为该国提供技术平台，以跟上超级大国的步伐。[11]在布尔的案例中尤为明显，这种回应代表了在20世纪中叶太空活动和其他引人注目的大型项目的极端现代主义正统观念之外的另一种选择。[12]布尔寻求廉价、灵活的、小型的和相对简单的、将会防止世界上的"其他"国家落后的基础设施，以取代昂贵的、大型的、技术复杂的系统。[13]这种做法与加拿大相应的"中等强国"的倡议相呼应，它通过工程技术及其政治表现表达了国家如何能保持（或成为）现代化。[14]正是为了实现这一愿景，在海湾战争前夕，布尔将对他在加拿大构想的、用大炮发射卫星和太空探测器的想法进行重新包装，将其打造为一个非常不同的现代化项目的一部分——萨达姆·侯赛因的"巴比伦计划"，布尔签订的这一纸协议最终导致自己于1990年3月在布鲁塞尔的公寓外被外国特工暗杀。[15]

本章探讨了布尔现代主义愿景背后的关键主张：他认为他自己那些最强大的大炮根本不是武器，而是科学仪器。笔者认为，他的主张由于一系列特定的历史条件变得可能却又难以置信。这些特定的历史条件，也就是在1950年至1990年这一段有限的时间内以特定的方式交织的三个更广泛的历史的汇聚：第一，关于发射物及它们所代表的具体的物体的概念模糊；第二，关于岛屿以及在其上进行的活动的法律、政治和文化的不确定性；第三，在冷战期间达到了一种备受煎熬的状态，关于理性和道理的哲学模糊性。

这些历史的细节是笔者在这里的研究对象，而不是布尔的线性系谱的抽象概念——从巴黎炮，到高空飞行研究计划，再到"巴比伦计划"。通过这些笔者要证明，那些在20世纪60年代即冷战鼎盛时期使布尔有理由声称他的超级大炮是用于和平目的的科学仪器的历史条件，也同时促进了武器设计和武器销售。而这种武器设计和销售在20世纪70年代和80年代破坏了他的主张，并使他试图将技术咨询与彻底的武器交易剥离的努力变得复杂困难。布尔一直认同冷战具有非常明确的合理性，哪怕在冷战结束很久之后他依然没有改变看法。正是这一点最终使他的那些说法既不可信，又致命。如果这一章的标题"巴黎—蒙特利尔—巴比伦"，读起来像是一个抽象概念的旅行日程，那么以下替代的说法——抛射物、岛屿、理性，将有助于理解使其成为可能的复杂历史条件。

投射物

杰拉尔德·布尔于 1928 年出生于安大略省北湾市，在 10 个孩子中排行第 9。他的母亲格特鲁德在 1931 年生完第 10 个孩子后，死于产后并发症。

母亲的去世以及由此引发的事件，成为布尔直系亲属和他的大家庭关系紧张互相憎恨的根源。[16] 不久后，他的父亲乔治精神崩溃，将剩下的一家人搬到了安大略省的特伦顿社区。在那里，主要由乔治的姐姐劳拉照顾孩子们。次年她因癌症去世后，布尔的父亲再婚，可以说是抛弃了他的孩子们返回了多伦多。杰拉尔德和他的兄弟姐妹一起由他们的大姐伯尼丝在沙尔博特湖（金斯顿以北）抚养，直到 1935 年夏天，杰拉尔德去他姨妈和姨夫（即伊迪丝和菲利普·拉布罗斯夫妇）位于金斯顿附近的农场的家，在那里与他们生活了一个夏天。杰拉尔德恳求与他们长久生活。拉布罗斯夫妇之前买"爱尔兰医院赛马彩票"①中了一笔小钱，于是将杰拉尔德安排进了位于金斯顿的私立耶稣会寄宿学校——雷吉奥波利斯学院。在他毕业后，唯一一所能够立即招收这位 16 岁学生的学校是多伦多大学航空工程系。布尔于 1948 年从这里毕业并开始攻读博士学位，之后他于 1950 年开始设计、建造和使用实验风洞，其中也包括多伦多北部登士维机场的最先进设施。次年，他通过一项特殊又划算的"快速通道"②获得了博士学位，并被派往魁北克省瓦尔卡提尔市的加拿大军备研究机构（the Canadian Armament Research Establishment，CARDE）工作。

正如他的博士研究所表明的那样，布尔发明出那些超级大炮并不是通

---

① 又称"爱尔兰赛马彩票"，是 1930 年至 1950 年爱尔兰地区的医院为筹集资金而经常举办的博彩活动。

② 此处指由加拿大国防研究委员会招募一名空气动力学专家来协助"天鹅绒手套"导弹项目的无薪博士津贴职位，杰拉尔德·布尔由博士生导师推荐加入，去到加拿大军备研究机构开始了长达 6 年的工作。

过火炮或弹道学，而是通过空气动力学。加拿大军备研究机构招募他来测试超音速导弹"天鹅绒手套"的空气动力学特性。加拿大设计该导弹的目的是防御苏联轰炸机。[17]由于加拿大没有足够大的风洞来发射导弹，于是布尔想到将测试问题颠倒过来。不用将空气加速到超音速并使其在静止的导弹表面流动（就像风洞的作用一样），相反，他决定通过大炮发射来加速导弹。[18]纸屏风和高速摄影技术记录了它的飞行行为。空气动力学（空气在固体表面运动的物理学）的研究问题从而变成了弹道学（发射物的科学和技术）的问题。首先，布尔将这些日后成为他谋生手段的纸屏风、高速摄像机和大炮视为先进工程科学中成本相对低廉的工具。他之后的整个职业生涯都利用了一种典型的现代矛盾心理，即一方面将大炮和投射物作为研究工具，另一方面将它们作为潜在的武器。

这种矛盾心理在人类历史上并非一直存在。自科学革命发生以来的几个世纪里，武器同时作为理论和实验对象的地位从获取知识的方面讲是令人信服的，在道德上也是毫无问题的。[19]自16世纪以来，火炮的投射物与钟摆和天体共同形成了自然哲学的三位一体的研究对象。[20]当伽利略在17世纪之交（他在帕多瓦大学教授弹道学时）得出他的坠落定律（经典物理学的第一定律）时，他把真实的和想象的炮弹运动都作为他的工作的核心。[21]牛顿在思考（1684年至1686年）如何在《数学原理》(*Principia Mathematica*)中描述万有引力理论时，他考虑了由数量越来越多的火药推进直到绕地球一周的铅弹。[22]恩斯特·马赫（Ernst Mach）——奥地利著名实证主义哲学家和物理学家，也是对年轻的阿尔伯特·爱因斯坦（Albert Einstein）产生了重大影响的人，他于1886年通过拍摄子弹产生的冲击波，得出了超音速飞行中具有重大影响力的理念。[23]甚至在对高空大气层的探索（布尔会进行的那种探索）中，火炮也是起主要作用的。1934年，多萝西·菲斯克（Dorothy Fisk）在她的《探索高空大气》(*Exploring the Upper Atmosphere*)一书中勾勒出了大气层的各个区域以及用来探索它们的工具设备的素描图。在珠穆朗玛峰、气象气球和夜光云的旁边，菲斯克绘出了巴黎炮发射的炮弹的高度位置。这个巨型火炮之后会被布尔编入其空想出的高空大气系谱研究中。

菲斯克写作那本书的年代已经是一个不得不在科学物品和军事武器之间划清界限的时期了。甚至是当她满怀热情地将弹道学作为一种思维方式的时候，她也质疑像巴黎炮这样的武器在科学史上的地位。由于第一次世界大战的炮火仍在文化和政治上回响，她拐弯抹角地说道，"如果出于科学目的，我们想轰炸月球，首先要做的就是制造一门初速度为 7 英里 / 秒的火炮，"这是地球的逃逸速度。然后，她继续计算从火炮发射的炮弹落在月

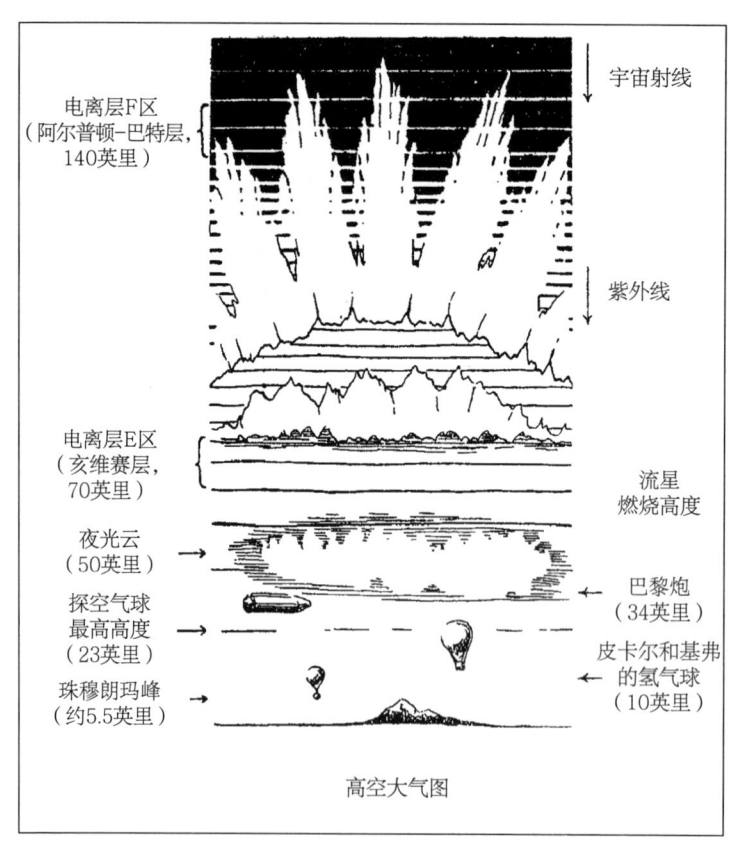

多萝西·菲斯克的高空大气图。注意巴黎炮的炮弹位于地球上空 34 英里处。| 多萝西·菲斯克，《探索高空大气》（伦敦：费伯出版社，1934 年），标题页。伦纳德·斯达巴克绘制。

球表面的速度；为了对称，她转向了"一位奇怪的教授"的案例。这位教授也出于科学目的，决定反过来轰炸地球。他说巴黎炮事实上会产生必要的初速度。她又以地球和火星之间的相互炮击为例，解释了由于地球的逃逸速度较低，所以火星工程师会更容易地建造他们的火炮。[24]

菲斯克的讨论既利用了战争在现代想象中的中心地位，也利用了日益迫切的各种努力：在 20 世纪"净化"科学，将其与技术应用区分开来，并将其各种理念和尝试描述为在道德上是与军事行动和战争对立的东西。[25] 甚至是在她的讨论质疑了巴黎炮的科学地位的时候，仍将其置于一个更长的轨迹内。在这个轨迹里，火炮和发射物作为关键的思维内容帮助建立了现代科学的结构：伽利略在新建了防御工事的帕多瓦大学研究弹道问题；牛顿在英国内战仍记忆犹新的时候用大炮研究出了引力理论；马赫被卷入了一场关于法国人在普法战争期间是否使用非法爆炸子弹的辩论；而菲斯克呢，在第一次世界大战的灾难、"一战"以机关枪和毒气等科学为基础的战争，以及现代弹震症的开始还不到十年的时候就利用巴黎炮进行研究。[26]

布尔的工作逐渐证明了那些复杂的团体之间存在矛盾，但同时也能看到潜在的可能性。他对政府科学家的蔑视（布尔认为他们是缺乏想象力的唯唯诺诺者）和对权威的漠视激怒了渥太华的官员。在加拿大官员销毁了他那些危险的、用途模棱两可的大炮之后，那种蔑视只会有增无减。但他的足智多谋和多才多艺帮助他在加拿大军备研究机构平步青云。1953 年 7 月，他在这个机构成为航空弹道部门的负责人。[27] 在这次升职中，布尔将他的那些大口径火炮视为同时可以实现科学和国防目的的工具。它们的功能的模棱两可与雇用他的组织的研究的模棱两可一致。加拿大国防研究委员会（the Defence Research Board，DRB）负责监督加拿大军备研究机构和许多其他专门从事从寒冷天气科学到高空大气层研究的国防研究机构。加拿大国防研究委员会成立于 1947 年，目的正是既跨越纯粹研究和应用研究的隔阂，又开展"基础科学"研究，以备军队之需。[28] 在其支持下，布尔的空气动力学测试很快演变成一个用大炮作为巨型霰弹枪的项目（伪装成微陨石研究），在洲际弹道导弹（intercontinental ballistic missiles，ICBM）向北美城市进发时对其进行飞靶射击。[29]布尔在《蒙特利尔星报》（*Montreal Star*）上发表过一篇文章，讨论了对仪器化发射物（"卫星"）的研究，这些发射物能够从高空大气层和近地空间用无线电回传遥测和科学读数；更秘密的是，这些发射物将研究大气层边缘的红外辐射，并揭示弹头重返大气层时的加热信息。[30]但正是从地球表面向轨道发射炮弹的景象，经典物理学的标志性假想实验之一，成了布尔之后魂牵梦萦的对象。1960年宣布的国防开支冻结令布尔幻想破灭，而同时麦吉尔大学在几年的时间里一直对布尔抛出橄榄枝，因此，在1961年，布尔离开加拿大军备机构加入麦吉尔大学机械工程系，担任正教授。在那里，工程系主任唐·莫德尔（Don Mordell）鼓励布尔开发可以将物体射入太空的大炮。[31]

布尔开发用于太空研究的大炮的想法部分诞生于一种典型的害怕落后的现代焦虑——布尔会利用这种焦虑，先向加拿大政府推销他的项目，希望获得支持，之后是向伊拉克推销。他认为用大炮发射太空仪器是一种办法，可以将太空技术带给像加拿大这样的非超级大国。这些国家缺乏洲际弹道导弹计划，并担心被排除在太空活动之外。20世纪50年代末，加拿大国防研究委员会的官员曾强调，超级大国的技术成就可能会很快超越加拿大，他们甚至主张在曼尼托巴省丘吉尔市（Churchill, Manitoba）建造一座国际发射设施。[32]布尔的炮射探测器最初的想法是在火箭鼻锥部安装一门威力强大的大炮，并在其进入轨迹之后的关键时刻让其开炮。在1961至1962年，他转而将炮筒视为火箭的可重复使用的第一级助推器以及制导和控制系统。[33]新系统的一个潜在好处是成本低。但大炮还有两个优点。这两个优点来源于它们颠倒了发射升空的物理特性的方式。与传统的平台发射不同，炮射火箭在难以置信的力量下加速，以高速推离炮筒。因此，他们不受地面风的影响。而常规火箭可能会被地面风吹得在从发射台缓慢升空时偏离轨道。因此，一系列发射物的散布区域——它们围绕既定目标周围的空间分布相对较小。这意味着，首先，物体可以非常精确地"放置"在高空大气层中，其次，发射碎片的"沉降物"区域是有限的，这会使得发射更安全，安全漏洞的可能性更小。这里的发射碎片是指围绕着发射物及其发射物本身各个阶段的木制的火箭支承环，这些支承环可以最大限度地提高炮筒压力。正如布尔解释的那样，"飞行器的散布（在没有飞行火箭助推器的情况下）可以被紧密地控制在太空中的预测点，也可以被控制撞击进入相对有限的区域"。这样，这种技术与传统的火箭发射或火炮轰击相比，更接近于防空火力。[34]它的主要缺点是产生了巨大的加速度（需要测试高达10000倍的重力加速度），这对发射探测器的精密科学仪器是一种威胁。[35]

在描绘这些品质时，布尔严谨地借助特定类型的抽象概念。这些抽象概念是物理学中发射物漫长研究历史的特征：无实体抛物线和测距图。它们清楚地表明，他在20世纪60年代的兴趣并不是关于炮击或轰炸的问题，而是关于发射碎片的问题。这些发射碎片的轨迹也符合弹道学定律。然而，这些图表所暗示的用途模棱两可最终会招致激烈的批评。到了20世纪60年代中期，这些图表就已经使人想到了这场漫长的游戏：抛物线一直向外延伸，直到牛顿的思想实验和费斯克的现代主义幻想变成了具体的可能性。布尔承认儒勒·凡尔纳是他童年的灵感来源，他曾设想用大炮发射人上月球。因此，对于布尔来说，大炮本身是中性的，它们的属性在于它们的用途。[36]尽管布尔交易过普通的大炮，甚至是当他向南非、以色列和伊拉克出售小型远程火炮的时候，这些大型火炮对于他来说仍然是科学实验对象。他对这些大炮的描绘将呈现出现代构建之物体所具有的野蛮性、不朽性和庞大性。正是这种最终要建造它们的梦想激励了他，起初先是在美国军方后来在加拿大国防机构的支持下，在巴巴多斯岛开始了建设。

岛屿

就像发射物一样，岛屿是由帝国主义、技术和科学交织起来的历史中的重要组成部分。[37] 从 19 世纪中叶开始，它们的地理和政治地位经历了一系列转变，这使它们的地位模糊不清，而这一点对布尔的职业生涯至关重要。英国的全球统治使岛屿成为 19 世纪海军战略的中心，在这一战略中，岛屿至少扮演了两个重要角色。第一个是提供加油服务、维修服务和贸易路线保护的供应站。第二个是作为日益增多的全球水下电报电缆网的登陆点，旨在避免切断电缆和不可靠的政权。从 19 世纪 60 年代起，美国采用了这一模式，获得了一系列至今仍受其管辖的岛屿领土——萨摩亚、珍珠港、关塔那摩湾、波多黎各和维尔京群岛。[38] 随着美国在第二次世界大战期间扩张其领土，从日本和德国手中夺取了一个个岛屿和整片整片群岛，美国之后将它们转变为"垫脚石"，也就是复杂的集结区和军事行动的前沿作战基地。[39] 战争一结束，它们被划入一个个大区域，如太平洋试验场，帮助塑造了一个新的军事化海洋地理，技术在其中发挥了关键作用。[40] 美国进行的核试验被作为迫使太平洋岛民搬迁和重新安置的理由，目的就是为了在约翰斯顿、夸贾林和比基尼环礁等岛屿上建立实验室。英国削减了迪戈加西亚岛（Diego Garcia）上的人口，将其改造为"全球大地测量网络"的一部分。全球大地测量网络这一项目将为"梯队"（Echelon）间谍网络（加拿大参与其中）、NASA 的"水星计划"和当前的 GPS 卫星系统的未来的地面站提供资助。包括"战略岛屿概念"（Strategic Island Concept）在内的官方政策寻求获得像迪戈加西亚这样具有特定性质的岛屿（战略位置、人口稀少、与世隔绝、友邦控制）。正是通过这些政策，美国在 20 世纪 60 年代独立运动开始之前，又继续获得了储备基地。[41] 正如露丝·奥尔登齐尔（Ruth Oldenziel）所指出的那样，在第二次世界大战后的十年内，岛屿对于美国作为一个没有殖民地的帝国的形象至关重要：能够在全球范围内发挥其力量，同时又否认像欧洲老牌强国那样拥有任何正式的外国殖民地。[42]

尽管太平洋是这些战后发展的最突出的地区，但大西洋和加勒比地区提供了有影响力的先例和相似之处。1889年涉及著名的加勒比鸟粪石岛之一的纳瓦萨岛的有争议的法律案件，帮助美国制定了将其岛屿属地视为"属于"但不是"美国一部分"的有限实体的法律框架。[43] "二战"期间的一些协议使得美国可以免租金租赁英国在北大西洋和加勒比海的港口，租期99年。这使其能够控制英国的全球通信线路。[44] 与在太平洋地区一样，围绕冷战时期的先进技术和武器系统，这些通信系统有助于将大西洋和加勒比海岛屿的当地地势连接起来。当哈里·杜鲁门（Harry Truman）领导下的美国正在寻找一个地方试飞导弹时，最初考虑在阿留申群岛发射导弹，但那里被认为过于寒冷和遥远。官员们曾想到沿着巴哈半岛建导弹靶场，但当一枚来自美国白沙导弹靶场的导弹落在墨西哥华雷斯的一处墓地时，计划被取消。他们最终选择了卡纳维拉尔角，作为飞越巴哈马群岛并前往阿森松岛的导弹发射据点。紧接着将各个辅助空军基地的雷达连接成网，这些基地包括前英国属地，如大特克岛、圣卢西亚岛和阿森松岛，然后杜鲁门总统在1949年签署了一项法律，建立了"大西洋导弹靶场"（Atlantic Missile Range），一条5000英里长的导弹走廊，从巴哈马群岛卡纳维拉尔角的发射头，穿过小安的列斯群岛，进入南大西洋，其雷达站和舰载跟踪设备网络横跨巴巴多斯。

布尔和麦吉尔大学之所以选择巴巴多斯，正是因为巴巴多斯既位于冷战时期更广泛的技术政治地理中，也位于岛屿所具有的更广泛的历史地理中。他们原本考虑了魁北克省北部的一个地点，但布尔担心这个地点会让项目处于他在国防部门的政敌的势力范围。[45] 巴巴多斯发射场是麦吉尔大学1954年间在岛上建立的一系列研究前哨站中最晚的一个。同一年，英国

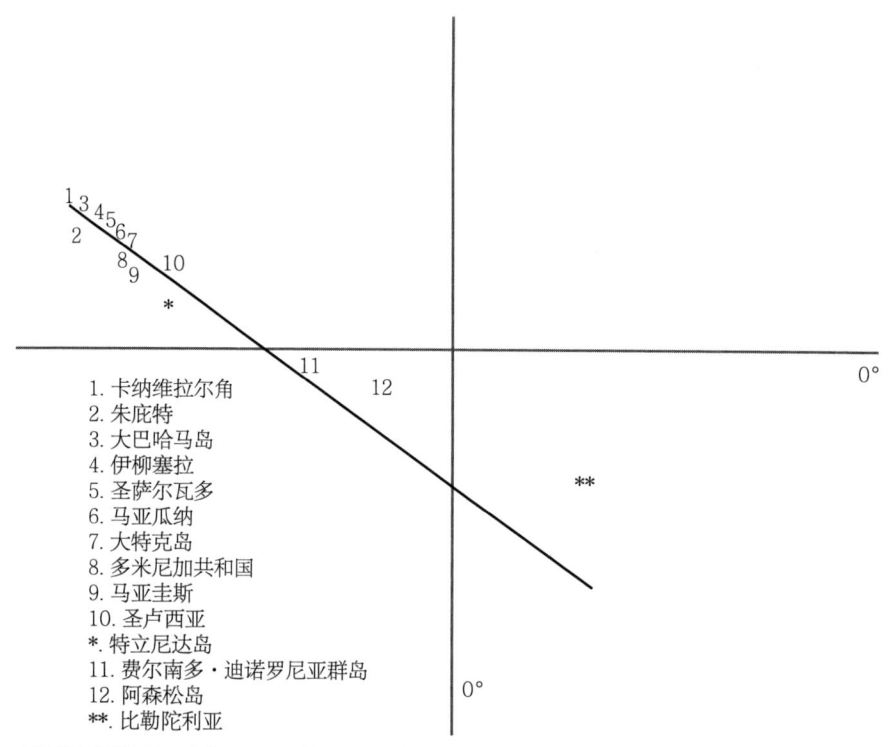

```
             |
  1 3        |
   4 5       |
  2  6 7     |
      8   10 |
       9     |
           * |
─────────────┼──────────────── 0°
         11  |   12
             |
  1. 卡纳维拉尔角       |
  2. 朱庇特             |
  3. 大巴哈马岛         |     **
  4. 伊柳塞拉           |
  5. 圣萨尔瓦多         |
  6. 马亚瓜纳           |
  7. 大特克岛           |
  8. 多米尼加共和国     |
  9. 马亚圭斯           |
 10. 圣卢西亚           |
  *. 特立尼达岛         |
 11. 费尔南多·迪诺罗尼亚群岛  | 0°
 12. 阿森松岛           |
 **. 比勒陀利亚         |
```

大西洋导弹靶场。建立于 1949 年，1952 年扩大，射程形成了一条 5000 英里的测试走廊，可以让从卡纳维拉尔角（1）发射的导弹飞越。巴巴多斯和高空飞行研究计划地址位于圣卢西亚（10）的东南部，被纳入靶场的雷达网络和跟踪站中。| 图片基于佛罗里达州图书馆和档案馆，书架号 16024，图片号 RC04859。

海军指挥官卡利恩·贝拉尔斯（Carlyn Bellairs）将他的巴巴多斯房地产遗赠给该大学，作为热带地区学术研究的中心，最终形成了贝莱尔研究所（Bellairs Research Institute，麦吉尔大学的实地考察站）。[46] 麦吉尔大学的地理系利用岛上的设施进行气候和地貌研究，后来建立了一个由地理学家西奥·希尔（Theo Hill）管理的热带研究实验室。连同加拿大北部的"野外观测站"一起，特别是由肯尼思·黑尔（Kenneth Hare）在由加拿大国防研究委员会资助的北极气象组织（Arctic Meteorology group）监管之下建立和运营的观测站，麦吉尔大学在巴巴多斯的研究站将热带和北极的研究连接起来。[47] 早些时候，驻扎的研究人员重述了一条强调热带地区享有至高无上的认知地位的百年准则,(他们声称)热带地区比温带地区能更清楚地说明某些自然过程,如竞争。[48]高空飞行研究计划于1962年设立;它的16英寸50倍径的火炮来自美国海军多余部分,被放置在该岛东南海岸的西维尔机场下方的海滩上。正如布尔的合作者查尔斯·墨菲(Charles Murphy)解释的那样,之所以选择这个地点,部分原因是因为它靠近赤道,飓风、热带风和电离层效应使它成为大规模大气研究的一个有趣地点。但同时该场地靠近周围的"东部试验场设施(安提瓜、特立尼达、阿森松岛等)",因此也将其纳入雷达和遥测基础设施中,为高空飞行研究计划的发射提供追踪信息。[49]作为与美国军方的联合项目,该场所要与卡纳维拉尔角密切协调通过陆军野战办公室运作。[50]布尔的研究将巴巴多斯进一步融入了冷战时期的岛屿地理中。高空飞行研究计划的活动从技术上讲分布在三个地点:布尔巧妙设计的海沃特围场(Highwater Compound),它横跨魁北克省和佛蒙特州,这使得布尔从战略上可以绕过特定的武器出口和安全限制;位于巴巴多斯的高空飞行研究计划的永久军事基地;以及亚利桑那州索诺兰沙漠尤马试验场的一个基本相同的设施。最后一个地点是世界上最大的军事设施之一,与军事化的热带岛屿有许多共同的特点——"空旷"、良好的天气、大片的沉降区,这使它成为第二次世界大战期间南太平洋行动的理想训练场。[51]在讨论发射结果时,布尔经常将巴巴多斯和尤马两个地点融合在一起,认为它们是可以互换的。[52]布尔的发射场既是美国陆军更大的地球物理研究计划的一部分,也是麦吉尔大学在北极和亚北极地区的研究项目的一部分。这个发射场使得冷战敌对区域的三角形变得完整——北极、沙漠和热带,将其与现有的冷战岛屿地理和新出现的近太空敌对区域联系起来。[53]

20世纪后半叶,岛屿的战略吸引力部分取决于人们仍将其视为政治上顺服的领土的观点。这种观念往往由于以下因素而进一步强化:政治制度薄弱、殖民地或(最近)后殖民地人口少、环境标准低以及临时拼凑的劳工法。[54]撇开技术方面的考虑，布尔之所以特别被巴巴多斯所吸引，是因为在他看来巴巴多斯整个国家对他的研究抱着恭敬的支持的态度。巴巴多斯是一个平静的岛屿，与充斥着政治斗争和掠夺性游说的加拿大和美国研究状况形成鲜明的对比。高空飞行研究计划在其整个发展历史中，一直受到巴巴多斯政府的高度重视。该政府将加拿大和美国视为国内高技能工人的重要雇主。1968年，该国将发行多张纪念邮票，描绘布尔的大炮抵达岛上并首次开炮的情景。巴巴多斯没有任何重大的国内研究活动，这进一步强化了布尔对该岛的看法。他认为该岛基本上没有那些他在加拿大时认为是人身攻击并且很难摆脱的官僚障碍和小纠纷。高空飞行研究计划的官方报告更是验证了他对于巴巴多斯的观点，认为它就是能够实现其技术愿景的空白画布。[55]这些报告提到像迪戈加西亚岛这样的地方因为复杂的技术系统造成岛民被迫背井离乡，因此它们将高空飞行研究计划进行的研究放置在一个政治和人口上都很薄弱，但技术上却很厚重的由大气探测器、雷达装置和经纬仪组成的网络中。这种网络是加勒比海军事科学地理的特点，同时从更广泛的意义上有助于将珊瑚环礁和太平洋潟湖转变为导弹和核爆炸的"天然"目标。[56]

布尔利用了这些岛屿紧张而模糊不清的政治地理位置，这只不过是它们充当避风港悠久历史的一部分。这些岛屿一直庇护那些对大陆来说过于秘密、非法或危险的活动。[57]除了巴巴多斯的高空飞行研究计划的发射场外，布尔还将在安提瓜建立一个测试设施。这两个岛屿名义上都是主权国家，但其政权比较顺从，允许他将其作为后来与以色列和南非进行武器走私行动的中转站。但甚至是在他开始销售武器和声名扫地之前，高空飞行研究计划在加勒比地区的活动的具体背景以及该地区不同岛国之间的距离之近，都在共同持续作用使他那些大炮的模糊地位再次为人所关注。1960年10月下旬，当时仍处于古巴导弹危机期间，高空飞行研究计划进行了一些最密集的火炮发射。虽然在魁北克北部或海沃特围场，布尔的巨大火炮可能被视为权宜之计的研究工具,因为那里人口稀少,边境友好,使他们不具备政治力量。但在巴巴多斯,它们的多功能性和位置使它们成为攻击古巴的潜在的西方武器,因此成为古巴空军打击的潜在目标。1963年6月,布尔再次引发了紧张局势。当时,他以一种典型的失策之举,在解释高空飞行研究计划的92千米新高度纪录时打了个比方,说大炮能够轰炸哈瓦那。[58]加拿大官员的惊恐反应让布尔感到困惑:合乎理性的人怎么会把巨大的、无法移动的高空飞行研究计划的大炮——简直是唾手可得的空袭目标视为武器呢?但他遭到了解雇,他对此难以置信。这些都表明了他工作核心中的一个最终冲突,这一次是理性和"道理"之间的冲突。在围绕古巴导弹危机的几年里,这场冲突的历史细节对他有利,当时冷战的合乎理性和全球规模的核战略使他的那些大炮似乎无害。但在这场冲突早已演变成某种更不利于他的利益的东西之后,他后来对其的误判将被证明是致命的。

理性和道理

冷战早期大致介于1949年年末德国分裂到1968年(越战中)春节攻势战役之间,这一时期的知识文化利用了理性(rationality)和道理(reason)之间的一个重要冲突。[59]

这两个术语及其基本概念的历史是漫长而复杂的,但它们在更大历史背景下的三个要素对本章对布尔的叙述很重要。第一,尽管我们经常互换着使用这两者,但理性和道理并不相同。它们有不同的历史,其含义也有微妙的不同。从历史上看,道理包含了复杂性和偶然性,它不像计算,事实证明很难实现自动化。[60]而理性传统上旨在通过数学建模或受控实验等技术降低复杂性。它依赖于一种通常与经济学和工程学中起工具作用的道理。[61]第二,从历史上讲,道理代表着最高的智慧,会动用所有其他大脑能力(理解力、记忆力、判断力、想象力)来为它工作。正因为如此,它被视为比理性更普遍、更优越——冷战时期除外。第三，由于那段复杂的历史，在那段历史中保持合乎道理胜过基于理性，或是基于理性胜过合乎道理，都是可能的。[62]

冷战使这种历史可能性变得尤为明显。在第二次世界大战之后的二十年里，理性将它的领域从经济学和工程学扩展到政治决策，常常与常识背道而驰。兰德公司（RAND Corporation）领导的一系列民防"智囊团"实践了这种新的理性，它是形式化的、基于算法的、脱离历史背景的，并且基于可以在机械上应用并因此可以实现自动化的规则。[63]在那里，它帮助产生了20世纪50年代末、60年代初技术上理性但道德上荒谬的情景，典型代表就是赫尔曼·卡恩（Herman Kahn）的末日机器的假设方案，和数学家、核战略家阿尔伯特·沃尔斯泰特（Albert Wohlstetter，"奇爱博士"①这一角色的原型之一）的分析。[64]正如安德鲁·里希特（Andrew Richter）所指出的，沃尔斯泰特于1954年为兰德公司关于脆弱性所做的研究，充满了精心绘制的图表和计算，代表了核时代合理性分析的原型。[65]它是新兴类型的战略分析的最重要的例子。这种分析是基于行为考虑和"确凿"事实而非政治算计的，同时受一种信念支撑，即复杂问题的解决方案不过是一个数字分析问题而已。这项研究这样做，显然忽略了其假设情景中的威胁是否真实存在的问题。相反，它将重点放在了想象中的世界上。这种想象的世界有趣且臆想的脆弱点不断激增。[66]

在加拿大，这种分析盛行于这些人中间，他们包括加拿大国防研究委员会的国防战略家和作战研究人员、加拿大军备研究机构的监督者以及布尔早期弹道和反弹道导弹防御研究的赞助商。[67]1951年，加拿大国防研究委员会的战略家在加拿大率先提出了"确保摧毁"（assured destruction）的概念，他们认

---

① "奇爱博士"是1964年出品的、由斯坦利·库布里克执导的同名冷战题材讽刺电影的主要人物，奇爱博士是纳粹德国人，被美国启用为总统幕僚科学家，表现出了仅基于理性且沿袭纳粹的荒谬行径的个人特征。

为这不仅是冷战的技术后果,而且是地缘政治稳定的保证。[68]而且在他们看来,这种技术后果在1960年左右就会成为现实。尽管美国平民分析家经常将战略分析的重点放在军事优势和谁首先使用核武器上,但加拿大国防官员则会主要分析平衡战略力量的必要性和核使用的危险。[69]正如早期小组中最富有想象力的成员R.J.萨瑟兰(R.J.Sutherland)在1960年继续解释的那样,稳定存在于(理性但反直觉地)增加双方的报复力量,以至于在新的战略计算中,"任何一方都不可能在理性的状态下先发制人"。[70]在这种观念中,远程弹道导弹的技术发展产生"确保同归于尽"(mutually assured destruction,MAD)的效果——一种稳定力量,因为任何理性的领导人都不会授权使用其进攻。[71]萨瑟兰曾与英国人一起接受过作战研究训练,并在朝鲜战争期间对火力网和燃烧战为加拿大国防研究委员会进行过分析。他对战略稳定性得出同样的预测。这促使他得出结论,即瞄准城市而不是敌方核力量更可取,哪怕这样做在道德上受到质疑。[72]尽管这一战略看似荒谬(而且是自杀式的),因为它也会反过来鼓励苏联人以北美城市为目标。但萨瑟兰认为,这使得相互核攻击的风险太大,并说明了一个关键的原则,即"不理性的理性":在冷战战略制定的看似扭曲的、迷宫般的运算中,这是一种让你的对手认为你有能力做出不理智的行为的愿望。

最受布尔信任的工程师们称布尔为"奇爱博士"。他在定位自己的项目为超级大炮时,正是利用了这种逻辑与荒谬、直白与反转的混合体。他早期的导弹和炮弹研究工作是由加拿大国防研究委员会和兰德公司的战略讨论所架构的——由统治性的基于合理性的运算实现,由强大的想象世界构筑的。在完成博士学位时,同时在了解了萨瑟兰和其他人的打击城市①战略后,他为加拿大国防研究委员会进行了反弹道导弹系统的研究。这个研究使布尔沉浸在关于大陆防御的博弈讨论中。[73]布尔的分析突出反映了沃尔斯泰特工

---

① 在军事中,将打击目标大致分为两类:军事力量和社会财富。其中社会财富是对手有价值但实际上不构成军事威胁的资产为目标,例如城市和平民。这个在冷战时期尤为突出。

做研究脱离历史背景的特征，使人以为合理性可以突破最复杂的战略纠结，而不管具体的历史和政治背景如何。一方面，布尔的提议读起来像是科幻小说中的有悖常理的场景片段或者情景：使用巨型大炮从地球表面将卫星发射送入轨道。有一次，布尔甚至建议用他提议的超级大炮瞄准月球——菲斯克在她的作品中也详细描述过这一虚构情景，而布尔年轻时崇拜的凡尔纳的作品也有类似的情景描写。[74]另一方面，他的建议在哲学上与基于工程的、超理性的冷战计划是相一致的。这些计划建议改变全球天气模式，或使用原子武器用于挖掘的目的，而不用去考虑政治或环境因素。[75]

布尔将这种狭隘的技术官僚理性作为大棒挥向他的批评者。高空飞行研究计划的诋毁者断言将精密的科学仪器发射到大气层外的高度是不可能的，主要是因为涉及令人头疼的加速度，布尔（和沃尔斯泰特一样）用数据、图表和方程式进行了激烈的反驳。[76]当一位麦吉尔大学的同行教授把他的"下降曲线"图读成火炮射程测距图时，布尔抨击了他。[77]布尔尖酸地嘲笑其是神学家转行来的历史学家。该项目的批评者被他说成是非理性、怀有敌意和阴险的。对于布尔来说，他们的非理性恰恰揭示了狭隘且专业化的、脱离历史背景的、理性的专门知识，与广义且合理的、结合历史背景的和随意的观察之间的鸿沟。他并没有将他们的印象视为符合常识和逻辑地解读的产物。相反他表示，他的批评者之所以不接受基于数据的论据，那是因为他们的动机已经不诚实；他们不能或不愿阅读已发表的论文也不接受科学数据。[78]对于布尔来说，图表的世界比它在其中运行的世界要更清晰明确、更不含糊。这是现代科学表征的比喻。[79]布尔以高空飞行研究计划为开端，同时利用图表和数据作为依据，他一再表明，他最大的那些大炮也是他弹道学工作和武器咨询的合理结局，用来作为进攻性武器是完全不合理的。1967年高空飞行研究计划的取消使他的超级大炮项目被暂停。这使布尔深感愤慨，但他将在二十年后的一个截然不同的背景下重新提出该技术表面上的科学取向的理论基础。

第 8 章　杰拉尔德·布尔的现代技术系谱

1966年3月至1967年7月，加拿大和美国政府都撤回了高空飞行研究计划的资金。在布尔看来，这是一次彻底的背叛。加拿大政府特工迅速采取行动，没收并销毁了他在巴巴多斯和海沃特的设备（就像他们在之前另外一个场合对加拿大阿芙罗"箭"式战斗机所做的那样），但布尔得以将资产保留下来。[80] 由于缺乏政府的支持，他只能将向轨道发射导弹的超级火炮的设计搁置起来。其后不久，他从麦吉尔大学辞职，通过《国会特别法案》获得了美国公民身份，开始为五角大楼招揽合同，并开始为世界上一些最具争议的冲突地区——越南、以色列和处于种族隔离制度下的南非，设计、制造和销售较小型的远程火炮。布尔最终因违反1963年有关南非的禁运规定而入狱。为了给自己澄清罪名并维持他的新武器业务，他又无意中卷入了一场复杂的武器走私行动——英国政府秘密向伊拉克出售武器的计划。伊拉克自己因与伊朗的战争也在禁运之列。[81] 该计划涉及利用英国情报人员建立或渗透现有武器公司。从他们的新公司职位上，特工们可以同时从事和掩盖与伊拉克的秘密武器交易，随后逐出或"清除"任何掌握敏感或政治破坏性信息的人。[82]

布尔在这个复杂而隐蔽的计划中成了替罪羊。从1987年开始，萨达姆·侯赛因政权一直想要招募他。这一政权本身也在进行长达十年的现代化尝试，通过建立与该地区古老的前伊斯兰历史的联系，特别利用是古巴比伦的辉煌，来实现该国的现代化。[83] 萨达姆·侯赛因模仿巴比伦国王尼布甲尼撒（Nebuchadnezzar），旨在进行基于技术现代化和文化凝聚力的泛阿拉伯复兴。[84] 通过对历史、考古学和建筑的大量投资来分散人们对现有种族分裂的关注，萨达姆（确实）使整个国家电气化，使其军事现代化，并使伊拉克成为第一个阿拉伯太空大国。[85] 布尔的公司受委托为伊拉克军队提供常规大炮，但在1988年与萨达姆·侯赛因的女婿侯赛因·卡米尔（Hussein Kamil）会面时，布尔说服这个伊拉克人帮助自己实现要造一门新的1000毫米超级火炮的雄心抱负，并命名为"巴比伦计划"。这个计划

›171

的理念其实是来自（在高空飞行研究计划中）原本为加拿大定制的独特的太空计划，其旨在结束大国对太空的统治。这一计划被重新包装之后给了要实现现代化的伊拉克。[86]

尽管"巴比伦计划"主要包括两个旨在生产远程火炮的子计划，但根据布尔的说法，他的超级火炮一直是作为太空发射器的。他已经在1964年左右设想了一种类似的大炮，如一位艺术家的画作所示。他在强调其特殊的科学应用和有限的成本的同时，解释了"为什么不需要复杂的导线、管膛的升降机制和管式膛线等"。[87]他提及了这一庞然大物的基本事实：一个650英尺长的炮管；每次开炮都会产生的300英尺长的，很容易被监视

一张1964年对布尔超级大炮的描绘图。注意粗糙搭建的支撑塔，布尔会认为这使得大炮作为武器不切实际。（左中方位的）吉普车为整个建筑提供了一个概念。| 基于杰拉尔德·布尔和查尔斯·H.墨菲《巴黎大炮和高空飞行研究计划》中的插图 ©1988 *Paris Kanonen-the Paris Guns*（*Wilhelmgeschütze*）*and Project HARP*–Gerald V. Bull.

卫星看到的火焰；模仿洲际弹道导弹发射的，会招来类似的武装反应的发射标志；长达8小时的装载时间；完全无法移动，体积之大要支撑它必须依山而建，嵌入山体。它建成后将无法提升或左右摆动以瞄准目标，这实际上只给了它一条火线。布尔声称，所有这些对于这个大炮作为武器来说是完全不合理的。同时，伊拉克人对该炮将要发射的多级火箭非常感兴趣，这将使他们拥有打击该地区任何地方的弹道导弹能力。[88] 与巴黎炮一样，世界上最大的这门火炮的心理威胁在地区军备竞赛中产生了独特的优势。[89]

美国中央情报局（CIA）在1991年编写完成两份秘密报告。这些报告是基于布尔的太空研究公司（Space Research Corporation）获取的文件。两份中情局报告实则显示了伊拉克超级大炮用途的一贯模糊性。报告描绘了这个依山而建、嵌入山体的装置，但这座山是想象出来的，但也被指可能是为伊拉克摩苏尔附近的秘密大规模导弹研发基地萨阿德16（Saad 16）武器综合体周围的地形设想的。正如其中一份文件所承认的那样，该装置无法瞄准，"只能对其固定火线上的目标射击"。[90] 它无法移动，这将使其容易遭受报复性空袭，而且也对其作为武器使用产生很多严重限制。[91] 但中情局的分析家们仍然坚持认为它具有双重用途的可能性：既是卫星发射平台，又是将"弹头发射到更远距离"的武器系统。中央情报局的报告产生的历史背景与布尔在冷战高峰时期构想高空飞行研究计划时已大不相同，但它却含蓄地驳斥了布尔在20世纪60年代为该项目辩护的那些超合理的、超越当时历史环境的论据。这些报告将他的那些大炮牢牢地置于它们所在的厚重的政治和历史背景中，以照片和对高空飞行研究计划技术成就的明确讨论为特色，并将它们与一些秘密情报相结合。这些情报涉及布尔之前的武器交易、他为伊拉克人设计（但未制造）的两门额外远程火炮以及1988年对萨阿德16的参观。这些报告还详细介绍了"巴比伦计划是如何可以追溯到20世纪60年代的美国和加拿大联合高空飞行研究计划的，该项目使用大口径火炮进行高空大气研究实验"。[92] 同时它们还解释了高空飞行研究计划,以及布尔所宣称的和平的科学仪器作为主要研究对象,已经具备了既可以将物体发射到近地轨道的能力,也具备顺发射方向将其"送到几千千米外的目标所在地"的能力。[93]

中情局的文件构建了他们自己的致命武器系谱,与布尔出狱后的叙述大相径庭。尽管布尔将继续怀抱他的与那个历史时代几乎不相容的超级大

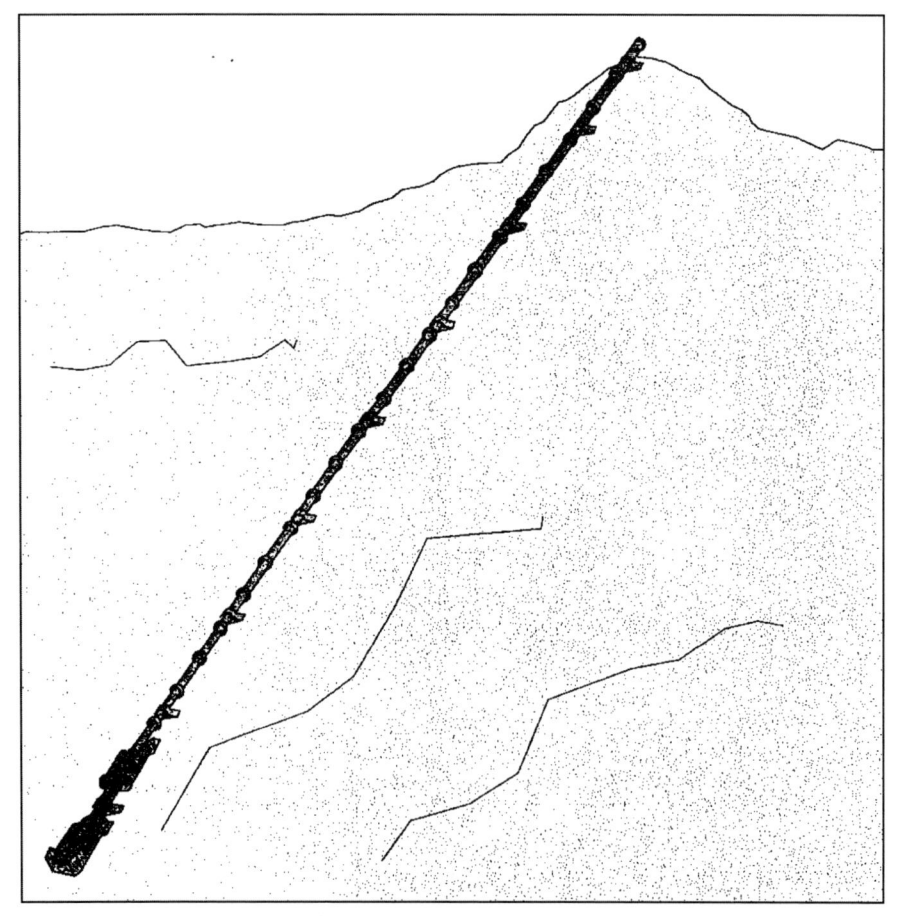

美国中央情报局复原的巴比伦项目中布尔超级大炮。基于从布尔公司缴获的工程武器,这幅插图突出了该大炮的不动性。尽管如此,中央情报局的分析人士还是认为它和高空飞行研究计划的大炮是潜在的武器。| 基于杰拉尔德·布尔和查尔斯·H. 墨菲《巴黎大炮和高空飞行研究计划》中的插图 © 1988 *Paris Kanonen-the Paris Guns*(*Wilhelmgeschütze*)*and Project HARP-Gerald V. Bull.*

炮的梦想，几乎坚持到了海湾战争爆发的前夕，但使这些大炮看似必要的冷战理性却早已轰然瓦解。布尔本已尝试将自己的高空飞行研究计划中的原型大炮描述为巴黎炮的继承者（一种被剥夺了好战目的的弹道学仪器），一种不再具备战争用途的弹道器械而已。结果这时中情局的报告将布尔的这个具有厚重技术的物体拿来说事，精确地给"巴比伦计划"的超级大炮重新套上它的政治和军事联系。这样做的不仅仅是中情局特工。布尔被以色列摩萨德追踪了几个月，最终被英国特种部队的特工们盯上（他们的政府顾问担心他会暴露英国的秘密武器交易）。1990年3月下旬的一个安静的夜晚，布尔最后一次走进他在布鲁塞尔六楼的公寓。雇用来消灭他的二人暗杀小队站在阴影中，等着给他最初的弹道学尝试可悲地画上圆满的句号。[94]

本章小结

杰拉尔德·布尔曾认为，他对弹道学的尝试可以巧妙地解决技术工程问题。但在脑海中闪现出科技史上的一幕又一幕情景的那一重大决定时刻，他也意识到，这些解决方案既是技术的，也是政治的。[95]他有关太空研究的先进设想，避开了诸如像对国家驱动、巨额资助、大规模的冷战工程基础设施等的需要，最初是解决受当地局限的问题：风洞空间不足，没有发射设施。但正是因为这些局限性问题在冷战时期的全球范围内成倍增加，因此在那些对自己的地位和威望感到焦虑的国家，布尔很快就发现他的发明可以解决可能是这个时代最普遍的技术政治问题：如何在不成为超级大国的情况下和超级大国并驾齐驱。

他的大炮用途的模糊性对现代主义的前景至关重要。在他整个职业生涯中，布尔利用了他的大炮用途的模糊性。在声称它们是科学仪器的同时，他非常清楚（并从中受益）它们潜在的军事吸引力。他之所以能够对高空飞行研究计划提出这些主张，主要是因为它与冷战时期有关发射物、岛屿和理性的更大的历史有交集。高空飞行研究计划作为拥有悠久历史的弹道学领域的一个研究项目，位于小岛屿国家，关于其动机也不存在任何合理的怀疑，因此它成为布尔至死都津津乐道的一个技术神话。这些历史的阴暗面也同样为他在20世纪70年代向以色列和南非出售武器提供了便利，因为他将自己的弹道学专业知识充分运用到了远程火炮系统中，利用自己在这个岛国的关系规避贸易禁运，并在客观上很少参与对自己武器的可疑部署活动。最终，正是对自己的超级大炮神话的执着，使他在海湾战争前夕与萨达姆·侯赛因达成了一项协议。

布尔的故事内容简洁结构精巧，似乎提供的正是理查德·贾雷尔呼吁我们在加拿大科学技术史上寻找的一种反向叙事：一种反向案例研究，也就是非典型性的典范，用以提醒我们历史类别的界限。[96]但布尔对通过大炮发射的卫星和太空探测器的幻想恰恰是属于那个时代的。虽然它笨拙地融入了战后政府科学保守的、呆板的经验体系，但它对世界其他地区太空计划的愿景直接反映了战后技术的地缘政治和冷战本身的核心焦虑。尽管他的那些超级大炮用途的模糊性是由更大的历史造成的，其起源也远远超出了巴黎、蒙特利尔或巴比伦的地域性，但布尔将这些看似不平行的类别——发射物、岛屿、理性，对齐成一线，并表明了它们在20世纪末的爆炸性结合。在这样做的过程中，他的人生轨迹不仅将自己的故事与加拿大科学和技术的出人意料的历史联系起来，还将那段尘封的历史与更大的历史联系起来，与我们的现代化形成纽带：技术系谱的溯源与消除，矛盾性的焦虑以及用途模糊的物体。同时他还将自己的故事与一个典型的问题联系起来：哪些历史对象将被连接、记忆、赋予特权和保护，而同时又有哪些将被孤独地悬空于历史中？

第 9 章
加诺拉油菜与加拿大农业现代性

千禧年之交给加拿大和全世界带来了一个新的"海报娃娃"[①]：68 岁的珀西·施梅瑟（1931—2020 年），是农民也是一位祖父。他获此殊荣，是因为他参加了一场"战争"，针对晚期现代性中最重要的技性科学突破之一的"转基因作物"之战。

生物技术巨头孟山都公司（下文简称"孟山都"）在 1998 年起诉了萨斯喀彻温省的施梅瑟，声称他非法种植了含有孟山都专利的"抗农达®（抗草甘膦）"的转基因加诺拉油菜品种[②]，使种出的油菜对除草剂草甘膦具有耐受力。六年来，这起案件一直在加拿大联邦法院系统中进行，直到最高法院于 2004 年 5 月做出最终裁决。在这项充满争议的、以 5∶4 而通过的裁

[①] 此处"海报娃娃"指千禧年间，将有代表性的孩童作为某项年度活动的海报宣传人物，一般是一些疾病、伤残孩童，以强调一些社会问题。随着时间推移，"海报娃娃"一词渐渐开始指代任何年龄段的社会问题典型人物。

[②] 加诺拉油菜（canola），又称"加拿大油菜"，是 20 世纪 70 年代初在加拿大马尼托巴大学从不同油菜品种中培育出的新品种。"加诺拉"因其营养成分与天然油菜不同而得名，名称是加拿大的"Can"和"OLA"（"Oil, low acid"，即"高油，低酸"）的缩合。

决中，法院认定施梅瑟犯有专利侵权罪，因为在他的土地上确实发现了含有该基因的油菜，尽管加拿大法律禁止植物专利，又尽管这些转基因植物是通过像授粉这种不可控的自然过程进入他农场的田地中的。

抗农达®（Roundup Ready®，RR）旗下的油菜的开发和商业化，以及随后的法律诉讼，提供了一个看待加拿大农业领域内外的晚期现代性经验的独特视角。当然，现代性并非是完全线性一致的。它在不同的阶段与乡村领域相交，每个阶段都有自己的矛盾、挑战和成就，而所有这些又都是由当地环境决定的。[1]在20世纪初，许多加拿大农民热情欢迎现代性的到来，特别是当现代性以拖拉机、电气化或侯爵小麦①等创新形式出现时。但他们也试图通过建立小麦合作社、控制铁路运输价格等努力，[2]来引领现代性朝着他们希望的方向发展。在第二次世界大战后的几十年里，在"极端现代主义"的信条下，加拿大农业喜迎了"绿色革命"②，包括其新的农业投入，特别是化学除草剂和杀虫剂，以及一种新的"加拿大制造"的经济作物——加诺拉油菜，被广泛誉为公共资助的科学作物育种的有益范例。[3]

然而，千禧年之交发生了某种变化：加拿大引进抗农达旗下的加诺拉油菜籽，由此引发了人们对极端现代化农业宗旨的不满，这个宗旨是在农业问题一味依赖连续的科技解决方案，坚信围绕农业科技建立起来的社会要么是不可避免的，要么是人心所向的。但随着抗农达油菜在加拿大的引进，人们对极端现代化农业宗旨越来越怀疑。[4]事实上，转基因的加诺拉油菜的案例显示了加拿大农业部门混乱无序的晚期现代性。而加拿大农业部门本身日趋腐败，其办公场所破败不堪，其存在目的争议颇多，其未来也飘忽不定。施梅瑟的形象的出现，便给全世界展现了此种混乱的农业

---

① 侯爵小麦（Marquis wheat）是1904年由加拿大农学家培育出的一种抗旱早熟小麦。
② 此处的"绿色革命"，特指20世纪50年代和60年代开始的、一系列农业技术转让盛行导致的60年代末全球农业产量显著提高的新时代，又称"第三次农业革命"。

景象。

关于转基因作物的发展和影响已经所述颇多。本章另辟蹊径从两个方面为这一知识体系添砖加瓦。首先，本章更加关注孟山都公司用来支持加拿大抗农达的体系的那个专利。[5]对该专利的技术和历史分析揭示了很多事情，但最重要的一点，施梅瑟因非法使用而被起诉的基因，该专利并未公开披露或明确声称拥有。其次，本章将抗农达旗下的加诺拉油菜的发展作为极端现代主义农业史上的一个片段进行分析。先前的研究已经检验了转基因作物是如何融入资本主义的政治经济的。[6]将这个主题作为一个关于农业现代性的故事来探索，是对政治经济学方法的补充和完善。它展示了抗农达的体系如何与极端现代主义的科学、技术和进步的基本意识形态相交，以及这种意识形态如何与资本主义动力相联系。

接下来的叙述将追溯抗农达旗下的加诺拉油菜在加拿大的发展和部署，解构孟山都用来保护这一新作物系统的加拿大专利，并讨论施梅瑟案件审判的关键点，表明了在专利局和法院那里"自然产物"与"发明行为"之间的界限是如何重新划定的。在这一过程中，本章要突出这一新的农业现代性体系的几个重要特征。出于经济的目的，这些历史部分在涉及现代主义意识形态时并没有被明确表达出来，但其后的讨论总是涉及这个"经验故事"是如何与"极端现代主义农业的一系列教理问答"相关联的。[7]笔者要表明抗农达的体系和施梅瑟的一系列官司如何挑战或背离了极端现代主义的教条，并激发了对现代性和极端现代主义农业的更深入、更广泛和更多样的质疑，早在20世纪初期就已经明显存在了的质疑。

孟山都公司和抗农达品牌体系的开发

孟山都公司在20世纪80年代通过农用化学品（农药）进入生物技术领域。[8]其主要的农业化学创新之一是除草剂"草甘膦"，于1974年为其

›179

注册商标"农达"(Roundup)进行商业推广。草甘膦因其独特的作用方式、控制的杂草品种之广、相对环境安全性及其对人畜低毒性(尽管后来这几种说法越来越受到质疑)而被称为"百年一遇的除草剂"。[9]分子生物学的兴起开启了改变植物DNA以使作物对草甘膦产生耐受力的可能性。通过这种方式,农民可以根据需要用草甘膦喷洒他们种植的农田里达到控制杂草的目的:除农作物外,其他植物都会死亡。到了20世纪80年代初,带着这一目标,孟山都公司从化学公司摇身一变成为一家生物技术公司。1984年,它开始投入使用世界上最大的生物技术实验室综合大楼,经过多年的努力,几陷绝境之后,它创造了商业上可行的可对抗草甘膦的农作物品种,并注册了"抗农达"商标。[10]

孟山都公司创造的新"生物制品"耐受草甘膦的毒性。[11]草甘膦通过抑制莽草酸合酶(EPSPS)的功能发挥作用,而莽草酸合酶是所有植物、真菌和细菌以各种形式产生的酶。莽草酸合酶的功能是催化植物的各种化学反应,而这些反应使植物产生蛋白质、激素和其他生存和生长所需的物质。通过与莽草酸合酶结合,草甘膦停止其发生作用,结果就是植物死亡。整个20世纪80年代,孟山都公司的研究人员试图在实验室中改变植物莽草酸合酶的基因组成分,使其对草甘膦具有抵抗力。然而,尽管转化了数百万的植物细胞,但他们"未能生产出具有商业价值的耐药性莽草酸合酶"[12]。通往成功的最后一把钥匙是在实验室之外找到的,因此这是一项发现而非发明。从1989年春天开始,孟山都团队在实验室以外的地方寻找那些对草甘膦发展出抵抗力的细菌。他们在位于美国路易斯安那州卢灵市的孟山都公司的化工厂附近受过草甘膦污染的烂泥中收集细菌然后进行测试,最后他们发现了致瘤农杆菌的菌株,也就是"CP4",其莽草酸合酶不仅具有极高的草甘膦耐受性,而且具有极高的催化效率。[13]正是这几种特性的组合最终使孟山都的研究人员能够生产出适合商业开发的耐草甘膦加诺拉油菜(和其他农作物)。

孟山都的研究人员斯蒂芬·帕盖蒂（Stephen Padgette）将这一发现称为"伟大的尤里卡①时刻"。[14] 然而，孟山都又过了两年才提交了专利申请，因为要做很多额外的工作。孟山都的研究人员首先必须在 CP4 菌株中分离出为这种莽草酸合酶变体编码的基因。然后，他们将基因转移到一种病毒上，用病毒感染分离的植物细胞，利用这种经过改造的细胞繁殖再生出植物，最后测试这些再生植物的后代，以确定它们的活力和耐受草甘膦水平。1991 年 8 月底，他们通过单一的国际（《专利合作条约》）备案在加拿大、欧洲和其他地方为此申请专利。[15] 第二年，孟山都开始对这种新品种植物进行实地测试，并启动了在加拿大和美国获得政府批准的程序，从而可以对耐草甘膦种子和植物品种进行商业发行。[16] 第一批商业产品于 1996 年进入市场：率先进入加拿大的转基因加诺拉油菜，率先进入美国的转基因大豆。

在加拿大为"抗农达"申请技术专利

20 世纪 80 年代之前，生物技术在加拿大不能获得专利，但专利专员在 1982 年的一项裁决（《阿比蒂比公司的重新申请》）中改变了这一规定。受美国最高法院 1980 年的裁决以及澳大利亚、日本和几个欧洲国家的法律裁决的启发，该专员重新解释了加拿大法律，允许某些生物获得专利。鉴于外国法院的裁决，该专员解释说，曾经"我们自己的法院认为的微生物或其他生命形式不能获得专利"这一点已经不确定了[17]。然而，该专员没有等待加拿大法院对此事做出决定，而是勇往直前，在行政上重新划定了"自然产物"与"发明行为"之间的界限。这一裁决相当于建议法院按照专员的指导方针重新解释现有专利法：

---

① "尤里卡"（Eureka）源自希腊语，意思是"我发现了！"表达发现某件事物真相时的感叹词。

> 我们认为，认识到我们的建议一旦被接受将对我们产生多大影响，这一点很重要……当然，这一裁决将会包括所有微生物，包括酵母、霉菌、其他真菌、放线菌、其他细菌、单细胞藻类、病毒，还有细胞系或原生动物；事实上，也会包括所有新的生命形式。它们都是随着化合物的制备和形成而一同产生的。这些化合物的数量之大以至于任何稍大之量都将具有统一的性质和特征……它是否会延伸到更高的生命形式——植物（通俗意义上）或者动物，还是未知的。[18]

由此而言，加拿大对阿比蒂比公司的裁决给植物是否能够获得专利的问题还是留下了一个问号，并且加拿大专利局继续拒绝植物的专利申请。

那么，孟山都公司的抗农达的发明是如何符合新的专利法规的呢？在加拿大，孟山都公司使用1993年发布的1313830号专利来保护其"抗农达品牌的技术"。该公司对珀西·施梅瑟的诉讼——实际上是对加拿大农民的所有诉讼，仅引用了这项专利。孟山都公司命名为"抗草甘膦植物"，它是打算在专利中包括对植物的主张，但加拿大专利局坚决拒绝了这些要求。[19]最终，该专利对生物物质的主张仅限于"嵌合基因"和含有该基因的植物细胞。[20]

令人惊讶的是，对1313830号专利的仔细分析表明，专利没有揭示也无法揭示孟山都公司起诉施梅瑟和其他加拿大农民非法使用的"抗农达品牌的基因"。这一结论有三个标准支持。首先，加拿大专利法规定，一旦提交专利申请，不得将任何新的被研究物质添加到专利申请中。[21] 1313830号专利的申请于1986年提交，但如上所述，孟山都公司的研究团队直到1989年5月才发现CP4基因，而将其分离出来则是在这之后了。因此，CP4基因不可能被添加到孟山都公司1986年的专利申请中，那里也没有提及它。其次，孟山都公司于1991年才向加拿大专利局提交了一份单独的申请，该申请公开了CP4基因并声称它是一项（新）发明。加拿大专利法不允许"双重专利"，即两次授予同一发明专利。[22]因此，CP4基因也不能被1986年的申请所包括。1991年提出的申请最终在2001年成为加拿大2088661号专利，也就是抗农达油菜籽在加拿大商业发行五年之后，在孟山都公司对施梅瑟提起诉讼三年之后。[23]（为了方便起见，我将2088661号专利中要求主张的发明称为"CP4发明"。）最后，为了证明施梅瑟对抗农达基因的侵权，该公司使用了"快速检测法"来发现施梅瑟农场里加诺拉油菜中CP4基因的存在。[24]然而，由于CP4基因未在1313830号专利中公开，施梅瑟怎么会拥有含有CP4基因的油菜，又对该专利构成侵权呢？

孟山都公司的代表自己也证实1986年的专利申请保护的发明不包括CP4基因，同时也承认CP4基因是抗农达作物的基础。在提交给欧洲专利局的书面材料中，孟山都公司的代表表示，1986年的发明设法解决的是"改造植物的问题……以获得足够的草甘膦耐受性"，但问题一直"未解决"，直到出了"CP4发明"（2001）。[25]他们还坚称，早期的专利之所以没有涵盖CP4基因，那是因为它压根没有公开"任何这样的（DNA）序列或分子"。[26]最后他们明确表示，CP4发明"是制备大量市场销售的抗除草剂作物的基础"。[27]为了强调这一点，他们还使用了一张表格，显示了世界各地种植的抗农达作物的面积，包括加拿大种植的所有抗农达油菜的面积。

前面的讨论随即产生了两个问题。首先，如果1313830号专利没有公开CP4基因，那么它公开了什么？其次，如何解释孟山都公司1998年对施梅瑟提起的诉讼？为什么孟山都公司会在主张保护CP4基因的加拿大专利发布之前起诉他？为了回答这些问题，我们需要认识到，从法律意义上考虑的专利与从科技史角度考虑的发明之间存在着深刻的区别。从科学史的角度看这个问题发现，孟山都研究人员在1985年"发明"的东西，即1986年加拿大专利申请的物质基础，是四株"黄色且严重病态"的矮牵牛属植物，它们可以耐受适度剂量的草甘膦，但不能耐受控制农田杂草所需的草甘膦水平。[28]然而，当转化为一组专利权利要求时，该发明就涵盖非常广泛。魔法就在于他们巧妙地起草权利要求书，其中详细列出了那些构成"发明"的方法和产品，然后就可以针对这一发明进行临时垄断。孟山都公司的专利律师帕特里克·D.凯利（Patrick D.Kelly）为1313830号专利撰写了申请书。他解释说"专利的权利要求定义了发明人的财产"。[29]

孟山都公司的律师们故意写下宽泛的权利要求，以使其法律覆盖范围最大化，避免"任何非绝对必要的限制"。[30]撰写限制要求主要是为了避开现有技术，而不是避免要求拥有尚未发明的东西。在1313830号专利的情况中，凯利通过使用"功能性语言"实现了这些目标。该种语言以通用术语重新描述了矮牵牛花的发明。[31]1313830号专利中的权利要求主要是针对pMON546（孟山都研究人员植入矮牵牛属植物以使抗草甘膦的改良基因制成物）的。该基因并不适合商业级的抗农达农作物，因此从未用商业。然而，在凯利的手中，pMON546生物制品成为一种"嵌合植物基因"的泛称，该基因包含多个诸如像"启动子序列"类型的功能成分。[32]所有嵌合基因都需要类似的成分（就像每辆汽车都需要马达、转向装置和制动系统一样），因此，这个笼统的说法潜在地涵盖了未来可能开发的差不多任何草甘膦耐受基因！[33]

要进一步了解1313830号专利，可以将其与2088661号专利进行比较。后一专利公开了CP4基因，并将其标记为一种新型的"Ⅱ类"基因，同时将其特征与现在该专利称为"Ⅰ类"基因的、不如人意的特征进行了对比。"Ⅰ类"基因包括早期专利中公开的那些基因。2088661号专利详细说明了"Ⅱ类"基因能够在农作物中实现足够的草甘膦耐受性的方法和原因。[34]该专利的摘要还解释说，CP4发明适用于农作物田中的杂草控制，该基因在农业中的杂草控制的用途被包括在权利要求清单中。[35]相比之下，1313830号专利没有提及农田耕作或农田中杂草控制，它给"草甘膦耐受性"下定义的方法也只是从仅适用于实验室的实验标准所需的低耐受水平的角度。

孟山都公司利用了1313830号专利权利要求的笼统性，将CP4基因追溯性地置于该专利的保护伞下，但这样做却更有可能导致该专利因缺乏"可实施性"而失效。根据加拿大法律，专利说明书必须包括所有细节的完整披露，这些细节是再创造所主张权利的发明所需的。[36]"如果本技术领域人员只能通过偶然的机会或进一步的长期实验才能获得相同的结果，则该公开是不充分的，该专利也是无效的。"[37]

1313830号专利无疑并没有满足公布CP4基因的充分要求。由于CP4基因是在自然界中发现的，而不是在实验室中创造的，因此它要在该专利中具有可实施性，必须在专利说明书中包括其DNA序列或一份声明，声明要宣布CP4基因的物理样品已提供给公共保管库（培养物保存）。但1313830号专利两者都没有做到，也没有提到去哪里寻找像CP4这样的基因或者如何去找。要找到这样的基因需要寻找集高草甘膦耐受性和高催化效率于一身的莽草酸合酶变体，但该专利中并没有出现"催化效率"和"动力学效率"这两个术语。[38]

孟山都公司因为1313830号专利也面临着其他风险，因为不确定加拿大法院会如何在"自然产物"和"发明行为"之间划出界限。1989年加拿大最高法院的一项判决表明，1313830号专利可能被视为无效。1989年的案件涉及先锋育种公司（Pioneer Hi-Bred）使用传统杂交育种技术开发的一个大豆新品种的专利申请。专利专员驳回了该申请，理由是根据加拿大法律，植物品种不可申请专利。加拿大联邦上诉法院和最高法院拒绝推翻专员的决定。在他们的论证中，法官们考虑了专利说明书中公开信息的充分性。联邦上诉法院的大法官J.普拉特（J. Pratte）强调，专利中公开的信息必须使其他人能够通过遵循所述步骤可靠地再造发明。然而，在植物育种的情况中，基因配对和随机遗传变异时有发生，超出了发明人的控制范围。这一过程涉及"一定程度的运气",因此该说明书并不能"使其他人获得相同的结果,除非其他人也恰好从同样的好运气中受益"。[39]最高法院的判决认为,专利中的公开信息在区分"发明行为"和"自然产物"方面有很重要的作用要发挥。"自然产物"仅仅依赖自然过程,而后者是不可申请专利的。最高法院的裁决认为,先锋育种公司的专利申请中的公开信息主要涉及后者,因为公开的步骤:

> 看上去并不会以任何方式改变大豆的繁殖过程。这一过程是按照自然规律进行的。早期的裁决从未允许将这种方法作为专利的基础。法院认为,遵循自然规律的创造物只能算作被发现的事物,人类只是发现了它们的存在,并不能声称发明了它们。[40]

这些论点使得1313830号专利疑点重重,因为孟山都公司的"发明"(包括CP4发明)最主要是取决于运气和自然繁殖过程。孟山都的研究人员并不能够将修改过的基因直接植入加诺拉油菜种子或植物中。油菜种子获得草甘膦耐受基因的唯一途径是通过抗农达油菜植株中的自然生长过程。加诺拉油菜也不能直接进行基因修改。更准确地说,是将修改的基因植入一种植物病毒中,该病毒在实验室容器中感染了受伤的分离的油菜叶细胞。孟山都公司依靠自然生长过程从改造(感染)的油菜细胞中再生植物。这些植物再生技术在孟山都公司提交其专利申请之前就已广为人知,因此它们不能被视为一项发明。[41]

1313830号专利中的公开信息也取决于偶然性,因为它所讨论的过程不能被完全控制。为了说明这一点,孟山都的抗农达油菜品种(GT73)是从数百个经过基因改造的分离植物细胞再生的植物后代中选出的。这些后代将改变过的基因都在生长过程中表现了出来,不过表现程度不同,表现方式也千差万别。孟山都的研究人员不得不测试这些植物,并选择那些具有所需特性（足够的草甘膦耐受性和活力）的植物。[42]这与传统植物育种家的做法类似。此外，修改过的基因在每种植物的不同部位表现也不同。因此，在孟山都公司创造转基因植物的过程中，存在着不可减少的偶然性和随机性因素，针对先锋育种公司的裁决意味着1313830号专利的公开信息可能因此而不充分。[43]

总之，在加拿大专利法的大背景下对1313830号专利的分析表明，孟山都公司寻求保护其在加拿大的抗农达系列所使用的专利没有涵盖植物，也没有公开关键的CP4基因，甚至没有提及种子、农作物、农田或杂草控制。此外，专利中主张其权利的方法从根本上靠的是偶然性和自然生长过程。而根据最高法院1989年的有关先锋育种公司的裁决，这两种方法都不能作为获得专利的依据。尽管1313830号专利的权利要求书写得很笼统，目的就是表面上看起来包含了"抗农达基因"，但孟山都公司在加拿大用这项专利显然冒了风险。因此，一定有其他因素促使该公司根据此项专利起诉施梅瑟。本章下一部分表明，这些"其他因素"与孟山都公司在加拿大为抗农达技术实施的"价值获取机制"有关。

在加拿大利用抗农达技术"获取价值"

截至1992年，孟山都公司还没有决定如何利用抗农达农作物牟利，也没有决定使用哪种价值获取机制来最大化这项创新成果的回报。[44]种子销售商面临如下困境：一是，生物会自我繁殖再生；二是，农民会留存种子。在引进抗农达作物前后进行的一项研究表明，发展中国家农民使用的80%的种子来自农场留存的种子。[45]在工业化程度较高的国家，这一比例较低，但这些国家的农民仍然定期交易和留存开放授粉作物的种子。例如，珀西·施梅瑟种植的所有油菜，用的都是留存下来的种子。1980年在阿尔伯塔省进行的一项研究表明，60%的农民会留存种子，而对于某些作物，如小麦，据报道这一比例高达90%。[46]对于一些作物，特别是玉米，种子生产商通过销售杂交种子在和留存的种子的竞争中获胜。杂交种子必须每年重新购买，因为第二代杂交种子会失去亲代种子的品质。然而，一些最重要的开放授粉作物没有实施杂交解决方案，这些作物包括油菜、大豆和棉花，其中都有抗农达品牌的重要作物。[47]通过留存并再种植一些从自己农田中收获的抗农达种子，农民可以连续数年在不购买任何新种子的情况下继续种植抗农达作物。（例如，一株加诺拉油菜可以产大约2000粒种子。[48]）正如一位孟山都公司的代表所解释的那样，对于开放授粉作物，"在农民可以年复一年地使用同一类种子的地方，你必须得小心，因为如果你试图从销售种子中获取太多价值的话，农民就会说，我认为你有足够多的价值了，我要使用我自己的种子了。"[49]

孟山都在北美的解决方案是在专利的支持下采取多种授权方式。在加拿大，孟山都公司授权一些种子公司生产这些公司自己的油菜品种的抗农达版本，并在种子生产商和零售商的合作下实施了一项制度，要求农民在购买抗农达种子之前签署合同。每个想要购买抗农达油菜的农民都必须要签署两份合同：一份《种植者协议》和一份《技术使用协议》。[50]前者制定了一系列改变了孟山都公司与农民的关系的规则。它禁止留存或分享抗农达种子，也禁止收割在农田地以外扎根的任何抗农达植物（例如，在农民拥有传统使用权的沟渠或路边预留地中）。此外，还得允许孟山都公司的代表们自由进入农民的田地和储粮仓，以对作物进行取样（甚至农民都可以不在场）；该许可的期限为自签署《种植者协议》或开始种植任何抗农达作物之日起三年内有效。[51]

签署《种植者协议》的农民会得到一张带编号的钱包卡。有了这张卡，同时还要再签署一份《技术使用协议》，那么他们就有资格在种子零售商那里购买抗农达油菜种子了。后者要求农民向孟山都支付一笔费用（在种子价格之外），以获得"使用抗农达基因的许可证"。[52]费用为每英亩15加元。在《技术使用协议》中，农民必须详细说明他要种植抗农达作物的所有田地的合法土地位置、将要种植的抗农达作物的具体品种以及将要种植的每个品种的总面积。为了完善这一新系统，孟山都公司与侦探机构签订了合同，对种子留存者进行调查，监测农民遵守《种植者协议》的情况，并追踪抗农达种子留存或分享的传闻。为此，孟山都公司还开通了一个免费电话专线，专门接受涉及其所谓的"种子侵权者的"匿名举报。[53]

孟山都公司的合同制度开始揭示为什么这个极端现代主义的农业阶段滋生了一种与现代"社会契约"脱节的感觉。现代性本应带来科技进步，让生活变得更轻松。科学应该是为所有人创造进步的。但孟山都的合同制度导致新的繁文缛节。该公司要求给农民和种子零售商都要进行编号和认证，并且农民、种子零售商和种子生产者必须填写并签署《技术使用协议》中各自对应的单独部分，他们各自最后会收到一份签署表格的彩色编码副本：种子种植者为白色，种子零售商为黄色，种子生产者为粉红色，孟山都为"加拿大一枝黄花色"。[54] 该表格还有一个"亩数核对"部分：在播种之后，但要在7月15日之前，必须核对种植抗农达种子的实际土地数量与购买种子时农民计划种植的土地数量，并最终确定欠孟山都公司的费用。

《种植者协议》展示出一种充满威胁、控制和斤斤计较的话语，这也与农业现代性的意识形态相冲突。斤斤计较的精神最明显的体现是禁止农民收割长在公共道路边的抗农达植物，而农民使用这些空间是一种公认的农业实践做法。控制这一方面则体现在对种子生产商和零售商发出的警告上，警告他们只有孟山都公司有权决定谁可以购买抗农达种子。同时也警告农民，违者将面临惩罚，并永远"丧失"使用抗农达种子的任何权利。孟山都公司保留要求销毁被视为非法作物的权利，同时仍要求农民向孟山都公司支付被销毁作物的许可费，并支付调查、检测和法律费用。[55]

然而，孟山都的抗农达合同制度从根本上依赖的是1313830号专利的效力。专利赋予其所有者临时权利，以防止他人制造、使用、传播或销售所要求拥有的发明。专利持有人也有权批准对其发明进行销售或使用,孟山都公司将《种植者协议》和《技术使用协议》作为一种许可制度,允许农民按照孟山都规定的方式使用其专利发明。如果没有这项专利,孟山都公司没有理由剥夺农民留存种子的权利,也没有理由要求获得进入农民土地调查或检测作物的权利。

新的专利和合同管理体制允许孟山都公司以三种新的方式将自己置于农民和他们的土地之间:第一,通过规定或禁止农民原有的种子使用权利的实践做法;第二,通过获得无监督地进入农民田地和储存设施的权利;第三,通过有效地实行新形式的土地租金。最后一个方面源于孟山都公司将《技术使用协议》精心打造为一个使用其转基因的临时许可证。由于基因包含在种子里,人们因此认为费用将根据购买的种子数量进行估算。然而,孟山都公司以每英亩收取年费作为收费标准,这是土地租金的估算方式。《种植者协议》通过不仅使农民而且使农场本身也受孟山都规则约束的方式,进一步强化了许可费的地租性质。第四,该公司规定,即使农场被出售或转让给一个没有同孟山都公司签署合同的新业主,《种植者协议》仍将"具有约束力并具有充分效力"。[56]

尽管人们普遍不喜欢这些合同,但农民们还是很快接受了抗农达油菜。研究表明,他们之所以这么做,很大原因是他们相信抗农达系统将使杂草控制更容易、更便宜和更灵活。[57]克林顿·埃文斯(Clinton Evans)帮助我们了解了农民为什么会接受抗农达的技术。20世纪在北美大草原发展起来的商业化的农业制度将单一谷物种植、大型农场和"严重的劳动力短缺"[58]结合了起来。埃文斯表明,杂草是该系统的"耕作方式产物",同时既受其鼓励也遭其妖魔化。[59]在第二次世界大战之后的时期,政府、行业和农民并没有放弃这一最终不可持续的系统,而是相信可以用科学解决杂草问题。孟山都公司的抗农达技术被设计为该系统的一个新台阶。在"对杂草宣战"的背景下,抗农达技术似乎承诺了一种"最终解决方案"——一种杂草控制方法，可以杀死除农作物外的所有绿色植物。[60]

然而，孟山都公司的生物技术专利重组了该系统的利润产生方式，并产生了深远的影响。它使孟山都公司能够对从未属于它的农田（截至2000年，在加拿大有近500万英亩）收取相当于年租金的费用。[61]它还规定了该土地，以及毗邻的公共土地，如何使用和不能如何使用。这不再只是一场"针对杂草的战争"，而是一种植根于知识产权而非土地所有权的新型农业帝国。[62]

孟山都的抗农达系统和"基因漂移"

然而，孟山都公司的抗农达系统存在异常情况，尤其是在其应用于转基因加诺拉油菜时，这就帮助解释了该公司为什么会根据1313830号专利起诉施梅瑟。在油菜这种开放授粉作物中，通过花粉转移很容易进行基因转移。基因也通过种子的移动性而移动。含有细小种子的油菜菜籽荚在收获前容易破碎。因此菜籽可以被风吹走，被动物传播，或者在卡车运输途中散落。[63]此外，抗农达的遗传性状是显性的。在通过与传统油菜杂交授粉产生的第一代后代中，100%都表现出该基因，在第二代后代中表现出该基因的则为75%。简言之，抗农达油菜杂乱传播，一旦扎根成长就成为主导，其传播无法阻止。从实验可以看出，这一结果已在评估公路沿线小片自生（散生）油菜地中抗农达油菜所占比率的研究中得到证实。美国北达科他州的一项主要研究表明，5600千米公路沿线生长的自生油菜中，有80%是抗农达油菜。[64]同样重要的是，携带孟山都基因的油菜不能从视觉上与非转基因油菜区分开来。农民能够确定传统加诺拉油菜作物是否掺杂有抗农达植物的唯一方法是通过昂贵、耗时的基因检测，或者给一些正在生长的油菜喷洒草甘膦（这会杀死传统油菜）。毫不奇怪的是，抗农达加诺拉油菜已经成为"转基因逃逸现象的海报娃娃（典型代表）"。[65]

孟山都公司的专家们在早期就了解了这些特点，1313830号专利提取到花粉是基因转移的载体。[66]此外，孟山都对转基因作物的田间试验需要采取特殊措施来防止基因逃逸。[67]1990年，孟山都公司的一名代表参加了一个有关油菜容易通过授粉和种子移动发生基因转移的研讨会，发言人一致得出结论，认为这种转移是不可避免的。[68]在孟山都提交的向环境中释放抗农达油菜的申请书中，讨论了花粉和种子流动性所造成的基因流动，并得出结论，抗农达油菜将与非转基因油菜表现一样。[69]众所周知非转基因油菜在这方面是杂交的，孟山都的文件证明了抗农达油菜也会如此。孟山都公司的一名员工也在施梅瑟诉讼中作证说该公司期待异花授粉的发生。[70]而且，由于抗农达油菜性状是显性的，基因漂移终将导致抗农达加诺拉油菜代替传统加诺拉油菜的主导地位。

因此，孟山都的抗农达油菜"价值获取"系统必须考虑基因漂移。它的合同制度只涵盖了签约种植抗农达油菜的农民，但基因漂移和抗农达的性状优势意味着抗农达油菜将越来越多地出现在没有签署孟山都合同的传统油菜种植者的田地里。通过留存种子的方法，一片传统油菜的田地可能在几年内成为一片抗农达油菜占主导地位的田地。这种变化可能是故意为之的，但也可能是无心导致的，因为这两种油菜看起来完全相同。没有签署孟山都合同的种植者可以交易、赠送或出售他们留存的种子给其他农民。

传统油菜种植者留存种子的做法威胁到了孟山都公司的抗农达油菜利润系统，因此该公司想让所有油菜种植者，而不仅仅是抗农达油菜种植者停止种子留存的做法。这就是专利至关重要的地方：只有专利才能控制未签署《种植者协议》的农民。而且，如果孟山都公司将诉讼推迟几年，情况可能会变得无法控制，并削弱公司的法律地位。那些无许可证的、留存种子的农民每年将生产越来越多数量的抗农达种子，这些种子可以在更大范围内重新种植并传播给其他农民。这种情况可能会招致持有许可证的、种植抗农达品种的农民的怨恨、欺骗或有组织的反对，因为他们向孟山都支付了高昂的年费。

这些预测解释了为什么孟山都引入了监控系统，以及为什么它没有等到 2088661 号专利发布就起诉了施梅瑟。[71]在 1996 年或是 1997 年，该公司在加拿大还不能合理地起诉任何传统油菜种子留存者。1996 年是抗农达油菜商业化的第一年，在这一年，传统油菜种植者还不可能用留存的种子种出它。1996 年的第一批抗农达油菜作物还进行了"身份保护"。1996 年每个农民收获的抗农达种子都被分开保存并且进行了追踪，并在收获的种子上添加彩色的"谷屑"①，以识别种植它的农民。此外，种植抗农达油菜的农民必须同意由指派的商业卡车将 1996 年收获的作物安全运输到指定的粉碎厂。[72]有了这些控制措施起作用，1996 年收获的种子就不能大量非法转让给无许可证的农民。孟山都公司在 1997 年也无法对施梅瑟提起有效诉讼，因为施梅瑟没有足够的机会从 1996 年的收成中获得足够多的抗农达油菜种子，以便在 1997 年种进他的田地。然而，1997 年的收获季取消了抗农达油菜籽的身份控制，抗农达油菜以自然方式传播。孟山都公司于 1997 年夏天开始调查施梅瑟，但直到第二年夏天才起诉他，因为 1998 年的作物才是他第一次使用大量留存下来的抗农达油菜种子种植的。

孟山都的法律胜利

孟山都公司对施梅瑟的诉讼可以说是精心策划但也不无风险，不过最终还是成功了：法院几乎在每一个问题上都站在孟山都公司一边。审理最初案件和审理随后上诉的法官们裁定，专利权高于其他财产权。他们判定，抗农达油菜基因是否通过不可控的自然过程进入施梅瑟的田地并不重要，其结果仍然构成非法专利侵权。法院还裁定，施梅瑟是否"按照使用说明"

---

① 放在谷物中用来识别大量谷物的小纸片或谷物屑。

使用该基因，即用草甘膦喷洒油菜作物，并不重要（施梅瑟没有这么做）。最高法院的案件确立了一项对孟山都公司有利的进一步的法律原则：一项针对实验室容器里的转基因的、分离的植物叶细胞的专利可以被用来控制农民田里的植物及其未来几年里所有的后代，尽管加拿大法律并不允许植物专利存在——也就是说，如果一种植物含有一种专利基因，那么整个植物及其未来好几代的后代都处于专利持有者的完全控制之下，尽管农民才是花时间、金钱和精力来种植这些植物和种子的人。最后，最高法院宣布1313830号专利有效。[73]

孟山都的审判策略有助于我们理解这些判决是如何做出的。帕特里克·凯利，即那位起草了1313830号专利的律师，指出专利可以被用来以有利自己的方式引导冲突："专利不是真正的科学文件；它们是法律和商业文件，而法律和商业的本质都是冲突……专利的目标不是避免冲突；而是学会与冲突和竞争共存，并学会将它们转化为你的优势。"[74] 孟山都对施梅瑟的诉讼采用了这一原则，使用1313830号专利巩固了抗农达系统在加拿大的法律地位。孟山都知道该专利的不足，但也知道它受到加拿大专利法的另一项原则的保护，即专利被赋予合法性推定。因此，要想证明诉讼无效，责任在辩护方。然而，对于这项深奥难懂的分子生物学专利，要想证明其无效将需要广泛的研究和科学专业知识。孟山都意识到，鉴于这起诉讼的情况不可能产生这种辩护。

孟山都公司利用其对分子生物学的得天独厚的精通掌握，引导诉讼进程朝着自己期望的方向发展。分子生物学是一门复杂而深奥的科学，特别是在应用于复杂的基因工程时更是如此。孟山都知道，施梅瑟、他的辩护律师和裁定此案的法官不太可能对这门学科有任何重要的了解。凯利评论说，专利法官们"除了多年前在大学里修过几门为新生开设的科学入门课程外，通常没有受过科学或技术方面的培训"。[75] 最高法院法官伊恩·宾尼（Ian Binnie）支持孟山都对施梅瑟的诉讼，他在法庭上讨论了"科学文盲"[①] 的问题，说加拿大法院"在理解和评估科学证据，甚至是相当简略的科学证据方面存在严重困难"。[76] 加拿大知识产权专家大卫·瓦佛（David Vaver）评论到，缺乏科学素养影响了法官对专利的理解："专利的含义最终是一个法律问题，由法官决定，但法官通常对任何技术或科学都不精通，更不用说与案件相关的了……在实践中，法院在很大程度上依赖专家证据来帮助他们理解此领域的技术人员在专利申请时是如何理解专利的语言的。"[77] 在大多数侵权诉讼中，对簿公堂、互相争斗的双方都是拥有渊博的科学背景知识的公司，法官们在他们提供的相互矛盾的科学证据之间进行平衡。但施梅瑟案不同，此案中较量的双方无论从哪个方面来说都悬殊太大：一方是一家财大气粗的集团公司，是拥有科学专业知识的同时还拥有一支由美国和加拿大顶级律师组成的庞大团队；而另一方是一位没有科学或分子生物学背景的来自萨斯卡通的年轻律师特里·扎克雷斯基（Terry Zakreski）。[78] 扎克雷斯基并没有试图从科学技术方面对该专利进行挑战，而几乎可以肯定的是施梅瑟根本无法承受挑战专利技术性带来的费用负担。[79] 因此，关于1313830号专利的科学技术内容的唯一"专家证词"来自孟山都员工。加拿大法官根据这一证词判定该专利在技术上是有效的并且受到了侵犯。

孟山都员工多丽丝·迪克森（Doris Dixon）是"专家证人"，她谨慎地将她对1313830号专利的证词作为意见而非已证实的事实进行陈述："根据……我对专利的阅读理解……我认为被告的样品含有专利权权利要求条目1、2、5和6中所主张的DNA序列。"[80] 然而，迪克森的证词可没提及这些"权利要求"实际上并未提到任何特定的DNA序列，还能完美地避开CP4基因并没有在1313830号专利中被提到的事实。证词更是没有提到CP4基因是作为一项"新发明"出现在随后在加拿大的专利申请中，才是

---

① 与"科学素养"相反的概念，即被排除在科学素养以外，未被普及的科学所形成的无知现象。

被明确公开的，其专利权在公有领域。

1313830号专利中提到的发明人之一罗伯特·霍奇（Robert Horsch）也出庭作证。霍奇拥有遗传学博士学位，自1981年以来一直在孟山都工作，多年来一直从事创造抗草甘膦的转基因植物的项目。但在接受扎克雷斯基的询问时，霍奇声称忘记了抗农达油菜中转基因的特性了，尽管这是该公司最重要的突破之一。扎克雷斯基询问他有关孟山都公司正式名称为RT73的抗农达油菜品种："你知道RT73的基因是什么吗？"霍奇回答说："我不知道。"[81]然后扎克雷斯基又问道："你是否知道RT73是那个你植入油菜植株以使其抗草甘膦的基因的名称吗？"霍奇回答说："我不记得了。"[82]当扎克雷斯基随后问他是否知道他添加到油菜中的基因的名称时，霍奇回应说"不记得了"。[83]

关于施梅瑟案，还有很多要说的。但我必须把重点放在这一论述上：司法判决既没有完全解决案件的技性科学的复杂性，也没有完全解决其法律复杂性。[84]这些判决证实了宾尼在"法庭上的科学"一文中的观点，即加拿大法律体系"在处理科学问题时遭受业余性之苦"。[85]这些判决本身表明了对基因工程的一知半解，对基因漂移问题的掩饰。[86]他们也未能解决先锋良种公司一案中提出的区分自然产物和发明活动的问题，而这一问题在施梅瑟案中至关重要。[87]在法律方面，这些判决可以说是"挑挑拣拣"：它们借鉴了支持侵权判决的规则和先例，但不去讨论支持相反结论的其他同样重要的规则和判例。

加拿大最高法院无视的原则之一是"专利用尽"原则。这可以用一个假设的例子来解释。假设你买了一辆二手车，然后当优步司机用它赚钱。这辆车包含几十种，甚至几百种专利零件和材料，你在驾驶时不可避免地会用到这些零件和材料。然而，由于专利用尽的原则，这些专利的所有者不会指控你侵权：一旦带有专利部件的物品被合法转让成为他人的财产，专利持有人就必须停止对该物品的所有权利要求。如果不是因为专利用尽的原则，我们所有人，作为众多专利产品的使用者，都会不断陷入诉讼、会被要求支付专利使用费等。施梅瑟就是处在这样的情况中。孟山都将其专利技术授权给种子公司，种子公司生产抗农达油菜种子，然后出售给农民。通过授粉或风吹种子的方式最终出现在施梅瑟土地上的抗农达油菜基因，来自农民种植的抗农达油菜。他们合法购买了这些油菜的种子。因此，如果按照专利用尽原则的话，那么施梅瑟作为后来的使用者有权以他认为合适的方式使用最终出现在他的土地上的植物。法律学者杰里米·德·比尔（Jeremy de Beer）和罗伯特·托姆科维奇（Robert Tomkowicz）撰写了一篇文章，深入探讨了这一问题，阐释最高法院在裁决中无视用尽原则的行为既"令人不解"也非常"不幸"。他们解释道："该原则最重要的目的是防止滥用知识产权，不当侵犯传统产权所有者自由使用其合法获得的财产的权利。"[88]他们总结道："如果当时采用了用尽原则，施梅瑟使用孟山都的专利基因……不会侵犯专利发明的使用权。"[89]

其他分析家发现在判决中还存在其他遗漏和不足，甚至有人暗示最高法院为了做出想要的判决结果操纵了法律。[90]德比尔和托姆科维奇认为，法院出于经济原因需要做出侵权的裁决，并为此牺牲了合理的法律推理："看来，施梅瑟只是一系列特定事实和情况的意外后果，正是这些事实和情况迫使最高法院做出一项裁决。这个裁决从结果的角度来看在经济上是合理的，即使在法律上存在疑问。"[91]最高法院的法官表明了这一经济理由的存在，尽管他们特别提到，这在施梅瑟案中"并非直接的争论焦点"，他们担心留存种子的农民会通过将他们收获的抗农达种子出售给"其他不愿意支付许可费的农民"来获得"未来的收入机会"，从而剥夺孟山都完全享有的垄断权利。[92]其他法律学者认为法院"误解和错误应用"了历史判例法①，赋予了孟山都超越加拿大专利法授权的新权利，导致了荒谬的法律

---

① 判例法（case law）指是基于先例的法律，即以前案例的司法判决，而不是基于宪法、法规或规章的法律。

结论，并无视了与本案直接相关的存在已久的基本专利法原则。[93]总之，施梅瑟案引发了一场持续至今的批评浪潮。农作物科学家E.安·克拉克（E.Ann Clark）称联邦法院于2001年对施梅瑟案的判决"难以理解"，而法律学者内森·布施（Nathan Busch）在审查了从2001年的判决到2004年最高法院的最终判决后，得出结论，认为"审理施梅瑟案的法庭在专利法涉及转基因专利时，把它弄得乱七八糟"。[94]

极端现代主义农业：问题与疑惑

除了把加拿大生物技术专利法弄得"乱七八糟"，施梅瑟案推动了对农业现代性的更深入、更广泛的质疑。[95]按照詹姆斯·斯科特的定义，极端现代主义的农业是围绕着对科学技术"过度死板的"进步信念而建立的："其核心是对以下方面的高度自信：持续的线性进步、科学技术知识的发展、生产的扩大、社会秩序的合理设计、人类需求的日益满足以及特别是对自然的日益控制。"[96]鉴于施梅瑟案对抗农达旗下油菜的产品以及基于科学的专利的揭示，它以多种新方式质疑这些理念，而这些新方式在全球范围内得到了宣传。[97]

首先，施梅瑟案的审判表明，科学，通过专利，并没有被用作进步和服务社会的有益媒介，而是被用作针对个体农民的武器。孟山都的专利代表了被应用于农业的科学最前沿，但该公司利用它，连同监视和欺凌手段，来控制和恐吓农民，通过农民无法控制甚至无法直接观察的自然过程，使其长久以来一直坚持的实践做法突然间变得不合法，并在"一夜间"将其财产转化为孟山都的财产。[98]记者们使"种子警察"和"新恐怖统治"等词语见诸报端。这些词语被施梅瑟和其他农民用来描述孟山都使用私人调查人员和鼓励散播谣言来搜获信息。[99]显然，这一新制度不仅仅是农业现代性利用科学为农民利益发动"杂草战争"的延伸，它演变成了利用科学和发明为理由对农民及其财产权的直接攻击。施梅瑟认为孟山都策略最糟糕的方面是对农业社区社会凝聚力产生了负面影响：

> 孟山都得到线报或传闻后会发生什么？他们会立即派出两名要么是他们自己的代表，要么是两名前皇家骑警……他们会对农民说："我们接到这样的举报或者线索，说你在没有许可证的情况下种植孟山都的转基因油菜或大豆。"……当这些我们称为"基因警察"的人离开农民家时，你认为农民会怎么想？农民会想："是这个邻居还是那个邻居？还是住在另一头的邻居给我带来了麻烦？"很快，你就会有怀疑对象，然后我们生活的世界的社会结构就崩溃了……我的祖父母和我的父母必须与他们的邻居合作来建设我们的国家，我们的基础设施，我们的学校、道路、医院等。现在，我们的乡村社会结构因为那个合同而解体。我认为这是最糟糕的事情之一，即那种不信任和对彼此的怀疑，农民不再互相谈论他们种植的东西。[100]

其次，该审判还揭示了孟山都公司在使用科学和发明时体现出的弗兰肯斯坦现象（失控的创造物现象），这就与极端现代主义的意识形态相矛盾。施梅瑟案的审判表明，孟山都并没有牢牢地将自然置于宜于人类的控制之下，而是正朝着相反的方向发展。它利用科学创造了一种新的生物制品——抗农达加诺拉油菜——其向环境中的传播无法控制。孟山都公开利用这种缺乏控制的情况从其创新中获取更大的利润。抗农达油菜这种植物本身不仅无法控制，而且它们也打破了农作物和杂草的区别。在种植传统油菜的农民的田地里生长的抗农达油菜，本身就变成了杂草。因为它们与传统油菜无法区分，因此除掉它们的唯一方法就是摧毁整片农作物。抗农达油菜甚至会成为签署了孟山都合同的农民田地里的杂草，因为当他们进行作物轮作时，抗农达油菜会作为遗留植物继续生长，而且它们对市场上最强的除草剂免疫。除此之外，孟山都公司的不可控基因，以及它们继续助长草甘膦的广泛使用，开始滋生出新一代抗草甘膦的"超级杂草"。据估计，目前加拿大的农田上生长着百万英亩或更多的超级杂草，而且数量呈指数级增长。[101]农民现在转而使用过去最早出现的、毒性更强的除草剂，如2,4-二氯苯氧乙酸（"橙剂"的主要成分）来控制遗留的抗农达植物和超级杂草。这不是科学控制自然，而是科学制造混乱；科学给农民和整个社会带来新的问题、费用和效率低下。

最后，该审判还表明科学进步滋生了混乱和矛盾，而不是促进了明晰和理解。例如，支持判决结果和孟山都专利的那种划线区分的做法就证明了这一点。现代性计划基于这样一种假设，即自然和社会是不同的领域，而科学证据和推理则为明确区分这两个领域提供了必要的工具。[102]然而，在施梅瑟案审判中的划线区分的做法——决定了先天"自然产物"的终结和人类"发明行为"的开始——要么忽视了科学，要么展示出肤浅的科学真理。这也表明人们越来越不愿意基于仔细的科学推理做出裁决。加拿大司法部门的划线区分的做法依赖于一个被科学证明无效的概念——"进化阶梯"，而且这个概念的应用也不令人信服。法官们认为植物是"高等生物"和"自然产物"（因此不是发明），但又认为植物细胞可以是人类的发明。在没有为这一结论提供可信理由的情况下，他们援引了孟山都"草甘膦"专利的第22项权利要求，即主张"包含嵌合植物基因的抗草甘膦的植物细胞"的权利要求。[103]

然而，第22项权利要求实则隐含地将自我繁殖再生视为可由发明者控制的过程，尽管最高法院早些时候做出了不利于这种做法的裁决。在第22项权利要求中，孟山都再次使用了不精确的通用措辞来扩大其影响范围。该公司既未能具体说明所主张权利的细胞是否是那个分离的、受损的植物叶细胞，也就是那个由其研究人员在实验室容器中使其感染了携带修饰基因的病毒的细胞；也未能具体说明该要求是否指的是施梅瑟农田中的第四代加诺拉油菜籽的细胞，这种只能通过植物自身的自我复制机制才能存在的细胞，并不需要孟山都的进一步的投入（想一想当初孟山都的研究人员自己都无法将修改后的基因转移到油菜种子细胞中）。最高法院的持少数派意见的法官对第22项权利要求的范围提出了质疑，但持多数派意见法官并没有理会他们的疑虑。因此，最高法院的公开分歧造成了进一步的困惑和混乱。专利的有效性似乎证实了科学进步，但法院的推理忽略或回避了对相关科学证据的考虑。

最高法院的判决，加上其未能分析孟山都研究人员"出于善意而发明"的可能性，让许多人确信，施梅瑟案更多的是为了使一种农业领域新形式的财产剥夺合法化，而不是为了维护《专利法》及其主要目标：平衡发明人和社会的利益。[104]不仅仅是法院的推理表明了这一结论，而且判决的措辞也同样如此。最高法院持多数派意见的法官宣布，"我们从一开始就强调，我们不关心……被上诉人专利的范围，也不关心对基因和细胞进行基因改造的智慧和社会效用"。[105]诸如像"社会""公众""平衡（的）""公平"这些词语并没有出现在判决书中（尽管后面三个词语出现在了少数派的反对意见书中）。多数派意见所关注的是，施梅瑟是否"剥夺"了孟山都充分享有其专利所赋予的"垄断权"。"充分享有垄断权"这一短语在判决书中出现了十五次，并与盈利和保护商业利益的理念明确相关联。法官们对农民及其劳动的看法是狭隘的、以金钱为导向的："农业经营是一种商业活动，在这种活动中农民播种和栽培那些证明是收效最大的最有利可图的植物。"[106]这是更极端的现代主义论述：一种不去考虑种植植物的众多的非金钱原因的思维方式。此外，判决中几乎完全没有出现任何鼓励在现代主义和极端现代主义洪流中坚定信念的更高的理想，如改善生活或规范社会以尽量减少社会冲突和增进普遍福祉。最高法院依据多数派做出的判决展现出一种失去灵魂的现代主义。尽管施梅瑟案花费了数百万加元和多年的努力，但它未能产生一种被广泛接受的正义感或终结感。

本章小结

尽管抗农达油菜的故事被讲述成对加拿大农业领域现代性经验的分析，但它还揭示了与其他领域和地方的无数联系。随着抗农达油菜体系在加拿大的推广，孟山都公司也开始在其他国家和作物中移植该系统——美国的大豆、棉花和玉米、阿根廷的大豆、印度的棉花等。然而，施梅瑟案的系列审判标志着孟山都的抗农达系统在历史上首次成为法律挑战的焦点。对审判的讨论地点、方式之多让人惊讶。审判期间提出的问题不仅在农业界散布开来，还传入了法律界、新闻界、农作物科学界、食品零售界、环境科学界、烹饪界、哲学界、戏剧界、有机农产品运动组织界、企业战略界、非政府组织活动界、卫生部门等。[107] 以下是一些相关事件：其他农业综合企业效仿孟山都的成功战略，开始使用他们自己的技术使用协议，禁止留存种子；[108] 施梅瑟案助长了对专利本身的更大的反对意见；[109] 同时孟山都强加转基因作物的行为和努力反而壮大了有机食品行业。该行业已经是"全球食品领域中最具活力和增长速度最快的行业"。[110] 食品、农业和转基因生物成为"热门话题"，在记者以及人文和社会科学领域的研究人员中产生了广泛的新兴趣。此外，由孟山都抗农达系统和施梅瑟案引发广泛关注的自我复制繁殖生物在申请专利时的特殊性，有助于引发对生物领域中还原论①科学的局限性和危险性的更广泛讨论。[111]

来自加拿大经验的知识和信息在地理上也有巨大的传播，这影响到了世界各地的群体：当然有农民，也包括律师、科学家、政治家、食品进口商等。例如，巴斯夫集团在受到了来自100多个"农场和食品工业集团"

---

① "还原论"是一种知识和哲学立场，倾向于将事务的复杂系统解释为其各部分的总和。在科学研究方法领域，多指以越来越小的实体来提供解释的科学尝试。

的施压之后，于 2008 年取消了它在爱尔兰测试转基因土豆的计划。由无转基因爱尔兰组织（GM Free Ireland）针对此事发布的新闻稿提及珀西·施梅瑟和加拿大最高法院的裁决，并直接传达了施梅瑟的祝贺，还透露施梅瑟将很快在"讨论爱尔兰转基因政策"的会议上担任主旨发言人。[112] 我们虽不能确切知道加拿大的故事对其他国家有关转基因生物的政治战略和行动产生了多大影响，但施梅瑟案已经在世界各地被研究和引用。在北美，它帮助动员了抵抗力量，成功阻止了引进抗农达小麦的计划。[113] 而且，在欧洲大部分地区，还有在日本和世界其他许多地区，都没有种植转基因农作物，一定程度上是因为这些地方已经出台了严格的规定防止基因污染，同时要使转基因生物的生产者或认证用户对其不必要的传播承担经济和法律责任。

最后，值得反思的是将施梅瑟作为千禧年的"海报娃娃"以呼吁社会关注所具有的重要性。他之所以斩获这个角色，是因为他有两个矛盾的方面：孟山都将他宣传为一个罪人，一个试图免费获得公司技术的骗子。甚至在第一次审判开始之前，孟山都就故意向媒体发布关于施梅瑟的负面宣传。[114] 时至今日，孟山都的美国主要网站专门为他开设了一个页面，声称"珀西·施梅瑟不是英雄。他只是一个会讲故事的专利侵权者"。[115] 该公司在讲述施梅瑟的故事时暗指他非法获得并且种植了（数袋的）抗农达油菜种子——基本上就是说他是个小偷。相比之下，上面讨论的爱尔兰的例子将施梅瑟描述为一个抵抗极端现代主义农业发展的神圣象征。而这场新的抵抗运动并不仅寻求以期望的方式稍微调整现代农业（就像几十年前在运费问题上的斗争一样）。更准确地讲，它试图推翻极端现代主义农业的前提，并且要反抗和推翻整个体系。它不仅要在本地这样做，还要在全球范围内这样做。施梅瑟所代表的这种不可调和的二元性，再加上他所象征的对极端现代主义农业的强烈反对，共同解释了为什么我们可以将他视为混乱中的农业现代性的典范。

调查施梅瑟这一形象背后的个人生活更强化了这一观点：我们看到一位几乎一生都在极端现代主义传统中劳动的农民，并且他甚至巩固了这一传统。施梅瑟实行商业化的单一种植，使用杀虫剂，并用化学方法休耕他的田地。他拥有一个汽车修理厂和加油站。从20世纪40年代开始，他开始经营农业设备买卖，还帮助开发了一种新型旋转联合收割机。到20世纪80年代，他还建立了一家独立的农机经销店。施梅瑟还曾多年担任家乡小镇镇长，并担任萨斯喀彻温省议会议员。[116] 简言之，他是一位成功的、有权威的绿色革命农民。然而，孟山都的指控深深地冒犯了他，他不屈不挠。因此，施梅瑟被推上了一个公众立场，这一立场加深了与他一生所遵循的农业文化的哲学对立。最终，极端现代主义吞噬了施梅瑟这个绿色革命农民。而且，当现代性开始以如此直接、强有力和公开的方式吞噬自己的孩子时，除了腐败的现代性、一个混乱的现代性之外，这还会是什么呢？

第三部分

科技与自然环境的交融

第 10 章
加拿大科学的现代性和颠覆性

在理查德·贾雷尔的第一批出版物中，也就是那本和特雷弗·莱维共同编辑的一手资料的图书里，贾雷尔展示了加拿大人通过科学认识世界的多种方式。[1]这本书还说明了这种多样性如何延伸到科学的场所："清单科学"①所丈量的领土；农业、林业和渔业的研究站；野外实验场所和室内实验室。正如我的同僚们在本书中所言，在这些场所，科学成了加拿大历史的核心，为国家的形成和工业经济的发展做出了贡献，同时塑造了加拿大人与其环境的关系。[2]

在本章中，笔者评估了科学在这些关系中的历史角色，以此来补充我同僚们的分析。我的主题在一定程度上受到了科学史学家近期工作的启发。历史学家们在后殖民主义和建构主义视角的启发下，将视野扩大到知识自身的形成之外，研究了科学家在野外和其他地方的工作；不同的社会、制度和地理背景的影响；更广泛的参与者所起到的作用；以及科学与其他形

---

① 此处用"清单"形容科学研究方法，强调通过条理化、条目化数据，使得万事万物可以被更容易理解。

式的知识之间的关系和界限。[3]科学也引起了环境史学家的注意——他们探索了科学对环境的影响、科学在引导或证明对环境的操控中所起到的作用,以及科学和景观之间的物质和知识关系。这些关系通过科学实践、"自然"的定义的争论以及科学和环境变化之间的相互作用来体现。[4]在某种程度上,这些观点已经趋同。科学史学家和环境史学家现在对"科学的地理性"有着共同的兴趣:将科学理解为知识、实践或工具,并了解它与地理位置之间的关系。

和其他地方的环境史学家一样,加拿大环境史学家也注意到了科学的这些历史作用。在加拿大历史学分析的新进展中,已经纳入了对诸如科学文化和机构在国家和地区特征形成方面的作用,以及对加拿大景观的野生或驯化方面的界定。他们还发现,随着国家机构的形成,人们对科学作为农业发展、自然资源开发和城市环境管理的基础一直都持有信心。加拿大历史学家还注意到知识运动——通常与自然环境、人、资本和商品的流动有关;他们也关注了知识运动与加拿大景观中的多种空间和地点之间的关系。最后,这些分析确定了在科学知识和当地的认识方式(特别是原住民知识)之间,或在国家机构和非国家机构应用的知识之间,以及在与性别、阶级和工作差异有关的各种形式的知识中,关于对比、争论和抵抗的例子。[5]

本章认为,加拿大现代性状况的经验,可以反映将科学纳入人与自然关系的多元情形。在加拿大和其他地方,现代化的基本特征包括:民族国家作为社会组织基础的首要地位,以及伴随而来的人向公民的转变。在这个框架内,科学作为国家和经济行为者的工具,通过系统地收集事实,形成专家建议并将这些建议应用于国家和社会优先事项,为理性行动提供了基础。科学提供了对自然的普遍描述,意味着社会的普遍模式——这在技术现代化实现经济发展的理论中是显而易见的,这一理论考虑个人的行动、野心和起作用的事物,还有以效率考量的公共利益。因此,科学成为现代化的驱动力,证实了其独特的地位、充足的资金以及制度保障。与此相反,主观的道德考量成为私人领域的问题。[6]

关于科学和现代化的想法是建立在对物理世界的假设之上的，即科学和现代可以通过理性来理解，所有事件的发生都是有原因的，符合概率规则的可预测后果。因此，在一个民族国家的支持配合下，客观科学和个人机构可以通过预测和控制自然为持续进步提供信心基础。然而，现代化进程中也存在抵抗力量，特别是对这些假设持异议的社会群体，他们因此被定义为现代化之外的群体。这些群体包括原住民、抵制资本主义景观改造的团体，以及对现代化影响保持警惕的那群人。[7]与科学史和环境史特别相关的是，这种抵抗部分是通过对其他认识方式的主张，以及通过自然本身的不可预测性表达出来的，最近几十年来，气候变化和"人类世"①的到来加速了这种抵抗。

现代化的一般特征在特定的地方以不同的方式表现出来，任何分析都必须承认现代经验的这种特殊性。但如何在加拿大的背景下做到这一点？笔者将通过综合加拿大科学环境史来解决这个问题，从加拿大历史学家和历史地理学家的集体工作中梳理出重要的发现和问题。这一综合考量将以现代主义事业的核心动力为框架：科学家们（通常与政府官员一致）了解和操控不羁的自然的努力尝试，以及一系列其他行为者各自追求的、往往是相反的目标之间的关系。非人类行为者也是这些关系的一部分，这些力量一同形成了一个多变而复杂的加拿大环境，经常挫败人类野心中想要了解和控制的那部分。

在我们探索加拿大科学家和现代化之间的关系时，科学史家和环境史家的最新工作可以为我们提供很多指导。我将从四个主题来研究这些关系，每个主题都是现代化历史的核心。第一个是领土，具体而言是国家权威、

---

① "人类世"（Anthropocene）是一个拟议的地质时代概念，追溯到人类对地球地质和生态系统产生重大影响的开端，但该时代的确切起点目前依旧存在很多争议，狭义的起点是人类核试验的开始，但广义上可追溯至新石器时代的农业文明。

经济利益或科学本身对自然景观的扩张和争夺。第二个是转型，因为自然景观正转化成为现代经济的原材料。第三个是管理，即环境本身如何成为争论和监管的焦点。第四个是颠覆，关于科学和人类与自然关系的观念和假设是如何被颠覆的。尽管我将这些主题串联起来，但它们只是大致按时间顺序排列。事实上，正如我们将看到的，它们并没有相互继承，而是代表了新的价值观、优先事项和知识形式在加拿大人和景观之间原有关系上的积累。所有这些在今天仍然很重要。

领土

19世纪40年代，在加拿大密西沙加地区（现在是安大略省中部的一部分），大卫·法夫（David Fife）从一些欧洲谷物中培育出一个小麦品种，后来被称为"红法夫"（Red Fife）。因为这一品种具有耐寒性，谷物种植者能将他们的种植扩展到加拿大北部和西部地区，这以生物形式表达了知识和领土之间的关系。这种关系是后殖民主义学术研究的主要内容：发现、命名和测绘是殖民统治的基础，定义了被征服的领土以及对领土的认识方式。在加拿大，科学强化了一种观点，即领土是"空白"空间，社会与自然之间的现代主义关系可以投射到这些空间上，就像红法夫小麦诞生在加拿大领土那样。但这种投射带有明显的局限性，不考虑人的无知、自然环境或是原住民的栖息，把它们当成需要克服的障碍。因此，测量人员绘制了符合产权但无视当地环境状况的居住网格。耐寒谷物品种体现了实验农场在扩展农业领土方面的作用。从1842年开始，加拿大地质调查局通过绘制国家的岩石和资源地图来推动"清单科学"。1880年，约翰·马库恩（John Macoun）乐观地报告了干旱的南部大草原地区的潜力，加强了加拿大作为一个跨大陆国家对欧洲移民开放的观点。20年后，一个新的渔业和海洋研究站将国家和科学的领土扩展到了咸水中。[8]这些机构共同体现了科学和国家领土权力之间的关系,这对现代化至关重要。

在加拿大北部地区,知识和领土之间的这些关系具有独特的形式。1900年后,科学活动成为宣示加拿大北部地区主权的工具。这些活动包括探险,最著名的是1913—1918年的加拿大北极探险考察,安德鲁·斯图尔在本书中会讨论,以及驯化驯鹿和其他野生动物的实地野外研究和尝试。还有蒂娜·阿德考克在本书第2章中所解释的那样,1925年的法令要求科学野外工作者必须获得许可才能在西北地区进行研究,这也是维护主权的一种手段。"二战"后,新的国家机构宣称自己不仅有能力管理其他国家的科学家,而且有能力产出自己的景观知识,从而招募科学家来扩大加拿大的知识产权。现在,极地大陆架项目的加拿大科学家不再依靠外国专家来解释加拿大北极考察的结果(斯图尔在第11章解释了这一点),而是自己开始研究有关大气或地球物理现象。现在,北部地区野生动物和鱼类研究的主要机构是加拿大野生动物局和渔业研究委员会,而不是哈得孙湾公司和牛津大学的动物种群研究中心。[9]

科学对领土的影响在冷战期间变得特别明显。加拿大国防研究委员会支持北部地区科学,因为它在指导军事活动方面的价值,而且让加拿大科学家在北部地区的工作是维护主权的一种低成本方式。战略需求也引发了科学和领土之间的新型关系,要求通过对陆地、海洋、冰川和大气的空中勘察、地球物理勘察和卫星侦察对其进行全面监视。其结果包括新的研究对象,如海冰、天气和高层大气中的无线电波。[10]关于地质学、海洋学和大气化学的研究也包括岩石下、冰下和水下的"垂直领土"。最近,加拿大对大陆架的地质调查还支撑了加拿大对北冰洋部分地区的管辖权。[11]

然而,这种现代主义观点,即国家和科学在领土上的一致权威(曾经是历史学的主要内容)也是不完整的。[12]加拿大的景观是多元化的,随着地点和物种的变化而变化。起初,这些都是原住民的地盘,通过经验、熟练的操作和社会关系而为人所知。[13]虽然一开始新来者依赖于原住民的知识，但他们很快就把这些景观重新定义为等待定居的荒野边界。[14] 渔业和野生动物法规将国家权力强加于农村和原住民居民的习俗和惯例：特别是在加拿大北部地区，领土权力的扩大意味着原住民居民与土地及其他物种之间关系的转变。

此外，在加拿大，国家并不是一个统一的实体，科学家们被牵连到省和联邦领土的问题中。随着加拿大各省被要求承担对土地和水域的管辖权，他们也发展了科学权力。安大略省渔业研究实验室创建于1920年，目的是将大学的科学家与省级渔业管理人员联系起来，其他省份也做出了类似的安排。省级森林管理当局同时也有科学政权。在不列颠哥伦比亚省，林业方面的专家证明该省的划分和始于20世纪40年代的管理单位是合理的，而这却这忽视了加拿大原住民领土。到了20世纪60年代，加拿大对水力发电和其他资源的科学调查将省级权力扩展到了魁北克北部地区。科学家们自己也将自然纳入了宪法解释中：20世纪初，关于农业害虫被定义为是联邦还是省级责任，取决于昆虫学家如何描述虫灾的爆发。[15] 20世纪60年代，不列颠哥伦比亚省对鲑鱼生活的溪流附近的伐木作业进行研究，暴露了另一种管辖权的混乱：鱼类管理是加拿大联邦的责任，但溪流和周边森林是省级的责任。然而，在实践中，即使有科学证据表明鲑鱼受到了伐木的影响，也无法说服联邦政府对林业进行监管。[16]

对领土的经济权力也意味着开发认知上的权力，这些权力由林业公司、电力公司和采矿公司行使。近几十年来，科学帮助了企业扩大其领土权力。地质学家（既为国家，也为私人利益工作）利用空中观测、摄影和探测磁性异常，将矿物勘探和开采推向新的领域。识别石油、天然气和其他矿物（包括钻石）的资源调查，帮助了加拿大北部地区与国民经济的融合，新的工程技术将石油和天然气开采扩张到日益困难的北部地区环境。

景观本身可以彰显权威，这要求科学家做出回应，并重新考虑科学与国家领土权力之间的现代主义关系。20世纪50年代，麦吉尔大学的地理学家开发了植被调查的空中策略,不列颠哥伦比亚大学的生物学家使用标签追踪洄游的鲑鱼,因为他们认为这些策略对于理解这种规模的现象是必要的。[17]野外科学史上有许多地方生态环境为研究创造机会的实例。[18]多风暴的沿海地区或恶劣的北部地区工作条件也对科学家的实践、培训以及与当地人的交流提出了要求。但也因此,科学家们坚定了他们自己对景观的知识支配权。大学科学院和一些机构要求工作人员接受科学培训,并使用包括飞机在内的现代技术,这都有助于扩大这种支配权。加拿大科学家在国外的大学接受培训,并加入国际科学界;因此,对国家知识权威的主张往往也要借鉴在其他地方发展的科学框架——比如,加拿大野生动物管理局的生物学家就应用了他们在美国野生动物科学学校学到的知识。这种对政治边界的漠视在科学家对自然的空间观点中也很明显,比如,斯图尔在第 11 章中讨论的"生命区"概念。最近,关于北极地区在全球变暖环境下的脆弱敏感性的描述,加强了人们对该地区作为国际领土的看法。这些空间观点一直是"学科空间"的基础,在这些空间里,科学家可以宣称他们作为权威专家的地位。[19]科学家们还认为,他们的知识应该决定管理的地理位置,这样才是符合自然的合理分配。1909 年国际联合委员会成立后不久,就建议由一个单一的组织来负责共享水域。在此后的一个多世纪里,科学家们认为,许多问题都需要跨国界合作,比如迁徙的物种、污染物和气候变化。[20]然而,科学权威的扩展一直是一个模糊的过程。野外的科学家们经常依靠具备当地知识的人(即使那些人并不总是被承认)。[21]当地知识对电力和交通网络也是至关重要的:工程科学的"巨大成功",如大坝和圣劳伦斯航道,都是建立在对当地环境认知的基础上的。[22]

转型

1913年，多伦多大学林业学院院长伯纳德·费尔诺（Bernhard Fernow）在考察了安大略省中部的特伦特分水岭后，感到非常震惊：

> 目前，至少是松树的木材，几乎要从这个分水岭上消失了。森林覆盖仍然存在，但是它目前的商业价值几乎完全被提取，人们对其状况已不再感兴趣；大火一再席卷这里，每次都导致森林覆盖的进一步恶化，直到最后，只剩下裸露的岩石或人造沙漠。

这一切的不合理性同样显而易见：

> 如果目前的政策继续冷漠和忽视下去，本来可以成为持续财富来源的东西不仅会变成无用的浪费，而且由于水情的变化，还可能对那些为利用这一分水岭的水力而发展起来的工业构成威胁。[23]

特伦特分水岭调查是作为保护委员会的一份报告发表的。该委员会在1921年解散之前，一直致力于将科学应用于人与自然的关系中。该调查还涉及该委员会的当务之急：根据现代工业经济的要求，调查水力、森林和其他资源，并找到避免浪费和追求效率的方法。[24]

调查的结论也源于这个地方：容易发生火灾的退化森林、坚硬的花岗岩上的薄土、正在衰退的木材工业和农村经济。附近的阿尔冈昆省立公园（当时只有20年的历史）展示了一种管理土地使用的方法：允许木材采伐和野外娱乐，但不包含原住民的狩猎和农业开垦行为。这个公园和其他森林保护区（如魁北克的劳伦蒂德公园）被认为是保护生态的理想典范：它们的存在是由于木材利益集团拒绝农垦行为，野外打猎利益群体反对生存狩猎，城市居民也希望远离所有这一切。[25] 保护既关乎科学管理，也关乎获取和控制，它还反映了正在发生的更大变化。加拿大正在走向现代化：城市化和工业化，城市和资源产业不断扩大，公路、铁路和电力网络使城市化和工业化的覆盖范围不断扩大。私有财产是首要的，国家和资本方合作开采资源，因此原住民被驱逐也是不可避免的。

在这种情况下，现代主义的转型概念提供了在自然、社会和科学之间符合逻辑的物质联系。大自然被转化为自然资源：河流只是驱动涡轮机的水力，森林也只是木材。正如詹姆斯·赫尔在本书第 5 章中解释的那样，这几十年间第二次工业革命的一个核心特征是将科学融入技术和工业。同样，科学也同样被用来指导和证明对自然的改造。1881 年，鱼类文化先驱塞缪尔·威尔默特（Samuel Wilmot）称赞了"人工养鱼的科学"[26]。对科学和技术的信心成为渔业管理的主导主题：在海洋两岸，加拿大生物委员会（1938 年后为渔业研究委员会）将科学应用于鱼类的计数、捕捞和加工，寻求持续的产量和稳定的沿海经济。[27] 人们希望技术能够实现现代化，缓和自然的不规则性，甚至解决社会对资源的争夺问题。

人们希望专家能够确保高效和稳定的资源利用，从而确保现代经济的发展，这种希望在全国各地的景观中都非常明显。例如，科学管理的实验出现在不列颠哥伦比亚省的内陆牧场上。在大草原地区，20 世纪 30 年代的干旱激励了来自新成立的大草原农场复兴管理局的科学家与农民一起研究保护土壤的方法和工具。在阿尔冈昆省立公园，采用了多用途管理（实际上是土地使用分区），以使木材工业和娱乐利益能够共存。甚至连皮草贸易也将被"科学化"：在畜牧和兽医科学的指导下，毛皮兽场将成为现代商业企业，避免了野生毛皮动物种群的不可预测性。[28]

对于有清洁水源和废物处理需求的城市，人们也抱有类似的期望。具备相关专业知识为组织政府提供这些服务提供了蓝图。从 19 世纪 80 年代开始，公共卫生官员是那些试图掌控社会和物质基础设施的专业人员之一，他们承诺提高效率和可靠度，从而创建现代城市。其中一个方法是重新定义水质，使之成为一个实验室问题，而不是感官问题。正如赫尔在其关于工业的第5章中所指出的，这一策略看似客观，却将控制权从饮水的公众手中转移到科学家手中。专家成为市政能力的证据和公民自豪感的来源，特别是当他们的建议与政治重心一致时。尤其当他们的建议不涉及高花费时：到1915年，卫生工程师关于在饮用水中添加氯气的建议被普遍采用，因为它的成本比处理污水低得多（不幸的是，这也为当地水质恶化提供了借口）。[29] 第二次世界大战后，加拿大最大的城市进行了转型，以便更有效地运用专业知识：温哥华和蒙特利尔成立了区域政府，多伦多成立了一个新级别的市政府，这个政府有能力对管道和公路的计划采取行动。工程师和其他技术专家为重塑城市空间提供了建议：将水道重新配置为城市废物处理系统，并建立人际网络、供水网络或交通网络。[30] 对提案的管理成为他们的中心任务。

人类与野生动物的关系导致了许多关于科学的问题，以及科学与获取、阶级和道德的关系问题、生存和运动价值的关系问题以及城市与农村知识和利益之间的关系问题，因此这说明了强制现代化带来了一些紧张关系。历史学家对这些问题提出了不同的观点：一种观点突出了公务员和科学家，他们建立了国家公园系统、《保护候鸟公约》（1916年）和其他早期保护倡议；另一种观点则关注当地的自然主义者组织以及鱼类和猎物俱乐部。一些人描述了野生动物科学的形成，它以牺牲当地的价值观和原住民的生活方式为代价形成了"现代荒野"，以及当地知识在挑战国家举措（如狩猎保护区和禁猎期）中的作用。[31]

在那些以自然为写作主题的人中，欧内斯特·汤普森·西顿（Ernest Thompson Seton）、杰克·迈纳尔（Jack Miner）、格雷·奥尔（Grey Owl）、罗德里克·海格·布朗（Roderick Haig Brown）等人都获得了名声，其中有些人拥抱科学，有些人则更多地从自己的经历和反现代情绪中汲取营养。政府和大学里的科学家们也为自然说话，有时也会对现代化表示怀疑。珀西·塔弗纳（Percy Taverner）、詹姆斯·门罗（James Munro）和其他联邦科学家；亚瑟·考文垂（Arthur Coventry）和他的同事，从1931年开始通过安大略省自然主义者联合会推动保护区的建立；到20世纪40年代，作为不列颠哥伦比亚省著名的生态学家之一，伊恩·麦塔加特－科万（Ian McTaggart-Cowan）不仅受到奥尔多·利奥波德（Aldo Leopold）和查尔斯·埃尔顿（Charles Elton）等科学思想的指导，还受到他们对当地道德规范关心的指引。[32]

尽管早期的加拿大生态学家在其他地方也发现了他们的同事和老师[例如，英国的埃尔顿和美国的利奥波德和约瑟夫·格林奈尔（Joseph Grinnell）]，但在加拿大的大多数地区，他们的学科是通过证明其与当地问题的相关性而建立起来，比如，不列颠哥伦比亚省内陆地区的牧场和虫害，内陆和海洋渔业管理，北部地区的驯鹿和牧场生产力，落基山国家公园的野生动物管理[33]。这些生态学家对多变性有着共同的担忧：虫灾、鱼群的波动、哺乳动物和其他物种的种群周期都是稳定资源经济的障碍。因此，影响多变性的因素成了生态学研究议程的核心。正如阿德考克在第2章中所讨论的，生态学也有地方性根源，反映了野外科学（包括生态学）和其他户外活动（如体育和资源收集）之间的模糊区别。例如，麦塔加特－科万在进行生态学和生物地理学研究时，特别注意向捕猎者和看守人学习。[34]

在"二战"后，要提高野生动物管理的地位就要使其现代化，也就是说，将野生动物管理重新定义为一门科学。如今，当省级渔猎局雇用生物学家时，大学学位比狩猎和诱捕技能更重要，加拿大野生动物管理局对科学培训提出了更严格的要求。[35]地方知识和科学知识之间的区别不断扩大，这也构成了政策辩论的框架，因为不同的观点成为职业认同问题，例如捕食者控制问题。[36]

第10章 加拿大科学的现代性和颠覆性

正如赫尔在本书第5章中指出的，森林作为该国最广泛的栖息地，也是人们担心浪费和失去机会的根源，通过保护委员会、大学林业项目和加拿大林产品实验室，促进了科学在工业创新中的应用。它们还激发人们努力利用科学将自然转化为自然资源。造林家们培育出高产的树木，以减少天然森林中固有的多变性。在20世纪20年代，安大略省的森林公司担心木材供应问题，尽管该省一直不愿意但还是雇用了林务人员管理他们的土地。1947年，不列颠哥伦比亚省通过了一项基于年度允许砍伐量的"持续产量"政策，为公司领地带来了转型的必要性。在这十年中，新不伦瑞克省的昆虫学家开始研究如何保护森林产业免受云杉色卷蛾的侵害。几十年来，科学家们大规模喷洒包括滴滴涕（DDT）在内的化学品，并认为这是恢复森林"平衡"的必需品；当这种做法受到争论时，双方都援引科学来支持他们的观点。[37] 在每个案例中，大学和工业之间形成了密切的关系，这体现了现代主义的科学假设如何成为加拿大资源开发的核心。

正如赫尔在本书第5章中解释的那样，加拿大和美国处在同一片大陆上的技术的科学共享池中。科学家们还认为自己是跨国专业团体的一部分，专注于人类与自然的关系。到19世纪80年代，美国和加拿大在保护实践方面进行了大量交流，欧洲也提供了一些模式。像费尔诺这样的个人充当了跨国界的渠道。地质调查局和农业部的科学家与美国同事建立了联系，并以美国的例子为基础建立了调查和实验农场。加拿大渔业科学家从他们的苏格兰同行那里获取了早期的灵感，直到1914年受到著名的挪威生物学家约翰·约尔特（Johan Hjort）的强烈启发①。起初，加拿大野生动物科学家向英国同行学习，特别是埃尔顿，随后在20世纪中期转向美国模式。[38]

---

① 海洋生物学家约翰·约尔特（1869—1948年）是第一个应用精算统计方法来研究鱼类数量大幅波动的统计性质和原因的人，他还借助测量技术来估计取样鱼的年龄。约尔特的研究在1914年的文章《北欧大渔业的波动》中得以集大成，这也是渔业科学发展的关键作品。

在科学家们关系网的推动下,科学观点很容易跨越国界,而对自然的理性、定量和简化描述的需求也拉动了这种观点,避免了局部的主观判断,这些特征在欧洲现代国家行政管理的形成过程中都得到了重视。[39]这些观点在加拿大特别具有吸引力,这里的自然系统趋于极端:鱼类和野生动物的运动不可预测,森林生产力和季节性水流的无数地域变化。人们认为,只有通过量化和简化这种复杂性,才能对其进行管理。因此,渔业生物学家从最大持续产量(maximum sustainable yield,MSY)的角度来研究鱼类种群,这个角度只需要人口统计信息。林业工作者将森林简化为几个树种的生长曲线,工程师将河流视为仅用几个变量即可描述的物理物质。[40]

在这一科学基础上,自然被转化为自然资源:转化为可以被评估和标准化的生产单位,以获得最大效率。由于排除了一切无法计算或无法控制的因素——包括与某地有关的历史和价值,这种转变成了一个技术问题,需要使用技术提供必要的定量或视觉信息来解决,如允许采伐量、捕获量限制或水流量。自然变成了现代技术产品:为获得最大生产力,而将树木培育种植在单一品种的同龄林中;鲑鱼由孵化场培育的;水力由大坝和涡轮机"控制";"纯净"水通过工程处理生产;水体作为有机的机器吸收人类的废弃物。[41]通过用这些术语来定义自然,科学承诺了资源产业所要求的可预测性,帮助资本主义在全国范围内向地方环境扩张。同样地,规划者将城市的复杂性简化为几个基本原则——活动分散化、财产私有化和社会流动化,这促成了趋于单一模式的社区,特别是在郊区。千篇一律的资源和城市景观都存在于抽象的空间中,与当地环境脱节,却与强加的工业化和消费主义的新地理环境联系在一起。[42]其后果包括:当地知识几乎被抹去,淹没在水库之下,被森林管理制度取代,或者被试图改变原住民生活方式的生物学家否认。

因此,(正如丹尼尔·麦克法兰和本书的其他作者所指出的那样)科学对加拿大的现代化表达至关重要。它赋予人们乐观的信心,相信人类有能力改造自然，将自然置于理性的控制之下，为经济和社会服务。科学以牺牲地方的知识和经验为代价，支撑了中央集权管理的能力，也为国家的形成做出了贡献。科学家和技术专家还充当了加拿大人与其环境之间的调解人，代表社会承担起认识自然的任务，并提供水源、木材、能源、食物等用品，这些用品是加拿大人自己曾经通过与自然的日常接触而获得的。感官体验变得不那么重要了，经验知识也是如此，比如农民的经验。最后，在将现代主义的要求与当地环境结合时，科学对他们的环境产生了影响。[43]作为回报，科学在联邦和省级机构以及大学中获得了稳固的地位。

然而，科学对现代化的意义也可能被夸大了。景观改造不是由科学驱动的，而是由于工业扩张源源不断地提供物质、能源和投资而促成的。自由流淌的河水、未被捕获的鱼或已过盛年的森林，这些未被改造的自然元素被"浪费"了。因此，科学家们重新定义了自然，从雇用他们的利益集团那里得到启发，使以生产为导向的方法合法化，这正是工业扩张所需要的。[44]而且，当科学家对意外后果提出警告时总是被忽视，有时甚至还以他们的建议不确定为由。在这种背景下，鱼类受到的影响尤其之大。在19世纪，伐木工业推翻了东部河流木屑污染的说法。通过观察森林砍伐和原木走私对鲑鱼和其他物种的影响，以及未能按照太平洋渔业科学家的建议行事的历史，都可以说明这种模式在20世纪仍在继续。[45]（不列颠哥伦比亚省最大的鲑鱼河，即弗雷泽河没有修建水坝，这是罕见的例外。）[46]研究不列颠哥伦比亚省牧场的昆虫学家将蝗虫的侵扰归咎于过度放牧，但毒药（砷或滴滴涕）被认为是更可取的解决方式。[47]

改造自然所做的努力也必须因地制宜。这些努力往往需要随机应变，从北部地区野生动物管理，到班夫国家公园的大坝建设，再到（正如麦克法兰在本书第13章中所讨论的）圣劳伦斯航道的工程，都可以很明显地看到这些努力。[48]大坝是这些紧张关系的缩影，它把改造河流的现代主义理想、对当地环境的适应，以及各个省的雄心壮志结合起来——不列颠哥伦比亚省的工业化和西部原住民主张自治的愿望，安大略省的电气化运动，以及魁北克省融合乡村传统和家国情怀的愿望。[49]这些结合体现了现代化的适应能力，它会根据当地情况采取不同的形式。随着环境问题在加拿大社会日益普遍，这种能力也将变得更明显。

管理

环境科学中最著名的图像之一——226号湖的鸟瞰图，其中一半是深绿色，另一半是浅绿色。1973年，湖泊学家在实验湖区把这个湖的两边分开，分别施以碳和氮的肥料，但给一半边施以磷。后者迅速形成了丰富的藻类，这表明磷是藻类生长限制性营养物质。因此，它也可能是困扰五大湖，特别是伊利湖的藻华①现象的原因。该演示有助于解决关于五大湖环境的持续争议。它通过一种新的科学策略做到了这一点：利用整个生态系统进行实验。这项研究是联邦对环境科学的更大投资的一部分，也说明了科学可以成为公共事务。显然，科学在加拿大社会中的意义正在发生变化。

到20世纪60年代末，五大湖的状况已成为一个环境问题，引起了公众的关注，此外还有许多其他问题。资源产业成为批评的焦点，这在森林产业和其他价值之间的冲突中显而易见：不列颠哥伦比亚省的沿海风景和鲑鱼流，阿尔冈昆公园的休闲机会。[50]一个世纪的工业扩张使加拿大东西两岸的鱼类种群枯竭；矿山及其尾矿散布在加拿大地盾②和其他地方；森林被改造成林场，河流被改造成水库；石油和天然气工业正在向北部地区延

---

① 藻华（algal bloom），又称水华（water bloom），通常由"水体富营养化"而造成，发生在淡水中，是因为水体中氮磷含量过高导致藻类、细菌或浮游生物突然性过度增殖而产生的一种自然现象，也是对水体的二次污染。
② "地盾"是前寒武纪时期的结晶火成岩和高级变质岩形成的构造稳定的大片区域，加拿大地盾（Canadian Shield）又名南起苏必利尔湖，北至北极群岛，从加拿大西部向东延伸至格陵兰岛的大部分地区。

伸。高速公路重塑了区域地理环境，使人们能够进入曾经的偏远地区。大坝和圣劳伦斯航道的意外后果表明，河流是如何抵制现代主义野心的：正如世界各地的工程师所发现的那样，河流不仅仅是可以随意重新布置的管道系统。[51]

由于科学描述了现代主义的后果，它成了批判现代主义的核心。早在20世纪60年代所谓的"环境价值观"出现之前，就有一些科学家采用了这一观点，这说明有必要重新考虑环保主义"起源"的时间顺序。到了20世纪50年代，一些科学家与娱乐和环境保护机构合作，包括加拿大野鸭基金会和奥杜邦协会等组织，在政策上提出了生态学的观点，在栖息地保护、污染和杀虫剂等问题上表明了立场。他们的观点在1961年的"明日资源"会议上得到了充分展示。[52]在其他情况下，科学家与利益集团就当地的具体问题进行合作。游钓者鼓励圣安德鲁斯的渔业研究委员会站和新不伦瑞克大学的生物学家研究滴滴涕对鲑鱼的影响，从而挑战了云杉色卷蛾喷洒计划。在多伦多，房地产和其他利益驱使科学家们研究当地的空气污染。而在1965年，一项关于原木运输对鲑鱼栖息地影响的研究对不列颠哥伦比亚省的森林产业提出了质疑。[53]这些举措说明，不仅需要通过20世纪60年代的环保主义视角来解释科学与环境之间的关系，还需要从各种利益关系及他们理解和体验自然的方式来解释。

科学家们通过观察还发现了许多新问题。有时，新事物来自发生变化的新地理环境：遥远的地区出现污染物，包括北极；污染已经影响到整个五大湖，而不仅仅是城市或工业附近的水域；土地使用活动也是水污染的来源；城市通过热岛效应改变其自身气候的能力。

新的学科和跨学科研究领域，如生态毒理学和空气污染化学的出现，使得这些观察被人们理解。"环境"本身成为研究的对象，研究议程也相应地发生了变化。加拿大野生动物局的生物学家现在不仅研究具有重要经济价值的物种，而且研究濒危物种，以及狩猎和污染物的影响，而渔业研究委员会的科学家不仅研究鱼类种群，还研究其他海洋物种及其栖息地。新的研究机构，如加拿大内陆水域中心和实验湖区已经成立。各国政府发现科学是展示其环保决心的有效途径。

对于环保组织来说，科学是一个有用的权威来源。尽管"污染探测器"对科学信息的使用不多，但它起源于多伦多大学的动物学系，这个年轻的组织也因此提高了可信度。[54]知识和信念也使一些科学家成为积极分子。安大略省的道格拉斯·皮姆洛特（Douglas Pimlott）和其他生物学家竭力主张扩大省级公园，并对狼群有了新的看法。大卫·铃木（David Suzuki）和加拿大广播公司电视台开始了他们在传播科学和环境意识方面的长期合作。大卫·辛德勒（David Schindler）呼吁人们关注阿尔伯塔省资源产业的后果，包括纸浆厂和油砂的开采和提炼。在20世纪70年代初，许多生态学家敦促人们保护"脆弱的"北部环境——扭转了北极地区严酷和充满挑战的形象。[55]

当然，科学家的批评具有讽刺意味，现在科学仍然是被批评的现代主义机器的一部分。人们认为，专家作为本行业的倡导者缺乏对转型的更广泛后果的认识，或过于专注于狭隘的经济目标，这削弱了人们对资源科学的信任。大坝的相关经验成为批评的焦点，如对马尼托巴省南印第安湖及其原住民社区的破坏，对贝内特大坝下游的皮斯－阿萨巴斯卡三角洲的破坏，以及詹姆斯湾项目所建立的水库的汞污染。[56]科学家们对这些现代主义野心和地方生态之间的碰撞有自己的解释。

对科学和资源转化的批评不仅涉及科学本身，也涉及科学应用的过程。公民和社会组织对现代主义的基本假设提出质疑：尊重与国家机构和经济利益挂钩的技术专家，并且限制那些被认为有资格参与决策的人。20世纪60年代，安大略省关于控制洗涤剂（营养物污染的来源之一）的讨论起初只限于企业和政府；这种闭门造车的做法后来受到了挑战。[57]人们意识到——特别是在一个资源产业占主导地位的省份（例如，不列颠哥伦比亚省和新不伦瑞克省的林业，魁北克省的水力发电），与其说科学被用来平衡利益冲突，不如说是被用来证明践踏他人权利的正当性，这加剧了提出此类挑战的必要性。曾经被称赞的现代主义效率和专注，现在被视为阻碍了科学家改革他们自己所构建的实践的能力。相反，推动实质性变革的往往是"外部"科学家，特别是大学里的科学家：他们质疑资源管理假设，提出"生态系统管理"和"适应性管理"等新方法。

政府对环境问题最实质性的回应是新的机构和法规，通过这些机构和法规，环境本身成为管理的对象。从一开始，科学就是这些举措的核心。加拿大环境部的大部分预算都用于研究、监测以及其他以科学为基础的活动。[58]大学设立了环境科学课程，咨询公司大量涌现，以满足工业和政府对环境影响评估的需求和其他监管要求。环境管理机制：风险评估、影响评估、商定可接受的污染物排放，都非常需要科学建议，以指导决策并加强其权威。因此，一种新的实践发展起来，被称为监管科学。监管科学既不寻求理论知识（如基础研究），也不寻求行业解决方案（如应用科学），它收集法律和行政程序所要求的关于环境趋势和影响的大量数据。然而，行政管理的目的不仅是为了缓解环境问题，也是为了防止在一个新的激进主义时代可能扰乱发展的争议。行政管理成为一种强制的理性管理方法，从而化解冲突，确保决策保持可预测性。在适应环境价值的同时，这种方法被认为是适度和合理的，并与现代主义做法保持一致。工业越来越多地影响了监管科学的实践和应用，塑造了相应问题，并在采取行动之前坚持提出高标准的危害性证实。这标志着"环境现代主义"的形成，其中现代主义实践和人造工程被调整得更适应自然——例如，在工业相关法规以及为应对环境问题而调整的大坝中可以体现出来，如美国华盛顿州的利比大坝，就在加拿大不列颠哥伦比亚省的南边。[59]

环境管理也带来了一些好处。规章制度限制了恶劣的污染者，影响评估则提供了修改项目的机会。现在的五大湖比20世纪60年代末的时候更干净了（即使是曾经"濒临消亡"的伊利湖），这种努力在一定程度上是由226号湖产生的证据所引导的。但现代主义的项目和活动仍在继续：水坝、高速公路、工业性林业。在承认环境问题的同时，环境管理机制确保了大多数项目可以继续进行，并且污染控制不会对大多数行业过于苛刻。科学对于经济发展和环境保护可以并存的观点至关重要。环保主义在表面上是对现代工业社会的挑战，其实很容易被接纳，说明现代化有接纳挑战的能力。[60]然而最终，社会、科学和自然的其他变化将会打乱其假设。

扰动

20世纪80年代末，魁北克北部的因纽特人震惊地发现自己体内有污染物。[61]这一发现既扰乱了他们与景观之间的关系，也扰乱了现代主义环境管理的假设。在遥远的北部地区，污染物的存在显示了工业所创造的人类与自然之间的新关系以及某些社会群体的脆弱性。随着时间的推移，因纽特人能够自己评估他们所面临的风险，关于知识的假设和谁有资格做决定的假设也发生了改变。因纽特人的身体成为加拿大科学和环境事务中被扰乱的众多区域之一，这促使了新科学工作方式的出现和对现代主义知识观点的重新思考。

正如加拿大北部地区存在的污染物所表明的，环境现在正以新的规模发生着变化。在20世纪70年代，对萨德伯里冶炼厂污染的研究发现，其影响远远超出了人们的想象。要理解这一点，需要新的研究方法和对酸雨这种新的环境综合征的定义。[62]在五大湖区和其他地方，入侵物种使科学家采取了更大的视角来看待影响生态系统的因素。而且，在最大程度上，气候变化需要新的研究策略以及新方法来管理人类与自然的关系。例如，保护区（现代主义保护的缩影，自然与人类可分离性的假设）不再足以保护脆弱的动物栖息地环境和物种多样性。新的污染也延伸到自然的最小物质。微量污染物，如持久性有机污染物、内分泌干扰物和纳米粒子，即使只存在十亿分之几，也会造成影响。而且，由于它们影响细胞和分子过程，这迫使人们重新定义环境，包括身体内部和身体之间的空间。[63]

现在，自然被视为具有复杂性和不可预测性，甚至是混乱的，这不可避免地使知识具有不确定性。科学家们开始谈论知识和环境被扰乱，例如，北极地区正经历着海冰和永久冻土的融化、物种入侵和其他新情况。一位科学家对太平洋鱼群的评论可以在其他地方得到响应："如果你问我发生了什么……答案是什么，我不知道，而且我认为没有人知道。"[64]现代主义对可知的自然界的信心仅此而已。

自20世纪70年代以来，原住民知识的新政治格局也打乱了现代主义对可靠知识的定义，迫使人们关注口头传统和日常经验、对其他物种的责任，以及将景观视为家园而不是荒野。科学实践也发生了变化，特别是在北部地区，包括与社区合作并将结果反馈给社区的义务。这些变化是在原住民社区和组织的坚持下发生的，并且人类学家和其他学者会对原住民知识的经验和文化意义进行相应的解释。托马斯·伯杰（Thomas Berger）的马更些河谷管道调查（1974—1977年）和随后的土地权主张为记录这一知识提供了机会，20世纪70年代的因纽特人土地使用和占有研究是一个早期模式，也为1993年努纳武特的协议奠定最终基础。[65]原住民组织利用他们的知识来挑战国家对环境的权威，现在在加拿大北部的决策中，特别是在野生动物管理和影响评估方面，也需要使用这些知识。然而，在这些过程中，原住民的观点——有时被编纂为传统的生态知识，往往被重新构建，以符合科学和官僚程序：满足正式的咨询要求，但忽略了原住民与其土地之间复杂的社会和道德关系。[66]

将知识局限于官方专家小圈子的现代主义视野也被打破了。民间社会团体已经积累了自己的科学能力，加拿大野生动物基金会和大卫·铃木基金会等大型组织现在通过资助和不时地进行自己的研究来满足他们的科学追求。公民科学也在蓬勃发展，因为各组织将其视为获取数据的一种方式，同时也能让其成员参与其中。这也使得专业和非专业知识之间的界限变得模糊。一种新的科学活动模式已经出现，即所谓的"倡导性科学"，它支持替代性的环境战略和对政策和工业实践的挑战，以及对环境不公正的主张。

当宣传组织在加拿大环境科学中变得更加突出时，政府却退缩了，减少了对其自身研究和监测活动的支持，并"封住"了本国科学家的嘴。这种退缩与斯蒂芬·哈珀（Stephen Harper）在2006年至2015年领导的联邦保守党政府有很大关系，但其决定只是加剧了自20世纪70年代以来的趋势，中间偶尔中断，当时皮埃尔·特鲁多（Pierre Trudeau）领导的自由党政府开始鼓励私营部门承担更广泛的研究和监测任务。

因此，有几个因素挑战了国家在环境和资源科学与政策中的首要地位。以客观和效率为基础的现代化"旧"政治正在被多元化的"新"政治所扰乱。[67]其中一个结果就是科学家的角色更加多样化。许多人留在实验室里，避免参与公共事务。有些人的工作比较激进，其他人则在资源和环境管理部门工作，专注于解决问题和维持生产。有时，一个类别的科学家会对其他类别的科学家持怀疑态度，认为他们忽视了自己的社会责任，在宣传方面不专业，或者对工业界的批判不够。

本章小结

在本章中，笔者认为科学、环境和加拿大现代化的历史可以从几个关键的主题来理解。科学牵涉到国家、经济利益、自然和科学家个人所主张的各种领域。领土被转化为工业经济的原材料——这是加拿大现代化经验的核心特征。科学在这一转变中也变得至关重要，它提供了将复杂多变的环境转变为人类目的的手段。评估这种转变的后果最终成为环境管理的任务，这再次呼吁科学知识为理性决策提供基础——扩展现代化的准则。最

第 10 章 加拿大科学的现代性和颠覆性

后，自然界的变化、知识的变化（尤其是对本土知识的重申）、从事和使用科学的人群的变化，甚至在面对混乱的自然界时必然之事也有可能发生变化，这些足以扰动了支撑科学与环境之间关系的现代主义假设。其发展结果尚不清楚。

这些主题对加拿大的现代化来说一直都是必不可少的，并且仍然通过科学和环境之间的关系表现出来。在探索这些主题时，我们可以借鉴科学史和环境史。正如科学史学家所解释的那样，科学通过学科和专业，以及国际网络（起初主要是英国，后来是北美）定义了研究方法和权威知识的性质，以此确定自己的优先事项。权威知识的观点包含了其不断变化的地点，如从农场到农业科学设施，或从狩猎营地和一系列捕猎陷阱到大学的野生动物科学系和国家管理机构。而且，正如环境史学家所言，环境一直存在于这段科学史中。动物、空气、水源和污染物都跨越了边界，挑战着领土权力，并迫使科学家做出相应的反应。人类在强加给自然的空间安排塑造了科学活动，例如指定保护区。自然界的行为往往不符合科学家的预期，他们的研究模式也未能捕捉到其动态性、复杂性和不可预测性。最近，科学家们在考虑如何接受这种不可预测性，而不是忽视它。

当我们考虑科学在加拿大人与其环境之间不断演变的关系中的地位时，我们首先会注意到科学家始终将自己置于这些关系的中心：作为宣扬领土权力、改造自然、管理环境的工具，甚至扰乱了人们所接受的与自然相处的方式。自始至终，科学都为管理多变和不可预测的环境做出了贡献（有时也会破坏），以便在现代工业社会中发挥其作用。环境变化往往只有在科学描述的时候才会影响到人类事务。相反，当科学家们忽视那些被现代化边缘化的人类和非人类行为者的经验时，这些行为者所经历的变化在政治上也会被忽略。因此，科学引起的后果，包括环境中的物质变化，对理解和欣赏自然的其他方式（包括日常感官体验）的忽视，以及对权力关系的断言，特别是通过一种共同的语言和一系列假设和价值观将各机构联系起

›227

来，都可以理解为加拿大现代主义历史的不同方面。现代主义通过证实科学与主流价值观和主流看问题的方式一致，对支持科学的合理性做出阐释。反过来，科学也支持现代主义，宣称它不仅代表了一个利益集团的偏好，还植根于自然。因此，一些社会问题，比如对自然的冲突性要求，是可以用技术手段解决的。科学还提供了基础，将现代主义的一般要求——领土权力、经济增长、自然改造，与具体地点联系起来，使它们适应当地条件。[68]

这段历史还表明了关于加拿大现代化的两个更普遍的看法。首先，它说明了北部地区在科学和现代化历史中的独特地位：这个地区既展现出了现代化的野心，如领土权力的扩张和巨大的技术项目，同时也体现了对现代化的挑战，包括其他形式的知识和加速的气候变化以及其他环境破坏。因此，对科学和环境的关注表明，北部地区虽说常被认为是加拿大历史的边缘地带，而实际上是加拿大人与现代化相遇的中心地带。其次，这段历史提醒我们，现代化是一个变化的现象，由不同的参与者主张和争夺。例如，对知识和环境之间相互作用的关注表明，现代化的地域性如何超越甚至挑战现代化的核心机构：民族国家。这对历史实践的影响是，当我们试图在环境史和科学史中定位现代化时，我们的任务不是根据单一的现代化模板来评估过去，而是对其不同的形式和后果保持警惕。

当然，还有很多东西有待理解。例如，我们需要考虑科学的地理环境以及领土控制和转型的地理环境之间的关系；社会和环境不公正对科学和现代主义的构建和破坏的意义；以及在这种破坏性的背景下，国家发挥建设性作用的可能性。在现代化背景下对科学和环境的历史分析也与"人类世"的讨论相关：气候变化导致的自然的不可预测性有望打破现代主义关于因果和预测本身的假设。当我们要解决这些问题时，一代又一代加拿大科学史学家、环境史学家和历史地理学家给予了我们很多思考。

第11章
加拿大北极探险考察

近一个世纪以来，1913—1918年加拿大北极探险考察队在理解现代加拿大方面具有象征意义。1926年，联邦政府在自治领[①]档案大楼放置了一块石碑，以纪念在探险考察中丧生的16名成员。《渥太华新闻报》(*Ottawa Journal*)有一篇社论纪念了此事，在加拿大北部，"对知识的光荣追求"回报了那些冒着生命危险去探索的人，因为科学发现有望提高社会地位。作者写道，"如果哥伦布没有'面对广阔海洋的恐惧'，美洲可能仍然是未开化的居住地"。因此，这次远征标志着这个国家对进步的奉献。每一个驻足阅读碑文的游客都会激起对国家的自豪感："为了加拿大，为了科学。"[1]

即使加拿大图书馆和档案馆不再有这块石碑，历史学家在讲述国家发展时仍然保留着加拿大北极探险考察的意义。对于历史学家特雷弗·李维尔来说，这次探险考察是"真正的现代化"，不仅因为雇用的野外工作者

---

① 自治领是大英帝国殖民地制度下一个特殊的政体，拥有所有殖民地中最高的自由度，并拥有属于自己的独立议会。该政体形式由"英联邦国家"代替。

接受了先进的研究生培训,而且总理还将他们的研究视为政治和经济扩张。勘测遥远景观及其自然资源的行为,显示出加拿大渴望巩固19世纪末从英国转让的领土的法律地位,并从这些领土可能包含的商品中获取利润。[2]根据人类学家吉斯利·巴尔松（Gísli Pálsson）的说法,探险考察结束后在报纸文章和游记中出现的关于北极地区"嚎叫的异国荒野"和"半家庭式的'友好'空间"的表述,反映了一个国家"在国内实现了现代化"并"在国外创造了自己的空间"。[3]因此,加拿大北极探险考察队将北部土地和人民定位为"目标"和"他者",是国家机构和加拿大人思想现代化的必要条件。

然而,在这次特殊的远征中,科学、自然和国家相互影响的方式还有很多。重要的是,历史学家关注的要么是旅行者在"野外"的经历——沿着波弗特海的海岸到北极群岛的起点,要么是官僚、民选官员、探险家和科学家之间的讨论,这些讨论围绕着探险家维贾尔默·史蒂芬森（Vilhjalmur Stefansson）的两本书——《友好的北极》(*The Friendly Arctic*,1921年)和《帝国的北行》(*The Northward Course of Empire*,1922年)。[4]在本章中,我将从一系列源于加拿大北极探险考察的报告入手,这些报告鲜少引起学术界的关注。这个项目涉及来自美国、加拿大和欧洲的75位作者,他们以《加拿大北极探险考察报告：1913—1918年》(以下简称《报告》,目录见本章最后一节)为题,编写了14卷90份独立报告。该报告在1919年至1926年期间连续出版,包括2500余页关于北极生物、人类学和地质学的内容,并有600多张彩色图版画、照片和线条画。[5]联邦政府的科学家们将这份报告分发给从澳大利亚到西伯利亚的杰出学者、研究实验室和图书馆。著名的美国极地探险家阿道弗斯·格里莱（Adolphus Greeley）称该报告是"有史以来关于加拿大极地地区最有价值的科学贡献",这证明了这份报告的受欢迎程度[6]。总之,这份报告是一个相当重要的国际项目——"为了加拿大,为了科学"。它既不同于探险考察队的采集活动,也不同于一些探险考察队成员返回南方时发起的巡回演讲和流行游记。因此，该报告应被理解为加拿大和全球历史上独一无二的事件。

跨国现代化和科学的流通

《报告》对本章中的研究具有重要意义，它的产生使一系列跨国交流变得清晰可见，正是通过这些交流，加拿大的现代化被人理解。这种通过科学和探索实现的跨国现代化史无前例，即使在加拿大的北极地区也是如此。[7] 在一项关于加拿大北极地区印刷文化的研究中，历史学家珍妮丝·卡维尔（Janice Cavell）表明，在1890年至1930年，北极地区虽是加拿大的领土，加拿大人也只是在此标记了19世纪探险家的足迹，他们屡次探索失败，无法通过西北航道确保贸易路线。例如，政府测量人员通过在富兰克林探险队的地标附近放置石碑来确定对北极岛屿的所有权，而大众期刊和历史专著则培养了人们对英雄探险时代的怀旧情绪。因此，20世纪之交的加拿大作家们怀着矛盾的心情支持这个大英帝国的遗产，通过实质物和象征的笔法描绘在远北地区追求现代化的时代。[8]

相比之下，《报告》标志着加拿大的现代化，因为这个国家通过一个广泛的、非英国起源的科学团体进行合法的研究。编写《报告》的从业人员分布在北美和欧洲，美国的博物馆和政府科学的机构是鉴定和分析标本的主体。此外，这几卷报告中关于自然的观点与当时的政治家、历史学家和加拿大公民对北部环境的看法形成了鲜明的对比。报告作者基于他们对丰富的动植物及其地理分布的新发现，将探险考察队所覆盖的地区定位为环北极地区的一部分，或是与南极洲惊人平行的地区。这种对全球化的北极的表述既挑战了民族主义思想，也是在传递一种信息，即加拿大北部地区是可行使主权之地或是加拿大的"第二边疆"，尽管那里的环境阻碍了一些产业向西扩张。[9] 总之，"为了加拿大，为了科学"是涉及广泛地理力量和参与者的两种追求。通过《报告》将它们的关系区分开，有助于我们将现代加拿大的形成理解为一种跨国现象。

我的分析灵感就来自这样一批历史研究，他们把对人与物的循环的追踪作为分析"转译社会学"①的一种物质手段。[10]正如历史学家丽萨·罗伯茨（Lissa Roberts）所指出的，流通使学者们能够将当地的遭遇与全球经济流动和国际社会运动联系起来。曾经被称为"核心"的收集和编纂以及向"边缘"的传播，已经被重新解释为在不同认知空间中"循环往复"的动态迭代过程[11]。很少有加拿大的案例研究被用来理解流通。相反，学者们集中研究了大西洋世界的科学，有时包括对英属北美的关注，正如埃弗拉姆·塞拉-史利亚尔在本书第1章所提到的那样。在20世纪时，对流通的研究集中在加勒比地区和太平洋地区的科学和美帝国主义②。[12]

幸运的是，《报告》的档案很适合进行这种调查。担任该《报告》编辑的鲁道夫·马丁·安德森（Rudolph Martin Anderson）对《报告》的创作和发行进行了细致的记录。下文中，我研究了他与加拿大政府的科学家、联邦部门的上级，以及与美国和欧洲作者之间的通信。在前三节中，我考虑了研究的机构、研究的知识价值和此《报告》的发行。每个要素都需要超越国界的做法和视角。反过来，这些要素也塑造了现代化的概念，这在关于加拿大科学和加拿大在北极地区的主张的讨论中得到了证明。在第四部分，我考察了报告中的生物学研究，以引出帝国和民族在对北极地区生

---

① 行动者网络理论，也被称为"转译社会学"，是社会学的理论之一。该理论认为所有实体（人类和非人类）所具备的形式和特征都是他们通过在活动范围内接触其他实体而得到的。"转译"则是允许网络由单个实体表示的过程，该实体本身可以是一个个体或另一个网络。它包含了所有的谈判、阴谋、算计和说服行为，通过这些行为，行动者获得了代表其他演员说话或行动的权威。

② 美帝国主义是指美国向国境外扩张的政治、经济、文化、媒体和军事影响力。美帝国主义包括军事征服实现的帝国主义；炮舰外交；不平等条约；优先派系的补贴；政权更迭；或通过私营公司进行经济渗透等，当这些利益受到威胁时，可能会进行外交或强力干预。

命的解释之间的存在的紧张关系。最后，我指出"跨国现代化"概念在加拿大的历史和当代理解中的其他可能性。

《报告》中的研究机构

1917年1月，在南线考察队返回渥太华的几个月后，海军部和矿业部的副部长们成立了北极生物委员会，将在北极收集的标本和文物转化为研究出版物。正如历史学家罗伯特·科勒（Robert Kohler）指出的那样，这类委员会在区分"发现者"和"保管者"方面发挥了重要作用——前者选择、提取、记录并将物品从野外运到安全储存地，后者则对其进行排序和分类，使其在科学记录中具有目的性和永久性。[13] 委员会的授权预示了这一过程所涉及的劳动范围。委员会要挑选"有资格整理和报告"藏品的专家，并监督这些专家，就出版物的细节向各部门提出建议，并就国家博物馆不需要的"任何剩余材料"的分配提出建议。该委员会很快确定了一项计划，要出版16卷关于生物学、人类学、地质学和地理学的书，而这需要几十位专家（见本章最后一节）。[14]

仅就组成部分而言，北极生物委员会就表明了该《报告》在两次世界大战期间对加拿大科学的重要性。在1917年至1930年，当委员会举行定期会议时，几乎所有的成员在联邦科学机构都担任行政职务。最初的小组包括加拿大生物委员会的 A.B. 麦卡勒姆（A.B. Macallum）、加拿大地质调查所生物部主任 J.M. 马库恩（J.M. Macoun）、联邦昆虫学家 C. 戈登·休伊特（C. Gordon Hewitt）、地质调查所的鲁道夫·安德森和渔业专员 E.E. 普林斯（E.E. Prince）主席。在1918年，委员会获得了议会的订单，该订单支付了每份独立报告至少三千份的出版费用和每份装订成册至少一千份的出版费用。委员会成员明确表示，科学家和联邦政府（而不是个别部门）之间的这种财务关系为加拿大设定了"一个新标准"。在向政

› 233

府印刷委员会小组委员会介绍情况时，普林斯和休伊特强调了拟议报告的"宝贵特质"。许多标本"从未在北极西部地区的任何地方收集过"，而且是来自"现有收藏中几乎没有提到过的地区"。鉴于这些情况，以及已经在实地工作中投入的大量资金，政府应该支持科学家适当地产出成果，并确保这些成果"被世界所知晓"。[15]

然而，即使联邦政府承诺提供近40000加元用于印刷该《报告》，北极生物委员会也无法仅通过求助于加拿大科学家来实施其计划。1917年1月至3月，委员会成员写信给全国各地的植物学家、昆虫学家和海洋生物学家。他们只找到了19位受过必要培训的同行。马库恩在写给普林斯主席的信中说："在加拿大真正能被称为某个领域专家的人太少了，我认为我们在政府工作的人应该尽一切努力鼓励和帮助每个领域的工作人员。"[16]从这句话中，人们既可以读出该《报告》作为提升国内研究能力和培养年轻学者的平台的承诺，也可以读出将目光投向国界之外以产出严谨知识的必要性。到20世纪20年代，委员会已经招募了80多名科学家，驻扎在美国、英国、苏格兰、挪威和丹麦的机构中。[17]专家都是著名思想家和知名学者：他们受雇于联邦和州一级的科学局、大学和国家博物馆。"助理"也都是专家而不是委员会召集的额外工作人员。他们或与他们的主管在同一家机构工作，或作为顾问，或在专家的职业生涯中担任过某些角色——比如以前机构的同事。

受聘分析加拿大北极探险考察队收集藏品的科学家的地理分布

分布地区	加拿大	美国	联合王国	挪威
专家人数	19	34	5	0
助理人数	4	17	1	1

注：联合王国指英格兰和苏格兰。
资料来源：此信息取自加拿大北极考察队官方报告作者所列出的附属机构以及"声明，1918年4月，加拿大北极探险考察队，1913—1916年"，加拿大自然博物馆档案，第53筐，第23a号文件。有些报告的作者没有列出所属国家，也无法在查阅的档案记录中找到他们的身份。

受聘分析加拿大北极探险考察队所收集数据的科学家的机构所属关系

分布地区	加拿大	美国	联合王国	挪威
国家博物馆	1	12	1	0
联邦局	13	1	0	0
州或省局	0	7	0	0
大学	6	21	4	1
私立机构	0	1	0	0
未知	3	9	1	0

资料来源：此信息取自加拿大北极考察队官方报告作者所列出的附属机构以及"声明，1918年4月，加拿大北极探险考察队，1913—1916年"，加拿大自然博物馆档案，第53筐，第23a文件。有些报告的作者没有列出所属机构，也无法在查阅的档案记录中找到他们。

重要的是，负责编写该《报告》的研究人员中三分之二来自美国。这个数字反映的不是这些研究人员与渥太华的地理距离，而是利用美国机构和专家进行知识生产的潜力。1919年，北极生物委员会成员鲁道夫·安德森在《加拿大野外自然主义者》（Canadian Field-Naturalist）杂志上撰文，称赞美国的收藏品"是世界上任何其他国家所不能比拟的"。因此，那里相对完整的藏品将"允许更多人关注加拿大北极探险考察队的标本所代表物种的生命史研究"。[18]对于科学史学家来说，安德森的证据表明美国作为北美北极自然史研究重心的崛起，而英国自14世纪末以来一直保持着这一地位。[19]基于这些方式和原因，《报告》的研究工作涉及国家内部以及跨国交流，特别是20世纪初的交流。

《报告》的知识价值

为什么会有这么多加拿大以外的学者对加拿大北极考察期间收集的材料投入大量时间和精力？也许令人惊讶的是，北极生物委员会并没有向专家和助理支付酬劳。更确切地说，作为补偿，受雇的科学家可以得到250余份他们所写报告的免费复印件。[20]因此，专家们参与该《报告》的动机进一步揭示了，在20世纪初，国际研究团体的价值观如何塑造了加拿大现代科学的理念和实践。正如历史学家林恩·K. 尼哈特（Lynn K. Nyhart）所写的，到20世纪初，这本多卷装的探险考察报告已经相当成熟完整。这种报告的高端标准已于19世纪初在巴黎通过《埃及记述》（Description de l'Egypte）和《洪堡和邦普兰之旅》（Voyage de Humboldt et Bonpland）确立。英国在《贝格尔号航行的动物学》（The Zoology of the Voyage of the H.M.S. Beagle，1838—1843年）和《挑战者号航行的科学成果报告》（Report on the Scientific Results of the Voyage of H.M.S. Challenger）中采用了同样的研究组织方式，此研究在1880年至1895年涉及了67位作者、50部巨著和3万页内容。因此，在19世纪，这种形式在欧洲被视为年轻国家的标杆和有抱负的科学家的试验场。1871年统一后，德国立即开始赞助自己的科学航行，并按照大英帝国和法兰西帝国的传统印刷其成果。尼哈特指出，至少在1940年之前，世界各地的科学家参与了一个"社会组织体系"，在这个体系中，专家们"自愿选择进行他们的调查，而不是其他调查"，并致力于在探险考察刊物而不是学术期刊上发表研究成果。特别是由于北极西部在科学记录中似乎相对不为人知，专家们一定认为《报告》是一个极好的机会，不仅可以贡献新知识，还可以提高他们的声誉。[21] 事实上，《报告》的档案中几乎没有证据表明北极生物委员会需要向专家们解释手头的任务。

委员会和科学界对《报告》价值的这种共识，与加拿大民选官员对该出版物的看法形成鲜明对比。1925年5月，当海洋和渔业部部长站在下议院前，要求为印刷《报告》提供最后拨款时，他受到了一位议员对《报告》"实际价值"的质疑。

巴克斯特先生（议员）：我们能从中得到什么实际好处来帮助加拿大人？

卡丹先生（海洋和渔业部长）：据我所知，加拿大各地的科学家都非常重视这本出版物。

巴克斯特先生：科学家们可能会非常欣赏它，但它对科学有任何实际价值吗？有人要坐船去这些地区吗？我们找到冰山了吗？我们获得有价值的领土了吗？[22]

在一个方面，巴克斯特的立场呼应了加拿大科学史学家的结论。在两次世界大战之间，加拿大科学家努力争取联邦支持，并面临着追求"应用科学"而不是"纯科学"或"基础科学"的持续压力。[23]在国会议员看来，海洋学和制图学是有用的，因此值得接受纳税人的钱财。系统生物学的学科，如昆虫学、海洋生物学、植物学、哺乳动物学和鸟类学，只具有知识价值。不过，抛开巴克斯特对科学的看法不谈，议会的这场辩论验证了《报告》对"整个加拿大的科学人士"的意义：该《报告》帮助科学人士获得一定影响力。1918年，加拿大的顶尖科学家们努力在国内找到足够多的研究人员来研究加拿大北极探险考察队的成果。经过八年的拨款（1918—1926年）和许多卷书的出版，北极生物委员会通过该《报告》，在发展加拿大科学的目标上取得了进展。

报告的发行和应用

通过该报告的发行和应用，科学家们继续以实质性的方式影响着加拿大和全球事务，即使某些政治家都无法认识到这一点。《报告》的编辑鲁道夫·安德森的信件表明，该《报告》在国际科学界得到了广泛的传播，并在加拿大和其他国家取得了实际效果。

从1919年第一份独立报告出版到1938年他的档案记录结束，安德森收到了一系列科学家和科学机构对报告的请求。大学教授；北美、欧洲和亚洲的政府部门代表；欧洲的精英学术团体；各类博物馆都希望得到《报告》的复印件。[24]有时，研究人员写信给安德森，以完成他们图书馆中的一套藏书。在其他情况下，他们都有特定的项目。美国农业部的福斯特·H.本杰明（Foster H. Benjamin）为一个关于地中海果蝇的分类项目索要了关于"双翅目"的那卷书，而弗朗西斯·波斯皮希尔（Francis Pospisil）则向他索要了关于因纽特人的翻花绳①的书卷，以补充他在摩拉维亚博物馆的民族志研究。[25]通过这些方式，《报告》为阐述超出加拿大政府在北方利益范围的学科和研究问题提供了信息。《报告》还直接给联邦机构带来了好处，尽管政治家们可能认为这些好处并不"实用"。安德森利用人们对《报告》的兴趣，打开并保持与其他科学机构的沟通渠道。1928年，他将第14卷的副本寄给了德国萨克森州立图书馆（也是德累斯顿工业大学的图书馆），希望能让加拿大国家博物馆"与德累斯顿人保持良好关系"。从那之后他可以向萨克森州立图书馆索取"一些人类学文献"。因此，《报告》的流通维持了渥太华和全球许多科学机构之间的知识交流。[26]

考虑到《报告》的广泛传播，北极生物委员会认为这套文献是提升加拿大科学国际形象的工具。因为是第一份单独出版的报告，作为编辑的安德森对威廉·H.达尔（William H. Dall）的手稿进行了仔细审查。由于达尔没有遵循1913年的《国际动物命名法》，安德森重新进行了校对，并确保其余的报告遵循这一规则。[27]尽管委员会成员认识到这将导致达尔的作品延迟印刷，他们认为出版过时的材料没有什么意义。[28]为了达到科学界的标准，委员会还需要为支付地图、彩板、回照器②和线条图的费用进行游说。特别是由于很少有其他研究人员到过北极西部，这些补充材料是

---

① 又有"翻线戏""翻花鼓"等名字，一种流行于世界各地的儿童游戏，用手固定绳子，使其显现出不同的图案，不同的民族有不同的翻法、不同象征意义的图案。
② 回照器（heliotrope）是一种土地测量工具，利用镜子远距离反射阳光以标记土地测量参与者位置的仪器，1821年由德国数学家卡尔·弗里德里希·高斯发明。

必要的，使读者相信文中提出的证据的有效性。在20世纪20年代初，安德森注意到加拿大北极探险考察队的人类学家戴蒙德·詹尼斯（Diamond Jenness）在《美国人类学家》（*American Anthropologist*）杂志上受到批评，因为他发表的"摘要和概要没有足够的数据来支持其言论"。安德森帮助获取资金，并将450多幅线描图收录到关于人类学的这四卷书中。[29] 在这两个案例中，媒介就是信息——《报告》的格式表明了加拿大是一个了解研究标准并有能力达到这些标准的国家。简而言之，加拿大是现代的，因为它的科学是现代的。

按照同样的思路，报告的发行和应用可能巩固了加拿大在北极地区的知识主张。北极生物委员会决定不为来自北方和南方的各卷提供单独的标题。[30] 委员会成员认为，最终的目标是将《报告》的全部知识体系与加拿大国家和加拿大北极探险考察队联系起来，并不考虑收集标本的实地科学家，即使加拿大科学家并没有撰写大部分内容。这一愿望实际上是对设立在自治领档案大楼的纪念碑的补充——《报告》是一座流通的纪念碑，展示了加拿大为人类提供的公共服务。它向科学家传达了国家、北极自然和现代化之间的紧密联系。两个不同的标题可能会干扰这些关联：研究人员可能会在他们的出版物中错误地引用此《报告》，而其他人则可能难以追踪到对它的引用。事实上，在科学网（Web of Science）搜索"加拿大北极考察"和"加拿大北极考察报告"，可以看到整个20世纪20年代都有对该《报告》的引用，虽然不定期但偶尔的引用一直延续到2015年。[31] 该报告也受到了学术界以外的欢迎，安德森还回应了公共图书馆、相关公民和小学教师的请求。[32] 对于科学工作者和非专业的受众来说，该报告的视觉美学一定突出了其象征意义。合订本的封面上印有标题以及从白令海峡到格陵兰岛的北极地区的简单设计。这一图像将西半球的大部分北部领土定位为加拿大，并通过在地图上铺设加拿大（CANADA）一词进行强调。

1925年，一位国会议员在呼吁科学在北方的商业用途时否定了"整个加拿大的科学人士",这掩盖了通过发行"基础"研究出版物所做的工作。该《报告》构建了一个阐述加拿大科学的场所,就像实验室、实地考察点或博物馆一样。它还维持了加拿大科学机构和国际研究界之间的关系,帮助世界各地的读者认识到加拿大是一个现代化的北极国家。因此,《报告》的发行为两次世界大战期间北极地区科学与环境权威之间的关系提供了一个例子,历史学家阿德里安·豪金斯(Adrian Howkins)曾描述过英国对南极洲的领土主张,历史学家斯蒂芬·博金在本书第 10 章中也描述过这种关系。[33]在国内外,社会各界都通过参考此《报告》来了解现代化的加拿大。

《报告》中想象的北极生物学和政治学

当我们研究《报告》中的学科对话时,《报告》的其他政治和经济含义也变得清晰可见。正如历史学家彼得·鲍勒(Peter Bowler)、珍妮特·布朗(Janet Browne)和大卫·利文斯通(David Livingstone)所言,了解地球上生命的地理特征是一项被称为"生物地理学"的工程,它融合了现代科学和殖民主义事业。[34]鲍勒指出,20 世纪初,欧洲和美国的生物地理学家"着迷于尝试将世界划分为与自己的政治和经济影响力相匹配的生物省份"。[35]尽管加拿大北极探险考察队的历史学家认为这次探险考察是在北方行使国家主权,《报告》巩固了加拿大与这种对科学和全球化的帝国理解的一致性。

例如,某个国家的生物学家如何对待加拿大北极探险考察队的标本,决定了这个国家的地位是会被加强还是削弱。昆虫学家们注意到,北极地区昆虫的丰富源于对其季节和地形条件的适应。在这些方面,加拿大当然比北美的其他国家更靠"北",但这些自然条件并不仅限于加拿大。收集到的物品的来源地可以被想象为环极地区,这突出了东半球和西半球之间的联系，或想象为两极地区，也关系到南极洲。此外，许多植物学家相信，高纬度地区的生命最好与山顶上的生命放在一起才能更好地被理解，这表明各大洲不同地貌之间存在着某种程度的连续性。[36]

在对比20世纪初与美国和加拿大政府合作的生物学家对北极的想象时，这种情况的政治和经济利害关系最为明显。让我们看看克林顿·哈特·梅里亚姆（Clinton Hart Merriam）的工作，他曾是美国农业部经济鸟类学部门的负责人。19世纪末，梅里亚姆创造了"生命带"的概念，根据从赤道到北极的纬度和海拔梯度对北美的生物群落进行分类。对于每个类别，他编制了植物和动物物种清单，以使农业部官员能够根据其已知的区域属性对领土的发展进行调整。鉴于前往阿拉斯加、加拿大北部和格陵兰岛的探险家和科学家带来了大量新知识，梅里亚姆确定了一个包括北美地区北部大部分地区的"北方寒带"。他将这个生命带划分为三个分区。以云杉和冷杉林为特征的加拿大和哈得孙地区，界定了加拿大北部和阿拉斯加内陆的大部分地区。在这些生物区之上，沿着北冰洋形成一条不超过100英里宽的区域，是第三个生物区，被称为北极-阿尔卑斯山。这里是大陆的边缘（位于最高峰的顶部），没有树木，到处长满了地衣和草地。[37]

这一策略本身就是一种范式转移，反映了帝国主义历史的转变。当时，关于这一地区的现有参考书目有《北美植物志》（*Flora Boreali-Americana*，1840年版）和《北美动物志》（*Fauna Boreali-Americana*，1829—1831年版），都来自英国科学家。这些出版物中在描述自然历史时往往将北方的动植物与南极洲的动植物放在一起考虑。这种方法既得益于大英帝国在南、北大洋的探险考察，也得益于19世纪中期自然史中定义的生物分布问题。[38] 同样，梅里亚姆理论的建立是基于美国在拉丁美洲地区、太平洋岛屿和阿拉斯加的探险考察，以及美国在这些地方的军事网和经济网基础之上。正如梅里亚姆通过他的生命带概念所做的那样，沿着美洲大陆从赤道到北极的动植物组织，反映了一个帝国力量在西半球的崛起。

梅里亚姆写道，不幸的是，对于美国定居者来说，北极－阿尔卑斯地区"对于农业来说太冷了"，而农业是边疆定居的主要手段。他失望地发现，《报告》的编辑鲁道夫·安德森正好与他相反，安德森主张开发加拿大西部的北极地区，因为那里有生命带。与此同时，他对公认的科学理论提出异议，阐明了加拿大对知识和自然的主张。安德森根据在北极西部七年多的实地考察和《报告》中关于北极生物学的十卷书，对梅里亚姆提出了质疑。在《加拿大野外自然主义者》(*Canadian Field-Naturalist*)的一篇文章中，安德森声称，哈得孙区的"舌头"远远超出了梅里亚姆所限定的范围。这并不是一个小问题：哈得孙区的典型特征是拥有各种毛皮动物和至少三种不同的树种，而这些树种在冻原上并不存在。安德森表明，木材和毛皮可以成为北方发展的有用资源，而这两种资源在当代加拿大经济中也被认为是主要产品。[39]

正如梅里亚姆和安德森的例子所表明的那样，该《报告》中的生物研究有助于形成国家身份和现代化概念。加拿大北极考察队的历史学家，如环境历史学家亚当·索沃兹（Adam Sowards），也得出了这个结论，但他们是通过强调加拿大联邦政府在划定北部地区资源方面所做的努力，将其作为经济扩张的先驱而得出这一结论的。[40] 分类战略也推动了加拿大在北方的利益和发展，但这些战略被根植于帝国关系的跨国交流中。安德森之所以将北极视为现代加拿大的必经之路，正是因为他将自己的结论与一位受人尊敬的美国生物地理学家的结论结合了起来。虽然他在正式出版物中从未说过，但安德森确实在私人信件中暗示，他希望这份《报告》对加拿大科学和加拿大北部发展在国际社会上的认可产生影响。"他在1916年写道：'当加拿大北极探险考察的报告全部出炉时，'我们就可以尽情显摆一番了。"[41]

对生命带和北方毛皮经济的潜力采取的这种立场，也迫使安德森阐明了他与维贾尔默·斯蒂芬森在如何实现加拿大现代化方面的分歧。自称北方"先知"的斯蒂芬森,认为冻土带是"令人向往的地方",就像西部一样,有开拓精神的公民和感兴趣的公司可以将其从沙漠变成花园,因为他们知道这里并非永远黑暗和寒冷。他主张在楚科奇海的弗兰格尔岛建立殖民地,在北冰洋测试飞机和潜艇,并在整个北方引进驯鹿。[42]斯蒂芬森支持北极是"热情好客的"这一概念,在安德森看来是疯狂的,特别是考虑到加拿大北极探险考察期间的生命损失。然而,尽管他有反对斯蒂芬森的情绪,但作为一名加拿大动物学家,安德森从不允许自己的言论与反发展混为一谈。重要的是,他并不反对斯蒂芬森引进驯鹿的计划。他向亲属们承认,这样的计划可以向他的政府上级证明"几年的北极旅行取得了切实有用的成果"。[43]安德森更关心斯蒂芬森所提倡的现代化模式——定居者殖民主义和企业资本主义的混合。

安德森希望政府的科学家能够引导北部的经济,而不是把它留给外国公司、探险家或个体的毛皮捕猎者。他更喜欢丹麦在格陵兰岛采取的方法,在那里,殖民地官员通过科学许可计划来控制勘探,并且只派遣拥有"极其严格的道德和身体资格"的国家代理人。[44]他还强调了科学管理者的好处,指出了通过《报告》在毛皮生物知识方面取得的进展。安德森谈到并写道,加拿大的研究人员和狩猎管理员对这些北方物种知之甚少,并认为这是将知识生产的职责留给"捕猎者"的产物。[45]他强调,该《报告》已经开始通过记录新物种和创建身份标识来弥补这一知识差距。由于探险考察队的科学家们停留的时间超过了捕猎季节,并且对用皮毛换取金钱不感兴趣,所以他们对北方动物的行为、栖息地和生命周期有了更进一步了解。在安德森看来,这是"一个引人注目的例子,说明在任何科学途径中收集到的少量知识碎片都可以为任何领域提供数据"。[46]在这里,"为了加拿大,为了科学"有着不同的含义,它把国家的未来发展寄托在特定的代理人、政策和研究实践上。

总而言之,就像其他撰写报告的专家一样,安德森通过一个跨国网络汇集了他对北极生活的看法。诚然他的加拿大北部经济发展计划符合当时下议院的其他国家主义者的政治议题，但这些计划的制定有赖更广泛的历史力量：对科学理论的理解、对环极地地区生物和地理学的掌握以及对美国和格陵兰岛自然资源管理制度的评估。[47]安德森在完成此《报告》的编辑工作后，被提升为加拿大地质调查局的生物学主任。整个20世纪40年代，他一直以来都是保护北方林地驯鹿和麝牛的主要倡导人，包括制定狩猎法规，在北极岛屿上建立公园和保护区，以及将驯鹿引入北极西部。这些行为究竟是保护还是发展了北方，还有待讨论。但毫无疑问的是，这是一个地区和一个国家为实现现代化刻意做出的努力，这不仅得益于安德森在联邦政府中的角色，也与他在许多政治、科学和意识形态领域的经验有很大关系。[48]

走向跨国现代化

对《加拿大北极探险考察报告：1913—1918年》发行的关注，可以从几个方面提高我们对科学和现代化的理解。第一，它提供了一个来自20世纪加拿大的例子，说明了科学对象的跨国流动与国家知识、身份和自然表征的形成之间的关系。作为知识的集合地，《报告》可以说是一个星群，而不是某个星球，将北美和欧洲的研究人员和机构联系在一起。同时，它也是现代科学加拿大的全球大使。此《报告》的制作突出了加拿大的一些现象，例如其大学体系发展的时机，联邦机构中高级科学家对国家研究领域的影响，以及20世纪初对北极西部地区政治和经济兴趣的激增。它还突出了19世纪中期至第二次世界大战期间全球科学和帝国的变化。尽管英国在极地事务方面拥有相当多的博物馆和常驻的科学专家，但在这份《报告》的编制过程中，英国并不是主要参与者。美国声称大多数从事加拿大北极探险考察相关资料的专家和助手都是美国人。这一现实反映了在北极地区以及美帝国边疆的科学探索历史。对整个加拿大科学史流通的追求,同样也将继续为理解加拿大和世界历史提供信息。

第二,对《报告》这样的文件进行跨国分析,有助于不断加深我们对加拿大北部地区历史的理解。学者们最近将现代加拿大的国家演变与战时北极地区的事件联系起来,而加拿大北极探险考察被认为是其中的一个关键事件。贾尼斯·卡维尔(Janice Cavell)和杰夫·诺克斯(Jeff Noakes)展示了加拿大外交部在20世纪20年代是如何阐述"扇形模型①理论",以维护加拿大的主权,对抗丹麦、美国和苏联的要求。同样,历史学家约翰·桑德罗斯(John Sandlos)指出,联邦政府在第一次世界大战后,通过自然资源保护计划取代因纽特人、甸尼人和梅蒂(斯)人,构建了北方民族的意识形态及其野生动物管理机构。[49] 这些学者证实,加拿大人不得不付出相当大的政治努力,使北极成为加拿大的一个地区。此《报告》也是这一过程的推动者。即使梅里亚姆、安德森和斯蒂芬森三人之间有冲突,但他们还是从探险考察队的收集物和《报告》中获得了对北极地区的知识权威,并为现代化计划提供了科学依据。

第三,《报告》中出现的北极概念在极北地区和加拿大整体历史上存在了很长的时间。在第二次世界大战和冷战时期,环北极,或与南极洲和热带地区具有相似属性的北极,将会定义加拿大北部的地缘政治和科学想象。通过严肃认真地对待《报告》和类似出版物的存在,并对其变化进行连续地叙述,可以对后期的阶段进行有益的审查和定位。尽管在20世纪下半叶出版的关于北极的百科全书、手册、加速基线研究和数据库经常被埋没在技术语言和参考书目中,但它却包含了与探索和知识生产历史的联系。无论是在知识、政治还是经济上,这些资料为北部地区作为边疆的固有观念

---

① 也称为霍伊特模式(Hoyt model),是土地经济学家霍默·霍伊特于1939年提出的城市土地利用模型。它是城市发展同心带模型的一种修正,承认了城市规划向外辐射发展的事实。

带来了有用的细微差别。[50]

第四，也是最后一点，《报告》提醒科学史学家，我们的学术研究应该为当代公众的理解提供信息。通过在渥太华的博物馆展览、相关网站、《加拿大地理》(*Canadian Geographic*)杂志上的文章以及一本新的长篇探险考察史，加拿大北极探险考察队在其百年纪念日前夕再次受到关注。[51]正如文学家阿德里亚娜·克拉库（Adriana Craciun）针对富兰克林第三次探险的船只所阐释的，对历史性科学航行的纪念是地缘政治策略筹划和国民身份认同表达的核心内容。[52]克拉库的观察适用于最近对加拿大北极探险考察的报道，即使学者和作者们通过承认北方人和因纽特人的经验，打破了科学和进步的简单概念。例如，生物学家大卫·格雷（David Gray）介绍了远征对加拿大地理和北方观念的持久影响，以及对育空地区和西北地区因纽特人社区的影响。尽管这些论述在一定程度上承认了远征的殖民行为，但它们都是加拿大在北方领土主张的证据。正如我在本章所述，当我们详细介绍将收集的标本转化为科学出版物，以及解释自然和国家背后的全球进程时，科学史学家为这些表述增加了摩擦力。我们这样做是准备让所有民众更加批判性地思考"为了加拿大，为了科学"这个说法，无论是在过去、现在还是未来。

《加拿大北极探险考察报告：1913—1918年》目录

加拿大北极探险考察报告计划，截至1920年12月。

注：实际出版日期列在括号内。斜体字列出的作者同时也是探险队成员。作者在撰写《报告》时所居住的国家将在括号内列出（如果已知）。

第一卷：描述远征（从未出版）

第一部分：北方的远征队（1913—1918年） 维尔哈穆尔·斯蒂芬森［美］

第二部分：南方的远征队（1913—1916年） 鲁道夫·马丁·安德森［加］

第二卷：哺乳动物和鸟类（从未出版）

第一部分：北极美洲西部哺乳动物　鲁道夫·马丁·安德森［加］

第二部分：美国北极西部的鸟类　R.M. 安德森［加］和 P.A. 塔弗纳（P.A. Taverner）［加］

第三卷：昆虫（1919—1922 年）

简介　C. 戈登·休伊特［加］

第一部分：弹尾目　贾斯特斯·W. 弗尔萨姆（Justus W. Folsom）［美］

第二部分：脉翅目昆虫　南森·班克斯（Nathan Banks）［美］

第三部分：双翅目　查尔斯·P. 亚历山大（Charles P. Alexander）［美］，哈里森·G. 迪亚尔（Harrison G. Dyar）［美］，J.R. 马洛赫（J.R. Malloch）［美］

第四部分：食毛目和虱目　A.W. 贝克（A.W. Baker）［加］，G.F. 菲利斯（G.F. Ferris）［美］，G.H.F. 纳塔尔（G.H.F. Nuttall）［英］

第五部分：鞘翅目　J.M. 斯温（J.M. Swaine）［加］，H.C. 法勒（H.C. Fall）［美］，C.W. 冷（C.W. Leng）［美］，小 J.D. 谢尔曼（J.D. Sherman Jr.）［美］

第六部分：半翅目　爱德华·P. 范杜齐（Edward P. Van Duzee）［美］

第七部分：膜翅目与植物瘿　亚里克斯·D. 迈吉里弗雷（Alex D. MacGillivary）［美］，查尔斯·T. 布鲁斯（Charles T. Brues）［美］，F.W.L. 斯莱登（F.W.L. Sladen）［加］，E. 波特·费尔特（E. Porter Felt）［美］

第八部分：蜘蛛、螨虫和多足纲动物　J.H. 埃默顿（J.H. Emerton）［美］，内森·班克斯（Nathan Banks）［美］，拉尔夫·V. 钱伯林（Ralph V. Chamberlin）［美］

第九部分：鳞翅目　阿瑟·吉布森（Arthur Gibson）［加］

第十部分：直翅目　E.M. 沃克（E.M. Walker）［加］

第十一部分：美洲北极西海岸的昆虫生活　弗里茨·约翰森（Frits Johansen）［加］

第四卷：植物学（1921—1924 年）

第一部分：淡水藻类和淡水硅藻　查尔斯·W. 洛（Charles W. Lowe）［加］

第二部分：海洋藻类　F.S. 柯林斯（F.S. Collins）［美］

第三部分：真菌　约翰·迪尔尼斯（John Dearness）［加］

第四部分：地衣　G.K. 梅里尔（G.K. Merrill）[美]

第五部分：苔藓　R.S. 威廉姆斯（R.S. Williams）[美]

第五卷：植物学（1921—1924年）

第一部分：维管植物　詹姆斯·M. 马库恩（James M. Macoun）[加]，西奥·霍尔姆（Theo. Holm）[美]

第二部分：北极植物的形态学、同义性和一般分布　西奥·霍尔姆[美]

第三部分：北极植被概览　弗里茨·约翰森[加]

第六卷：鱼类、被囊动物等（1922年）

第一部分：鱼类　弗里茨·约翰森[加]（从未出版）

第二部分：海鞘等　A.G. 亨茨曼（A.G. Huntsman）[加]

第七卷：甲壳纲动物（1919—1922年）

第一部分：十足类甲壳纲动物　玛丽·J. 拉斯本（Mary J. Rathbun）[美]

第二部分：裂足类甲壳纲动物　沃尔多·L. 施密特（Waldo L. Schmitt）[美]

第三部分：涟虫目　W.T. 卡尔曼（W.T. Calman）[英]

第四部分：等足目　P.L. 布恩（P.L. Boone）[美]

第五部分：端足目　克拉伦斯·R. 苏梅克（Clarence R. Shoemaker）[美]

第六部分：海蜘蛛纲　里昂·J. 科尔（Leon J. Cole）[美]

第七部分：真叶足纲　弗里茨·约翰森[加]

第八部分：枝角目　昌西·朱代（Chauncey Juday）[美]

第九部分：介形亚纲　R.W. 夏普（R.W. Sharpe）[美]

第十部分：淡水桡足类　C. 德怀特·马什（C. Dwight Marsh）[美]

第十一部分：海洋桡足类　A. 威利（A. Willey）[加]

第十二部分：寄生桡足类　查尔斯·B. 威尔逊（Charles B. Wilson）[美]

第十三部分：蔓足亚纲　H.A. 皮尔斯伯里（H.A. Pillsbury）[美]

第八卷：软体动物、棘皮动物、腔肠动物等（1919—1924年）

第一部分：近代和更新世的软体动物　威廉·H. 达尔（William H. Dall）[美]

第二部分：头足纲和翼足目　S.S. 贝里（S.S. Berry）[美]，W.F. 克拉普（W.F.

Clapp）[美]

第三部分：棘皮动物　奥斯汀·H. 克拉克（Austin H. Clark）[美]

第四部分：苔藓虫门　R.C. 奥斯本（R.C. Osburn）[美] 和 H.K. 哈林（H.K. Harring）[美]

第五部分：轮虫纲　A.G. 亨茨曼（A.G. Huntsman）[加]

第六部分：毛颚动物门　A.E. 维里尔（A.E. Verrill）[美]

第七部分：海鸡冠亚纲和肉珊瑚目　H.B. 毕格罗（H.B. Bigelow）[美]

第八部分：水母和栉水母类　C. 麦克莱恩·弗雷泽（C. McLean Fraser）[加]

第九部分：水螅虫　C. 麦克莱恩·弗雷泽（C. McLean Fraser）[加]

第十部分：海绵动物（未列出作者）[53]

第九卷：环节动物、寄生蠕虫、原生动物等（1919—1924 年）

第一部分：寡毛纲　弗兰克·史密斯（Frank Smith）[美]，保罗·S. 韦尔奇（Paul S. Welch）[美]

第二部分：多毛纲　拉尔夫·V. 钱伯伦（Ralph V. Chamberlin）[美]

第三部分：蛭纲　J.P. 摩尔（J.P. Moore）[美]

第四部分：桥虫纲　拉尔夫·V. 钱伯伦 [美]

第五部分：棘头纲　H.J. 范·克利夫（H.J. Van Cleave）[美]

第六部分：线虫纲　N.A. 科布（N.A. Cobb）[美]

第七、八部分：吸虫类和绦虫类　A.R. 库珀（A.R. Cooper）[美]

第九部分：涡虫纲　A. 哈塞尔（A. Hassell）[美]

第十部分：铁线虫类（未列出作者）[54]

第十一部分：纽形动物门　拉尔夫·V. 钱伯伦 [美]

第十二部分：孢子虫类　J.V. 梅弗（J.V. Mavor）[美]

第十三部分：有孔虫类　J.A. 库什曼（J.A. Cushman）[美]

第十卷：浮游生物、水文、潮汐等（1920 年）

第一部分：浮游生物　阿尔伯特·曼（Albert Mann）[美]（从未出版）

第二部分：海洋硅藻　L.W. 贝利（L.W. Bailey）[加]（从未出版）

第三部分：潮汐观测和结果　W. 贝尔·道森（W. Bell Dawson）［加］

第四部分：水文学（未列出作者）（从未出版）

第十一卷：地质学和地理学（1924 年）

第一部分：加拿大肯特半岛西部北极海岸地质　J.J. 奥尼尔（*J.J. O'Neill*）［加］

第二部分：地图和地理说明　肯尼斯·G. 奇普曼（*Kenneth G. Chipman*）［加］，约翰·R. 考克斯（*John R. Cox*）［加］[55]

第十二卷：黄铜部落因纽特人的生活（1922—1923 年）　戴蒙德·詹尼斯［加］[56]

第十三卷：中西部因纽特人的身体特征和技术

第一部分：西部及黄铜部落因纽特人的身体特征（1923 年）　戴蒙德·詹尼斯［加］

第二部分：中西部因纽特人的骨骼特征（1923 年）　约翰·卡梅伦（*John Cameron*）［加］[57]

第三部分：黄铜部落因纽特人的技术（未列出作者）（从未出版过）

第十四卷：因纽特民间传说和语言

第一部分：阿拉斯加、马更些三角洲和加冕湾的民间传说文稿（1924 年）　戴蒙德·詹尼斯［加］

第二部分：巴罗角、马更些三角洲和加冕湾因纽特方言的语法和词汇比较（1928 年和 1944 年）　戴蒙德·詹尼斯［加］

第十五卷：因纽特人的翻花绳和歌曲

第一部分：因纽特人的翻花绳（1924）　戴蒙德·詹尼斯［加拿大］

第二部分：黄铜部落因纽特人之歌（1925）　海伦·H. 罗伯茨（*Helen H. Roberts*）和戴蒙德·詹尼斯［加］

第十六卷：考古学

对美洲北极西部考古的贡献（1946 年）（未列出作者）[58]

第 12 章
环加拿大航空公司对国家和社会的影响

我心想,这是一个怎样的时代,加拿大联邦的开国元勋们会怎么看呢?看这里,这个极速时代的两个标志——20世纪的新生儿:云端有环加拿大航空公司的空中航线,地面有加拿大广播公司的电波,它们就像两根巨大的针一样,把这个国家编织在一起……填补着先辈们担忧的空白区域。

——约翰·费舍尔[1]

20 世纪 40 年代末,加拿大广播公司名人约翰·费舍尔(John Fisher)乘坐环加拿大航空公司①(Trans-Canada Air Lines,TCA)的最新飞机

---

① 环加拿大航空公司是加拿大 1937 年成立的国家航空公司,于 1965 年更名为"加拿大航空公司",本章在遇到两个名称都涉及的年份跨度时,使用"环加拿大航空公司"的说法。

Canadair DC-4M2 "北极星"[①] 号进行了几次飞行宣传。他报道这些飞行时充满了鲜明的爱国主义色彩，他称他的报道为"国民自豪感的生成器"，着重强调了技术在建设国家中的作用，将两家皇家公司[②] 称作"20世纪的新生儿"，负责跨越加拿大的遥远距离。通信学者莫里斯·查兰（Maurice Charland）为这一现象创造了"技术国民身份论"（technological nationalism）一说，它在加拿大这个英语国家中的热度是独一无二的，"它将赋予技术建立国家的能力，通过加强交流以实现"。[2] 查兰对加拿大国家铁路很感兴趣，但罗伯特·麦克杜格尔（Robert MacDougall）、莉莎·皮珀（Liza Piper）和卡罗琳·德斯比安（Caroline Desbiens）的最新研究表明，其他系统如发电、货运和电话，不仅可以使人们真正到达遥远的地区，还有助于发展加拿大人的想象中的一种跨国联系。[3] 在这项分析中，航空旅行在很大程度上被忽略了，尽管它是很容易被纳入现代加拿大的技术国民身份论范式中的。[4] 由于地理和气候在加拿大国家认同的中心地位，以及航空有扰乱空间和时间的原有概念，因此航空在加拿大具有特别的影响。它也符合查兰在加拿大技术言论和国家对技术系统管理方面的双重论证利益；20世纪80年代，加拿大航空公司（Air Canada）的权力被下放（转为国有企业），在此之前环加拿大航空公司一直是国家航空公司，因此是加拿大航空旅行事迹的最明显来源。即使是使用环加拿大航空公司服务的加拿大人也相对较少，但该航空公司关于环境、技术和国家的话题在报纸和杂志广告、直邮活动中广泛流传，甚至还出现在爱国的媒体报道中，比如费舍尔的这篇。[5] 环加拿大航空公司在20世纪40年代至70年代的宣传材料表明，航空旅行是技术现代化进程的一个谈判场所，因为它对加拿大国家

[①] 民用和军用飞机制造商加拿大飞机服务有限公司（Canadair），为环加拿大航空公司开发的道格拉斯 DC-4 飞机"北极星"（North Star）系列，其中 DC-4M2 是基于初始型号 DC-4M1 的增压、高起飞、重量级版本。

[②] "皇家公司"是加拿大对由民间控制和部分操作的国有商行，名义上依附于英联邦王国君主。

身份中关于地点和时间的处理方式发生了转变,这反映了人们更大的担心:当技术似乎正在抹平地理位置的细微差别时,如何表达国民身份。

技术调解了加拿大人与他们广阔而寒冷的环境之间的互动,联结了文化、技术和环境的共建,反映了加拿大在20世纪的现代化经验,特别是它们与地点、空间和时间有关时。正如伯恩哈德·里格尔(Bernhard Rieger)在他关于欧洲技术和现代化的著作中所提出的,20世纪初大型技术的复杂性意味着它们的制造过程是暗箱式的,使它们看起来像是"从天而降"。[6]这种对过去的缺失导致了与现代化体验相关的时空破坏,正如通过新的通信和交通系统感知到的距离的崩塌一样。到了20世纪中叶,戴维·哈维(David Harvey)所谓的"加速",压缩了时间和空间,这与更快的经济周期相关,与人类和大众生产和消费技术之间的新互动有关,这种技术是世俗的、小规模的。[7]航空在20世纪开始时被里格尔称为"现代奇迹",而在20世纪末期则成为一种常规消费习惯,对加拿大人和他们对国家地理和气候的技术认知之间的关系至关重要。

长期以来,加拿大的地理和气候一直被视为构建其国家认同的核心。卡尔·伯杰(Carl Berger)表明,加拿大的严冬,至少相比英国和美国,是促成本国联邦时期的助推器。[8]帝国的气候科学证明了欧洲的扩张和对非欧洲地区的控制,基于此,政治家和自然历史学家认为,加拿大北方的环境唤醒了公民心中久违的北欧风情,而这一直以来被温和的英国气候所掩盖。[9]地理在加拿大历史上相互关联的"支柱产品理论"①和"劳伦斯理

---

① "支柱产品理论"是加拿大学者提出一种出口导向型的经济增长理论,兴盛于20世纪20年代至40年代,起源于加拿大学者对本国社会、政治和经济史的研究。主要观点认为加拿大的发展是由其支柱产品的性质所决定。原材料,如鱼、皮毛、木材、农产品和矿产,出口到英国和西印度群岛,这种贸易联系巩固了加拿大与英国的文化联系。对这些物产的寻找和开发导致了制度的建立,这些制度定义了国家及其地区的政治文化。

论"①中的作用表明，规模如何被视为加拿大经济发展的一个主要决定因素。[10]尽管这些主题在最近的文学作品中已经变得微妙并被分散，但它们仍然存在于学术和大众话语中。[11]历史学家吉利安·保尔特（Gillian Poulter）认为，在19世纪仍然流行的冬季消遣活动，如穿着雪鞋的户外运动和冬季狂欢节，表现出了明显的国家气候特征；文化学者帕特里夏·科马克（Patricia Cormack）和詹姆斯·科斯格雷夫（James Cosgrave）分析了加拿大流行音乐中"完全占据空白空间"的主题[12]。斯蒂芬·博金和丹尼尔·麦克法兰的第10章和第13章也显示了地理对加拿大的技性科学文化并没有妥协。在过去150年的国民身份论中，加拿大一直将自己塑造成一个看似取之不尽的空间，拥有着用之不竭的资源。

航空业在这方面是矛盾的——既要颂扬又故意弱化加拿大的地理和气候。例如，两次世界大战之间，"一战"剩余的战斗机和专门建造的"丛林飞机"②进行了空中勘测，这是国家执行的关键手段，使加拿大北极地区轮廓得以清晰可辨，但它也使北部地区失去了民间神话色彩。[13]此外，旧有的、将加拿大描述为一个不可逾越的凛冬巨国的言论，在那个时代则是衬托了飞机超越远距和极端天气的神力，进而瓦解了将加拿大比作凛冬巨国的话语权。客运航空比军事飞行或空中勘测更有可能解决这个矛盾，因为它向普通加拿大民众开放了这种体验；作为一个几乎垄断了国内航线的国有公司，环加拿大航空公司使用促销策略宣传其地理和气候，这在某种程度上是国家批准的国家代表。

在本章中，我概述了其中三个策略，以说明现代加拿大的位置、时间、

---

① "劳伦斯理论"是20世纪30年代到50年代几位主要的英裔加拿大历史学家阐述的关于国家和经济发展的有影响力的理论，该理论基于当时加拿大圣劳伦斯地区的发展，与"支柱产品理论"有相似性。

② 丛林飞机是一种通用航空飞机，用于为偏远、未开发地区提供定期和不定期客运和飞行服务，例如加拿大北部或丛林、阿拉斯加苔原、非洲丛林或稀树草原、亚马孙雨林或澳大利亚内陆。该飞机多用于地面交通基础设施不足的地方。

技术和国民主义之间不断变化的关系。首先，1947年环加拿大航空公司十周年的宣传材料呼应了战前的胜利主义叙事，即加拿大的技术特别适合于跨越本国地理环境中固有且独有的流通障碍。航空公司将自己定位为历史长河中旅行传统的继承者，从早期的现代探险船到战时的加拿大丛林飞机。加拿大地理环境的独特性被认为是环加拿大航空公司的优势，因为当距离如此之大时，航空所带来的距离"缩短"更令人印象深刻。其次，我讨论了 Canadair DC-4M "北极星"号的引进和推广，这是环加拿大航空公司在战后的第一架新客机。作为十周年庆典的一部分，"北极星"系列于1950年在环加拿大航空公司的大部分常规航线上亮相，采用了一些著名的战时扩散技术，以提高乘客的舒适度。然而，在20世纪40年代后期，该航空公司在财务上受到了影响，官员们将此归因于季节性交通波动和对加拿大冬季流动性的焦虑。这种情况激发了一系列的广告活动，强调了"北极星"系列的"全天候"能力。最后，这种反应与"阳光胜地"航线的推出相吻合，包括百慕大、牙买加、特立尼达和佛罗里达。航空公司采取了自相矛盾的立场，一方面推销冬季航班，另一方面又建议加拿大乘客把凛冬给予的国民身份认同抛之脑后。在20世纪40年代和50年代，虽然"北极星"系列飞机是加拿大人"阳光胜地"航线的主要机型，但环加拿大航空公司通过暗示在冬季参观这些目的地是一种"时间旅行"来缓解这些矛盾。通过用"一月换六月"，而不是用一种类型的一月换另一种类型的一月，乘客可以保留加拿大一月的特殊地位。随着加拿大航空公司引进喷气式客机，要保持加拿大冬季的完整性越来越难。20世纪60年代和70年代的阳光胜地广告，将加拿大的冬天描绘成其他更舒适气候的陪衬。这不仅是喷气机旅行作为大众运输工具的结果，也反映了20世纪中期现代化所固有的时空不稳定，因为仅仅在20年前，环加拿大航空公司将加拿大的面积和气候视为其成功的必要条件。环加拿大航空公司在"二战"后三十年的这三件逸事表明，航空旅行是一个通过谈判实现技术现代化的地方。在一个长期被其面积和气候所定义的国家，航空旅行有可能否定其面积，让人们更容易逃离其气候，这使人们对现代世界中以地域为基础的国民身份论的合理性提出了质疑。环加拿大航空公司为自我推销、飞机产品和新航线推销所采取的相互关联的策略，证明了在整个20世纪，空间和时间的日常经验对国民身份论的发展产生了大规模影响。

自我推销

环加拿大航空公司，即现在的加拿大航空公司，于1937年秋天实现首航，是加拿大国家铁路公司（Canadian National Railway，CNR）的航空部门，也是刚刚建成的环加拿大空中航线的正式运营商。与加拿大国家铁路公司一样，这条航道和运营的航空公司一同被宣扬为国家统一的象征；航空路线最终使加拿大分散的人口中心得以实际联系起来。[14]作为国家航空公司，第二次世界大战几乎立即使该航空公司脱离了原有轨道，使用改装的阿芙罗·兰开斯特（Avro Lancaster）轰炸机，即"阿芙罗·兰开斯特兰轰炸机"（Avro Lancastrian），在北大西洋上运送人员和物资。[15]因此，一直持续到1948年的航空公司十周年庆典，展示了该航空公司的许多转折点：庆典被用来宣传这家相对摆脱了航空公司战时义务，并能够向越来越多的加拿大人开放其服务。[16]"北极星"系列及其战时扩散技术，如机舱增压和远程导航，以及跨大西洋航线的开通，代表了这种新兴的现代基础设施。在环加拿大航空公司成立十周年之际，新飞机和新航线的庆祝活动得到了推广，这对该航空公司来说是个良机，标志自己在整个航空业，以及在加拿大历史和地理中的地位。

引入跨大西洋航线使环加拿大航空公司能够将自己和"北极星"系列

置于一个宏大历史的技术时间轴上，从北欧人的"小龙船"①开始，随后是卡伯特（Cabot）和卡地亚（Cartier）②的探险船，最后是1919年首次飞越大西洋③。一本宣传手册写道："经过一千年的时间，宽阔的海洋已经变成了一个狭窄的水池。"[17]跨越大西洋的目标在环加拿大航空公司更新的跨洲航线的宣传中得到了回应，它将19世纪中期的旅行——"乘独木舟、牛车和骑马的艰苦旅行"与飞行的速度和舒适性进行了比较。[18]把促进技术发展与对地理和历史的话语操纵结合起来是一种常见的策略，在周年纪念活动中回顾国家技术发展，展望现代技性科学的未来。一本环加拿大航空公司的小册子用18页的篇幅介绍了加拿大的航空历史，解释了"自从莱特兄弟还是不成熟的年轻人时，加拿大就有了航空意识"。它提到了亚历山大·格雷厄姆·贝尔（Alexander Graham Bell）的实验性风筝和飞机④，贝尔在1909年2月观看了加拿大的第一次控制动力飞行，"他的长胡子在冬天的寒风中飘扬"，还有在新不伦瑞克省出生的变距螺旋桨的发明者W.R.特恩布尔（W.R. Turnbull）。然而，环加拿大航空公司的宣传材料表明，加拿大航空史上最重要的时刻，是两次世界大战之间使用飞机进入、测绘和发展国家，因为"加拿大人开始认识到翅膀的价值，可以帮助他们到达广阔的北方荒野前哨站"。[19]

加拿大的"丛林飞行"传统被参与者和分析人士视为一个关键的技术神话，特别是因为像加拿大北部这么广阔的领土和无人居住的地区进行国

---

① "维京长船"的别名，维京人的海军舰船，用于贸易、商业、探险和战争。建造方式十分有特色，因其船头似龙，经常被维京人的敌人称为"龙船"，维京人是最早有记载从欧洲航行到美洲地区的族群。
② 卡伯特和卡地亚分别是意大利地区和法国地区的航海探险家，均有记载在16世纪初期探索当时构想中的"西北航道"时，来到了加拿大一带。
③ 两位英国飞行员于1919年6月进行的第一次无间断的跨大西洋飞行。
④ 亚历山大·格雷厄姆·贝尔于1895年至1910年为飞机制造做了很多努力，做多项风筝实验与航空动力实验，在美国和加拿大地区建立航空实验协会，并在此基础上设计了飞机。

家测绘时存在固有的困难。马里恩·克罗宁（Marionne Cronin）认为，独特的网格测绘技术以及飞机设计是基于加拿大的特定地理环境而出现的，这表明技术系统可以同时从地理上和社会上得以构建。[20]此外，这些构建是多方位的，正如加拿大北部的自然条件塑造了丛林飞行一样，由丛林飞机进行的测量和运输也塑造了加拿大北部的矿区。丛林飞机及其飞行员也影响了对加拿大北部地区的文化认知，因为飞行员被认为是国民英雄，特别是他们能够跨越地理和气候上不可消除的天然屏障。战时媒体报道称，丛林飞行代表了"交通的传奇故事……这是人类勇气和耐力的又一个真正时代"，也是对加拿大技术、地理和国家的独特描述。[21]

"二战"后的环加拿大航空公司的资料表明，丛林飞行服务于几个不同的目的，但它们都强调了该航空公司在国家发展中的作用，无论是在物质方面还是在国家想象力方面。这在技术上是正确的，因为由国家资助的环加拿大空中航线最初是为了整合由各种丛林飞行组织创建的私人和公共航线的临时组合而建立的，而环加拿大航空公司当时正是为了使用该航线而建立的。尽管环加拿大航空公司是丛林飞行传统的产物，但宣传材料却致力于将航空旅行服务的规律性与丛林飞行的冒险和传奇联系起来。通常采取的形式是突出环加拿大航空公司工作人员的"北国经验"，如在周年庆期间的"个性"广告活动中所体现的，它介绍了一系列"为环加拿大航空公司舒适、可靠的定期飞行记录做出贡献的代表员工"。[22]其中一个广告介绍了温尼伯机库的主管弗兰克·凯利（Frank Kelly），他在加入环加拿大航空公司之前，"在整个加拿大北部地区飞行了六年（到过大熊湖地区、从麦克默里堡到阿克拉维克等）"。[23]这则广告详细介绍了凯利在北部地区的飞行地点，并在1949年和1950年多次投放，这表明丛林飞行对加拿大航空想象的价值，以及环加拿大航空公司如何将自己定位为两次世界大战之间丛林飞行传统的继承人。

在十周年纪念日的宣传中，重点强调航空对跨大西洋旅行和加拿大历史的价值，保持了相对受欢迎的现状，在这种情况下，加拿大的通航技术，如飞机，被认为消除了与距离有关的移动障碍。十周年纪念活动反映了"航空旅行是如何征服度假者的时间和空间的"，特别是"加拿大经常被称为是一个拥有广袤土地的国家，但那是在环加拿大航空公司成立之前"。飞机（特别是环加拿大航空公司）被赋予了巨大的力量："十年前，穿越加拿大需要五天。如今，人们可以在上午离开哈利法克斯，然后第二天在温哥华观看日出。环加拿大航空公司对加拿大的地理距离发起如此强烈攻势，以至于距离已经失去了原有的意义。加拿大人民可以以一种新的方式了解祖国，而这也培养了一种新的国家意识。"[24]显然，"北极星"系列飞机以极大的力量消除了加拿大的距离感。加拿大的距离感不仅仅受到环加拿大航空公司的"攻击"，正如1947年的一份通讯所说："'北极星'的到来……将使我们对距离和旅行时间的旧观念彻底打破……并将通过削减'飞行时间'来展示他们的优势力量。"[25]

所有这些战场厮杀般的口吻都与十周年纪念相关的促销活动中对航空旅行实际体验的宣传截然不同。战后的航空旅行比环加拿大航空公司成立之初要舒适得多，这主要归功于下文讨论的战时扩散技术，但20世纪40年代末的宣传册和广告却把从空中俯瞰加拿大的体验置于"现代飞机"所能提供给乘客的"奢华休息室"之前。一本宣传小册子声称："在空中旅行不会感到无聊，因为可以看到森林和农田，宽阔大草原上蜿蜒的河流，连绵的山麓和加拿大落基山脉的雄伟……景观总是在不断变化着。"[26]费舍尔应该是环加拿大航空公司空中景观的最大支持者。他描述到，在1948年飞越安大略省南部时，汉密尔顿地区似"工资单一般的"街道上"像蚂蚁一样爬行"的汽车，"受地理环境眷顾的"农场像"拼接的被子"，以及"水蓝色的安大略湖"，没有这些，"加拿大就不会拥有今天的世界地位"。[27]乘客们似乎也对上面的景色念念不忘，他们写信给航空公司要求提供指南，标注下面的地标，并要求将机翼"涂成暗黑色"以减少炫光。[28]在1950

年,一位乘客说到,只有"诗人兼科学家"才能充分描述飞行的感觉,因为它让人"对加拿大的整体性有一种全新的不寻常感觉。当你看着各省在你眼皮底下滑过,呈现出五彩缤纷的美景:落基山脉令人惊叹的壮丽、富饶的大草原、孤独的小农场、灿烂的温馨城市,你会发现,这种新鲜感和影响力是历史书和地理书无法比拟的,而这正是我们自己的国家"。[29]

这种对空中景观的刻意推销加强和支持了以地理位置为基础的加拿大国家认同,即使航空业正在抹去这种认同。正如大卫·考特怀特(David Courtwright)和钱德拉·比穆尔(Chandra Bhimull)展示的美国和英国航空那样,宣传航空旅行美景的行为并不是加拿大独有的。但加拿大看似庞大的规模,以及航空业在缩小这一规模方面已经确立的作用,使得飞机对地理的操控性尤其引人注目。[30]环加拿大航空公司的十周年纪念为自身及其航线提供了一个机会,既能延续加拿大独特的航空历史,又能对空间、时间和旅行进行现代表达。航线将加拿大的地理和气候串联起来,使整个国家清晰可见,借以支持航空的作用,同时用现代的技术系统对航空进行厮杀一般铺天盖地的宣传。此外,正如1949年的一本宣传小册子提醒乘客的那样,"在'北极星'空中航班上,寒冷的冬季风景流逝得更快"。[31]

产品推销

"北极星"系列飞机本身就是一个技术混合体。它建造于魁北克的卡迪维尔地区,几乎只由加拿大运营商使用,采用了美国道格拉斯DC-4运输机的基本机身设计,配以英国劳斯莱斯公司的"梅林"发动机,这些发动机在第二次世界大战中用于一些最著名的战斗机上,这足以证明它们的威力。[32]更重要的是,"北极星"首次整合了在战争期间开发的全天候飞行技术,用于应对环加拿大航空公司官员认为是乘客面临的最大潜在障碍:一个世纪以来关于气候的民间传说助长的、人们对冬季旅行的恐惧。加拿大人固有的、克服季节性移动障碍的能力，由这些技术充当了替身，但将"北极星"作为"全天候"或"全季节"飞机进行营销，慢慢地将气候从加拿大的自我建构中去中心化，就像十周年促销活动中强调环加拿大航空公司的新航线将地理因素去中心化一样。

在"二战"结束后，人们对军用航空技术的发展寄予了极大的期望，如远程导航、自动驾驶机制、机舱增压和电动除冰技术，这些技术可能会使战后的航空旅行更加方便、可靠和舒适。"北极星"系列飞机是加拿大第一批将这些分散系统集成一体的客机，它们是大众媒体和航空公司宣传的重点，尤其是客舱增压。[33]该飞机既展示了"豪华客车"一般的舒适雅座，包括软垫椅和柔和的墙壁颜色，也展示了"操作"功能，此功能对乘客体验影响不大，更多地影响飞机本身的操作，如无线电导航。"北极星"的宣传材料时而将客舱压力视为一种"奢侈品"，时而将其视为一种"操作"功能，但重点始终是加压机舱如何改变空中旅行的感受。设计史学家格雷戈里·沃托拉托（Gregory Votolato）认为，机舱增压"可能是改变航空客运性质的最大技术革新"，因为它为乘客提供了"一种前所未有的飞行舒适度"。[34]加拿大的乘客每天都在为不同于战前任何一种可能的体验做准备，而启用"北极星"系列飞机是向现代公众宣布这些变化的理想方式，它的名字令人想起天空。

然而，乘客似乎兴趣不大。环加拿大航空公司在和平时期的运营一直处于亏损状态，行政人员、雇员、政府和公众都有着不同程度的担忧。1949年，环加拿大航空公司的运营赤字在规模和政治利益上都达到了顶峰。那年是联邦大选年，担心政府巨额开支的保守党人将矛头指向了国有企业，尤其是那些有巨大运营赤字的企业。[35]潜在的罪魁祸首有很多，例如为处理海外旅行问题，环加拿大航空公司成立了"大西洋"分部，耗资巨大，加之设计、制造和维护"北极星"飞机的相关费用，但环加拿大航空公司官员将重点放在季节问题上：绝大多数乘客喜欢夏季旅行，而不是

› 261

冬季。[36]环加拿大航空公司在1948年夏季运送了65000名乘客，在淡季运送了45000名乘客，环加拿大航空公司总裁戈登·麦格雷戈（Gordon McGregor）在他的回忆录中称这是"一个严重的问题"。[37]麦格雷戈在1949年和1950年的采访和公开演讲中负责解释航空公司的困境，以证明航空公司的选择是正确的。他认为，运输的不平衡限制了环加拿大航空公司的发展，并将这一切归咎于这样一个想法"外界普遍认为，如果外面下雪，就不适合飞行，航空公司冬季的业绩更不稳定"。当然，这种想法"没有任何逻辑依据"，由于"北极星"飞机的新技术，如机舱加压、无线电通信系统和气象设备，这种说法"百分百是错误的"。[38]将全天候飞行的成套技术与寒冷天气联系起来，使季节性成为一个令人担忧的问题，但被航空公司亏损困扰的纳税人可以理解这一问题，因为它符合加拿大地理和气候特征的既定模式。

这似乎也很容易通过广告和教育活动来解决，这也符合麦格雷戈在乘客关系方面的兴趣所在。[39]环加拿大航空公司的独立广告部于1949年年初开始运作，几乎是立即聘请了位于蒙特利尔的考克菲尔德＆布朗公司（Cockfield, Brown and Company），该公司早在20世纪30年代就已是一家国有广告公司，并受到加拿大自由党的青睐。[40]环加拿大航空公司的广告部门是专门为解决季节性问题而建立的。广告部主任D.C.贝瑟尔（D.C.Bythell）在1949年声称，由于"广告部最关心的问题之一是'消除'季节性的不平衡"，其大部分资金被用到冬季，因为尽管"北极星"飞机拥有全天候的技术，"普通民众在乘坐飞机前还是会短暂经历冬日的狂风"。因此，贝瑟尔建议，"环加拿大航空公司广告公司的主要任务之一是推销'任何时候都是飞行时间'的理念"。[41]作为航空公司最先进的设备，"北极星"飞机在这些努力中发挥了作用，它代表了环境、技术和身份的融合，环加拿大航空公司作为一个国家行为者，可以向加拿大人阐明这些问题。

贝瑟尔用广告部的第一个机构宣传活动作为一个常见的例子，一群滑雪橇的孩子声称"北极星"飞机是"冬天真正的出行方式！"。广告文案大肆宣扬环加拿大航空公司"在冬季"运送了超过75万名乘客，这要归功于机舱加压所带来的更高的运行上限。[42]贝瑟尔认为这个广告取得了巨大的成功，到1950年，它以直邮传单和双色杂志广告的形式出现在至少12家报纸上。更重要的是，它"旨在帮助消除人们的普遍看法，即冬季飞行比其他季节的旅行更危险，更不可靠"。[43]观念很重要，这使得加拿大人对飞行的恐惧看起来完全是想象出来的，但这是加拿大自古以来的气候造成的。广告文案中选择性地使用大写字母，甚至暗示真正的"冬季"可能与"加拿大的冬季"不同。

另一个广告活动的标语是，逃离恶劣天气的最简单方法是使用加压的"北极星"飞机"越过它，或绕过它"，这显示了加拿大人对气候的想象是如何被航空旅行所统一和破坏的。尽管广告经理唐纳德·S.麦克劳克林（Donald S. McLauchlin）声称这个活动是为了"向加拿大公众推销全年的航空旅行"，其"愉悦的方式"和"动画技术"也将"打击公众中经常出现的一种态度，即冬季会增加航空运输的危险"。[44]这个活动中的广告没有设定任何特定的季节，"冬季"一词只出现了一次："无论冬季或夏季，当你乘坐环加拿大航空公司时，你的旅行都没有区别。"然而，强调"最平稳的航线""持续的舒适度"和"资深飞行员"的每个要点前是统一的雪花标识。[45]无论它们是否明确涉及冬季，这些广告都既要提高，又要降低冬季在加拿大技术意识中的地位。

"北极星"飞机被反复描述为跨越了加拿大独特地理和气候的天然屏障，但为了使广告有效，这种独特性必须依然保持。在环加拿大航空公司的广告官员看来，加拿大气候的传说产生了意想不到的后果，使加拿大人对飞行，尤其是对环加拿大航空公司充满恐惧。"北极星"飞机的宣传材料将季节性描述为一个可以通过新的技术系统、广告和教育来解决的问题。由于地理和气候的现实情况，加拿大人仍然被描绘成与航空有特殊的联系，但这些现实日益被航空旅行的现代技术设施所取代。

目的地推销

在战后的几十年里，全天候技术帮助航空旅行变得更省时、省力、省钱，并使得更多的人使用环加拿大航空公司的服务，包括飞往"阳光胜地"。1950年，麦格雷戈在季节性巡回演讲时，详细介绍了对"季节性波动弊端"的两个防御措施：宣传环加拿大航空公司的全天候性能，以及推出与加拿大"冬季萧条"气候相反的出行航线。[46]环加拿大航空公司于1948年开通了飞往百慕大的航班，在随后的十年间开通了拿骚、牙买加、特立尼达和佛罗里达的部分城市。开设这些航线最初有很多目的，包括通过建设机场和注入旅游资金，将国家经济影响力扩展到现在和以前的英国殖民地，但这些潜在的担忧不像关于阳光和沙滩的讨论那样公开。"阳光胜地"旅游的流行性和普遍性，最终使它们的广告集结了许多新焦虑，即一旦现代技术系统破坏了地理和气候的稳定，如何最好地维护基于地理和气候的身份认同。在20世纪40年代和50年代，当前往热带地区的航空旅行仍然是一种新事物时，环加拿大航空公司将其南部航线准确地定位为"夏季目的地"来销售，声称乘客可以在加拿大的冬天感受到加拿大的夏天。涡轮动力大型客机的出现，使对加拿大冬季天气的大规模贬低这一策略被相对摒弃；乘客们似乎完全放弃了他们的冬天，而不是简单地缩短冬天。这种对时间的操控，以及环加拿大航空公司对加拿大季节性言论的轻易颠覆，显示了现代技术系统是将地点和时间与国民身份相分离的方式。

环加拿大航空公司"阳光胜地"说法的根源是气候对比。通过展示飞机可以把乘客带到其他气候区，飞机跨越气候的能力得以延伸。环加拿大航空公司的员工通讯介绍了飞往百慕大的航班，解释说旅客可以"在多瓦尔（蒙特利尔）登上一架大'北极星'，把千里冰封的洛朗蒂德山脉远远抛在身后，四小时后俯瞰百慕大的青山和蓝色海湾"。[47]对早期飞往加勒比海地区的报道称，他们"从松树到棕榈树"，"把胶鞋和围巾留在蒙特利尔或多伦多"，转而青睐"银色的海滩"。[48]1948年11月，当一位议员无法参加一次宣传旅行并提出"下次补偿"时，麦格雷戈和蔼地建议他"要用上其他名字，比如加勒比海"。[49]这样的举措，无疑是谨慎地加强舆论，因为环加拿大航空公司的"阳光胜地"想象可以否定气候在加拿大国家形象潮流中的地位，突出其他气候，使它们看起来更有吸引力。

起初，该航空公司开发了一些复杂的技术，尽管是无意的、不相关的，但可以用来调和加拿大气候为基础的国民身份论和航空旅行对空间和时间的现代破坏。这些技术通常将参观"阳光胜地"视为"时间旅行"。例如，乘客可以购买"前往夏季的机票"，或者"乘坐环加拿大航空公司'北极星'航空南下，……到'一月永远是六月'的地方"[50]这并不是一个全新的策略。历史学家米米·谢勒（Mimi Sheller）将这一现象追溯到19世纪，当时流行的旅行故事是这样描述的：在海上航行一周是经历"从冬天到晚春的奇妙过渡"，二月变成了"一个湿润的六月清晨"。[51]"二战"后，这些比喻被赋予了新的含义，比如把"北极星"飞机当作"魔毯"（一名温哥华太阳报的记者在一次宣传飞行中直接把飞机称为"黑匣子"），这就是全天候飞行广告的主旨。[52]有选择地揭开"北极星"的神秘面纱，显示了现代航空旅行技术是如何被调动起来执行不同的任务。百慕大仍然是1月，就像在多伦多或蒙特利尔一样，但将"阳光胜地"旅行作为"穿越时间的运动"，意味着乘客们正在用"夏季"而不是另一种类型的冬季来取代他们特殊的冬季。

这些策略使加拿大的气候保持不变，但在20世纪60年代，一旦喷气式客机在环加拿大航空公司开始流行，那些鼓励乘客"冬天登机，夏天落地"的广告就逐渐被那些强调喷气式飞机的力量，使加拿大人"摆脱冬日痛苦"的广告所取代。[53]部分原因是喷气式发动机的出现，航空旅行成了

› 265

一种新兴的公共交通形式,但也因为它和其他20世纪中叶的现代化技术一样,可以相对轻松地减少地理位置在国家话语中的地位。这种技术变革让加拿大人可以将地理和气候的物质体验与文化层面分离,这反过来又有助于调和一个明显的矛盾:一方面是"真正的北方人",另一方面是在室内温暖的球馆观看冰球比赛。正如历史学家戈德弗罗伊·德罗齐埃－洛宗(Godefroy Desrosiers-Lauzon)所言:"加拿大的冬天,尽管它的长度和强度,尽管它的身份塑造功能,尽管它融入了流行文化,但已经不再是以前的样子了。"[54]这让人们对地理和气候在加拿大人形象中可能发挥的作用感到担忧。

在喷气式飞机时代,"阳光胜地"被认为是远比加拿大更令人振奋的地方。加拿大航空公司的宣传材料并没有像前十年的广告那样支持加拿大的气候,而是说"阳光胜地"是"温暖过冬的好方法",这破坏了加拿大基于地域的想象。[55]例如,在20世纪60年代末的一次宣传活动中,有人问道:"一个手指麻木、浑身冰凉、溅着雪泥、在水坑里跳来跳去的人怎么可能在短短几个小时内成为冬季爱好者?"它把一个穿着冬衣的女子,同一个穿着比基尼的女子,以及带她离开冬天的喷气式飞机的图片放在了一起。[56]

喷气式飞机可以消除阻碍人流动的地理和气候的天然屏障,并以显然更有吸引力的热带气候取代加拿大的地理和气候。一旦宣传材料中展示了它们的诱惑力,它们就开始显得阴险了。1970年的一本小册子鼓励旅客加入"卡里普索俱乐部"(Club Calypso),这是航空公司虚构的南方飞行常客俱乐部,称其为"加拿大航空公司阳光崇拜者的秘密社团"。随着卡里普索俱乐部"目的地名单"的还有一个"警告":每一个都是为了赢得你的心和灵魂——成为你永恒的"阳光胜地"。"所以,享乐主义者们,你们要注意了!"[57]一旦气候温暖的目的地吸引了加拿大人,他们就该流连忘返了。

这种语言形式反映了现代世界对空间和时间的感知和体验方式的隐性变化,表明航空旅行等技术系统使地理位置成为国家身份的边缘,并与一个世纪的国民身份论者关于恶劣条件和塑造性格的冬季传说相悖。加拿大的知识分子努力解决如何调和冬季身份与航空旅行文化的问题，特别是当喷气式飞机打开了通往热带目的地的通道。这种斗争在20世纪70年代中期表现为对"旅游赤字"的担忧：加拿大人出国旅游的花费比外国人在加拿大旅游的花费还要多。例如，国会议员约翰·克罗斯比在1977年的议会会议上建议："我们所有人都听说过'禁止炸弹'运动。我们需要的是一个'禁止晒黑'的运动。每一个加拿大人如果敢在明年冬天去南方，并带着晒黑的皮肤回到加拿大，就应该被驱逐。"他仁慈地补充说："如果议员们是在这个会议厅的灯光下晒黑了，我们可以为之做出解释。"[58] 虽然表面上他是在谈论旅游收入，但克罗斯比明确阐述了喷气式飞机时代的担忧，即当地理和气候如此容易被抛弃时，如何维持基于地理和气候的国家认同。德罗齐埃-洛宗将国家为缓解"旅游赤字"所做的努力与"技术征服"以及随后对加拿大冬天的文化贬值联系起来，因为到了20世纪70年代，普遍的观点是"对冬天的厌恶和对佛罗里达阳光的喜爱证明了对加拿大热情的下降"。[59] 然而，正如本章对环加拿大航空公司宣传材料的分析所示，这不仅仅是对加拿大的热情，也是对现代加拿大国家想象中地理和气候的热情。

本章小结

当国会议员"建议"加拿大"禁止晒黑"时，20世纪现代化中普遍存在的空间和时间之间不断变化的联系，正在让位于与后现代化相关的生产和消费的加速和波动。大卫·哈维（David Harvey）将后现代的加速体验与一个世纪前通信和运输技术的迷失效应联系起来。空间和时间的瞬息万变鼓励人们"在这个不断变化的世界中寻找更安全的停泊点和更持久的价值"。[60] 由于加拿大人可以在数小时内乘坐飞机前往世界任何地方，因此

| 加拿大现代科技之路

在20世纪70年代对基于地点的身份认同的明确呼吁，代表着急切想要回归加拿大独特的国家气质——独树一帜的地理和气候。航空业和基于加拿大地域性的国民身份论之间的联系并没有完全消失；在2014年的一篇社论中，加拿大航空公司的首席执行官指出，它最适合在2013年的"极地涡旋"①中飞行，因为"安全永远是加拿大航空公司的首要任务，就像冬季是加拿大现实的一部分一样"。[61]

约翰·费舍尔在其关于环加拿大航空公司十周年"自豪的建设者"报告中告诉他的听众，要颂扬"那些把枫叶带得很高很远的男男女女们……他们帮助加拿大获得了国家的归属感"。[62]事实上，像"北极星"这样的加拿大飞机及其相关技术，一方面已经被纳入加拿大国家建设的神殿，被誉为团结的使者，与坚韧的加拿大人相媲美，另一方面也被指责淡化了地理和气候对国民的塑造。作为一个国家行为者，环加拿大航空公司负责建构两种互补的叙事：加拿大人和现代航空技术之间的日常互动，以及技术、历史、身份和地理的自我反思性叙事。从20世纪40年代到70年代，环加拿大航空公司的广告和宣传材料中不断变着花样的地理和气候措辞，揭示了现代技术系统的力量，拉开了技术使用者与当地生活体验的距离，以及对维护加拿大国家认同的影响。

---

① 极地涡旋是一种发生于极地的、介于对流层与平流层的中上部的持续且大规模的气旋。这种涡旋在冬季极夜的时候最为强大，因为此时的温度落差最大。2013年的极地涡旋导致了北美洲2013—2014年的冬季寒流。

第13章
圣劳伦斯海道和电力项目

圣劳伦斯海道和电力工程是20世纪的主要河流改造项目之一，在1954年至1959年，由加拿大和美国合作建造，它既是一个深水运河系统（海道），也是一次水力发电的尝试（电力项目）。在冷战初期，政府规划者、工程师和公众在如何理解进步、技术、国民身份建构和水域之间的相互作用方面，圣劳伦斯项目是一个极具启发性的事件。基于我之前在圣劳伦斯海道和电力项目上的工作，我使用这个大型项目来探索"极端现代主义"的概念。[1]

詹姆斯·斯科特在他1998年的书中说道：

> 对极端现代主义最准确的描述是，它是对科学技术进步的一种强有力，甚至可以说是过分肌肉发达的信仰。其核心是对持续的线性进步、科技知识的发展、生产能力的扩大、社会秩序的合理设计、人类需求的日益满足以及对自然的日益控制的极度自信。[2]

极端现代主义计划是以官僚和技术官僚的专业知识为基础，以牺牲地方知识结构为代价，未认识到自上而下方法的局限性。他们试图通过简化、标准化和秩序化方式，使社会和自然环境变得"易读"，从而控制它们，并为改善它们制订实用的计划。[3]斯科特确定了19世纪现代主义的前身，认为德国在第一次世界大战中的动员是极端现代主义的第一个实例，从20世纪30年代到60年代是极端现代主义锐气的高峰。

跨越了国界和政治意识形态的强化版现代主义观点的简洁明了，给了许多评论家大量直观的感受。因此，"极端现代主义"已经成为20世纪任何足够大的项目的一种简称，通常用于政府组织之间。笔者旨在表明"极端现代主义"用在描述和理解20世纪中期自由民主大环境中的大规模国家项目，是一个合适的概念，但合适的前提是该概念必须考虑到特定的地点和文化，进行重新调整和细化。更具体地说，笔者想表明圣劳伦斯海道和电力项目应该被视为一个彻头彻尾的极端现代主义项目。在推动圣劳伦斯项目计划的组织逻辑和必要条件中，就河流及生活在它附近的人们而言，极端现代主义的方法当然是显而易见的。该项目是一项由中央官僚机构控制的国家建设活动，目的是控制自然环境进而取得发展进步，从而组织、规范和改善加拿大社会。但是，它也与自由主义、资本主义和民主原则相适应，并通过冷战的要求和模式以及加拿大圣劳伦斯地区国民身份建构和美帝国主义的棱镜折射出来。正如笔者在下文中进一步解释的，所有证据都导向了一种协商形式的极端现代主义。

开拓一条海道

考虑到河流和水域在培养加拿大国民身份和民间传说中所发挥的作用，圣劳伦斯河的重要性不言而喻。加拿大人"认为水是他们自然身份的一部分"。[4]此外，"河流是加拿大的文化标志；它们一直在传达加拿大的理念，其国家建设和集体身份的完整解释"。[5]最著名的例子莫过于唐纳德·克里顿（Donald Creighton）将圣劳伦斯河作为加拿大历史上中心象征的"劳伦斯理论"。[6]这条海道为国家建设提供了与横贯大陆的铁路相似的条件，促进和推动了加拿大人的身份认同，以及国家统一、进步和繁荣，同时以东西走向将国家连接起来，与美国的南北走向交通网形成对比。此外，圣劳伦斯深海航道延续了加拿大国家的历史趋势，即通过大量补贴或建设大型交通网络来应对那些对国家不利的空间环境问题，这些运输网络被认为有利于整个社会，即便最直接的受益者是私人企业和工业。

在圣劳伦斯河修建运河的历史可以追溯到几个世纪前。关于在该河中建立加拿大-美国联合深水航道的最初讨论可以追溯到19世纪90年代，在随后的几十年里，将其与水电开发相结合的想法变得根深蒂固。在流经魁北克之前，圣劳伦斯河形成了安大略省和纽约州的边界，这意味着要改变河流的水位，必须得到两国的许可。[7]正如詹姆斯·赫尔在本书第5章中指出的那样，自19世纪末以来，现代主义精神一直支撑着圣劳伦斯河的工程计划，在第二次工业革命期间，加拿大在水力发电技术方面处于世界领先地位。[8]然而，在第一次世界大战后的几十年里，随着规模、技术和目标的相应变化，圣劳伦斯海道和电力项目规划变得极端现代化。在1932年和1941年，双边谈判和跨国工程研究达成了开发该河流的正式协议，但在这两种情况下，美国国会都否决了这些协议，主要是因为部门利益集团的反对。由于冷战初期的紧迫性，对圣劳伦斯项目的需求增加，海路发展成为一个主要的双边问题。由于厌倦了美国国会的不作为，再加上各种形式的将圣劳伦斯河定义为加拿大独有的河流的国民身份建构论，魁北克圣劳伦地区政府试图在北岸的加拿大领土上建造一条"加拿大独有的"海路。在安大略-纽约电力开发项目获得批准后，美国的压力促使加拿大在1954年的协议中默许了一条联合海道。

历史学家 R. 道格拉斯·弗朗西斯（R. Douglas Francis）在研究加拿大的"技术需求"时提出："技术国民身份论是加拿大关于国家身份认同的象征。"[9] 据弗朗西斯说，在 20 世纪初，人们认为技术能使美国主宰加拿大；然而，技术是一把"双刃剑"，因为在 20 世纪后期加拿大采用的现代技术可能会使加拿大减少对美国的依赖。对于 20 世纪 50 年代的许多加拿大人来说，海道代表了技术解放。基于"二战"后广泛的国民自信，对可以代表加拿大的海道的支持将加拿大国民身份建构的各种表现形式（如地理、环境、政治、经济），与围绕圣劳伦斯水域的技术国民身份论相融合，形成一种"水力国民身份论"。

河流被改造成一种新型的混合环境技术系统。[10] 圣劳伦斯海道和电力项目是世界上最大的通航内陆水道（292 千米），从蒙特利尔到伊利湖威兰运河的终点站。在完工时，它是全球最大的跨境电力项目，而主要的发电站摩西-桑德斯发电大坝是北美第二大水坝。国际边界正好从该建筑的中间穿过。整个项目的总成本超过 10 亿美元。这条海道的持续最小水深为 27 英尺，15 个水闸的深度为 30 英尺。更大的大湖区-圣劳伦斯水路系统提供了一个由深运河、疏浚渠道和船闸组成的网络，从大陆中心到大西洋延伸约 3700 千米。动力蓄水池由两座新的控制大坝组成，与

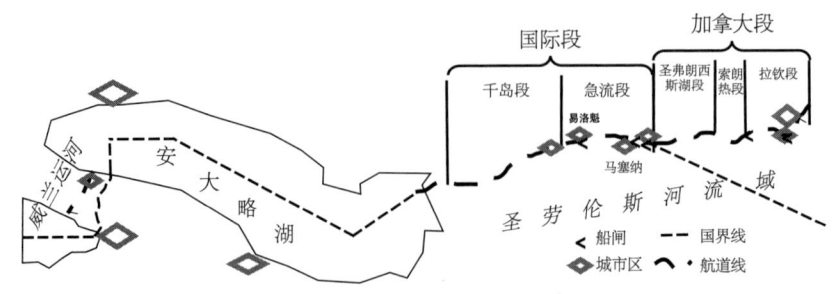

圣劳伦斯航道示意图 | 基于埃里克·莱茵伯格（Eric Leinberger）制图。可参见丹尼尔·麦克法兰，《协商的河流：加拿大、美国和圣劳伦斯海道的创建》（Negotiating a River: Canada, the US, and the Creation of the St. Lawrence Seaway）（温哥华：哥伦比亚大学出版社，2014：4-5）。

摩西－桑德斯动力大坝协同工作，提高了水位，使 27 英尺深的航行成为可能。

水电开发被称为"极端现代主义冲动的最突出表现"，[11] 著名的加拿大历史地理学家格雷姆·温（Graeme Wynn）指出，圣劳伦斯海道和电力项目是加拿大极端现代主义事业的缩影。[12] 由于新水库的建设，需要迁移人员、房屋和基础设施，这是加拿大历史上最大的重建项目。加拿大一些社区受到水位上升的影响，约 2 万英亩土地被淹没。安大略省约有 6500 人受到影响，大多数人居住在圣劳伦斯河国际段北岸被淹没的城镇和村庄，它们被称为"失落的村庄"。在人口较少的纽约州一侧，约有 18000 英亩被淹没，1100 人被转移。

圣劳伦斯湖和"失落的村庄"示意图 | 基于丹尼尔·麦克法兰的制图，基于失落的村庄历史协会的地图。可参见自丹尼尔·麦克法兰，《协商的河流：加拿大、美国和圣劳伦斯海道的创建》(Negotiating a River: Canada, the US, and the Creation of the St. Lawrence Seaway)（温哥华：哥伦比亚大学出版社，2014：140）。

正如威廉·贝克尔（William Becker）和罗伯特·帕斯菲尔德（Robert Passfield）所表明的那样，该项目涉及一系列工程、科学和技术方面的进步。[13] 加拿大工程师在应用最新技术方面走在最前沿，包括用于设计堤坝和路堤的土壤力学科学；使用喷射穿孔机技术；用于靠近运河墙壁的水下爆破"气垫法"；以及混凝土浇筑的新方法，特别是在冬季。[14] 作为航道建设的一部分，蒙特利尔进行了当时世界上最大的桥梁提升作业。另一个

› 273

重大的工程进展是广泛使用高精度的水力模型，这些模型详尽地复制了绵延不绝的河流：地形、海岸线、河道、河底轮廓，以及河流在自然状态下高低水位的湍流和流速。[15] 20世纪50年代初，加拿大第一台计算机被用于计算全加拿大航道的回水流量。[16] 在减少和控制结冰的形成方面，还取得了其他技术和规划方面的进步。为了搬迁"失落的村庄"（下文将详细讨论），加拿大首次使用了机械式房屋移动机，加拿大国家研究委员会使用了来自"失落村庄"社区的九座房屋来测试其抗火能力。测试结果被用于修订加拿大消防法规，据说还使用烟雾探测器代替感温探测器。[17] 2000年，美国公共工程协会将圣劳伦斯项目列入其20世纪最重要的十个公共工程项目名单。

尽管取得了所有这些成就，圣劳伦斯项目的主要工程进展可以说更多地在于技术和工艺的使用规模，也就是说，它的组织规模比以前任何其他项目都要大。考虑到其复杂性和多样性，项目结果令人印象深刻。从工程和管理的角度来看，该项目是一个组织上的胜利，特别是在开发项目管理系统方面，该系统在许多方面是关键路径方法的先驱。事实上，考虑到项目的范围和规模，整个项目能够按时完成已经是非常了不起了。

我列出这些成就，主要是为了证明这是加拿大国家建设和加拿大"大工程"的一个关键案例。圣劳伦斯项目代表着进步，加拿大和安大略省政府不遗余力地炫耀着国家的力量。政府提供了旅游巴士和观景台，最终有超过一百万人前来观看施工，其中包括许多政要、政治领袖和来自国外的工程师。[18] 这条航道被认为是当时世界上最大的建设项目，加拿大人对他们拥有改造这样一个历史悠久的河流系统的技术能力感到非常自豪。

大科学可以被定义为国家赞助的具有足够物理规模的项目，需要大量的技术和资金投入。大卫·西奥多在本书第7章中断言，"加拿大的常规科学是小型科学"。然而，我认为加拿大一直倾向于在某些应用科学领域（如交通和水电工程）发展大科学，这通常是由于加拿大的地理和空间环境所带来的挑战和机遇。加拿大是一个幅员辽阔的国家，运河和横贯大陆的铁路等大型交通基础设施颇具吸引力。它也是一个拥有丰富水力资源的国家（虽然煤炭资源相对较少），因此该国在发展水电设施方面发挥了全球领先的作用。我建议将这种有选择性的技术使用称为"功能性"大科学。我从加拿大的外交政策领域得出了"功能主义"一词，它是一个经典的原则，认为加拿大应该根据自己的能力和实力，逐一挑选，积极参与国际事务（如在联合国服务）。当然，功能主义作为加拿大外交政策的指导原则已经被美化了，因为它只是被有选择地引用，而且在许多方面基本上是为了掩饰自身的利益而行事。[19] 尽管如此，加拿大的工程领域揭示了其功能原则的历史版本：在某些特殊的情况下，加拿大具有得天独厚的条件，加拿大会从事有必要的大型科学研究。圣劳伦斯航道和电力项目就是其中之一。

失去的河流，失落的村庄

没有什么能阻挡进步的道路，甚至整个社群也无能为力。圣劳伦斯河谷的大规模搬迁仅仅成了为生产电力和开采铁矿石而付出的一个小代价。打着进步和更广泛的国家利益的名义，将人文气息和周围的农村地区（包括莫霍克人的保留地①）淹没于失落的洪流。对受电力开发影响的人进行的重新安置则被认为是为了他们自己的利益，因为他们将被安置在有现代化生活水平和服务的综合新城，而不是分散在低效的村庄和农场。

安大略省水力发电委员会（以下简称"安大略省水电"）负责圣劳伦斯项目中的加拿大水电，并负责安大略省海岸的大部分修复工作。这三个新城镇是在农民的田地里从头开始建造的，为规划者提供了一个白板，让他

---

① 加拿大政府依照《印第安法规》为本国原住民群体（或称"第一民族"）预留的土地。

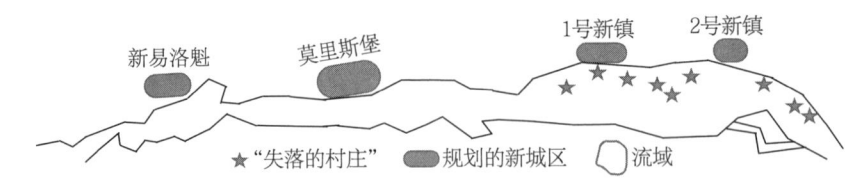

安大略水电委员会圣劳伦斯湖和修复区示意图，包括失落的村庄。| 基于安大略省电力公司规划图

们可以使用最新的规划原则，吸收流离失所的居民。居住者可以搬走他们的旧住宅，或者入住带有地下室、现代下水道、水力设施以及污水处理厂的新住宅。以前的城镇沿着水流呈狭长的网格状分布，而现在的新社区则使用弯曲的街道或者"新月形街道"。[20] 出于全局性考虑，主要的服务和设施被集中在中心广场和新的购物中心，学校、教堂和公园被安置在一起，以更方便和安全地进出。

正如极端现代主义工程所惯常做的那样，当地历史被真正地抹去了，取而代之的是一个英雄主义的未来。被淹没的地区包括最初由"联合帝国

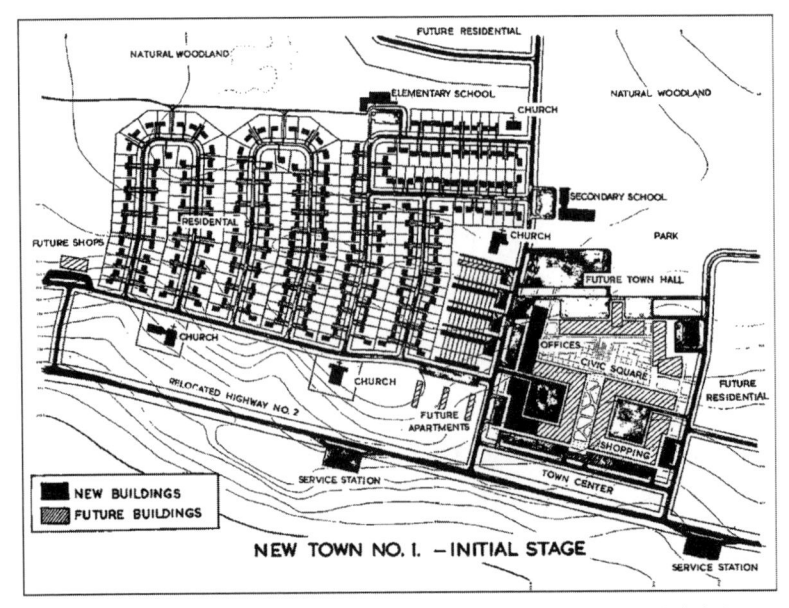

安大略省水电1号新镇（英格尔赛德，安大略）的计划蓝图。|© 安大略省电力公司

| 第13章　圣劳伦斯海道和电力项目 |

拥护者"[①]定居的社区，以及1812年战争[②]中的克莱斯勒农场战役[③]遗址。战役遗址被上加拿大村[④]旁边的山顶纪念碑所取代，这个仿制的拓疆村是为了纪念加拿大联邦化（1867年）时代的生活，也是为了创造当地旅游和娱乐设施所做的部分努力。而到了20世纪50年代，抵制搬迁的人成立了"失落的村庄历史协会"，并创建了自己的生活历史博物馆，以更好地展示他们和这条圣劳伦斯海道的故事。

这条深水道从根本上改变了国家层面、大陆层面和更广阔的国际层面的单一运输关系，就像铁路和飞机一样（关于后者，请参阅本书中布莱尔·斯坦因撰写的第12章），因此沿河和跨河的运输和移动网络进行了重新配置和升级——不仅仅是在地方或区域层面上。[21]这种组织和解决方案加强了国家定义的政治、经济和社会价值，使各级政府能够控制这些社区如何适应战后新秩序。

国家将圣劳伦斯项目作为展示其权力和向其公民证明其合理性的舞台。取样、投票、调查、测试和建模被广泛使用，因为作为极端现代主义方法的基本技术，它们允许国家控制信息，设定辩论条件，并"制造同

---

① "联合帝国拥护者"，又称"保皇党"，是指生活在18世纪70年代英属北美13个殖民地上不同意美国革命的人，他们因美国革命浪潮而迁至加拿大魁北克和新斯科舍地区，他们的定居导致原先的魁北克省在1791年分裂为上加拿大和下加拿大，二者于1841年分别成为今天加拿大的安大略省和魁北克省。
② "1812年战争"被称作美国独立战争结束后的"第二次独立战争"，由于是美国方同盟与英国方同盟之间发生于1812—1815年的战争，因此该战争也称"英美战争"。1812—1813年，美国攻击英国北美殖民地加拿大各省。1813年10月至1814年3月，英国在欧洲击败拿破仑，将更多的兵力增援北美战场。英国占领美国的缅因州，并且一度攻占美国首都华盛顿，焚烧了美国国会大厦和白宫。但是英国陆军在美国南部的路易斯安那州战场、尚普兰湖战役、巴尔的摩战役、新奥尔良战役中多次遭到挫败，并且海军也遭受败局。1815年双方停战，美国-加拿大边界恢复原状。
③ 克莱斯勒农场战役发生在1813年11月11日，英国和加拿大军队战胜了数量远远超过他们的美国军队。
④ 上加拿大村是安大略省莫里斯堡附近的一个历史公园，被建造成上加拿大时期的村庄的风貌。

意"：如果人们知道事实，那么这个项目的合理性将不可避免地迫使他们接受其逻辑。[22]安大略省水力发电委员会建造了观景台，数百万人前来观看施工。在本书中扬·哈德劳的第6章对加拿大贝尔公司向拨号电话转型的研究中，也可以明显地看出为引导和安抚那些受新技术影响的人而做出的努力。事实上，本书中的其他章节揭示了加拿大公众了解和参与现代科学技术的各种方式。失落村庄的居民被反复承诺，他们将获得物质利益，因为航道将使圣劳伦斯上游地区成为加拿大的主要工业区。该地区的许多居民在该项目中还是保全了工作和生计，尽管事实证明建设时期的繁荣是短暂的。

安大略省水力发电委员会多次挨家挨户走访，然后举行公众和市政厅会议。[23]在这些会议上，水电委员会在搬迁的某些方面做出了妥协，最突出的例子是在使用房屋搬运机器方面做出了让步，以便人们可以保留他们原来的房屋。然而，安大略省水力发电委员之所以愿意这样做，主要是因为搬家比建新房更便宜。[24]在省政府的坚持下，强行征用的赔偿金额被提高，并成立了上诉委员会。然而，该委员会通常是支持安大略省水力发电委员会的。[25]

社会对专家和政府的尊重是显而易见的。参与其中的政府和公众普遍认为，这是一个值得做出的牺牲。当然，也有人以不同的方式进行抵制，但对许多人来说，这个项目有一种不可避免的光环。此外，那些因联合电力系统而流离失所的人普遍期望，圣劳伦斯项目会带来巨大的繁荣，他们相信进步的一般逻辑。

与美国同行相比，相对于以前的其他大型项目，安大略省水力发电委员对那些因它而流离失所的人的喜好做出了更多的反应，但该电力机构最终无法超越圣劳伦斯航道和电力项目的势头和极端现代主义框架。纽约州电力局（PASNY）负责美国方面的水力开发和修复（两个联邦政府负责航行方面的工作）。纽约州电力局的负责人罗伯特·摩西（Robert Mose），在《国家的视角》(Seeing like a State)一书中被描绘成一位极端现代主义的杰出人物，因为他长期以来一直在改造纽约市的景观。[26]摩西是一位彻头彻尾的民粹极端现代主义预言家，他被请到纽约州电力局正是因为他有能力让人们摆脱困境并快速完成大型项目。

顺便说一句，尽管笔者指的是"国家"，并对其进行概括，但重要的是要认识到，一个国家的观点和权威以各种方式不断变化。E.A. 希曼（E.A. Heaman）正确地指出，多样化的加拿大国家是"一个过程而不是一个机构"，各级政府当局内部和各级政府之间不同的甚至是矛盾的观点和目标，反映了所谓的"国家内部多元化"。[27]同时，在航道的创建过程中，引人注目的是各级政府以及他们所管辖的那些人，往往对圣劳伦斯项目的国民身份论、技术和国家建设的意义有类似的看法，也就是说，极端现代主义的观点已经渗透到了加拿大政府和社会中。

精心设计的河流

工程师和专家们认为自然是可以通过技术来控制和安排的，几乎没有考虑到对环境的深远影响。由于工程领域所具有的文化威望，这种观点延伸到了整个国家和社会。专家和政府使用的言辞主要集中在击败、控制和开发这条河。没有用到的语言类型也揭示了一个大型项目的精神，即承认圣劳伦斯海道和电力项目这种规模的项目所固有的限制和影响。

正如本书中所涉及的许多其他现代加拿大技术和科学项目一样，圣劳伦斯河的改造具有极端乐观主义的特征。但在许多方面，"乐观主义"一词并不能完全反映规划者所认为的他们正在改善社会和自然的程度。工程部门和政府规划部门对控制和修复圣劳伦斯河的能力显得有些狂妄自大，毕竟它是美洲大陆的第二大河。国际联合委员会负责绘制河流剖面图，以便施工，工程师们在施工阶段花了很多时间试图为圣劳伦斯河和安大略湖建立一个令人满意的最低和最高水位范围。这需要确定河流和湖泊的"自然"水位，但因"自然"太难掌控，并且缺乏足够的信息，加之以前对五大湖－圣劳伦斯盆地的改造，这基本上是一种适得其反的努力。工程师们一直在制定调节水位的方法，但由于方式有误，并缺乏充分的知识，他们不得不在几年的时间里反复修改这些方法。最终，他们努力达到"尽可能接近"的水位。[28]然而，在项目完成后不久，五大湖－圣劳伦斯系统的水位就接近了规划中没有考虑到的低水位，而且在冬天，冰块造成了"悬坝"，干扰了发电。工程过程中暴露了许多错误、假设、猜测和党派意见。然而，在公开场合，工程师们却展现出一种精确和自信的样子。

公平地说，这些规划者在许多方面都是他们训练和社会理想的产物，他们受制于主流的国家思想和跨国家思想，这些思想提倡工业资本与国家的合作，认为这对以经济和社会进步的名义最大限度地开发自然资源是必要的。他们认为，他们是在以明智的方式最大限度地利用自然资源。"专家"面临着巨大的社会和职业压力，要求他们信心满满地对下述问题给出答案：除了就业和经济因素、国家和组织的自豪感，以及技术和专业知识在东西方冷战紧张局势中的作用，他们的个人和职业地位也受到了威胁。十年后研究五大湖－圣劳伦斯流域污染问题的科学家可以公开承认他们的不确定性，而公开披露疑问对圣劳伦斯的工程师来说是不可想象的。[29]

他们把任何超出他们控制范围的事情都贴上了"上帝旨意"的标签，这表明，如果他们的科学技术都无法知晓，那就是无解之事。[30]并非相关政府和规划者无法理解其任务的复杂性，而是他们选择忽视或在精神上将圣劳伦斯环境中无法控制的方面搁置一旁，以此来坚持他们的信念，认为他们自己拥有完美的概念性理解。我认为，北美的极端现代主义浪潮在20世纪50年代和60年代达到顶峰，然后开始消退，正是因为在圣劳伦斯海道和电力项目这样的工程之后，专家们被迫认识到他们在控制自然和人类上的知识和能力是有限的。

问题在一定程度上源于工程师们对其模型的盲目自信。规划当局,包括国际联合委员会,都对这些模型很感兴趣,并利用一切机会向公众展示。这些巨大的模型,有的占据了整个仓库,被认为是对未来河道地貌进行探测不可或缺的一部分,也因此成为工程计划的核心。但也模型的错误也时有发现,有时错误源于不正确的知识,例如从河流中获取的错误的测量数据。[31] 由于模型的微妙比例,当应用于河流中的实际挖掘或结构时,微小的错误会导致不成比例的扭曲。在试图通过增加模型的粗糙度系数来模拟河流的浊度时,也会出现这种扭曲。[32] 有时,由于来自不同国家和机构的工程师试图证明他们的方法和专家是最好的,因此党派和国家的竞争也在发挥作用。当涉及模型的结果时,这一点尤其明显,而这种争端的解决往

安大略省伊斯灵顿仓库中的安大略水电模型。| © 安大略电力公司

往是基于政治而不是工程方面的考虑,这表明这一过程是不断协商的另一种方式。

然而,他们能够克服这些工程上的误算,因此我们不应忽视这样一个事实:最终,广义上讲,圣劳伦斯项目的建设和运营是按计划进行的。与项目之前的情况相比,从长远来看,圣劳伦斯和安大略湖的水位更加的可预测和可控制,水位的变化范围被压缩(即极端最高点更低,极端最低点更高)。从专家的角度来看,意外的环境后果相对较少,因为更有害的东西(如入侵物种)是可能通过适当的手段来防止的,而规划者认为其他负面的意外结果是可以容忍的。这并不是要为圣劳伦斯项目造成的破坏开脱,而是要强调环境影响是预想到的,也是可以被接受的。

圣劳伦斯海道和电力项目的形成是冷战背景下的必然结果,因为当时苏联和中国同时在进行大规模的水电和流域工业化项目。[33] 它也是全球工程协会、工程技术、意识形态和规划者跨国传播的产物。美国领先的工程公司乌尔、霍尔和里奇(Uhl, Hall and Rich)参与了美国国内和全球的多项重大水利工程,如田纳西流域管理局(TVA)大坝。[34] 当然,田纳西流域管理局是由富兰克林·罗斯福(Franklin Roosevelt)总统发起的,他在担任纽约州长时创建了纽约州电力局,深受安大略水电模式的影响。一些工程顾问参与了所有这些公共电力组织。圣劳伦斯的工程师和工匠们曾在整个欧洲大陆的许多其他水坝建设项目中工作过,经常像移动的大篷车一样跟随这些工程。其他国家的官员在航道建设过程中前来参观。由于其规模之大和复杂性,圣劳伦斯工程就像水利工程师的研究生院。该项目完成后,圣劳伦斯的工程师们因其专业知识而受到北美和几乎所有其他大陆的大型项目的青睐。在圣劳伦斯工程进行的同时,美国和加拿大正在尼亚加拉瀑布的上游完成另一个跨边界治水巨型工程,并即将在哥伦比亚河开始另一项工程。[35]

| 第 13 章 圣劳伦斯海道和电力项目 |

正在施工中的摩西－桑德斯大坝 | 由埃莉诺·L.（Sis）杜马斯拍摄。|© 杜马斯航道摄影作品集，圣劳伦斯大学图书馆特别收藏，第 124 原稿收藏室。

协商的极端现代主义

学者们在应用极端现代主义时，往往没有认识到詹姆斯·斯科特给这一概念设定的范围。特别是，他坚持认为，完全的极端现代主义工程，也就是他称之为"独裁的"或"过激的"极端现代主义，只能发生在独裁国家，并且因其固有的矛盾而必然失败。斯科特列举了他所称的"19 世纪末和 20 世纪国家发展的最悲惨时期"的三个要素：除了实际的极端现代主义意识形态，他还指出了现代国家对巨大权力的无节制使用以及公民社会的无能为力或一蹶不振。[36]斯科特进一步指出，真正的极端现代主义项目甚至不能在自由主义政治经济中完全起步，因为有三个主要障碍：私人活动领域、经济的私营部门（即自由市场）和有效的民主机构。[37]

为了说明这一点，斯科特认为，极端现代主义在不同的时代和地点有

› 283

不同的形式，或者有交错的发展。他认为20世纪70年代坦桑尼亚的乡村建设是一种"柔和的极端现代主义形式"，但将巴西从无到有创建新首都的做法称为"过激的极端现代主义"[38]。然而，斯科特在《国家的视角》中并没有提供太多关于如何区分或定义这些极端现代主义变化的细节，尽管在另一项研究中他确实谈到了田纳西流域管理局的极端现代主义愿望是如何被其自由民主环境所破坏的。[39]

一些学者试图根据北美的情况来修改极端现代主义的各个方面。例如，杰斯·吉尔伯特（Jess Gilbert）在研究美国农业背景下国家主导的改革时，发现了一种源于新政当局的参与性民主和改善公民生活目标的"轻度现代主义"。[40]在加拿大的背景下，蒂娜·卢和梅格·斯坦利表明，在加拿大战后的水坝建设工作中，实际上存在着与地方的紧密联系，一种由对特定环境情况的详细认识所定义的"极端现代主义的地方知识"。[41]

蒂娜·卢在其他地方进一步分析了这一问题，并对斯科特最初提出的极端现代主义所固有的衰退叙事以及他对极端现代主义所依赖的全局视角的批评提出了异议。[42]在这一点上，大卫·皮茨（David Pietz）对中国大坝建设的分析表明，尽管对全局专业知识的重视会带来潜在危险，但反过来也是如此。在中国北方的水利工程中，基于地方的知识和劳动（如皮茨所说的"用两条腿走路"）取代了技术专业知识（尽管这在一定程度上是缺乏专业知识、资金和设备的结果），但总归受条件所限。[43]

圣劳伦斯河被抽象化并被简化为图表，以便使河流环境清晰可辨，但实地情况并没有被忽视。事实上，两个权力实体、不同的政府和跨国机构已经花了几十年的时间仔细搜索、研究和分析圣劳伦斯生物区，以确定具体的地方信息。然后，这些微观层面的细节被转化和投射到宏观层面的计划。圣劳伦斯的工程师们根据他们在当地面临的情况反复修改和调整他们的计划；然而，即使一再被告知他们的错误和局限性，他们仍然忽视了他们方法中的潜在缺陷，并对他们的模型和技术知识保持完全的信任。最后，正是由于工程师们相信他们能够真正了解和掌握每一寸土地，而不是对他们所操纵流域的无知，这时他们在圣劳伦斯工程上所展示出的狂妄才最为明显。

斯科特的三个定义中的前两个要素：极端现代主义的意识形态和对巨大权力的无限制使用，在圣劳伦斯项目中非常明显，即使它是由自由民主国家而不是公民社会薄弱的独裁国家实施的，它仍然应该被视为完全的极端现代主义。在航道这一问题上，私人部门使得经济缰绳过于复杂而难以驾驭的论点是站不住脚的，而民主领域和制度必然会挫败极端现代主义计划的观点也是站不住脚的。的确，对极端现代主义计划的认可必须不断地被制造。然而，当通过市政厅会议、调查和选举获得同意时，这种不断地被制造的认可赋予了极端现代主义计划更多的公众合理性。人们认为他们的意见得到了征求。至少在圣劳伦斯项目中，人们必然得出结论，民主制度和自由市场只是使极端现代主义的干预措施复杂化并对其进行部分修改，而不是阻止。[44]此外，尽管有工程上的错误和妥协，圣劳伦斯项目在很大程度上是按计划进行的，从而削弱了极端现代主义工程会不可避免地失败这一主张。[45]

本章小结

根据大多数定义，20世纪50年代的加拿大和美国政府不会被视为专制政府，但简单地将圣劳伦斯项目称为一种"温和形式的"过激极端现代主义的形式，并不能充分体现其独特的品质和变化。我们看到了我所称的"协商的极端现代主义"：概念上的极端现代主义，实践上的政治协商。尽管圣劳伦斯项目从根本上说是关于管理权的，但政府仍然需要不断地进行调解，重新确认他们的权威，通过让人们作为工人、崇拜者和搬迁者参与这一过程来完成。由于缺乏中央集权和专制的权力，在没有得到公民社会批准的情况下实施计划，相关国家的各个层面不得不反复调整、谈判，并使自己和他们极端现代主义的圣劳伦斯愿景合法化，以适应特定的自然环境和他们意图控制的社会。

  圣劳伦斯项目的"协商"特点可以通过一系列的外交讨论来进一步区分，这些讨论不仅发生在一个国家的各个权力机构内部以及各个机构之间，也发生在两个国家的政府之间。[46]最后，加拿大政府对圣劳伦斯海道和电力项目的做法显然是加拿大对圣劳伦斯河独特文化概念的产物；国家在身份、技术和自然环境之间的联系；加拿大与美国的关系；加拿大作为一个协商国家的存在（即不同民族和文化之间的妥协）；以及加拿大国家和公民社会之间的独特关系。

结　语
加拿大现代化作为"人类世"的明喻

也许没有什么比钱更现代了。虽然人类使用硬币和贝壳作为交换媒介已有数千年之久，但钱包里的纸币却是一种现代现象。[1]纸币，也被称为钞票，被用来交换商品和服务，与硬币不同的是，硬币的材质本身具有内在价值，纸币没有任何内在价值，但是它具有象征性价值。交易双方接受纸币是因为他们相信纸币是有价值的，通常是因为有权力的人保证了纸币的价值。从20世纪初开始，纸币几乎完全由国家发行，改变了在此之前由独立银行发行纸币的做法。正如詹姆斯·斯科特所指出的，使自然和城市生活变得清晰可辨及可控是现代国家建设的基础。[2]民族国家试图规范和组织社会、环境和技术的方方面面，国家官方纸币是创造秩序和管理的一种方式。发行货币是现代主权国家的基本表现之一。

纸币不像耐用材料制成的硬币，可以使用几十年，纸币因为磨损需要不断更换，每张纸币的平均流通时间不到两年。这使各州有机会通过新的设计来重新塑造他们的纸币，其目的往往是为了减少流通中的假钞数量。大多数州每隔十到二十年就会重新设计他们的纸币，这意味着当纸币发行

| 加拿大现代科技之路

时,它们往往代表最新的想法。纸币的重要性、普遍性、选择性和定期更新性,使其成为有用的身份内容的标志。[3]货币的正反面印有的人物或事物代表着国家,这是一个深思熟虑的选择。印刷纸币的纸张(现在某些情况下是塑料的)成为认定的货币发行方的代表。货币的使用者需要对交易媒介有信心,这是从纸币的象征性层面来说的。出现在纸币上的图像总是经过精心挑选,以促进纸币作为金融媒介被接受。[4]设计师必须为每天都能看到钞票的人们和作为局外人遇到纸币的外国人创造一个国家经济活力的代表。印在货币上的事物反映了一个国家的自我形象。

因此,当我要为这本书写一篇结束语时,我立即想到了作为现代化象征的纸币,特别是一种特定的货币发行:1935年的加拿大5元纸币。这张纸币是加拿大银行发行的第一个系列纸币的一部分。这些钞票是由防伪印刷厂与联邦政府协商设计的,并以英文和法文版本发行。这张5加元钞票的背面以电力设施形象概括了科学、技术和现代的融合。当年的纸币试图用古典的寓言神话赋予加拿大以美好的国家寓意。[5]

从19世纪开始,西欧和北美货币上的许多图像都是有寓意的,这种视觉选择与文化和经济的相互关系有关。[6]人格化的自然、工业、美德和邪恶的代表是当时的标准文化形象,通过广泛的流通而被认可和合法化。寓

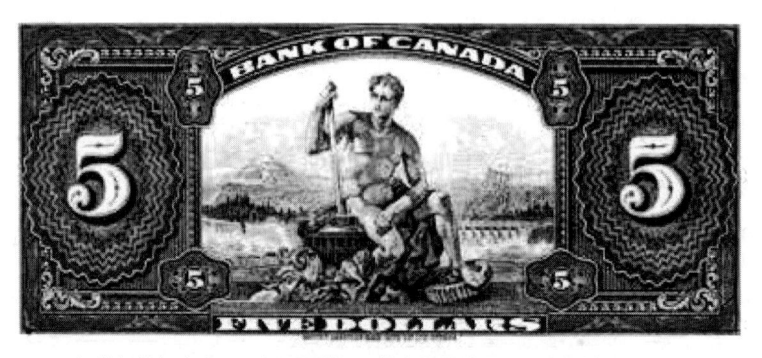

1935年发行的加拿大5元纸币图样。| 带水印图片属于公有领域

言图像，特别是那些援引希腊和罗马古典历史的图像，与帝国和权威有关，因此它们经常出现在18世纪和19世纪初想要宣称国家自主性和重要性的货币上。[7]这种特殊的视觉风格是在西方文化遗产的基础上宣称民族国家是现代的重要组成部分。被赋予寓意的5加元钞票上，身体、技术和环境汇聚在一起，讲述了现代加拿大的形成。

寓意的第一个元素是身体。前景中肌肉发达的年轻男劳动者坐在发电站顶端，他的脚放在一个大齿轮上。他就是电力的象征。尽管大坝建成后，机械部件直接将水源转化为能源，但建造它的是人类的体力劳动，设计它的也是人类的脑力智慧。通过技能和知识，人的身体可以征服不羁的大自然，正如蒂娜·阿德考克的章节中普特南的北极东部探险队的"多角色"的人，他们的身体也是如此。考虑到电力在身体中发挥的有益作用，正如多罗蒂亚·古奇亚多在她的章节中讨论的，这个人物的肌肉和完美的形态也许并不是偶然。正如在贝丝·罗伯逊的章节中所看到的，现代能源被等同于现代化和变革的力量。

当然，这个形象并不代表任何人——仅仅是一个处于最佳状态的欧洲白人男性，代表现代化的主要推动者。长期在这片土地上劳作的原住民并没有出现。欧洲人和定居的加拿大人认为他们低人一等，需要被教化，正如本书第1章的主人公理查德·金记录的民族志时所经历的社会背景；还有第2章中出现的动物尸体，作为普特南北极东部探险队的面临的边界对象，同样也被从现场抹去；第13章圣劳伦斯河的鱼类在试图迁移到新大坝以外的河道时徒劳无功，死在半路，堆积如山的尸体也看不见了。[8]人类身体的极度阳刚化，极端的肌肉组织和裸露的胸部，将劳动定义为男性的领域，也忽视了妇女通过自己的劳动建设加拿大的核心作用。[9]虽然这张纸币赞扬男性的身体是国家的缔造者，实际上它只是许多身体中的一种。这张纸币或许透露着加拿大中央政府行为者对现代化的一些看法：加拿大将由白人男子的身体来建造，而对电力的利用可以使这些身体更加强大。

正如简·尼古拉斯（Jane Nicholas）对1927年加拿大联邦"钻石庆典"[①]的研究所表明的那样，在"二战"时，男性体现出加拿大国家的进步愿景。工人理应自豪地承担起"国家真正建设者"的角色。[10]当我们意识到电力的形象不一定要是一个男人时，5加元钞票上选择男性身体的视觉图像就成为一种更明显的意识形态声明。相比之下，墨西哥在1925年发行的500比索钞票上以女性形象代表电力，1896年的2美元钞票上也是以女性形象代表电力与科学、蒸汽、商业和制造业。

寓意的第二个要素是技术工艺品。版画中显示的现代混凝土大坝是加拿大20世纪早期典型的大坝。它与卡尔加里电力设施1911年在霍舒斯瀑布启用和1913年在卡纳纳斯基斯瀑布启用的设备的早期照片中的设计相似。[11]加拿大是早期采用水力发电站的国家，其第一个发电站于1885年在魁北克市附近启用。20世纪20年代中期至30年代初，水电发展推动铝工业和跨省输电的发展，这个故事在关于20世纪加拿大的文献中得到了很好的体现。[12]通过水力发电，加拿大正在成为一个现代工业国家，这一形象正是纸币上所强调的。

该技术的工业方面是值得注意的。在21世纪，"现代"（或"后现代"）一词经常会让人想起计算和信息；但在20世纪初，"现代"意味着齿轮和工厂。水电是有用的，因为它可以转动齿轮。移动的部件使人们投入工作。因此，这个人坐在发电站的顶部，脚下是齿轮，这清楚地表明这是第二次工业革命的愿景。正如詹姆斯·赫尔在本书第5章中所指出的，这场革命的工厂是一个理性的新工厂，也是工厂外更大的社会理性化趋势的一部分。

1935年的5加元纸币上所展示的电气技术是加拿大"现代化"技术群的一部分。1935年发行的一系列新钞票利用技术的寓意来定义现代加拿大。[13]农业的特点非常突出：1加元钞票和20加元钞票上出现了一位

[①] "钻石庆典"通常指一个重要事件的60周年纪念庆祝，此处指加拿大联邦制自治在1867年7月1日建立的60周年庆典。

女性的农业寓意，10 加元钞票上也是一位女性坐在丰收的粮食硕果之上（500 加元钞票上的人物也代表着丰收或富饶）。正如埃达·克拉纳基斯在她关于孟山都公司和转基因作物的第 9 章中所展示的那样，在讨论现代化的时候永远不应该忽视农业，科学技术是农业发展的重要组成部分。2 加元纸币上的墨丘利[①]代表速度，两侧是火车（包括蒸汽和电力）和船舶。这些运输方式，就像布莱尔·斯坦因在第 12 章中讨论的后来出现的飞机一样，可以压缩空间和时间。在当时价值高的纸币，也是不太普遍流通的纸币，同样强调了发明：50 加元的钞票上有一个"现代发明的寓意"，100 加元的钞票上是一个商业寓言，一位稍年长的人在船坞前向一个年轻同伴展示了一艘蒸汽船。这些图像共同描绘了一幅建立在农业、交通和新能源技术之上的加拿大画面，尽管这些行业的变化在加拿大历史上往往是缓慢和非革命性的。[14]当然，这些对现代技术的宏大和壮观的想象掩盖了一个事实，即小型科学技术可能也推动了许多现代进步，正如大卫·西奥多在他对单人实验室的研究中阐明的那样。

5 加元钞票的图像聚焦于电力的生产，但却掩盖了伴随着这种新电力而产生的工作流程的变化。它还掩盖了电力改变社会习惯的方式，例如扬·哈德劳的第 6 章中阐明的拨盘式电话的发展。对于新用户来说，如何使用旋转拨盘电话而不是人工接线员并不一定很好理解。新技术并不是立刻就能融入日常生活的——它们是通过技术和用户双方的协商和调整而形成的，这个过程被称为"驯化"[15]。纸币上的图像也掩盖了加拿大技术与全球网络的联系。正如爱德华·琼斯－伊姆霍特普在第 8 章布尔的大炮发射器案例中所展示的，以及安德鲁·斯图尔在第 11 章的 1913—1918 年加拿大北极探险考察中所探讨的，加拿大的创新和科学往往是跨国别的。甚至加拿大的水力发电也是跨国的——到 1910 年，在尼亚加拉大瀑布的加拿

---

① 罗马神话中为众神传递信息的使者。

大一侧建造的水坝，三分之二的电力都出口给了美国的工业客户。[16]

寓意的最后一个元素是崎岖的荒野景观，大坝将它变成工作和动力。左边湍急的河流和危险的瀑布被中间的人物变成了右边的现代水坝。劳动力和技术已经控制及改变了这一景观。正如丹尼尔·麦克法兰对圣劳伦斯航道和配套水电大坝的案例所指出的，加拿大的水景通过工程和极端现代化理想被大量改造。这种景观的转变是试图使加拿大的水资源为民族国家所利用并转化为财富和权力的关键因素。

在这个纸币图片的背景中，白雪皑皑的山峰耸立在一片松林后面。虽然本书没有一章是关于森林的，但我们应该记住，在19世纪末，对森林枯竭和管理的关注刺激了加拿大的早期保护运动。[17]与其南方邻国不同，加拿大关注的不是保护荒野，而是使林业生产合理化，这是一种彻底的现代主义哲学，在这种哲学中，效率和客观被视为理想。获取资源并将其转化，使其发挥作用。但现代化也涉及对这些资源的记录；在获取和改造之前，它们必须被归类、系统化和了解。那么，这些就是斯蒂芬·博金（第10章）和安德鲁·斯图尔（第11章）所讨论的科学家们试图捕捉和理解的各种景观，以便将它们变成新生国家的资源。

尽管这本书强调了纯科学和应用科学在现代加拿大形成中的作用，但科学并没有明确出现在1935年的系列钞票中。它本可以出现的。其他全球货币包括：1864年的100美元钞票、1896年的2美元钞票、1939—1942年法国的20法郎钞票和1954—1959年澳大利亚的10镑钞票，都以寓言科学为特色，因此将科学出现在加拿大的钞票上也并无不妥。[18]加拿大的选择表明，虽然历史学家可以承认科学在创造现代化方面的作用，但农业、交通和电力等实用物理技术对当时的加拿大人来说更明显地象征了进步。这也是本书之所以重要的部分原因——揭露现代化工程中那些隐藏在显而易见的进步故事之后的暗线。科学加深了人们对身体、技术和环境的理解和改造。

| 结语　加拿大现代化作为"人类世"的明喻 |

再看一下1935年5加元纸币的整体视觉印象，我们看到人类在现代场景中占主导地位。尽管这个人寓意为"电力"，但他的人形对图像的解释很重要。在现代社会，电就是人，人就是电。在这个展现进步的意象中，所有的技术和自然事物都在这个人的控制之下。正如本书导言所表明的，统治是现代进步主义思想的核心要素。这种统治的结果是人类世，即人类技术改造地球的基本地质和生物的时代。[19]水电项目、核科学、大规模狩猎和转基因作物带来的是一个彻底改变了的地球。同时，产出二氧化碳的渺小个体行为的聚集效应对地球的综合影响不能被低估，不能被简单归因于地质力量，就如加拿大人大批飞往南方以躲避冬季天气能对环境所造成的影响。

关于"人类世"开始的时间有很多争论，但总的趋势是把18世纪开始的工业革命或第二次世界大战后的时代作为起点。[20]无论选择两者中的哪一个，加拿大都是一个人类世国家。2017年是加拿大成立联邦的150周年，这使国家的主要发展处于人类世的时间轴上。[21]

迪佩什·查克拉巴蒂提出，"人类世"的概念应该迫使我们重新思考现代化的历史，因为"现代的自由是建立在对化石燃料的使用不断扩大的基础之上的"。[22]基于此，我想提出，本书试图定义科学技术在现代加拿大形成中的作用，这种尝试可以被重新定义为，对科学技术在本土化的"人类世"形成中的作用的探究。加拿大现代化的核心是彻底改变土地和水，以满足人类的需求，并建立新的民族国家，无论是在加拿大本土还是在全球范围内。[23]尽管加拿大在水电方面进行了大量投资，但北方的焦油砂和其他石油和天然气开采符合查克拉巴蒂对人类世的描述，即化石燃料使用的增加。这个国家是在资本主义经济体系中建立起来的，而资本主义经济体系也被认为是"人类世"的来源之一。[24]加拿大的现代化在时间和空间上都无法与它所处的"人类世"分开。

加拿大作为"人类世"的产物，其特殊的时间线与欧洲国家形成鲜明对比，后者在创造新纪元的过程中起着主导作用。西欧国家以其他方式宣称自己的现代化。他们的纸币主要依靠文化生产（文学家、音乐家、艺术家）、历史和政治领导人的形象。虽然加拿大的现代化经常被刻意与欧洲的现代化相比较，正如本书的编辑在导言中所做的那样，但我想知道，更有效的比较是否应该是看其他国家在"人类世"中的现代化。这就意味着要把目光投向南部和东部那些宣称自己是与加拿大同时代的现代化国家。正如在导言中讨论的，这些地方和加拿大同样有着对现代化的渴望。

20世纪中后期，人造水电大坝企图驾驭自然的形象在许多国家的货币中具有标志性地位。从20世纪40年代的埃及和印度到20世纪70年代的沙特阿拉伯和萨尔瓦多，后殖民国家将水电的形象印在钞票上，以彰显其现代化。西欧唯一使用类似图标的国家是奥地利，其1961年的1000先令钞票上有一个水电大坝；在东欧，只有1952年的罗马尼亚和1960年的捷克斯洛伐克做了同样的事情。这些国家在第二次世界大战后正在重建基础设施，并希望展示他们在这方面取得的成就。水电站大坝成为能源自由、经济独立和国家地位的最终象征。这些纸币上的图像显示了人类对技术、环境和身体的控制，以宣示现代化的地位。

加拿大在1935年的钞票系列中使用的这一意象以及其他科技图像，告诉我们加拿大彼时对现代化的主张，可能比我们认为的更像那些"发展中"国家。1935年的加拿大与1940年的印度、埃及和其他此类国家之间存在哪些相似之处？为什么会这样？也许是因为所有这些国家都是在"人类世"中形成了自己的国家，巩固了民族国家的地位，所以存在着相似性。也许是因为他们都有殖民主义的遗留问题，因此也许加拿大需要被看作是一个后殖民主义的发展空间。也许他们之所以对现代化提出同样的要求，是因为工程师或官僚在他们的政府中扮演着重要的角色。也许他们都有一个共同的愿望，即为了在全球市场上竞争，要让当地的环境和人民具有可识别性。当然，这些建议都是需要检验的。

结语 加拿大现代化作为"人类世"的明喻

因此，作为结束本书的最后一个启发，我想提出，在理解现代加拿大的形成过程中，看看这些年轻民族国家在科学和技术方面的主张会是一个有意义的比较。他们的历史是会有启发性的，因为真正的人类世国家充满了一种完全由人类支配环境、技术和身体的心态。因此，人类世的国家既是一种存在方式，也是一种理解世界的方式。在"人类世"中诞生的国家从未成为现代国家——它们生来就是现代的——也从来不知道什么是前现代国家。加拿大就是这些国家之一。

贡献者

第 1 章　埃弗拉姆·塞拉 - 史利亚尔（Efram Sera-Shriar）

第 2 章　蒂娜·阿德考克（Tina Adcock）

第 3 章　多罗蒂亚·古奇亚多（Dorotea Gucciardo）

第 4 章　贝丝·A. 罗伯逊（Beth A.Robertson）

第 5 章　詹姆斯·赫尔（James Hull）

第 6 章　扬·哈德劳（Jan Hadlaw）

第 7 章　大卫·西奥多（David Theodore）

第 8 章　爱德华·琼斯 - 伊姆霍特普（Edward Jones-Imhotep）

第 9 章　埃达·克拉纳基斯（Eda Kranakis）

第 10 章　斯蒂芬·博金（Stefhen Bocking）

第 11 章　安德鲁·斯图尔（Andrew Stuhl）

第 12 章　布莱尔·斯坦因（Blair Stein）

第 13 章　丹尼尔·麦克法兰（Daniel Macfarlane）

注 释

引言

感谢尼古拉斯·肯尼（Nicolas Kenny）和两位匿名评论员对本文早期版本深思熟虑的评论。

[1] 更多代表性著作，见 David S. Landes, *The Unbound Prometheus: Technological Change and Industrial Development in Western Europe from 1750 to the Present*（London：Cambridge University Press, 1969）; J.D. Chambers, *The Workshop of the World*（London：Oxford University Press, 1968）; E.J. Hobsbawm, *Industry and Empire*（New York：Random House, 1968）; E.P. Thompson, *The Making of the English Working Class*（New York：Pantheon, 1964）; and A. Toynbee, *The Industrial Revolution*（Boston：Beacon Press, 1957）.

[2] Marshall Berman, *All that Is Solid Melts into Air: The Experience of Modernity*（New York：Viking Penguin, 1988）, 13.

[3] Herbert Butterfield, *The Origins of Modern Science: 1300-1800*（New York：Free Press, 1965）, 8; Edwin Arthur Burtt, *The Metaphysical Foundations of Modern Science*（Garden City, NY：Doubleday, 1954）, 15-24; Alexandre Koyré, *From the Closed World to the Infinite Universe*（Baltimore：Johns Hopkins University Press, 1979）, 1-3; Katharine Park and Lorraine Daston, "Introduction: The Age of the New," in *The Cambridge History of Science,* vol. 3, *Early Modern Science,* ed. Katharine Park and Lorraine Daston（Cambridge, UK：Cambridge University Press, 2006）, 15-16.

[4] Steven Shapin, *The Scientific Revolution* (Chicago: University of Chicago Press, 1996).

[5] Charles Sabel and Jonathan Zeitlin, "Historical Alternatives to Mass Production: Politics, Markets, and Technology in Nineteenth-Century Industrialization," *Past and Present* 108, 1 (1985): 133-76; Daryl Hafter, *European Women and Preindustrial Craft* (Bloomington: Indiana University Press, 1995); Francis Sejersted, "An Old Production Method Mobilizes for Self-Defense," in *Technological Revolutions in Europe: Historical Perspectives,* ed. Maxine Berg (Northampton, MA: Edward Elgar, 1998); Thomas Max Safley, *The Workplace before the Factory: Artisans and Proletarians, 1500-1800* (Ithaca, NY: Cornell University Press, 1993).

[6] 参见 John Tresch, *The Romantic Machine: Utopian Science and Technology after Napoleon* (Chicago: University of Chicago Press, 2012).

[7] 关于科学和技术历史的具体案例，请参见 David Edgerton, *The Shock of the Old: Technology and Global History since 1900* (Oxford: Oxford University Press, 2011); Vanessa Ogle, *The Global Transformation of Time: 1870-1950* (Cambridge, MA: Harvard University Press, 2015); Avner Wishnitzer, *Reading Clocks, Alla Turca: Time and Society in the Late Ottoman Empire* (Chicago: University of Chicago Press, 2015); Gyan Prakash, *Another Reason: Science and the Imagination of Modern India* (Princeton, NJ: Princeton University Press, 1999); Joel Wolfe, *Autos and Progress: The Brazilian Search for Modernity* (Oxford: Oxford University Press, 2010); David Arnold, *Everyday Technology: Machines and the Making of India's Modernity* (Chicago: University of Chicago Press, 2013); Marian Aguiar, *Tracking Modernity: India's Railway and the Culture of Mobility* (Minneapolis: University of Minnesota Press, 2011); On Barak, *On Time: Technology and Temporality in Modern Egypt* (Berkeley: University of California Press, 2013); and Timothy Mitchell, *Rule of Experts: Egypt, TechnoPolitics, Modernity* (Berkeley: University of California Press, 2002).

[8] Steven Shapin and Simon Schaffer, *Leviathan and the AirPump: Hobbes, Boyle, and the Experimental Life* (Princeton, NJ: Princeton University Press, 1985).

[9] 关于现代主义（modernism）、现代性（modernity）和现代化（modernization）：本书的部分内容探讨了这些概念的不同形式。我们的前提是，现代化是一种制度变革，以现代性的出现为特征。而现代主义隐性或显性地表达了什么是现代的。而了解现代性作为一个历史建构的概念，请参见 Kathleen Davis, *Periodization and Sovereignty: How Ideas of Feudalism and Secularization Govern the Politics of Time* (Philadelphia: University of Pennsylvania Press, 2008); and Kathleen Davis and Nadia Altschul, eds., *Medievalisms in the Postcolonial World: The Idea of "the Middle Ages" outside Europe* (Baltimore: Johns Hopkins University Press, 2009).

[10] Richard Foster Jones, *Ancients and Moderns: A Study of the Rise of the Scientific Movement*

in Seventeenth-Century England, rev. ed. (New York: Dover, 1982); Joseph M. Levine, ***Between the Ancients and the Moderns: Baroque Culture in Restoration England*** (New Haven, CT: Yale University Press, 1999).

[11] 关于现代性的著作浩如烟海。关于围绕它的争议, 参见 David Lyon, ***Postmodernity*** (Minneapolis: University of Minnesota Press, 1999); P. Osborne, Michael Payne, and Jessica Rae Barbera, "Modernity," in *A Dictionary of Cultural and Critical Theory,* ed. Michael Payne (West Sussex, UK: Wiley-Blackwell, 2010), 456-59; and "AHR Roundtable: Historians and the Question of 'Modernity,'" *American Historical Review* 116, 3 (2011): 631-751.

[12] C.A. Bayly, *The Birth of the Modern World, 1780-1914: Global Connections and Comparisons* (Oxford: Blackwell, 2004), 11.

[13] Dipesh Chakrabarty, "The Muddle of Modernity," *American Historical Review* 116, 3 (2011): 663-75. 关于现代性矛盾论的描述, 参见 Berman, *All that Is Solid Melts into Air*; 以及 Torbjorn Wandel, "Too Late for Modernity," *Journal of Historical Sociology* 18, 3 (2005): 255-68. 关于现代性损失论的描述, 参见 Sumathi Ramaswamy, *The Lost Land of Lemuria: Fabulous Geographies, Catastrophic Histories* (Berkeley: University of California Press, 2004). 也可参见 Zvi Ben-Dor Benite, *The Ten Lost Tribes: A World History* (Oxford: Oxford University Press, 2009); Dick Teresi, *Lost Discoveries: The Ancient Roots of Modern Science-from the Babylonians to the Maya* (New York: Simon and Schuster, 2002); Michael Hamilton Morgan, *Lost History: The Enduring Legacy of Muslim Scientists, Thinkers, and Artists* (Washington, DC: National Geographic, 2007); Elizabeth McHenry, *Forgotten Readers: Recovering the Lost History of African American Literary Societies* (Durham, NC: Duke University Press, 2002); and Jonardon Ganeri, *The Lost Age of Reason: Philosophy in Early Modern India, 1450-1700* (Oxford: Oxford University Press, 2011).

[14] Chakrabarty, "The Muddle of Modernity," 663; Gurminder K. Bhambra, "Historical Sociology, Modernity, and Postcolonial Critique," *American Historical Review* 116, 3 (2011): 653-62; Dipesh Chakrabarty, *Provincializing Europe: Postcolonial Thought and Historical Difference* (Princeton, NJ: Princeton University Press, 2000), 8. 正如林恩·托马斯所指出的, 非洲历史的形成, 部分是为了挑战对于现代性的理解当中, 各种种族主义、目的论和居高临下的假设。Lynn Thomas, "Modernity's Failings, Political Claims, and Intermediate Concepts," *American Historical Review* 116, 3 (2011): 727-40. 阿希尔·姆本贝认为, 回应种族主义的负担限制了对非洲的写作和思考。Achille Mbembe, "African Modes of Self-Writing," trans. Steven Rendall, *Public Culture* 14, 1 (2002): 239-73; Achille Mbembe, "On the Power of the False," trans. Judith Inggs, *Public Culture* 14, 3 (2002): 629-41.

[15] 引用于 Alexander Woodside, *Lost Modernities: China, Vietnam, Korea, and the Hazards of World History* (Cambridge, MA: Harvard University Press, 2006), 18. 对于科学、技术以及对"自然"不同理解之间的关系的讨论, 参见 the introduction to Edward Jones-Imhotep Edward Jones-Imhotep, *The Unreliable Nation: Hostile Nature and Technological Failure in the Cold War* (Cambridge, MA: MIT Press, 2017).

[16] 关于科学史, 见 Park and Daston, "Introduction," 2. 关于技术的出现, 见 Leo Marx, "Technology: the Emergence of a Hazardous Concept," *Technology and Culture* 51, 3 (1997): 561–77; and Eric Schatzberg, "'Technik' Comes to America: Changing Meanings of 'Technology' before 1930," *Technology and Culture* 47, 3 (2006): 486–512.

[17] 参见 Michael Adas, *Machines as the Measure of Men: Science, Technology, and Ideologies of Western Dominance* (Ithaca, NY: Cornell University Press, 1990). 关于纯粹性和杂合性的现代思考的延伸讨论, 参见 Bruno Latour, *We Have Never Been Modern*, trans. Catherine Porter (Cambridge, MA: Harvard University Press, 1993).

[18] 参见 S.N. Eisenstadt, "Transformation of Social, Political, and Cultural Orders in Modernization," *American Sociological Review* 30, 5 (1965): 659–73; *Early Modernities*, special issue of *Daedalus* 127, 3 (1998), including Shmuel N. Eisenstadt and Wolfgang Schluchter, "Introduction: Paths to Early Modernities-a Comparative View," 1–18; *Multiple Modernities,* special issue of *Daedalus* 129, 1 (2000); Shmuel N. Eisenstadt, ed., *Multiple Modernities* (New Brunswick, NJ: Transaction Publishers, 2002); Dominic Sachsenmaier and Jens Riedel, with Shmuel N. Eisenstadt, eds., *Reflections on Multiple Modernities: European, Chinese, and Other Interpretations* (Leiden: Brill, 2002); Charles Taylor, *Modern Social Imaginaries* (Durham, NC: Duke University Press, 2004); and Ibrahim Kaya, *Social Theory and Later Modernities: The Turkish Experience* (Liverpool: Liverpool University Press, 2004). 关于多重现代性研究方法的总结, 见 Bhambra, "Historical Sociology, Modernity, and Postcolonial Critique."

[19] Zvi Ben-Dor Benite, "Modernity: The Sphinx and the Historian," *American Historical Review* 116, 3 (2011): 638–52. 关于全球史和世界史区别的辩论, 见 Bruce Mazlish, "Comparing Global History to World History," *Journal of Interdisciplinary History* 28, 3 (1998): 385–95; Maxine Berg, "From Globalization to Global History," *History Workshop Journal* 64, 1 (2007): 335–40; and William Gervase Clarence-Smith, Kenneth Pomeranz, and Peer Vries, "Editorial," *Journal of Global History* 1, 1 (2006): 1.

[20] Carol Symes, "When We Talk about Modernity," *American Historical Review* 116, 3 (2011): 715–26.

[21] Frederick Cooper, *Colonialism in Question: Theory, Knowledge, History* (Berkeley:

University of California Press, 2005), 127; Chakrabarty, "The Muddle of Modernity," 665; James Vernon, *Distant Strangers: How Britain Became Modern* (Berkeley: University of California Press, 2014).

[22] Carol Gluck, "The End of Elsewhere: Writing Modernity Now," *American Historical Review* 116, 3 (2011): 676-87. 对这种用法的批评见 Cooper, *Colonialism in Question,* 113-49.

[23] Gluck, "The End of Elsewhere."

[24] Sanjay Subrahmanyam, "Hearing Voices: Vignettes of Early Modernity in South Asia, 1400-1750," *Daedalus* 127, 3 (1998): 99-100.

[25] 同上。

[26] 同上。

[27] 关于社会更广泛的自觉现代性，见 Bayly, *The Birth of the Modern World.*

[28] Dorothy Ross, "American Modernities, Past and Present," *American Historical Review* 116, 3 (2011): 702-14. 要分析美国现代性与欧洲现代性的区别，请参阅 Jürgen Heideking, "The Pattern of American Modernity from the Revolution to the Civil War," in Eisenstadt, *Multiple Modernities,* 219-47.

[29] Thomas, "Modernity's Failings, Political Claims, and Intermediate Concepts," 737.

[30] Cynthia R. Comacchio, *The Dominion of Youth: Adolescence and the Making of a Modern Canada, 1920-1950* (Waterloo, ON: Wilfrid Laurier University Press, 2006), 12.

[31] 尽管魁北克人的现代性和现代化经验在许多方面与其他加拿大人和其他工业化国家公民的经验相一致，但这些经验一直以来也受到该省特有的政治和宗教趋势的影响。对魁北克与现代性的历史和历史学遭遇的全面讨论不在本文的介绍范围之内。要了解这一主题，请参阅 Jean-Philippe Warren, "Petite typologie philologique du 'moderne' au Québec (1850-1950). Moderne, modernisation, modernisme, modernité," *Recherches sociographiques* 46, 3 (2005): 495-525; Martin Petitclerc, "Notre maître le passé? : Le projet critique de l'histoire sociale et l'émergence d'une nouvelle sensibilité historiographique," *Revue d'histoire de l'Amérique française* 63, 1 (2009): 83-113; and Peter Gossage and J.I. Little, *An Illustrated History of Quebec: Tradition and Modernity* (Don Mills, ON: Oxford University Press, 2012).

[32] Keith Walden, *Becoming Modern in Toronto: The Industrial Exhibition and the Shaping of a Late Victorian Culture* (Toronto: University of Toronto Press, 1997); Christopher Dummitt, *The Manly Modern: Masculinity in Postwar Canada* (Vancouver: UBC Press, 2007); Jarrett Rudy, "Do You Have the Time? Modernity, Democracy, and the Beginnings of Daylight Savings Time in Montreal, 1907-1928," *Canadian Historical Review* 93, 4 (2012): 531-54; Nicolas Kenny, *The Feel of the City: Experiences of Urban Transformation* (Toronto: University of Toronto Press, 2014); Jane Nicholas, *The*

Modern Girl: Feminine Modernities, the Body, and Commodities in the 1920s (Toronto：University of Toronto Press, 2015).

[33] 十年前，塞西莉亚·摩根指出，加拿大历史学家对反现代主义的迷恋，以及随之而来的其对现代性的忽视。Cecilia Morgan, *"A Happy Holiday": English Canadians and Transatlantic Tourism, 1870-1930* (Toronto：University of Toronto Press, 2008), 18-19.

[34] Craig Heron, *Lunch-Bucket Lives: Remaking the Workers' City* (Toronto：Between the Lines, 2015) 和 Dummitt, *The Manly Modern*, 这两本书为这些广泛变化提供了一个很好的地点概述。放在一起看，这两个故事跨越了大部分的现代时代。

[35] 除本节引用的著作之外，相关著作还有：Katherine Arnup, *Education for Motherhood: Advice for Mothers in Twentieth-Century Canada* (Toronto：University of Toronto Press, 1994); Mary Louise Adams, *The Trouble with Normal: Postwar Youth and the Making of Heterosexuality* (Toronto：University of Toronto Press, 1997); Mona Gleason, *Normalizing the Ideal: Psychology, Schooling, and the Family in Postwar Canada* (Toronto：University of Toronto Press, 1999); Wendy Mitchinson, *Giving Birth in Canada, 1900-1950* (Toronto：University of Toronto Press, 2002); Tamara Myers, *Caught: Montreal's Modern Girls and the Law, 1869-1945* (Toronto：University of Toronto Press, 2006); and Kristine Alexander, *Guiding Modern Girls: Girlhood, Empire, and Internationalism in the 1920s and 1930s* (Vancouver：UBC Press, 2017).

[36] 参见 Andrew Parnaby, "'The Best Men that Ever Worked the Lumber': Aboriginal Longshoremen on Burrard Inlet, BC, 1863-1939," *Canadian Historical Review* 87, 1 (2006): 53-78; Mary-Ellen Kelm, "Flu Stories: Engaging with Disease, Death, and Modernity in British Columbia, 1918-19," in *Epidemic Encounters: Influenza, Society, and Culture in Canada, 1918-20*, ed. Magda Fahrni and Esyllt W. Jones (Vancouver：UBC Press, 2012), 167-92; Mary Jane Logan McCallum, *Indigenous Women, Work, and History, 1940-1980* (Winnipeg：University of Manitoba Press, 2014); Frank James Tester and Peter Kulchyski, *Tammarniit (Mistakes): Inuit Relocation in the Eastern Arctic, 1939-63* (Vancouver：UBC Press, 1994); and Caroline Desbiens, *Power from the North: Territory, Identity, and the Culture of Hydroelectricity in Quebec* (Vancouver：UBC Press, 2013).

[37] Carolyn Strange, *Toronto's Girl Problem: The Perils and Pleasures of the City, 1880-1930* (Toronto：University of Toronto Press, 1995).

[38] Comacchio, *The Dominion of Youth*. 这种说法也适用于加拿大的其他地区。参见 Arn Keeling and Robert McDonald, "The Profligate Province: Roderick Haig-Brown and the Modernizing of British Columbia," *Journal of Canadian Studies* 36, 3 (2001): 7-23.

[39] Cynthia R. Comacchio, *Nations Are Built of Babies: Saving Ontario's Mothers and Children, 1900-1940* (Montreal/Kingston：McGill-Queen's University Press, 1993), 14.

[40] Donica Belisle, *Retail Nation: Department Stores and the Making of Modern Canada* (Vancouver: UBC Press, 2011); Sharon Wall, *The Nurture of Nature: Childhood, Antimodernism, and Ontario Summer Camps, 1920-55* (Vancouver: UBC Press, 2009); Walden, *Becoming Modern in Toronto*.

[41] 关于反现代主义的经典著作是 T.J. Jackson Lears, *No Place of Grace: Antimodernism and the Transformation of American Culture, 1880-1920* (New York: Pantheon Books, 1981). 要了解加拿大的情况, 请参阅 Lynda Jessup, ed., *Antimodernism and Artistic Experience: Policing the Boundaries of Modernity* (Toronto: University of Toronto Press, 2001).

[42] Ian McKay, *The Quest of the Folk: Antimodernism and Cultural Selection in Twentieth Century Nova Scotia* (Montreal/Kingston: McGill-Queen's University Press, 1994); Tina Adcock, "Many Tiny Traces: Antimodernism and Northern Exploration between the Wars," in *Ice Blink: Navigating Northern Environmental History*, ed. Stephen Bocking and Brad Martin (Calgary: University of Calgary Press, 2017), 131-77.

[43] Tina Loo, "Of Moose and Men: Hunting for Masculinities in British Columbia, 1880-1939," *Western Historical Quarterly* 32, 3 (2001): 296-319; Wall, *The Nurture of Nature;* Dummitt, *The Manly Modern,* Chapter 4; Ross Cameron, "Tom Thomson, Antimodernism, and the Ideal of Manhood," *Journal of the Canadian Historical Association* 10 (1999): 185-208; McKay, *The Quest of the Folk;* Candida Rifkind, "Too Close to Home: Middlebrow Anti-Modernism and the Sentimental Poetry of Edna Jaques," *Journal of Canadian Studies* 39, 1 (2005): 90-114; Michael Dawson, "'That Nice Red Coat Goes to My Head like Champagne': Gender, Antimodernism, and the Mountie Image, 1880-1960," *Journal of Canadian Studies* 32, 3 (1997): 119-39; Patricia Jasen, *Wild Things: Nature, Culture, and Tourism in Ontario, 1790-1914* (Toronto: University of Toronto Press, 1995); Mark Moss, *Manliness and Militarism: Educating Young Boys in Ontario for War* (Don Mills, ON: Oxford University Press, 2001), Chapter 5.

[44] 要对七人画派的历史和当代遗产进行批判性分析, 请参阅 Lynda Jessup, "Prospectors, Bushwhackers, Painters: Antimodernism and the Group of Seven," *International Journal of Canadian Studies* 17 (1998): 193-214.

[45] Tina Loo, *States of Nature: Conserving Canada's Wildlife in the Twentieth Century* (Vancouver: UBC Press, 2006); John Sandlos, *Hunters at the Margin: Native Peoples and Wildlife Conservation in the Northwest Territories* (Vancouver: UBC Press, 2007).

[46] James C. Scott, *Seeing like a State: How Certain Schemes to Improve the Human Condition Have Failed* (New Haven, CT: Yale University Press, 1998).

[47] Tina Loo and Meg Stanley, "An Environmental History of Progress: Damming the Peace and Columbia Rivers," *Canadian Historical Review* 92, 3 (2011): 407, 414.

[48] Daniel Macfarlane, *Negotiating a River: Canada, the US, and the Creation of the St. Lawrence*

Seaway (Vancouver: UBC Press, 2014). 也可参见本书第 13 章。

[49] Tina Loo, "People in the Way: Modernity, Environment, and Society on the Arrow Lakes," *BC Studies* 142-43 (2004): 161-96.

[50] Joy Parr, *Sensing Changes: Technologies, Environments, and the Everyday, 1953-2003* (Vancouver: UBC Press, 2010); Tina Loo, "Disturbing the Peace: Environmental Change and the Scales of Justice on a Northern River," *Environmental History* 12, 4 (2007): 895-919.

[51] Comacchio, *Nations Are Built of Babies*; Cynthia Comacchio, "Mechanomorphosis: Science, Management, and 'Human Machinery' in Industrial Canada, 1900-45," *Labour/Le travail* 41 (1998): 35-67; Jones-Imhotep, *The Unreliable Nation*.

[52] Tina Loo, "High Modernism, Conflict and the Nature of Change in Canada: A Look at *Seeing Like a State*," *Canadian Historical Review* 97, 1 (2016): 34-58; Parr, *Sensing Changes*, 189-98.

[53] 参见 William Cronon, "The Uses of Environmental History," *Environmental History Review* 17, 3 (1993): 1-22.

[54] 要彻底讨论科学和技术从普遍主义历史的转移，请参阅 Lissa Roberts, "Situating Science in Global History: Local Exchanges and Networks of Circulation," *Itinerario* 33, 1 (2009): 9-30.

[55] 参见Trevor H. Levere and Richard A. Jarrell, eds., *A Curious Field-Book: Science and Society in Canadian History* (Toronto: Oxford University Press, 1974); Wilfrid Eggleston, *National Research in Canada: The NRC, 1916-1966* (Toronto: Clarke, Irwin, 1978); and Vittorio de Vecchi, "The Dawning of a National Scientific Community in Canada, 1878-1896," *HSTC Bulletin: Journal of the History of Canadian Science, Technology, and Medicine* 8, 1 (1984): 32-58.

[56] 代表作品包括 M. Christine King, *E.W.R. Steacie and Science in Canada* (Toronto: University of Toronto Press, 1989); J.J. Brown, *Ideas in Exile* (Toronto: McClelland and Stewart, 1967); David Zimmerman, "The Organization of Science for War: The Management of Canadian Radar Development, 1939-45," *Scientia Canadensis: Canadian Journal of the History of Science, Technology, and Medicine* 10, 2 (1986): 93-108; Norman R. Ball and John N. Vardalas, *Ferranti-Packard: Pioneers in Canadian Electrical Manufacturing* (Montreal/Kingston: McGill-Queen's University Press, 1994); Arthur Kroker, *Technology and the Canadian Mind: Innis/McLuhan/Grant* (New York: St. Martin's Press, 1985); John N. Vardalas, *The Computer Revolution in Canada: Building National Technological Competence* (Cambridge, MA: MIT Press, 2001); Richard A. Jarrell, *The Cold Light of Dawn: A History of Canadian Astronomy* (Toronto: University of Toronto Press, 1988); and Richard A. Jarrell and James Hull, eds., *Science, Technology, and*

Medicine in Canada's Past: Selections from Scientia Canadensis（Thornhill, ON: Scientia Press, 1991）. 有关这些作品提出的有关 "民族风格" 的概念，有更广泛的史学讨论的例子，请参阅 Mary Jo Nye, "National Styles? French and English Chemistry in the Nineteenth and Early Twentieth Centuries," *Osiris* 8（1993）: 30-49; 以及 Jonathan Harwood, "National Styles in Science: Genetics in Germany and the United States between the World Wars," *Isis* 78, 3（1987）: 390-414.

[57] 参见 Richard A. Jarrell and Norman R. Ball, eds., *Science, Technology, and Canadian History*（Waterloo, ON: Wilfrid Laurier University Press, 1980）.

[58] Levere and Jarrell, *A Curious Field-Book*; Jarrell, *The Cold Light of Dawn.* 也可参见 Richard A. Jarrell and Roy MacLeod, eds., *Dominions Apart: Reflections on the Culture of Science and Technology in Canada and Australia, 1850-1945*（Ottawa: Canadian Science and Technology Historical Association, 1994）.

[59] 参见 Adas, *Machines as the Measure of Men.*

[60] Jarrell and MacLeod, *Dominions Apart;* Suzanne Zeller, *Inventing Canada: Early Victorian Science and the Idea of a Transcontinental Nation*（Montreal/Kingston: McGill-Queen's University Press, 1987）; Suzanne Zeller, "Environment, Culture, and the Reception of Darwin in Canada, 1859-1909," in *Disseminating Darwinism: The Role of Place, Race, Religion, and Gender,* ed. Ronald L. Numbers and John Stenhouse（Cambridge, UK: Cambridge University Press, 1999）, 91-122; Carl Berger, *Science, God, and Nature in Victorian Canada: The 1982 Joanne Goodman Lectures*（Toronto: University of Toronto Press, 1983）; Robert Bothwell, *Nucleus: The History of Atomic Energy of Canada Limited*（Toronto: University of Toronto Press, 1988）; Yves Gingras, *Physics and the Rise of Scientific Research in Canada*（Montreal/ Kingston: McGill-Queen's University Press, 1991）; Trevor H. Levere, "The History of Science of Canada," *British Journal of the History of Science* 21, 4（1988）: 419-25. 关于技术的想象力角色，参见 R. Douglas Francis, *The Technological Imperative in Canada: An Intellectual History*（Vancouver: UBC Press, 2009）; and A.A. den Otter, *The Philosophy of Railways: The Transcontinental Railway Idea in British North America*（Toronto: University of Toronto Press, 1997）.

[61] Ted Binnema, *Enlightened Zeal: The Hudson's Bay Company and Scientific Networks, 1670-1870*（Toronto: University of Toronto Press, 2014）.

[62] Kenneth Norrie and Doug Owram, *A History of the Canadian Economy,* 2nd ed.（Toronto: Harcourt Brace Canada, 1996）, 245-50; Graham D. Taylor and Peter A. Baskerville, *A Concise History of Business in Canada*（Don Mills, ON: Oxford University Press, 1994）, 264; Dorotea Gucciardo, "Wired! How Canada Became Electrified"（PhD diss., Western University, 2011）. 露丝·施瓦茨·考恩（Ruth Schwartz Cowan）在她经典著作 *More Work for Mother: The Ironies of Household Technology from the Open Hearth to the*

Microwave（New York：Basic Books，1983）中，探讨了在美国的类似问题。

［63］Pierre Bélanger, ed., *Extraction Empire: Sourcing the Scales, Systems, and States of Canada's Global Resource Empire*（Cambridge, MA：MIT Press, 2017）. 关于加拿大境内的"采掘帝国"，即加拿大北部地区，参见 Arn Keeling and John Sandlos, eds., *Mining and Communities in Northern Canada: History, Politics, and Memory*（Calgary：University of Calgary Press, 2015）.

［64］主要著作包括：David Wade Chambers and Richard Gillespie, "Locality in the History of Science: Colonial Science, Technoscience, and Indigenous Knowledge," *Osiris* 15（2000）: 221-40; Kapil Raj, *Relocating Modern Science: Circulation and the Construction of Knowledge in South Asia and Europe, 1650-1900*（Basingstoke, UK: Palgrave Macmillan, 2007）; James Delbourgo and Nicholas Dew, eds., *Science and Empire in the Atlantic World*（New York: Routledge, 2008）; Simon Schaffer, Lissa Roberts, Kapil Raj, and James Delbourgo, eds., *The Brokered World: Go-Betweens and Global Intelligence, 1770-1820*（Sagamore Beach, MA: Science History Publications, 2009）; and Sujit Sivasundaram, ed., *"Focus: Global Histories of Science,"* Isis 101, 1（2010）: 95-158.

［65］参见 Karen Dubinsky, Adele Perry, and Henry Yu, eds., *Within and without the Nation: Canadian History as Transnational History*（Toronto: University of Toronto Press, 2015）; Benjamin H. Johnson and Andrew R. Graybill, eds., *Bridging National Borders in North America: Transnational and Comparative Histories*（Durham, NC: Duke University Press, 2010）; Nancy Christie, ed., *Transatlantic Subjects: Ideas, Institutions, and Social Experience in PostRevolutionary British North America*（Montreal/Kingston: McGill-Queen's University Press, 2008）; Allan Greer, "National, Transnational, and Hypernational Historiographies: New France Meets Early American History," *Canadian Historical Review* 91, 4（2010）: 695-724; and Adele Perry, *Colonial Relations: The Douglas Connelly Family and the Nineteenth-Century Imperial World*（Cambridge, UK: Cambridge University Press, 2015）.

［66］参见 Adi Ophir and Steven Shapin, "The Place of Knowledge: A Methodological Survey," *Science in Context* 4, 1（1991）: 3-21. 关于"localist"（sometimes also termed the "spatial" or "geographical"），参见 Diarmid A. Finnegan, "The Spatial Turn: Geographical Approaches in the History of Science," *Journal of the History of Biology* 41, 2（2008）: 369-88.

［67］我们感到遗憾的是，这本书没有探讨加拿大大西洋沿岸的科学、技术和现代性。最近关于这个领域（包括天气和气候）的学术研究请参见 Jennifer Hubbard, *A Science on the Scales: The Rise of Canadian Atlantic Fisheries Biology, 1898-1939*（Toronto: University of Toronto Press, 2006）; Suzanne Zeller, "Reflections on Time and Place: The Nova Scotian Institute of Science in Its First 150 Years," *Proceedings of the Nova*

Scotian Institute of Science 48, 1（2015）: 5-61; Liza Piper, "Backward Seasons and Remarkable Cold: The Weather over Long Reach, New Brunswick, 1812-21," *Acadiensis* 34, 1（2004）: 31-55; Liza Piper, "Colloquial Meteorology," in *Method and Meaning in Canadian Environmental History,* ed. Alan MacEachern and William J. Turkel（Toronto: Nelson Education, 2009）, 102-23; and Teresa Devor, "The Explanatory Power of Climate History for the 19th-Century Maritimes and Newfoundland: A Prospectus," *Acadiensis* 43, 2（2014）: 57-78.

[68] 最近,《加拿大历史评论》2014 年 12 月号的加拿大环境史特别论坛的撰稿人提出了前三点, 尤其参见斯蒂芬·派恩（Stephen J. Pyne）和斯维尔克·索林（Sverker Sörlin）的文章。关于技术部分参见 the introduction to Bruce Sinclair, Norman R. Ball, and James O. Petersen, eds., *Let Us Be Honest and Modest: Technology and Society in Canadian History*（Toronto: Oxford University Press, 1974）, 1-3. 关于国家部分，参见 Richard Jarrell, "Measuring Scientific Activity in Canada and Australia before 1915: Exploring Some Possibilities," in Jarrell and MacLeod, *Dominions Apart,* 27-52; and Philip Enros, ed., "Science in Government," *Scientia Canadensis: Canadian Journal of the History of Science, Technology, and Medicine* 35, 1-2（2012）: 1-149.

[69] 有关科学史上流动性兴起的概述，请参阅 James A. Secord, "Knowledge in Transit," *Isis* 95, 4（2004）: 654-72.

[70] 参见 Paula Hastings and Jacob A.C. Remes, "Empire, Continent, and Transnationalism in Canada: Essays in Honor of John Herd Thompson," *American Review of Canadian Studies* 45, 1（2015）: 1-7.

[71] 关于加拿大、加勒比和中南美洲之间联系的其他文献包括：Karen Dubinsky, *Babies without Borders: Adoption and Migration across the Americas*（Toronto: University of Toronto Press, 2010）; Sean Mills, *A Place in the Sun: Haiti, Haitians, and the Remaking of Quebec*（Montreal/ Kingston: McGill-Queen's University Press, 2016）; 以及 Dubinsky, Perry, and Yu, *Within and without the Nation* 中的一些文章。

[72] 参见 Stephen Bocking, "A Disciplined Geography: Aviation, Science, and the Cold War in Northern Canada, 1945-1960," *Technology and Culture* 50, 2（2009）: 265-90; and Matthew Farish, "Frontier Engineering: From the Globe to the Body in the Cold War Arctic," *Canadian Geographer* 50, 2（2006）: 177-96.

[73] 关于"生命地理学"，参见 David N. Livingstone, *Putting Science in Its Place: Geographies of Scientific Knowledge*（Chicago: University of Chicago Press, 2003）, 182-83. 研究早期现代世界的历史学家们最近在研究一种特殊交流因素——中间人。他们如何在那个时代促进知识的翻译和传播，参见 Schaffer et al., *The Brokered World.*

[74] Perry, *Colonial Relations,* 255.

[75] Sverker Sörlin, "National and International Aspects of Cross-Boundary Science:

Scientific Travel in the 18th Century," in *Denationalizing Science: The Contexts of International Scientific Practice*, ed. Elizabeth Crawford, Terry Shinn, and Sverker Sörlin (Dordrecht: Kluwer, 1993), 45, as quoted in Chambers and Gillespie, "Locality in the History of Science," 223.

[76] Percy Bysshe Shelley, "A Defence of Poetry," in *Shelley's Poetry and Prose: Authoritative Texts, Criticism*, 2nd ed., ed. Donald H. Reiman and Neil Fraistat (New York: Norton, 2002), 538.

[77] 这项工作最近的例子包括 Joy Parr, "Notes for a More Sensuous History of Twentieth-Century Canada: The Timely, the Tacit, and the Material Body," *Canadian Historical Review* 82, 4 (2001): 719-45; Parr, *Sensing Changes*; Kenny, *The Feel of the City*; and Jarrett Rudy, Nicolas Kenny, and Magda Fahrni, "'An Ocean of Noise': H.E. Reilley and the Making of a Legitimate Social Problem, 1911-45," *Journal of Canadian Studies* 51, 2 (2018): 261-88.

[78] 加拿大医学史是一个充满活力、独特的研究领域，有自己的学术期刊和协会。关于它的中心主题和关注点的讨论不在本章的范围之内。对于此类文献的介绍，参见 S.E.D. Shortt, *Medicine in Canadian Society: Historical Perspectives* (Montreal/Kingston: McGill-Queen's University Press, 1981); Wendy Mitchinson and Janice Dickin McGinnis, eds., *Essays in the History of Canadian Medicine* (Toronto: McClelland and Stewart, 1988); Jacques Bernier, *Disease, Medicine, and Society in Canada: A Historical Overview* (Ottawa: Canadian Historical Association, 2003); E.A. Heaman, Alison Li, and Shelley McKellar, eds., *Essays in Honour of Michael Bliss: Figuring the Social* (Toronto: University of Toronto Press, 2008); and Wendy Mitchinson, *Body Failure: Medical Views of Women, 1900-1950* (Toronto: University of Toronto Press, 2013).

[79] Patrizia Gentile and Jane Nicholas, eds., *Contesting Bodies and Nation in Canadian History* (Toronto: University of Toronto Press, 2013).

[80] 参见 Steven Shapin, "Placing the View from Nowhere: Historical and Sociological Problems in the Location of Science," *Transactions of the Institute of British Geographers* NS 23, 1 (1998): 5-12.

[81] Sinclair, Ball, and Petersen, *Let Us Be Honest and Modest*, 3.

[82] 此处非常宝贵的贡献来自理查德·贾雷尔死后出版的专著 *Educating the Neglected Majority: The Struggle for Agricultural and Technical Education in Nineteenth-Century Ontario and Quebec* (Montreal/Kingston: McGill-Queen's University Press, 2016).

[83] 参见一期关于环境史和技术史的特刊，*Scientia Canadensis: Canadian Journal of the History of Science, Technology, and Medicine* 40, 1 (2018), co-edited by Daniel Macfarlane and William Knight; Dolly Jørgensen, Finn Arne Jørgensen, and Sara B. Pritchard, eds., *New Natures: Joining Environmental History with Science and Technology Studies* (Pittsburgh:

University of Pittsburgh Press, 2013); and Dolly Jørgensen and Sverker Sörlin, eds., *Northscapes: History, Technology, and the Making of Northern Environments*（Vancouver: UBC Press, 2013）.萨拉·普里查德（Sara Pritchard）的专著 *Confluence: The Nature of Technology and the Remaking of the Rhône*（Cambridge, MA: Harvard University Press, 2011）的介绍也为环境技术理论和方法提供了有用的入门知识。

[84] 参见博金关于这个主题独树一帜的相关博客文章："Landscapes of Science," *The Otter~La loutre*（blog）, Network in Canadian History and Environment（NiCHE）, January 14, 2015, http://niche-canada.org/2015/01/14/landscapes-of-science/.

[85] 参见 Sinclair, "Preface," in Jarrell and Ball, *Science, Technology, and Canadian History*, xiii.

[86] Zeller, *Inventing Canada*.

[87] 参见 Ian Mosby, "Administering Colonial Science: Nutrition Research and Human Biomedical Experimentation in Aboriginal Communities and Residential Schools, 1942-1952," *Histoire sociale/Social History* 46, 91（2013）: 145-72.

第 1 章

[1] Janet Browne, "Biogeography and Empire," in *Cultures of Natural History*, ed. N. Jardine, J.A. Secord, and E.C. Spary（Cambridge, UK: Cambridge University Press, 1996）, 305-21.

[2] Richard King, "Address to the Ethnological Society of London Delivered at the Anniversary, 25th May 1844," *Journal of the Ethnological Society of London* 2（1850）: 18.

[3] 更多关于伦敦民族学学会的信息，请参阅 George Stocking, *Victorian Anthropology*（New York: Free Press, 1987）, 244-57; Geoffrey Cantor, *Quakers, Jews, and Science: Religious Responses to Modernity and the Sciences in Britain, 1650-1900*（Oxford: Oxford University Press, 2005）, 133-38; Robert Kenny, "From the Curse of Ham to the Curse of Nature: The Influence of Natural Selection on the Debate on Human Unity before the Publication of the *Descent of Man*," *British Journal for the History of Science* 40, 3（2007）: 363-88; Sadiah Qureshi, *Peoples on Parade: Exhibitions, Empire, and Anthropology in Nineteenth-Century Britain*（Chicago: University of Chicago Press, 2011）, 186-87; and Efram Sera-Shriar, *The Making of British Anthropology, 1813-1871*（London: Pickering and Chatto, 2013）, 53-79.

[4] Efram Sera-Shriar, "Arctic Observers: Richard King, Monogenism, and the Historicisation of Inuit through Travel Narratives," *Studies in History and Philosophy of Biological and Biomedical Sciences* 51（June 2015）: 25. 金在叙事的第二卷第 12 章详细讨论了他的教化使命。Richard King, *Narrative of a Journey to the Shores of the Arctic Ocean in*

1833, 1834, and 1835, 2 vols.（London：Richard Bentley，1836），2：30-64.

[5] 更多关于现代社会种族观念转变的信息，请参阅 David N. Livingstone，*Adam's Ancestors: Race, Religion, and the Politics of Human Origins*（Baltimore：Johns Hopkins University Press，2008），11-25；and Paul Gillen and Devleena Ghosh，*Colonialism and Modernity*（Sydney：University of New South Wales，2007），156-58. 更多关于金对因纽特人种族结构的重构，见 Sera-Shriar，"Arctic Observers，" 23-31.

[6] Michael T. Bravo，"Ethnological Encounters，" in Jardine, Secord, and Spary，*Cultures of Natural History*，344；and Sera-Shriar，"Arctic Observers，" 23-31. 关于旅行文学在一般自然科学创作中重要性的更多信息，请参阅 Peter Hulme and Tim Youngs，"Introduction，" in *The Cambridge Companion to Travel Writing*，ed. Peter Hulme and Tim Youngs（Cambridge, UK：Cambridge University Press，2002），1-16；Janet Browne，"A Science of Empire：British Biogeography before Darwin，" *Revue d'histoire des sciences* 45，4（1992）：453-75；Lisbet Koerner，"Purposes of Linnaean Travel：A Preliminary Research Report，" in *Visions of Empire: Voyages, Botany, and Representation in Nature*，ed. David Phillip Miller and Peter Hanns Reill（Cambridge, UK：Cambridge University Press，1996），117-52；and Daniel Carey，"Compiling Nature's History：Travellers and Travel Narratives in the Early Royal Society，" *Annals of Science* 54，3（1997）：269-92.

[7] Thomas Hodgkin，"The Progress of Ethnology，" *Journal of the Ethnological Society of London* 1（1848）：43.

[8] Hugh N. Wallace，*The Navy, the Company, and Richard King: British Exploration in the Canadian Arctic, 1829-1860*（Montreal/Kingston：McGill-Queen's University Press，1980）. 金的民族学叙事在二级文献中受到的最广泛关注来自 Sera-Shriar，*The Making of British Anthropology*，53-63；and Sera-Shriar，"Arctic Observers，" 23-31. 金在 Stocking，*Victorian Anthropology*，244，255；and Browne，"A Science of Empire，" 465. 被简要提及。

[9] Suzanne Zeller，*Inventing Canada: Early Victorian Science and the Idea of a Transcontinental Nation*（Montreal/Kingston：McGill-Queen's University Press，2009），6.

[10] Wallace，*The Navy, the Company, and Richard King*，20-21.

[11] Nanna Kaalund，"From Science in the Arctic to Arctic Science：A Transnational Study of Arctic Travel Narratives，1818-1883"（PhD diss., York University，2017），89-104. 更多关于富兰克林北极之旅的信息，请参阅 Anthony Brandt，*The Man Who Ate His Boots: Sir John Franklin and the Tragic History of the Northwest Passage*（New York：Knopf，2010）.

[12] King，*Narrative of a Journey*，1：v. 也可参见 M.J. Ross，*Polar Pioneers: John Ross and James Clark Ross*（Montreal/Kingston：McGill-Queen's University Press，1994），192-99.

[13] King，*Narrative of a Journey*，2：30-64.

[14] Sera-Shriar, *The Making of British Anthropology*, 21-52.

[15] 更多关于19世纪理论民族学的信息，请参阅 Efram Sera-Shriar, "What Is Armchair Anthropology? Observational Practices in Nineteenth Century British Human Sciences," *History of the Human Sciences* 27, 2（2014）: 26-40.

[16] 更多关于旅行叙事与早期民族学之间关系的信息，请参阅 Stocking, *Victorian Anthropology*, 79-86; Janet Browne, "Natural History Collecting and the Biogeographical Tradition," *História, ciêcias, saúde-Manguinhos* 8（2001）: 960-61; and Efram Sera-Shriar, "Tales from Patagonia: Phillip Parker King and Early Ethnographic Observation in British Ethnology, 1826-1830," *Studies in Travel Writing* 19, 3（2015）: 204-23.

[17] 有大量关于在欧洲文献对加拿大原住民建构。例如 Elizabeth Vibert, *Traders' Tales: Narratives of Cultural Encounters in the Columbian Plateau, 1807-1846*（Norman: University of Oklahoma Press, 1997）; Carolyn Podruchny, *Making the Voyageur World: Travellers and Traders in the North American Fur Trade*（Lincoln: University of Nebraska Press, 2006）; and Carolyn Podruchny and Laura Peers, eds., *Gathering Places: Aboriginal and Fur Trade Histories*（Vancouver: UBC Press, 2010）.

[18] Mary Louise Pratt, *Imperial Eyes: Travel Writing and Transculturation*（London: Routledge, 1992）, 5-8.

[19] 更多有关欧洲文本中对北美原住民建构的信息，请参见 Michael Witgen, "The Rituals of Possession: Native Identity and the Invention of Empire in Seventeenth-Century Western North America," *Ethnohistory* 54, 4（2007）: 639-68. 也可参见 Livingstone, *Adam's Ancestors*, 16-25.

[20] 索尔托人，据记载，是说阿尼希纳比语（Anishinaabe）的奥吉布瓦（Ojibwa）族的一部分。

[21] King, *Narrative of a Journey*, 1: 32-33.

[22] William Lawrence, *Lectures on Physiology, Zoology, and the Natural History of Man, Delivered at the Royal College of Surgeons*（Salem, NY: Foote and Brown, 1828）, 109.

[23] King, *Narrative of a Journey*, 1: 64-65.

[24] Bravo, "Ethnological Encounters," 342.

[25] 更多关于19世纪人类学和英国帝国主义之间联系的信息，参见 Sera-Shriar, *The Making of British Anthropology*, Chapter 2.

[26] King, *Narrative of a Journey*, 1: 152-54.

[27] 同上，1: 182-83。

[28] 更多关于旅行报告在早期民族学著作中的应用，请参见同上，43-50; 以及 Bravo, "Ethnological Encounters," 341-49.

[29] King, *Narrative of a Journey*, 1: 260.

[30] Sera-Shriar, "Tales from Patagonia," 209.

[31] King, *Narrative of a Journey*, 1: 260.

[32] 关于阿凯乔的文章已经有很多，他最著名的事迹是在 1819 年到 1822 年间参与了富兰克林的铜矿河探险。参见 Keith Crowe, *A History of the Original Peoples of Northern Canada* (Montreal/Kingston: McGill-Queen's University Press, 1991), 79-80; June Helm, *The People of Denendeh: Ethnohistory of the Indians of Canada's Northwest Territories* (Iowa City: University of Iowa Press, 2000), 231-34; and Catherine Lanone, "Arctic Romance under a Cloud: Franklin's Second Expedition by Land," in *Arctic Exploration in the Nineteenth Century*, ed. Frédéric Regard (London: Pickering and Chatto, 2013), 105-6.

[33] King, *Narrative of a Journey*, 1: 264. 更多关于阿凯乔的族人和附近因纽特人之间的战争，请参阅 Richard Clarke Davis, *Lobsticks and Stone Cairns: Human Landmarks in the Arctic* (Calgary: University of Calgary Press, 1996), 144.

[34] June Helm and Beryl Gillespie, "Dogrib Oral Tradition as History: War and Peace in the 1820s," *Journal of Anthropological Research* 37, 1 (1981): 8-27.

[35] Sera-Shriar, "Arctic Observers," 27.

[36] King, *Narrative of a Journey*, 2: 5.

[37] 更多关于派瑞的信息，请参阅 Trevor H. Levere, *Science and the Canadian Arctic: A Century of Exploration, 1818-1918* (Cambridge, UK: Cambridge University Press, 1993), 63-83.

[38] King, *Narrative of a Journey*, 2: 5-6.

[39] 英国最早的民族志指南产生于 19 世纪 40 年代末和 50 年代初。这些指南的基础来自 19 世纪初法国对探险家的指导。参见 James Cowles Prichard, "Ethnology," in *A Manual of Scientific Enquiry: Prepared for the Use of Officers in Her Majesty's Navy and Travellers in General*, ed. John Herschel (London: John Murray, 1849), 423-40; and Thomas Hodgkin and Richard Cull, "A Manual of Ethnological Inquiry," *Journal of the Ethnological Society of London* 3 (1854): 193-208.

[40] King, *Narrative of a Journey*, 2: 11.

[41] 同上，1: 131-32。

[42] 在北极探险家的叙事中，欧洲人从因纽特人那里收集地理信息的例子不胜枚举。参见 Levere, *Science and the Canadian Arctic*, 248-49; and Michael T. Bravo, "Ethnographic Navigation and the Geographical Gift," in *Geography and Enlightenment*, ed. David N. Livingstone and Charles W.J. Withers (Chicago: University of Chicago Press, 1999), 199-223.

[43] King, *Narrative of a Journey*, 2: 6-7.

[44] 同上，2: 7。

[45] 同上，2: 7-11。

[46] Sera-Shriar, *The Making of British Anthropology*, 88-89. 关于 19 世纪视觉人类学的历史，

有很多文献。例如，参见 John M. MacKenzie, "Art and the Empire," in *The Cambridge Illustrated History of the British Empire*, ed. P.J. Marshall（Cambridge, UK：Cambridge University Press, 1996）, 296-317; Elizabeth Edwards, *Raw Histories: Photographs, Anthropology, and Museums*（Oxford：Berg, 2001）; Qureshi, *Peoples on Parade*; and Marcus Banks and Jay Ruby, *Made to Be Seen: Perspectives on the History of Visual Anthropology*（Chicago：University of Chicago Press, 2011）.

[47] 更多关于精密技术仪器的信息，请参见 Fraser Macdonald and Charles Withers, eds., *Geography, Technology, and Instruments of Exploration*（Farnham, UK：Ashgate Publishers, 2015）.

[48] 类似的客观主张在20世纪晚些时候被研究人员用于摄影。参见 David Green, "Veins of Resemblance: Photography and Eugenics," *Oxford Art Journal* 7, 2（1984）: 4; Kelley Wilder, *Photography and Science*（London：Reaktion Books, 2009）, 19-20, 32-35; and Efram Sera-Shriar, "Anthropometric Portraiture and Victorian Anthropology: Situating Francis Galton's Photographic Work in the Late 1870s," *History of Anthropology* 53, 2（2015）: 158.

[49] King, *Narrative of a Journey*, 2: 112.

[50] 同上，2：112-13。

[51] 同上，1：171。

[52] Gillen and Ghosh, *Colonialism and Modernity*, 156-58; Livingstone, *Adam's Ancestors*, 11-25; Sera-Shriar, "Tales from Patagonia," 216-17.

[53] Brandt, *The Man Who Ate His Boots*.

[54] King, *Narrative of a Journey*, 2: 40-41.

[55] 同上，2：41。

[56] 同上，2：59-60。

[57] 同上，2：60。

[58] 同上，2：61。

[59] 同上，2：49。

[60] 更多关于金对哈得孙湾公司的批评，见 Ted Binnema, *Enlightened Zeal: The Hudson's Bay Company and Scientific Networks, 1670-1870*（Toronto：University of Toronto Press, 2014）, 144-46. 也可参见 Elle Andra-Warner, *Hudson's Bay Company Adventures: Tales of Canada's Fur Traders*（Victoria：Heritage House, 2011）.

[61] King, *Narrative of a Journey*, 2: 50-51.

[62] 同上，2：52-53。

[63] 同上，2：53。

[64] 同上。

[65] 同上，2：53-54。

[66] 同上，2：54。

[67] 同上，2：56。

[68] 同上，2：57。

[69] 同上，2：33-34，63。

[70] 更多关于霍奇金教化使命的信息，请参见 Zoë Laidlaw, "Heathens, Slaves, and Aborigines: Thomas Hodgkin's Critique of Missions and Anti-Slavery," *History Workshop Journal* 64, 1 (2007)：133-61.

[71] King, *Narrative of a Journey*, 2：58.

[72] 有关旅游、印刷和读者之间关系的更多信息，请参见 Innes N. Keighren, Charles W. J. Withers, and Bill Bell, *Travels into Print: Exploration, Writing, and Publishing with John Murray, 1773-1859* (Chicago：University of Chicago Press, 2015).

[73] 更多关于科学、种族和政治之间的关系，请参阅 Douglas Lorimer, *Science, Race Relations, and Resistance: Britain 1870-1914* (Manchester：Manchester University Press, 2013).

第 2 章

感谢普雷斯顿·兰恩（Preston Lann）和李·维尔纳（Leah Wiener）对档案研究的帮助，感谢南希·厄尔（Nancy Earle）、贾思敏·尼科尔斯菲格雷多（Jasmine Nicholsfigueiredo）、詹妮弗·斯科特（Jennifer Scott）以及两位匿名评论员对本文早期草稿深思熟虑的评论。

[1] George Palmer Putnam, *Wide Margins: A Publisher's Autobiography* (New York：Harcourt, Brace, 1942), 216.

[2] 参见 D.H. Dinwoodie, "Arctic Controversy: The 1925 Byrd-MacMillan Expedition Example," *Canadian Historical Review* 53, 1 (1972)：58-59; Morris Zaslow, "Administering the Arctic Islands 1880-1940: Policemen, Missionaries, Fur Traders," in *A Century of Canada's Arctic Islands*, 1880-1980, ed. Morris Zaslow (Ottawa：Royal Society of Canada, 1981), 66-69; and Janice Cavell and Jeff Noakes, *Acts of Occupation: Canada and Arctic Sovereignty, 1918-25* (Vancouver：UBC Press, 2010), 222, 228-29.

[3] "An Ordinance Respecting Scientists and Explorers," *Canada Gazette* 60, 3 (July 17, 1926)：209.

[4] Geoffrey C. Bowker and Susan Leigh Star, *Sorting Things Out: Classification and Its Consequences* (Cambridge, MA：MIT Press, 1999), 13, 285, 312.

[5] Thomas F. Gieryn, *Cultural Boundaries of Science: Credibility on the Line* (Chicago：University of Chicago Press, 1999).

[6] Henrika Kuklick and Robert E. Kohler, introduction to "Science in the Field," *Osiris* 11, 2nd ser.(1996): 3.

[7] Robert E. Kohler, *All Creatures: Naturalists, Collectors, and Biodiversity, 1850-1950* (Princeton, NJ: Princeton University Press, 2006), 69-70.

[8] 菲利克斯·德赖弗（Felix Driver）提出了一个极具争议性的说法，即极地探险从未真正专业化。Felix Driver, "Modern Explorers," in *New Spaces of Exploration: Geographies of Discovery in the Twentieth Century*, ed. Simon Naylor and James R. Ryan (London: I.B. Tauris, 2010), 246.

[9] 笔者在以下文章中追溯了这种演变：Tina Adcock, "The Maximum of Mishap: Adventurous Tourists and the State in the Northwest Territories, 1926-1948," *Histoire sociale/Social History* 49, 99(2016): 431-52.

[10] Bowker and Star, *Sorting Things Out*, 2-3.

[11] Ronald E. Doel, Urban Wråkberg, and Suzanne Zeller, "Science, Environment, and the New Arctic," *Journal of Historical Geography* 44, 1(2014): 11.

[12] Paul White, ed., "The Emotional Economy of Science," *Isis* 100, 4(2009): 792-851; and Otniel E. Dror, Bettina Hitzer, Anja Laukötter, and Pilar León-Sanz, eds., History of Science and the Emotions, *Osiris* 31, 2nd ser.(2016).

[13] Nancy Fogelson, *Arctic Exploration and International Relations 1900-1932: A Period of Expanding National Interests* (Fairbanks: University of Alaska Press, 1992), 54-56.

[14] J.A. 威尔逊（J.A. Wilson）的备忘录，附在G.J. 巴拉茨（G.J. Desbarats）给W.W. 科里（W.W. Cory）的信中。May 12, 1925, Library and Archives Canada(hereafter LAC), RG 85, vol. 759, file 4831.

[15] 关于麦克米伦 - 伯德探险队（MacMillan-Byrd expedition），见 Dinwoodie, "Arctic Controversy"; Fogelson, *Arctic Exploration*, 90-96; Cavell and Noakes, *Acts of Occupation*, Chapter 8; Shelagh D. Grant, *Polar Imperative: A History of Arctic Sovereignty in North America* (Vancouver: Douglas and McIntyre, 2010), 228-36; and Gordon W. Smith, *A Historical and Legal Study of Sovereignty in the Canadian North: Terrestrial Sovereignty, 1870-1939*, ed. P. Whitney Lackenbauer (Calgary: University of Calgary Press, 2014), Chapter 14.

[16] Cavell and Noakes, *Acts of Occupation*, 222.

[17] 同上，237-38。

[18] "An Ordinance Respecting Scientists and Explorers."

[19] Morris Zaslow, *Reading the Rocks: The Story of the Geological Survey of Canada, 1842-1972* (Toronto: Macmillan, 1975), 338, 341.

[20] J.D. Craig to O.S. Finnie, October 30, 1924, LAC, RG 85, vol. 666, file 3918.

[21] Explanatory note to An Act to Amend the Northwest Territories Act, May 1925,

LAC, RG 85, vol. 85, file 202-2-1-1.

[22] O.S. Finnie to W.W. Cory, April 14, 1924, 同上。

[23] Cortlandt Starnes to O.S. Finnie, October 13, 1928, and Finnie to Starnes, October 22, 1928, 同上。

[24] 笔者在以下文章中详细介绍了对科学和探索真实性的验证，并分析了1927年由约翰·D. 富勒（John D. Fuller）领导的另一次早期探险，该探险有助于形成这一过程：Adcock, "The Maximum of Mishap."

[25] "Putnam in Arctic and Wife Here Talk," *New York Times*, August 25, 1926.

[26] George Palmer Putnam, "Greenland Expedition Is about to Push Off," *New York Times*, June 13, 1926.

[27] G.W.H. Sherwood to J.B. Harkin, March 12, 1926, and Maxwell Graham to O.S. Finnie, March 25, 1926, LAC, RG 85, vol. 766, file 5099-1.

[28] Maxwell Graham to O.S. Finnie, May 21, 1926, and Finnie to Graham, May 21, 1926, 同上。

[29] O.S. Finnie to W.W. Cory, May 28, 1926, 同上。

[30] Hoyes Lloyd to O.S. Finnie, May 7, 1926, 同上。

[31] George Palmer Putnam to O.S. Finnie, June 8, 1926, 同上。

[32] Fitzhugh Green to O.S. Finnie, September 4, 1926, 同上。

[33] "Wants American Flag Raised over Land Near North Pole," *New York Times*, March 31, 1925; George Palmer Putnam, "Decry Jones Sound as a Base for Byrd," *New York Times*, September 4, 1926.

[34] Sally Putnam Chapman with Stephanie Mansfield, *Whistled like a Bird: The Untold Story of Dorothy Putnam*, George Putnam, and Amelia Earhart（New York: Warner Books, 1997), 40–41.

[35] O.S. Finnie to George Palmer Putnam, December 11, 1926, LAC, RG 85, vol. 766, file 5099-1.

[36] O.S. Finnie to George Palmer Putnam, November 21, 1927, and Putnam to Finnie, November 28, 1927, 同上。

[37] George Palmer Putnam to O.S. Finnie, March 10, 1927, 同上。然而，探险队确实向北方携带了相当数量的枪支（超过50支）和一定数量的弹药，其中一些被指定用于与因纽特人交易或以实物形式支付因纽特猎人的服务。给普特南看管船上军火库的约翰·A. 波普明显留下了深刻印象。"船上的存货使VL+D（Von Lengerke and Detmold，一家体育用品零售商）的弹药室相形见绌。从未处理过这么多的'火药+球'。"John A. Pope, *Diary of the Morrissey Expedition*, June 13 and 14, 1927, *National Archives at College Park*, College Park, MD（hereafter NACP）, Collection XJAP: John A. Pope Papers, box 1.

[38] O.S. Finnie to George Palmer Putnam, March 15, 1927, LAC, RG 85, vol. 766, file

5099-1.

[39] George Palmer Putnam to O.S. Finnie, April 27, 1928, 同上。

[40] George Palmer Putnam, "5,000 Miles Clipped from Baffin Island," *New York Times*, September 13, 1927.

[41] 更多支持细节，请参阅普特南和鲍曼之间的通信："Putnam, George P., Baffin Land Expedition: 1928, Correspondence, 1927-1928," University of Wisconsin-Milwaukee Libraries, American Geographical Society Library, AGSNY Archival Collection 1, subseries 8B, box 264, folder 27.

[42] George Palmer Putnam, "The Putnam Baffin Island Expedition," *Geographical Review* 18, 1 (1928): 3-4. 考察期间发表的其他科学出版物，见 Laurence M. Gould, Aug. F. Foerste, and Russell C. Hussey, "Contributions to the Geology of Foxe Land, Baffin Island," *Contributions from the Museum of Paleontology*, University of Michigan 3, 3 (1928): 19-76; Bruno Oetteking, "A Contribution to the Physical Anthropology of Baffin Island, Based on Somatometrical Data and Skeletal Material Collected by the Putnam Baffin Island Expedition of 1927," *American Journal of Physical Anthropology* 15, 3 (1931): 421-68; and Peter Heinbecker, "Studies in Hypersensitiveness XXIV. The Susceptibility of Eskimos to an Extract from Toxicodendron Radicans (L.)," *Journal of Immunology* 15, 4 (1928): 365-67.

[43] David Binney Putnam, *David Goes to Baffin Land* (New York: G.P. Putnam's Sons, 1927), 90.

[44] J. Alexander Burnett, *A Passion for Wildlife: The History of the Canadian Wildlife Service* (Vancouver: UBC Press, 2003), 14-16.

[45] 本段及随后段落的所有引文均源自 Harrison Lewis to J.B. Harkin, April 5, 1928, LAC, RG 85, vol. 766, file 5099-1. 大卫的叙述给人的"印象"得到了笔者迄今为止找到的另外两份当代探险记录的证实：探险队助理测量员约翰·A. 波普（上文引用）和门罗·格雷·巴纳德（Monroe Grey Barnard）的个人日记。后者的数字抄本，见 George G. Barnard II, "Dad's Diary," http://www.archive.ernestina.org/history/Mgblog1927.html.

[46] Susan Leigh Star and James R. Grisemer, "Institutional Ecology, 'Translations,' and Boundary Objects: Amateurs and Professionals in Berkeley's Museum of Vertebrate Zoology, 1907-39," *Social Studies of Science* 19, 3 (1989): 387-420; Bowker and Star, Sorting Things Out, 296-98. 最近关于鸟类作为边界对象的讨论，请参见 Nancy J. Jacobs, *Birders of Africa: History of a Network* (New Haven, CT: Yale University Press, 2016), especially 110-12.

[47] George Palmer Putnam, *Mariner of the North: The Life of Captain Bob Bartlett* (New York: Duell, Sloan and Pearce, 1947), 161.

[48] D.B. Putnam, *David Goes to Baffin Land*, 155. Pope noted that David was "a good hunter and a good shot." Diary of the Morrissey Expedition, August 21, 1927.

[49] Putnam, *Wide Margins*, 261.

[50] George Palmer Putnam to O.S. Finnie, October 11, 1926, LAC, RG 85, vol. 766, file 5099-1.

[51] D.B. Putnam, *David Goes to Baffin Land*, 42, 56, 60, 104.

[52] 在随后的一次北极考察中，鲍勃·巴特利特写道："我们在寻找海象，因为我们想要新鲜的肉，尽管我们有大量的罐头供应。罐头里的东西没过多久就会让人厌烦。" Bob Bartlett, *Sails over Ice* (New York: Charles Scribner's Sons, 1934), 136-37.

[53] Putnam, *Wide Margins*, 229-30.

[54] D.B. Putnam, *David Goes to Baffin Land*, 141.

[55] Karl Jacoby, *Crimes against Nature: Squatters, Poachers, Thieves, and the Hidden History of American Conservation* (Berkeley: University of California Press, 2001); Tina Loo, *States of Nature: Conserving Canada's Wildlife in the Twentieth Century* (Vancouver: UBC Press, 2006).

[56] Burnett, *A Passion for Wildlife*, 13-16; Janet Foster, *Working for Wildlife: The Beginning of Preservation in Canada*, 2nd ed. (Toronto: University of Toronto Press, 1998), 161.

[57] Mark Cioc, *The Game of Conservation: International Treaties to Protect the World's Migratory Animals* (Athens: Ohio University Press, 2009), 72; Foster, *Working for Wildlife*, Chapter 6.

[58] Foster, *Working for Wildlife*, 147.

[59] John Sandlos, *Hunters at the Margin: Native People and Wildlife Conservation in the Northwest Territories* (Vancouver: UBC Press, 2007), 167.

[60] Harrison Lewis to J.B. Harkin, April 5, 1928, LAC, RG 85, vol. 766, file 5099-1.

[61] O.D. Skelton to Chargé d'Affaires, *Canadian Legation in Washington*, August 8, 1928, 同上; Laurent Beaudry to Frank B. Kellogg, August 13, 1928, NACP, General Records of the Department of State, Record Group 59, file series 031.11 (American Museum of Natural History/Baffin Land), box 292 (031.11-031.11C21/87).

[62] W.R. Castle Jr. to Laurent Beaudry, August 23, 1928, LAC, RG 85, vol. 766, file 50991; W.R. Castle Jr. to Henry Fairfield Osborn, August 23, 1928, NACP, RG 59, file series 031.11, box 292.

[63] George Palmer Putnam to O.S. Finnie, September 13, 1928, LAC, RG 85, vol. 766, file 5099-1.

[64] 见 O.S. Finnie to J.B. Harkin, September 15, 1928; Harkin to Finnie, September 24, 1928; and O.D. Skelton to O.S. Finnie, October 2, 1928, 同上。

[65] Vincent Massey to O.D. Skelton, October 26, 1928, and W.R. Castle Jr. to Laurent

Beaudry, October 27, 1928, 同上；W.R. Castle Jr. to John D. Hickerson, October 26, 1928, NACP, RG 59, file series 031.11, box 292.

[66] George Palmer Putnam to G.W.H. Sherwood, October 10, 1928, NACP, RG 59, file series 031.11, box 292.

[67] 摘自野生动物保护咨询委员会（Advisory Board on Wild Life Protection）会议纪要，December 10, 1928, LAC, RG 85, vol. 766, file 5099-2.

[68] G.W.H. *Sherwood to Secretary of State*, October 11, 1928, NACP, RG 59, file series 031.11, box 292.

[69] George Palmer Putnam to G.W.H. Sherwood, October 10, 1928, 同上。

[70] 同上；也可参见 Frank B. Kellogg to William Phillips, November 3, 1928, NACP, RG 59, file series 031.11, box 292.

[71] Vincent Massey to O.D. Skelton, October 26, 1928, LAC, RG 85, vol. 766, file 5099-1.

[72] William Phillips to William R. Castle Jr., November 6, 1928, and December 12, 1928, NACP, RG 59, file series 031.11, box 292；Vincent Massey to Frank B. Kellogg, February 7, 1929, 同上。

[73] D.L. McKeand to J. Lorne Turner, January 20, 1934, LAC, RG 85, vol. 766, file 5099-2.

[74] Leland S. Conness, "Boy's Writings Cause Trouble for Diplomat," *Ottawa Morning Journal*, November 10, 1928, LAC, RG 85, vol. 766, file 5099-1; "Writings by Boy, 14, Stir Diplomatic Row," *Washington Post*, November 11, 1928.

[75] 摘自1928年12月10日野生动物保护咨询委员会（Advisory Board on Wild Life Protection）会议记录。

[76] O.S. Finnie to George Palmer Putnam, December 22, 1928, 同上。

[77] J.M. Wardle to Barnum Brown, June 10, 1936, LAC, RG 85, vol. 783, file 5958.

[78] Adcock, "The Maximum of Mishap."

[79] 库克利克和科勒在以下书籍的引言中很好地描述了这些危险：*Science in the Field*, 1-14.

第3章

[1] Guy Cathcart Pelton, "The Electrical Era," *Western Women's Weekly*, July 12, 1919, 2.

[2] Guy Cathcart Pelton, "Electrical Wonders Yet to Come," *Western Women's Weekly*, July 26, 1919, 11.

[3] John Negru, *The Electric Century: An Illustrated History of Electricity in Canada*（Toronto：Canadian Electrical Association, 1990），28.

[4]《加拿大电力新闻》（*Canadian Electrical News*）发表了许多关于装饰性街道照明的故事。参见 "Ornamental Street Lighting in Hamilton," December 1910, 40; "Illumination

in New Hamburg Town," April 1911, 51; "Waterloo's Ornamental Street Lighting," April 1912, 23; "Electrical Canada from Coast to Coast," June 1912, 96; "Decorative Lighting in Winnipeg," December 1912, 73; and "Street Illumination in Prince Albert, Saskatchewan," June 1913, 122. 也可参见 "Street Lighting Improvements," *Live Wire*, March-April 1925, 5; and "Modern Street Lighting in Windsor," *Hydro Bulletin* 19, 1 (1932): 11-13.

[5] Marshall Berman, *All that Is Solid Melts into Air: The Experience of Modernity* (New York: Simon and Schuster, 1982), 18.

[6] 托马斯·P. 休斯 (Thomas P. Hughes) 已经证明，西方世界电气系统的发展是由多种因素决定的，从地理上的需要，到政治文化，再到现有技术。Thomas Hughes, *Networks of Power: Electrification in Western Society, 1880-1930* (Baltimore: Johns Hopkins University Press, 1983). 其他学者在研究国家和国际电力系统时也采用了他的方法。参见 Vincent Lagendijk, *Electrifying Europe: The Power of Europe in the Construction of Electricity Networks* (Amsterdam: Aksant, 2008); and William J. Hausman, Peter Hertner, and Mira Wilkins, *Global Electrification: Multinational Enterprise and International Finance in the History of Light and Power, 1878-2007* (Cambridge, UK: Cambridge University Press, 2008). 虽然休斯承认消费者因素的存在，但他并没有过多探讨。David E. Nye, in *Electrifying America: Social Meanings of a New Technology, 1880-1940* (Cambridge, MA: MIT Press, 1990), 则分析了电气化作为一个社会过程的发展。要深入研究光的社会意义，包括光与医学之间的关系，请参阅 Wolfgang Schivelbusch, *Disenchanted Night: The Industrialization of Light in the Nineteenth Century* (Berkeley: University of California Press, 1988); and Chris Otter, *The Victorian Eye: A Political History of Light and Vision in Britain, 1800-1910* (Chicago: University of Chicago Press, 2008).

[7] J. Adams, *Electricity, Its Mode of Action upon the Human Frame, and the Diseases in Which It Has Proved Beneficial* (Toronto: Dudley and Burns, c. 1870), 5.

[8] Roy Porter, *The Greatest Benefit to Mankind: A Medical History of Humanity from Antiquity to the Present* (London: HarperCollins, 1997). 要更深入地分析这一时期的生活水平，请参考 Terry Copp, *The Anatomy of Poverty: The Condition of the Working Class in Montreal, 1897-1929* (Toronto: McClelland and Stewart, 1974).

[9] Tim Armstrong, *Modernism: A Cultural History* (Cambridge, UK: Polity, 2005), 92; John E. Senior, "Rationalizing Electrotherapy in Neurology, 1860-1920" (PhD diss., University of Oxford, 1994), 5.

[10] Linda Nash, *Inescapable Ecologies: A History of Environment, Disease, and Knowledge* (Berkeley: University of California Press, 2006), 210.

[11] Wendy Mitchinson, "Hysteria and Insanity in Women: A Nineteenth Century Canadian Perspective," *Journal of Canadian Studies* 21, 3 (1986): 87

[12] Gregg Mitman, "In Search of Health: Landscape and Disease in American Environmental History," *Environmental History* 10, 2(2005): 12.

[13] Daniel Clark, "Neurasthenia," paper read to the Ontario Medical Association meeting, June 1888.

[14] Mitchinson, "Hysteria and Insanity in Women," 88.

[15]《加拿大柳叶刀》经常评论和引用外国书籍，并多次提到比尔德和罗克韦尔的论文。欲了解更多信息，请参阅 "When Are Involuntary Seminal Emissions Pathological?," *Canada Lancet* 12, 4(1879): 112; "Fallacies Regarding Electricity," *Canada Lancet* 13, 3(1880): 66-69; "Electrotherapeutics," *Canada Lancet* 13, 6(1881): 161-67; and "Electricity in the Treatment of Specific Diseases," *Canada Lancet* 14, 5(1882): 129-32.

[16] George M. Beard and Alphonso D. Rockwell, *A Practical Treatise on the Medical and Surgical Uses of Electricity*, 7th ed.(New York: William Wood, 1866), 216-25.

[17] O.K. Chamberlain, *Electricity: Wonderful and Mysterious Agent*(New York: John F. Trow, 1862), 2.

[18] Michael Brian Schiffer, *Power Struggles: Scientific Authority and the Creation of Practical Electricity before Edison*(Cambridge, MA: MIT Press, 2008), 75; Senior, "Rationalizing Electrotherapy in Neurology," 6.

[19] "Electricity: The Source of Life," *Western Women's Weekly* 1, 14(1918): 5.

[20] Carolyn Thomas de la Peña, *The Body Electric: How Strange Machines Built the Modern American*(New York: New York University Press, 2003), 108.

[21] Museum of Health Care at Kingston, file Patent Medicines, Advertisements: "Electricity Is Life"(electric pills) and "$100 Proclamation"(electric oil), n.d. 也可参见 "Briggs' Genuine Electric Oil," *Ottawa Citizen*, November 7, 1883, 1.

[22] A.M. Rosebrugh, "Electrotherapeutics," *Canada Lancet* 13, 8(1881): 232.

[23] J.T.H. Connor, "'I Am in Love with Your Battery': Personal Electro-therapeutic Devices in 19th and Early 20th Century Canada," paper presented to the Ontario Museum Association, London, ON, October 26, 1986.

[24] J.T.H. Connor and Felicity Pope, "A Shocking Business: The Technology and Practice of Electrotherapeutics in Canada, 1840s to 1940s," *Material History Review* 49(Spring 1999): 61; Charles Pelham Mulvany et al., History of Toronto and County of York, Ontario(Toronto: C. Blackett Robinson, 1885), 7.

[25] "Professor Vernoy's Electro-Therapeutic Institution," *Globe*, January 31, 1880, 4.

[26] Western University Medical Artifact Collection, Inventory 2004.005.01.01, "Prof. Vernoy's Improved Family Switch Battery," accessed June 2010, http://rabbit.vm.its.uwo.ca/MedicalHistory/Default.aspx?type=showItemFrameset&itemID=2138.

[27] Connor, "'I Am in Love with Your Battery,'" n.p.

[28] 同上。

[29] Advertisement, *Globe*, December 15, 1877, 4.

[30] Toronto Electro-Therapeutic Institution, *The Curative Powers of Electricity Demonstrated* (Toronto: Monetary Times, 1877), 17.

[31] 同上。

[32] "Electricity, Nature's Chief Restorer," *Globe*, August 18, 1877, 4.

[33] 对于加拿大人来说，寻求各种医学领域的治疗是很普遍的，例如，正统医学、折衷医学和顺势疗法。尽管无照行医是非法的，但直到20世纪很久以前，哥伦比亚大学医学院等管理机构在执行规章制度方面基本上都是无效的。更多信息，参见 Colin D. Howell, "Elite Doctors and the Development of Scientific Medicine: The Halifax Medical Establishment and Nineteenth Century Medical Professionalism," in *Health, Disease, and Medicine: Essays in Canadian History*, ed. Charles G. Roland (Toronto: Hannah Institute for the History of Medicine, 1984), 106.

[34] "The Vernoy Electro-Medical Battery," *Toronto Star*, June 23, 1905, 46.

[35] S.H. Monell, *Rudiments of Modern Medical Electricity* (New York: Edward R. Pelton, 1900), 17.

[36] J.O.N. Rutter, *Human Electricity: The Means of Its Development*, Illustrated by Experiments (London: John W. Parker, 1854), 36.

[37] Senior, "Rationalizing Electrotherapy in Neurology," 1.

[38] Lapthorn Smith, "Disorders of Menstruation," in *An International System of Electro-therapeutics: For Students, General Practitioners and Specialists*, Horatio R. Bigelow (Philadelphia: F.A. Davis, 1894), G-163.

[39] George M. Schweig, *The Electric Bath: Its Medical Uses, Effects, and Appliance* (New York: G.P. Putnam's Sons, 1877), 27.

[40] Thomas Dowse, *Lectures on Massage and Electricity in the Treatment of Disease* (Bristol: John Wright, n.d.), 440.

[41] 参见 Justin Hayes, *Therapeutic Use of Faradic and Galvanic Currents in the Electro-Thermal Bath* (Chicago: Jansen, McLurg, 1877), 7-14; Homer Clark Bennett, *The Electro-therapeutics Guide, or A Thousand Questions Asked and Answered* (Lima, OH: National College of Electrotherapeutics, 1907), 94; and R.V. Pierce, *The People's Common Sense Medical Adviser in Plain English: Medicine Simplified* (Bridgeburg, ON: World's Dispensary Medical Association, 1924), 884-85.

[42] Robert Bartholow, *Medical Electricity: A Practical Treatise on the Application of Electricity to Medicine and Surgery* (Philadelphia: Henry C. Lea's Son, 1881), 212.

[43] Bennett, *Electrotherapeutics Guide*, 92.

[44] Isabel Morgan, "Baths of Light," *Saturday Night*, May 14, 1932, 16.
[45] George M. Schweig, *The Electric Bath: Its Medical Uses, Effects and Appliance* (New York: G.P. Putnam's Sons, 1877), 8, 14–15; Edward Trevert, *Electro-Therapeutic Handbook* (New York: Manhattan Electrical Supply Company, 1900), 81; Bennett, *Electrotherapeutics Guide*, 96.
[46] Trevert, *Electro-Therapeutic Handbook*, 82.
[47] Bennett, *Electrotherapeutic Guide*, 96; George J. Engelmann, "The Faradic or Induced Current," in Bigelow, *An International System of Electrotherapeutics*, A–157.
[48] Trevert, *Electro-Therapeutic Handbook*, 84.
[49] Schweig, *The Electric Bath*, 21; Trevert, *Electro-Therapeutic Handbook*, 84.
[50] "Medical Electricity," *Canada Lancet* 5, 9 (1873): 521.
[51] Andrew F. Currier, *Under What Circumstances Can Electricity Be of Positive Service to the Gynecologist?* (New York: Danbury Medical, 1891); George J. Engelmann, "Fundamental Principles of Gynecological Electrotherapy," *Journal of Electrotherapeutics* (May 1891): 1–46; Willis E. Ford, "The Methods of Administering Galvanism in Gynecology," *Transactions of the Medical Society of the State of New York* (New York: Medical Society of the State of New York, 1892); Augustin H. Goelet, *The Electrotherapeutics of Gynecology* (Detroit: George S. Davis, 1892); Chauncy D. Palmer, *The Gynecological Uses of Electricity* (booklet), c. 1894; Betton Massey, *Conservative Gynecology and Electrotherapeutics*, 3rd ed. (Philadelphia: F.A. Davis, 1900); Francis H. Bermingham, "Electrotherapeutics in Some of the Diseases of the Genito-Urinary Tract," *American Journal of Surgery* 23 (1909): 2–3; Herman E. Hayd, *Electricity in Gynecological Practice* (Buffalo: self-pub., n.d.).
[52] Wendy Mitchinson, "Causes of Disease in Women: The Case of Late Nineteenth Century English Canada," in *Health, Disease, and Medicine: Essays in Canadian History*, ed. Charles G. Roland (Toronto: Hannah Institute for the History of Medicine, 1984), 381.
[53] Henry Chavasse, *What Every Woman Should Know: Containing Facts of Vital Importance to Every Wife, Mother, and Maiden* (Chicago: Royal Publishing House, 1892), 33.
[54] "The Treatment of Hysterics," *Canada Lancet* 12, 7 (1880): 244.
[55] J. Matthews, "Clinical Lecture on Hysteria, Neurasthenia, and Anorexia Nervosa," *Canada Lancet* 21, 10 (1889): 335–37.
[56] "Effect of Sewing Machines on Menstruation," *Canada Lancet* 1, 3 (1868): 56.
[57] Smith, "Disorders of Menstruation," G-157.
[58] Mitchinson, "Causes of Disease in Women," 392.
[59] Goelet, *The Electrotherapeutics of Gynecology*, 1–16; Hayd, *Electricity in Gynecological*

Practice, 1–5; Currier, *Under What Circumstances?*, 6–15.

[60] Palmer, *The Gynecological Uses of Electricity*, 4.

[61] J.H. Kellogg, "A Discussion of the Electrotherapeutic Methods of Apostoli and Others," in Bigelow, *An International System of Electrotherapeutics*, G53–G89.

[62] Hayd, *Electricity in Gynecological Practice*, 3; Kellogg, "A Discussion of the Electrotherapeutic Methods," G65–G66; Engelmann, "The Faradic or Induced Current," A-175, A-180.

[63] Massey, *Conservative Gynecology*, 58; 也可参见 Engelmann, "Fundamental Principles of Gynecological Electrotherapy," 6.

[64] A. Lapthorn Smith, "Electricity in Gynecology," *Canada Lancet* 20, 4 (1887): 99.

[65] Horatio Bigelow, *Gynaecological Electro-Therapeutics* (Philadelphia: J.B. Lippincott, 1889), 170.

[66] Rachel P. Maines, *The Technology of Orgasm: "Hysteria," the Vibrator, and Women's Sexual Satisfaction* (Baltimore: Johns Hopkins University Press, 1999), 3.

[67] Chavasse, *What Every Woman Should Know*, 48.

[68] Maines, *The Technology of Orgasm*, 4.

[69] Rachel P. Maines, "Situated Technology: Camouflage," in *Gender and Technology: A Reader*, ed. Nina E. Lerman, Ruth Oldenziel, and Arwen P. Mohun (Baltimore: Johns Hopkins University Press, 2003), 99.

[70] "Eaton's Vibrator," *Eaton's Catalogue*, fall–winter 1916–17, 412.

[71] Smith, "Disorders of Menstruation," G-151.

[72] Bigelow, *Gynaecological Electro-Therapeutics*, 158.

[73] Bennett, *Electrotherapeutics Guide*, 194–95.

[74] Jeanne Cady Solis, "The Psychotherapeutics of Neurasthenia," *Canada Lancet* 39, 1 (1905): 93.

[75] M.J. Grier, *The Treatment of Some Forms of Sexual Debility by Electricity* (Philadelphia: Medical Press, 1891), 5–15; A.R. Rainear, *Electricity in the Treatment of Male Sexual Disorders* (Philadelphia: n.p., 1896).

[76] Angus McLaren, *Impotence: A Cultural History* (Chicago: University of Chicago Press, 2007), 116.

[77] A.D. Rockwell, *Electrotherapeutics of the Male Genital Organs* (New York: William Wood, 1874), 8; Beard and Rockwell, *A Practical Treatise*, 619.

[78] McLaren, *Impotence*, 131.

[79] De la Peña, *The Body Electric*, 149.

[80] Andrew Chrystal, *Catalogue of Professor Chrystal's Electric Belts and Appliances: Consisting of Electric Belts and Bands, Electric Belts with Suspensory Appliances* (pamphlet) (Michigan:

n.p., c. 1899), 6–7.

[81] "A Victim of the Bare Metal Electrode Belt," *Globe*, July 12, 1900, 5.

[82] Museum of Health Care at Kingston, File: Pamphlets, Museum Catalogue No. 003.050.036f, "Directions and General Remarks," n.d.

[83] "I Cure Varicocele!," *Globe*, September 18, 1900, 9.

[84] Carolyn Thomas de la Peña, "Plugging In to Modernity: Wilshire's I-ON-A-CO and the Psychic Fix," in *The Technological Fix: How People Use Technology to Create and Solve Problems*, ed. Lisa Rosner (New York: Routledge, 2004), 44–53.

[85] "No Cure, No Pay," *Globe*, May 29, 1900, 9.

[86] "The Debilitated Man," *Globe*, January 2, 1900, 7.

[87] "Electricity on Tap," *Globe*, June 21, 1913, 6.

[88] C.H. Bolles and M.J. Galloway, *Electricity: Its Wonders as a Curative Agent* (Philadelphia: Philadelphia Electropathic Institution, n.d.), 2.

[89] As reported in *Canadian Electrical News* 1, 5 (1891): ix.

[90] Robert Newman, "The Want of College Instruction in Electrotherapeutics," *Electrical Journal* (October 1, 1896): 1–8; William J. Herdman, *The Necessity for Special Education in Electrotherapeutics* (undated pamphlet), xxv–xxxii; Senior, "Rationalizing Electrotherapy in Neurology," 56.

[91] Wellington Adams, *Electricity: Its Application in Medicine and Surgery* (Detroit: George S. Davis, 1891), 2; 也可参见 Julius Althaus, *Report on Modern Medical Electric and Galvanic Instruments* (London: T. Richards, 1874); and Robert Amory, *A Treatise on Electrolysis and Its Applications to the Therapeutic and Surgical Treatment in Disease* (New York: William Wood, 1886).

[92] Jacalyn Duffin documents this worldwide trend in Chapter 6 of her *History of Medicine: A Scandalously Short Introduction*, 2nd ed. (Toronto: University of Toronto Press, 2010).

[93] 同上，81–84。

第4章

[1] Larisa V. Shavinina, "Silicon Phenomenon: Introduction to Some Important Issues," in *Silicon Valley North: A High-Tech Cluster of Innovation and Entrepreneurship*, ed. Larisa V. Shavinina (Amsterdam: Elsevier, 2004), 3.

[2] Catherine L. Albanese, *A Republic of Mind and Spirit: A Cultural History of American Metaphysical Religion* (New Haven, CT: Yale University Press, 2007), 4–10.

[3] 同上，180。

[4] 同上，179-253；Molly McGarry, *Ghosts of Futures Past: Spiritualism and the Cultural Politics of Nineteenth-Century America*（Berkeley: University of California Press, 2005），1-3；Stanley Edward McMullin, *Anatomy of a Séance: A History of Spirit Communication in Central Canada*, 1850-1950（Montreal/Kingston: McGill-Queen's University Press, 2004），22-41.

[5] Jeffrey Sconce, *Haunted Media: Electronic Presence from Telegraphy to Television*（Durham, NC: Duke University Press, 2000），13-16；Jill Galvan, *The Sympathetic Medium: Feminine Channeling, the Occult, and Communication Technologies*, 1859-1919（Ithaca, NY: Cornell University Press, 2010），1-22.

[6] 在这里，我的意思不是要定义现代性，而是要接受"现代生活的体验"，类似于下文的分析：Torbjörn Wandel's, "Too Late for Modernity," *Journal of Historical Sociology* 18, 3 (2005): 255-68.

[7] Richard Jarrell, "Measuring Scientific Activity in Canada and Australia before 1915: Exploring Some Possibilities," *Scientia Canadensis: Canadian Journal of the History of Science, Technology, and Medicine* 17, 1-2 (1993): 27.

[8] 这次静修起源于19世纪70年代在纽约州西部举行的一系列"露营会议"，后来发展成为一个永久性的社区，是国际公认的灵修者度假胜地莉莉戴尔村静修所的前身。参见 *Seventy-Fifth Anniversary of the Lily Dale Assembly: A Condensed History*（New York: Lily Dale, 1952），8-50.

[9] McMullin, *Anatomy of a Séance*, 161, 172, 195.

[10] W.V. Uttley, *A History of Kitchener, Ontario*（Waterloo: Wilfrid Laurier University Press, 1975），352.

[11] McMullin, *Anatomy of a Séance*, 162. 讲座的录音和文字记录保存在滑铁卢大学图书馆的托马斯·莱西论文中，Room Alone Lectures GA67, University of Waterloo Library.

[12] Murray Davidson, "Waterloo Lutheran University Receives $42,000 from Decima Laing Estate," press release, Waterloo Lutheran University, April 2, 1963, Wilfrid Laurier News Releases 1960-69, 023-1967, Wilfrid Laurier University Library.

[13] 西德尼·赖特与圣凯瑟琳斯"神启教会"（Church of Divine Revelation）牧师弗雷德·梅因斯（Fred Maines）保持着长期的友谊，他与妻子明妮·梅因斯（Minnie Maines）和嫂子珍妮·奥哈拉·平克克（Jenny O'hara Pincock）共同创立了该教会。关于这一系列降神会的更详细讨论，请参见 Beth A. Robertson, "Radiant Healing: Gender, Belief, and Alternative Medicine in St. Catharines, Ontario, Canada, 1927-1935," *Nova Religio: The Journal of Alternative and Emergent Religions* 18, 1 (2014): 16-36.

[14] O.G. Smith, "Canadian's Remarkable Seances," *Two Worlds*, June 23, 1933, 485-86.

[15] "White Eagle's Inner Teaching Group: The Three Fold Aura," May 20, 1936, Thomas Lacey Papers, GA67 (1), University of Waterloo Library.

[16] Bernhard Rieger, *Technology and the Culture of Modernity in Britain and Germany, 1890–1945* (New York: Cambridge University Press, 2005), 2-4.

[17] Richard Stanley, *Einstein's Generation: The Origins of the Relativity Revolution* (Chicago: University of Chicago Press, 2008), 2-4; Helge Kragh, "Introduction," in *History of Modern Physics*, ed. Helge Kragh, Geert Vanpaemel, and Pierre Marage (Turnhout, Belgium: Brepols, 2002), 11-12.

[18] Michael D. Gordin, *The Pseudoscience Wars: Immanuel Velikovsky and the Birth of the Modern Fringe* (Chicago: University of Chicago Press, 2012), 2-3; H.M. Collins and T.J. Pinch, "The Construction of the Paranormal: Nothing Unscientific Is Happening," in *On the Margins of Science: The Social Construction of Rejected Knowledge*, ed. Roy Wallis (Keele, UK: Keele University, 1979), 237-70; Milena Wazeck, *Einstein's Opponents: The Public Controversy about the Theory of Relativity in the 1920s*, trans. Geoffrey S. Koby (Cambridge, UK: Cambridge University Press, 2014), 66-76; Jeroen van Dongen, "On Einstein's Opponents and Other Crackpots," Studies in *History and Philosophy of Modern Physics* 41, 1 (2010): 78-80.

[19] Alex Owen, *The Place of Enchantment: British Occultism and the Culture of the Modern* (Chicago: University of Chicago Press, 2004), 7-9.

[20] Galvan, *The Sympathetic Medium*, 23; Matthew Lavine, *The First Atomic Age: Scientists, Radiations, and the American Public*, 1895-1945 (Houndmills, UK: Palgrave Macmillan, 2013), 38-39; Sconce, *Haunted Media*, 21-58.

[21] Diana Basham, *The Trial of Woman: Feminism and the Occult Sciences in Victorian Literature and Society* (Basingstoke, UK: Palgrave Macmillan, 1992), vii.

[22] Beth A. Robertson, "Spirits of Transnationalism: Gender, Race, and Cross Correspondence in Early Twentieth-Century North America," *Gender and History* 27, 1 (2015): 154; Beth A. Robertson, *Science of the Seance: Transnational Networks and Gendered Bodies in the Study of Psychic Phenomena, 1918-40* (Vancouver: UBC Press, 2016), 146-56, 163-68.

[23] Courtenay Green Raia, "From Ether Theory to Ether Theology: Oliver Lodge and the Physics of Immortality," Journal of the *History of the Behavioral Sciences* 43, 1 (2007): 20; Courtenay Green Raia, "The Substance of Things Hoped For: Faith, Science, and Psychical Research in the Victorian Fin de Siècle" (PhD diss., University of California, Los Angeles, 2005), 46.

[24] Robert Michael Brain, "Materializing the Medium: Ectoplasm and the Quest for Supra-Normal Biology in Fin-de-Siècle Science and Art," in *Vibratory Modernism*, ed. Anthony Enns and Shelley Trower (Houndmills, UK: Palgrave Macmillan, 2013), 116.

[25] T. Glen Hamilton, *Intention and Survival: Psychical Research Studies and the Bearing of Intentional Actions by Trance Personalities on the Problem of Human Survival*（Toronto: Macmillan, 1942），8-9, 51-53.

[26] G. Harvey Agnew, honorary degree recipient, May 14, 1955, Honorary Degree Recipients, Campus History, University of Saskatchewan Archives and Special Collections, https：//library.usask.ca/archives/campus-history/honorary-degrees.php? id=89&view=detail&keyword=&campuses=.

[27] Harvey Agnew to T.G. Hamilton, April 7, 1931, Hamilton Family Fonds, MSS14（A.79-41），box 4, folder 3, University of Manitoba Archives and Special Collections.

[28] 同上。欲了解更多关于阿格纽和其他人对"灵外质"或"电浆"的见解，请参见 Robertson, *Science of the Seance*, 238-39.

[29] Lavine, *The First Atomic Age*, 2-8.

[30] 这种对原子能社会文化影响的探索带来了广泛意义上"核文化"的理论化，可以从《英国科学史杂志》(*British Journal of the History of Science*) 2012 年特刊中看出。参见 Jonathan Hogg and Christoph Laucht, "Introduction: British Nuclear Culture," *British Journal of the History of Science* 45, 4（2012）：479-93.

[31] 即使是奥利弗·洛奇爵士（Sir Oliver Lodge），也许是挑战爱因斯坦理论的最著名的神秘学家之一，也绝不会完全拒绝现代物理学理论或对原子能的全新理解。相反，他试图确定原子力与"以太"和能量这些旧概念之间是如何相互关联的，特别是在与不可思议的心理过程相关的方面。Sir Oliver Lodge, *Ether and Reality: A Series of Discourses on the Many Functions of the Ether of Space*（1925；reprinted, Cambridge, UK: Cambridge University Press, 2012），26-30, 121-80; Sir Oliver Lodge, "Sir Oliver Lodge on the Possibilities of the Human Spirit," *Light: A Journal of Psychical, Occult, and Mystical Research* 47, 2414（April 16, 1927）：182-85.

[32] 例如，如下文所谈及的，*Canadian spiritualist Jenny O'Hara Pincock in Trails of Truth*（Los Angeles: Austin, 1930），13, 15.

[33] Stephen G. Brush and Ariel Segal, *Making Twentieth-Century Science: How Theories Became Knowledge*（Oxford: Oxford University Press, 2015），334.

[34] Stanley Goldberg, "Putting New Wine in Old Bottles: The Assimilation of Relativity in America," in *The Comparative Reception of Relativity*, ed. Thomas F. Glick（Dordrecht: D. Reidel, 1987），10.

[35] Wazeck, *Einstein's Opponents*, 24-25.

[36] Smith, "Canadian's Remarkable Seances," 485-86.

[37] 同上。

[38] "The Mind," November 22, 1934, Thomas Lacey Papers, GA67（1），University of Water loo Library.

[39] 同上。

[40] Marie Griffith, *Born Again Bodies: Flesh and Spirit in American Christianity* (Berkeley: University of California Press, 2004), 108.

[41] 关于身体的历史和文化角色的一些基础研究，参见 Michel Foucault, *Discipline and Punish: The Birth of the Prison, trans. Alan Sheridan* (1977; reprinted, New York: Vintage Books, 1995), 136; and Judith Butler, *Bodies that Matter: On the Discursive Limits of Sex* (New York: Routledge, 1993), 30-31, 67-68, 94-95.

[42] "White Eagle's Inner Teaching Group: The Three Fold Aura," May 20, 1936, Thomas Lacey Papers, GA67 (1), University of Waterloo Library.

[43] Ludwik Kostro, *Einstein and the Ether* (Montreal: Apeiron, 2000), 1-78. 也可参见 Andrew Warwick's "Cambridge Mathematics and Cavendish Physics: Cunningham, Campbell, and Einstein's Relativity 1905-1911, Part I: The Uses of Theory," *Studies in History and Philosophy of Science* 23, 4 (1992): 625-56; and Stephen G. Brush, "Why Was Relativity Accepted?," *Physics in Perspective* 1 (1999): 190-91, 194.

[44] "White Eagle's Inner Teaching Group: The Three Fold Aura," Thomas Lacey Papers.

[45] "White Eagle's Inner Teaching Group: The Works of the Masters," September 30, 1936, Thomas Lacey Papers, GA67 (1), University of Waterloo Library.

[46] Lavine, *The First Atomic Age*, 15-16.

[47] 同上，158-66。

[48] 同上，168-70。

[49] Séance notes, September 22, 1946, Thomas Lacey Papers, GA67 (1), University of Waterloo Library.

[50] "Love Ye One Another," September 16, 1947, Thomas Lacey Papers, GA67 (1), University of Waterloo Library.

[51] Séance notes, April 27, 1948, Thomas Lacey Papers, GA67 (1), University of Waterloo Library.

[52] 同上。

[53] Scott C. Zeman, "'To See... Things Dangerous to Come To': Life Magazine and the Atomic Age in the United States, 1945-1965," in *The Nuclear Age in Popular Media: A Transnational History*, 1945-1965, ed. Dick Van Lente (Houndmills, UK: Palgrave Macmillan, 2012), 61. 下文中也强调了原子能或核"事物"的前景：Gabrielle Hecht, *Being Nuclear: Africans and the Global Uranium Trade* (Cambridge, MA: MIT Press, 2012), 6-8.

[54] Zeman, "'To See...Things,'" 63-67.

[55] Angela N.H. Creager, *Life Atomic: A History of Radioisotopes in Science and Medicine* (Chicago: University of Chicago Press, 2013), 3-4, 62-63, 70-71, 124; *Gerald*

Kutcher, *Contested Medicine: Cancer Research and the Military*（Chicago：University of Chicago Press, 2009），1-20. 一批早期的外国货物被运往安大略省乔克河的核实验室。这批货物是应新上任的主管威尔弗雷德·贝内特·刘易斯（Wilfred Bennett Lewis）的要求发出的，他是一位科学家，在接下来的三十年里对加拿大核能的发展有着深远的影响。Ruth Fawcett, *Nuclear Pursuits: The Scientific Biography of Wilfred Bennett Lewis*（Montreal/Kingston：McGill-Queen's University Press, 1994），33-64.

[56]"Applying the Principle and Transmutation in Nature and Self," May 11, 1948, Thomas Lacey Papers, GA67（2）, University of Waterloo Library.

[57]"The Mysteries that Reveal the Nature of God," May 23, 1948, Thomas Lacey Papers, GA67（2）, University of Waterloo Library. 有关背景，请参阅 Paul C. Aebersold, "Radioisotopes-New Keys to Knowledge," in *Annual Report of the Board of Regents of the Smithsonian Institution*（Washington, DC：Government Printing Office, 1953），219-40. 艾伯索德（Aebersold）写道，特别是自20世纪30年代以来，同位素的发现和"示踪研究"，使医学科学家不仅能够看到化合物在体内的运动，而且还能够揭示"我们体内的原子周转是相当迅速和完全的……事实已经表明，在一年之内，我们体内大约98%的原子将被我们摄入的其他原子所取代"（232）。

[58]"The Oneness of All Things," June 6, 1948, *Thomas Lacey Papers*, GA67（2）, University of Waterloo Library.

[59]"The Vital Importance of Unity," August 17, 1948, *Thomas Lacey Papers*, GA67（2）, University of Waterloo Library.

[60]"Amarai's Lecture," August 22, 1948, *Thomas Lacey Papers*, GA67（2）, University of Waterloo Library.

[61]"The Application of the Principle," July 11, 1948, *Thomas Lacey Papers*, GA67（2）, University of Waterloo Library.

[62]"In the Room Alone：Thomas Edison and Luther Burbank Discuss the Value of Their Work," September 3, 1949, *Thomas Lacey Papers, Room Alone Lectures*, September 1948-July 1951, GA67, University of Waterloo Library.

[63]"In the Room Alone," October 15, 1949, *Thomas Lacey Papers*, Room Alone Lectures, September 1948-July 1951, GA67, University of Waterloo Library.

[64]"In the Room Alone：Travel, Light, and Power in the Spiritual Age," November 19, 1949, *Thomas Lacey Papers*, Room Alone Lectures, September 1948-July 1951, GA67, University of Waterloo Library.

[65]"In the Room Alone：John and Tom Discuss the Growth of the Senses and They Join 'The Wise Men on Their Journey,'" December 3, 1949, *Thomas Lacey Papers*, Room Alone Lectures, September 1948-July 1951, GA67, University of Waterloo Library.

[66]"Power Available," January 14, 1950, *Thomas Lacey Papers*, Room Alone Lectures,

January–December 1950, GA67, University of Waterloo Library.

[67] "In the Room Alone: John Speaks of the Experience Called Death, John and Tom Visit Another Planet and See the Life There," January 14, 1950, *Thomas Lacey Papers*, Room Alone Lectures, September 1948–July 1951, GA67, University of Waterloo Library.

[68] "Power Available," *Thomas Lacey Papers*.

第 5 章

[1] Peter Temin, "The Future of the New Economic History," *Journal of Interdisciplinary History* 12, 2 (1981): 179-97.

[2] 参见 James Hull, "The Second Industrial Revolution: The History of a Concept," *Storia della storiografia* 36 (1999): 81-90; and Ernst Homburg, "De 'Tweede Industriele Revolutie,' een problematisch historische concept," *Historisch tijdschrift* 8 (1986): 376-85. 要将这一概念融入对俄罗斯经济史的讨论中，参见 Tamás Szmrecsányi, "On the Historicity of the Second Industrial Revolution and the Applicability of Its Concept to the Russian Economy before 1917," *Economies et sociétés* 42, 3 (2008): 619-46.

[3] Peter N. Stearns, *The Industrial Revolution in World History*, 4th ed. (Boulder, CO: Westview, 2013), 10, 114.

[4] Ian Drummond, "Ontario's Industrial Revolution, 1867-1941," *Canadian Historical Review* 69, 3 (1988): 283-314.

[5] Marvin McInnis, "Engineering Expertise and the Canadian Exploitation of the Technology of the Second Industrial Revolution," in *Technology and Human Capital in Historical Perspective*, ed. Jonas Ljungberg and Jan-Pieter Smits (Basingstoke, UK: Palgrave Macmillan, 2005), 49-78.

[6] Yves Gingras, *Physics and the Rise of Scientific Research in Canada*, trans. Peter Keating (Montreal/Kingston: McGill-Queen's University Press, 1991). 下面提到的这本书的几位撰稿人在解释当时发生的事情时，将第二次工业革命用作关键概念。*Class, Community, and the Labour Movement: Wales and Canada, 1850-1930*, ed. Deian R. Hopkin and Gregory S. Kealey (St. John's: Llafur/Canadian Committee on Labour History, 1989). 其他一些历史学家已经将第二次工业革命作为他们介绍加拿大各方面历史的必不可少的内容；例如，请参见 Gregory P. Marchildon, "Portland Cement and the Second Industrial Revolution in Canada, 1885-1909," paper presented at the Fifth Canadian Business History Conference, Hamilton, 1998; and Gordon Winder, "Following America into the Second Industrial Revolution: New Rules of Competition and Ontario's Farm Machinery Industry, 1850-1930," *Canadian Geographer* 46, 4 (2002): 292-309.

[7] 例如，请参见 John McCallum, *Unequal Beginnings: Agriculture and Economic Development in Quebec and Ontario until 1870*（Toronto: University of Toronto Press, 1980），以及 Graeme Wynn, *Timber Colony: A Historical Geography of Early Nineteenth Century New Brunswick*（Toronto: University of Toronto Press, 1981）都解释了新不伦瑞克通往工业资本主义的非革命道路。这两种解释都是以小麦和木材这两种主要产品为依据。

[8] Robert C.H. Sweeny, *Why Did We Choose to Industrialize? Montreal, 1819–1849*（Montreal/Kingston: McGill-Queen's University Press, 2015）。

[9] 要了解巴斯夫集团，请参见 Werner Abelshauser, Wolfgang von Hippel, Jeffrey Allan Johnson, and Raymond G. Stokes, *German Industry and Global Enterprise—BASF: The History of a Company*（Cambridge, UK: Cambridge University Press, 2004）。要了解标准化，请参见 Janet T. Knoedler and Anne Mayhew, "The Engineers and Standardization," *Business and Economic History* 23, 1（1994）: 141–51.

[10] 参见 Drummond, "Ontario's Industrial Revolution," and the accompanying responses to his argument by Louis P. Cain and Marjorie Cohen. 参见 Gregory S. Kealey, *Toronto Workers Respond to Industrial Capitalism, 1867–1892*（Toronto: University of Toronto Press, 1980）章节"Toronto's Industrial Revolution"。另请参见 Robert B. Kristofferson, *Craft Capitalism: Craftsworkers and Early Industrialization in Hamilton, Ontario*（Toronto: University of Toronto Press, 2007）; 和 Marvin McInnis, "Just How Industrialized Was the Canadian Economy in 1890?," unpublished paper, http://qed.econ.queensu.ca/faculty/mcinnis/HowIndustrialized.pdf. 麦金尼斯认为加拿大经济实现工业化的时间较早，范围较广。

[11] Rick Szostak, *Technological Innovation and the Great Depression*（Boulder, CO: Westview, 1995）。

[12] 经典说法来自 A.D. Safarian, *The Canadian Economy in the Great Depression*（Toronto: McClelland and Stewart, 1970）。有关支柱产品，请参见 H.V. Nelles, *The Politics of Development*（Toronto: Macmillan, 1974）。有关新的支柱产品，请参见 John Richards and Larry Pratt, *Prairie Capitalism: Power and Influence in the New West*（Toronto: McClelland and Stewart, 1979）; and Robert Bothwell, *Eldorado: Canada's National Uranium Company*（Toronto: University of Toronto Press, 1984）。关于战后水力发电，请参见本书中丹尼尔·麦克法兰所写的第 13 章; James L. Kenny and Andrew Secord, "Public Power for Industry: A Re-Examination of the New Brunswick Case, 1940–1960," *Acadiensis* 30, 2（2001）: 84–108; Jeremy Mouat, *The Business of Power*（Victoria: Sono Nis Press, 1997）; 以及 Yves Bélanger and Robert Comeau, eds., *Hydro-Québec: Autre temps, autres défis*（Montréal: Université du Québec à Montréal, 1995）。

[13] 例如，Jeremy Greenwood, *The Third Industrial Revolution*（Washington, DC: AEI

Press, 1997).

[14] Marvin McInnis, "Canadian Economic Development in the Wheat Boom: A Reassessment," unpublished paper, http://qed.econ.queensu.ca/faculty/mcinnis/Cda development 1.pdf.

[15] Douglas McCalla, "The Economic Impact of the Great War," in *Canada and the First World War: Essays in Honour of Robert Craig Brown*, ed. David MacKenzie (Toronto: University of Toronto Press, 2005), 148.

[16] Stéphane Castonguay, "Naturalizing Federalism: Insect Outbreaks and the Centralization of Entomological Research in Canada 1884-1914," *Canadian Historical Review* 85, 1(2004): 1-34.

[17] James Hull, "'A Stern Matron Who Stands beside the Chair in Every Council of War or Industry': The First World War and the Development of Scientific Research at Canadian Universities," in *Cultures, Communities, and Conflict: Histories of Canadian Universities and War*, ed. Paul Stortz and E. Lisa Panayotidis (Toronto: University of Toronto Press, 2012), 146-74.

[18] W.L. Goodwin, "The Signs of the Times," *Queen's Journal* 23, 3(1895): 42, 引自 A.B. McKillop, *Matters of Mind: The University in Ontario, 1791-1951* (Toronto: University of Toronto Press, 1994), 167.

[19] Thomas K. McCraw, ed., *Creating Modern Capitalism* (Cambridge, MA: Harvard University Press, 1997).

[20] Arnold Pacey, *Technology in World Civilization* (Cambridge, MA: MIT Press, 1991).

[21] Bruce Sinclair, "Canadian Technology: British Traditions and American Influences," *Technology and Culture* 20, 1(1979): 108-23.

[22] Dianne Newell, *Technology on the Frontier: Mining in Old Ontario* (Vancouver: UBC Press, 1986), 35-36; Gordon M. Winder, "Technology Transfer in the Ontario Harvester Industry 1830-1900," *Scientia Canadensis: Canadian Journal of the History of Science, Technology, and Medicine* 18, 1(1994): 38-88.

[23] W.A.E. McBryde, "Ontario: Early Pilot Plant for the Chemical Refining of Petroleum in North America," *Ontario History* 79, 3(1987): 203-30.

[24] James Hull, "Strictly by the Book: Textbooks and the Control of Production in the North American Pulp and Paper Industry," *History of Education* 27, 1(1998): 85-95; James Hull, "Technical Standards and the Integration of the U.S. and Canadian Economies," *American Review of Canadian Studies* 32, 1(2002): 123-42.

[25] H.V. Nelles, *The Politics of Development* (Toronto: Macmillan, 1974); Jamie Swift and Keith Stewart, *Hydro: The Decline and Fall of Ontario's Electric Empire* (Toronto: Between the Lines, 2004). 另请参见本书中丹尼尔·麦克法兰所写的11章。

[26] Norman Ball and John N. Vardalas, *Ferranti-Packard: Pioneers in Canadian Electrical Manufacturing* (Montreal/Kingston: McGill-Queen's University Press, 1994).

[27] James L. Kenny and Andrew Secord, "Engineering Modernity: Hydroelectric Development in New Brunswick, 1945-1970," *Acadiensis* 39, 1 (2010): 3-26; Lionel Bradley King, "The Electrification of Nova Scotia, 1884-1973: Technological Modernization as a Response to Regional Disparity" (PhD diss., University of Toronto, 1999); Alexander Netherton, "From Rentiership to Continental Modernization: Shifting Paradigms of State Intervention in Hydro in Manitoba, 1922-1977" (PhDdiss., Carleton University, 1993).

[28] 将沙维尼根瀑布的发展与纽约尼亚加拉瀑布的发展进行对比将是有益的。Martha W. Langford, "Shawinigan Chemicals Limited: History of a Canadian Scientific Innovator" (PhD diss., Université de Montréal, 1987); Claude Bellavance, *Shawinigan Water and Power, 1898-1963: Formation et déclin d'un groupe industriel au Québec* (Montréal: Boréal, 1994). Compare Martha Moore Trescott, *The Rise of the American Electrochemicals Industry, 1880-1910* (Westport, CT: Greenwood, 1981). 关于麦吉尔大学，参见 James Hull, "Federal Science and Education for Industry at McGill, 1913-38," *Historical Studies in Education* 13, 1 (2001): 1-18. 有关聚合有限公司，参见 Matthew J. Bellamy, *Profiting the Crown: Canada's Polymer Corporation 1942-1990 (Montreal/Kingston: McGill-Queen's University Press, 2005)*. 有关石油，请参阅 McBryde, "Ontario." 也可参见本书埃达·克拉纳基斯的第 9 章。

[29] 这一发现是由麦吉尔大学的乔治·汤姆林森在哈罗德·希伯特的指导下撰写博士论文时发现的。希伯特担任工业和纤维素化学埃迪首席教授。有关发现过程，参见 US Patent 2069185A, "Manufacture of Vanillin from Waste Sulphite Pulp Liquor," 希伯特和汤姆林森于 1934 年提出申请此专利，1937 年获得批准。20 世纪 80 年代初，加拿大一家工厂生产的香兰素占世界供应量的 60%。Martin B. Hocking, "Vanillin: Synthetic Flavoring from Spent Sulfite Liquor," *Journal of Chemical Education* 74, 9 (1997): 1055.

[30] 经典研究来自 Alfred D. Chandler, *The Visible Hand: The Managerial Revolution in American Business* (Cambridge, MA: Harvard University Press, 1977). 然而，正如威廉·拉佐尼克指出的，真正重要的不是公司，而是"将从事相互关联的生产活动的商业公司联系起来的组织"。William Lazonick, *Business Organization and the Myth of the Market Economy* (Cambridge, MA: Harvard University Press, 1991), 8. 这可能与加拿大尤其相关，因为加拿大的大型"钱德勒"公司较少。

[31] 从加拿大国家研究委员会编制的加拿大科学技术协会名单中，我们可以了解到这种情况的严重程度。这一名单也收录在美国的 *Bulletin of the National Research Council* 76 (1930). 另请参见 Philip C. Enros, "'The Onery Council of Scientific and Industrial Pretence': Universities in the Early NRC's Plans for Industrial Research," *Scientia Canadensis:*

Canadian Journal of the History of Science, Technology, and Medicine 15, 2（1991）: 41-51.

[32] Louis Galambos, "Technology, Political Economy, and Professionalization: Central Themes of the Organizational Synthesis," *Business History Review* 57, 4（1983）: 471-93.

[33] Andre Siegel and James Hull, "Made in Canada! The Canadian Manufac-turers' Association's Promotion of Canadian-Made Goods, 1911-1921," *Journal of the Canadian Historical Association* 25, 1（2014）: 1-32.

[34] Paul Craven and Tom Traves, "Canadian Railways as Manufacturers," *Canadian Historical Association Historical Papers*（1983）: 254-81.

[35] Robert Nahuet, "Une expérience canadienne de Taylorisme: Le cas des usines Angus du Canadien Pacifique"（MA thesis, Université de Québec a Montréal, 1994）. 也可参见 James W. Rinehart, *The Tyranny of Work*, 3rd ed.（Toronto: Harcourt, Brace, 1996）; and Craig Heron and Bryan Palmer, "Through the Prism of the Strike," *Canadian Historical Review* 58, 4（1977）: 423-58.

[36] 这一讨论来自 Stuart Bennett, "'The Industrial Instrument-Master of Industry, Servant of Management': Automatic Control in the Process Industries, 1900-1940," *Technology and Culture* 32, 1（1991）: 69-81.

[37] W.G. Mitchell, "Review History of Pulp and Paper Research Institute of Canada 1925-1937," McGill University Archives, RG2 c66, 25-28; Allen Abrams, "Report on Testing Freeness of Pulp," *Paper Trade Journal* 84（1927）: TAPPI Section, 110; Jamesd' A. Clark, *Pulp Technology and Treatment for Paper*（San Francisco: Freeman, 1978）, 511. 粗略地讲，"游离度"是衡量纸浆在造纸机的金属丝上形成纸张时，水分从纸浆中排出的速度。

[38] Lindy Biggs, *The Rational Factory: Architecture, Technology, and Work in America's Age of Mass Production*（Baltimore: Johns Hopkins University Press, 1996）.

[39] Stearns, *Industrial Revolution*, 162.

[40] 对于这个概念的一般论述，参见 George Akerl of and Janet Yellen, *Efficiency Wage Models of the Labor Market*（Cambridge, UK: Cambridge University Press, 1986）. 经典案例当然是亨利·福特的5美元工资。参见 Daniel Raff and Lawrence Summers, "Did Henry Ford Pay Efficiency Wages?," Journal of Labor Economics 5, 4（1987）: 57-86.

[41] Jennifer Karns Alexander, *The Mantra of Efficiency: From Waterwheel to Social Control*（Baltimore: Johns Hopkins University Press, 2008）.

[42] 参见 Richard A. Jarrell and Yves Gingras, eds., *Building Canadian Science,* 本文献是下面这个杂志的特刊 *Scientia Canadensis: Canadian Journal of the History of Science, Technology, and Medicine* 15, 2（1991）.

[43] Morris Zaslow, *Reading the Rocks: The Story of the Geological Survey of Canada*（Toronto:

Macmillan, 1975); T.H. Anstey, *One Hundred Harvests* (Ottawa: Agriculture Canada, 1986); Kenneth Johnstone, *The Aquatic Explorers: A History of the Fisheries Research Board of Canada* (Toronto: University of Toronto Press, 1977); Anthony N. Stranges, "Canada's Mines Branch and Its Synthetic Fuel Program for Energy Independence," *Technology and Culture* 32, 3 (1991): 521–54.

[44] Frances Anderson, Olga Berseneff-Ferry, and Paul Dufour, "Le développement desconseils de recherche provinciaux: Quelques problematiques historiographiques," *HSTC Bulletin: Journal of the History of Canadian Science, Technology, and Medicine* 7, 1 (1983): 27–44.

[45] "Chemistry in Its Relation to the Arts and Manufactures," *Industrial Canada* 1 (1901): 253–58; "The Society of Chemical Industry," *Industrial Canada* 2 (1902): 195–96. 有关回顾，请参阅 *Journal of the Society of Chemical Industry* 50 (July 1931): 27. 另请参见 Colin A. Russell, with Noel George Coley and Gerrylynn K. Roberts, *Chemists by Profession: The Origins and Rise of the Royal Institute of Chemistry* (Milton Keynes, UK: Open University Press, 1977).

[46] Christopher Armstrong and H.V. Nelles, *Monopolys' Moment: The Organization and Regulation of Canadian Utilities, 1830–1930* (Philadelphia: Temple University Press, 1986).

[47] Tom Traves, *The State and Enterprise* (Toronto: University of Toronto Press, 1979).

[48] Amy E. Slaton, *Reinforced Concrete and the Modernization of American Building, 1900–1930* (Baltimore: Johns Hopkins University Press, 2001); Christopher Armstrong, *Making Toronto Modern: Architecture and Design 1895–1975* (Montreal/Kingston: McGill-Queen's University Press, 2014).

[49] 参见 Robert M. Stamp, "Technical Education, the National Policy, and Federal-Provincial Relations in Canadian Education, 1899–1919," *Canadian Historical Review* 52, 4 (1971): 404–23; Oisin Patrick Rafferty, "Apprenticeship's Legacy: The Social and Educational Goals of Technical Education in Ontario, 1860–1911" (PhDdiss., McMaster University, 1995); and *Report of the Royal Commission on Industrial Training and Technical Education* (Ottawa: King's Printer, 1910).

[50] 最好的研究来自 Richard White, *The Skule Story: The University of Toronto Faculty of Applied Science and Engineering, 1873–2000* (Toronto: Faculty of Applied Science and Engineering and University of Toronto Press, 2000).

[51] 关于这个时代的效率、改革、专业知识和加拿大政府，请参见 Douglas Owram, *The Government Generation: Canadian Intellectuals and the State, 1900–1945* (Toronto: University of Toronto Press, 1986).

[52] Burton J. Bledstein, *The Culture of Professionalism: The Middle Class and the Development*

of Higher Education in America (New York: Norton, 1976).

[53] J. Rodney Millard, *The Master Spirit of the Age: Canadian Engineers and the Politics of Professionalism* (Toronto: University of Toronto Press, 1988); R.D. Gidney and W.P.J. Miller, *Professional Gentlemen: The Professions in Nineteenth Century Ontario* (Toronto: University of Toronto Press, 1994).

[54] Graham S. Lowe, *Women in the Administrative Revolution* (Toronto: University of Toronto Press, 1987).

[55] Tracey L. Adams, *A Dentist and a Gentleman: Gender and the Rise of Dentistry in Ontario* (Toronto: University of Toronto Press, 2000). Contrast Richard White, *Gentlemen Engineers: The Working Lives of Frank and Walter Shanly* (Toronto: University of Toronto Press, 1999).

[56] Johnstone, *The Aquatic Explorers*, 86.

[57] Ralph A. Bradshaw, "Clara Cynthia Benson," *ASBMB Today*, March 2006, 17; Susan Bustos, "The Joy of Cooking, with Gunpowder," *Inkling Magazine*, February 21, 2007.

[58] Jan de Vries, "The Industrial Revolution and the Industrious Revolution," *Journal of Economic History* 54, 2 (1994): 249-70. 另请参见 Donica Belisle, "Toward a Canadian Consumer History," *Labour/Le travail* 52 (2003): 181-206.

[59] Donica Belisle, *Retail Nation: Department Stores and the Making of Modern Canada* (Vancouver: UBC Press, 2011), 134. 另请参见 Cynthia R. Comacchio, *The Infinite Bonds of Family: Domesticity in Canada, 1850–1940* (Toronto: University of Toronto Press, 1999); Bettina Bradbury, *Working Families: Age, Gender, and Daily Survival in Industrializing Montreal* (Toronto: McClelland and Stewart, 1993); and Cynthia Wright, "'Feminine Trifles of Vast Importance': Writing Gender into the History of Consumption," in *Gender Conflicts: New Essays in Women's History*, ed. Franca Iacovetta and Mariana Valverde (Toronto: University of Toronto Press, 1992), 230. 关于妇女在家庭消费和生产中的作用，请参见 Joy Parr, "What Makes Washday Less Blue? Gender, Nation, and Technology Choice in Postwar Canada," *Technology and Culture* 38, 1 (1997): 153-86. 对比 Ruth Schwarz Cowan, "How the Refrigerator Got Its Hum," in *The Social Shaping of Technology*, 2nd ed., ed. Donald MacKenzie and Judy Wajcman (Buckingham, UK: Open University Press, 1999), 208-18.

[60] Ken Drushka, *Canada s' Forests: A History* (Durham, NC: Forest History Society, 2003), 48.

[61] 另请参见 Graeme Wynn, *Canada and Arctic North America: An Environmental History* (Santa Barbara, CA: ABC-CLIO, 2007).

[62] James Hull, "Watts across the Border: Technology and the Integration of the North American Economy in the Second Industrial Revolution," *Left History* 19, 2 (2015-

2016）: 13-32.

[63] Lynn White Jr., "The Historical Roots of Our Ecologic Crisis," *Science* 155, 2767（1967）: 1203-7. 环境问题将在本书的第三部分中探讨。有关加拿大环境历史的一般介绍，请参见 Laurel Sefton MacDowell, *An Environmental History of Canada*（Vancouver: UBC Press, 2012）.

第 6 章

非常感谢加拿大贝尔历史博物馆的丽丝·诺埃尔（Lise Nöel）和简妮·蒂奥埃（Janie Théorêt）为本章的研究提供了慷慨的帮助。同时也感谢匿名审稿人和本卷编辑提供的有益反馈和建议。

[1] 本章从加拿大电话的许多重要社会文化历史中获得了很多信息，包括 Christopher Armstrong and H.V. Nelles, *Monopoly's Moment: The Organization and Regulation of Canadian Utilities, 1830-1930*（Philadelphia: Temple University Press, 1986）; Robert MacDougall, *The People's Network: The Political Economy of the Telephone in the Gilded Age*（Philadelphia: University of Pennsylvania Press, 2014）; Michèle Martin, *"Hello Central?": Gender, Technology, and Culture and the Formation of Telephone Systems*（Montreal/Kingston: McGill-Queen's University Press, 1991）; and Jean-Guy Rens, *The Invisible Empire: A History of the Telecommunications Industry in Canada, 1846-1956*（Montreal/Kingston: McGill-Queen's University Press, 2001）. Claude Fischer's *America Calling: A Social History of the Telephone to 1940*（Berkeley: University of California Press, 1992）包括了一个"教育公众"章节，内容讲述 19 世纪末和 20 世纪初的电话。

[2] Bell, *Bell Telephone at Hamilton,* 黑白无声电影，1929，加拿大贝尔历史博物馆（文中余下部分简称 BCHC）。

[3] Carolyn Marvin, *When Old Technologies Were New: Thinking about Electric Communication in the Late Nineteenth Century*（New York: Oxford University Press, 1988）.

[4] Bill Brown, "Thing Theory," *Critical Inquiry* 28, 1（2001）: 4. 布朗认为，技术刚问世的时刻和技术要被淘汰的时刻是特别有价值的，因为他们给予了洞察力。约瑟夫·J. 科恩通过以下作品记录了消费者对科技产品的失望，提供了另一种视角，*User Unfriendly: Consumer Struggles with Personal Technologies*（Baltimore: Johns Hopkins University Press, 2011）.

[5] Bell, "Introduction of Dial Service in Hamilton, Ont. Educational Conference for Supervisory Employees, July 9-13, 1928," BCHC 31097-1, section A, sheet 6.

[6] James Vernon, *Distant Strangers: How Britain Became Modern*（Berkeley: University of

California Press, 2014）。弗农找到了18世纪末和19世纪初英国这种"全新的现代社会状况"的最早体现，但他认为这种模式传播到了其他地方，并一直延续到20世纪（xi）。

[7] R.B. Hill, "The Early Years of the Strowger System," *Bell Laboratories Record* 31, 1（1953）: 95-103.

[8] 约翰·威利（John Wiley）是斯特鲁格自动电气公司的前雇员，他在怀特霍斯建立了自动交换机。Bell, "No. 119 Sat. Jan. 27, 1940-Automatic Telephones," BCHC, Central Office Equipment: Step-by-Step.

[9] Bell, "Historical Sketch of Automatic Telephony（1951）," BCHC, Central Office Equipment: Step-by-Step.

[10] 1907年，加拿大贝尔公司放弃了在全国布局电话网的要求，以确保并扩大其有利可图的加拿大中部市场。Armstrong and Nelles, *Monopoly's Moment*, 184-85.

[11] 20世纪20年代，电话行业的商业期刊《电话》（*Telephony*）刊登了许多关于自动拨号服务的文章，其中包括关于将自动切换"绑定"到原先手动系统的文章。例如，参见A.B. Smith, "Automatic Telephone Switching," *Telephony*, January 10, 1920, 14-17; Northwestern Bell, "Tying Automaticto Manual Systems," *Telephony*, April 17, 1920, 16-20; and F.L. Baer, "From Manualto Automatic Switching," *Telephony*, July 10, 1920, 16-19.

[12] Laurence B. Mussio, *Becoming Bell: The Remarkable Story of a Canadian Enterprise*（Montreal: Bell Canada, 2005）, 36.

[13] "Phone Efficiency to Cost Company about $4,000,000," *Globe*（Toronto）, January 22, 1923.

[14] Robert E. Babe, *Telecommunications in Canada: Technology, Industry, and Government*（Toronto: University of Toronto Press, 1990）, 97-101.

[15] "Automatic Phone at Rotary Club," *Gazette*（Montreal）, February 11, 1925.

[16] 对于加拿大贝尔公司来说，除了购买新的拨号电话带来的成本，还要考虑新电话的生产将给加拿大贝尔公司的制造部门——北方电气公司——带来的压力。通常，加拿大贝尔公司将被拨号电话取代的手动接入电话装置翻新并将其改造为拨号装置。

[17] Mussio, *Becoming Bell*, 39-40.

[18] 通信历史学家米歇尔·马丁（Michèle Martin）和维纳斯·格林（Venus Green）讨论了女性在制定电话使用礼仪和更广泛地发展电话行业方面的性别角色的重要性。参见Martin, *"Hello Central?,"* 56-67; and Venus Green, *Race on the Line: Gender, Labor, and Technology in the Bell System, 1880-1980*（Durham, NC: Duke University Press, 2001）, 53-69. 格林指出："这一时期电话接线服务的女性化是管理层控制工作场所以提供更好的服务而不是试图降低工资的罕见例子"（57）。

[19] 1923年发表的一篇报纸文章讲述了一个萨斯卡通市的人的故事。他在妻子不在时向接线员寻求烘焙建议："喂，信息员，请问你怎么做佐茶饼？"文章接着解释说，随着拨号电话

的引入，这种"服务"将不再可用。关于电话用户和接线员之间的交流的幽默描述以对人工电话的描述而闻名，该描述突出了其社交性质。在说出了她的食谱后，接线员向来电者确认："你记下来了吗？""是的。非常感谢，信息员。我会送你一些饼干。""Can't Abuse Central with Dial Service," *Star*（Toronto），January 20, 1923.

[20] 格林写道，加拿大贝尔公司的管理人员利用种族和性别排除法来塑造他们"理想的电话接线员形象，即一个符合19世纪美德和虔诚观念的女性：一个'淑女'"，这种女性概念中并不包括非裔美国女性。在"二战"中由于劳动力短缺和民权运动的努力她们才被雇用为接线员。参见 Green, *Race on the Line,* 53, 195.

[21] 她接着说道加拿大贝尔公司的接线员"将她们的女性特质用于社区服务。很少有男人会有足够的耐心来履行接线员的职责。"Bell,"Life Story: B. Lalonde, Operator" 1906, 引用于 Martin, *"Hello Central?,"* 59.

[22] M.N. Campbell, letter to the editor, *Herald*（Montreal），June 25, 1923.

[23] 这在多伦多市中心的交换站首次实施。1923年1月下旬，加拿大贝尔公司的驻店经理弗兰克·M. 肯尼迪向北多伦多纳税人协会（North Toronto Rate payers' Association）报告称，"这个系统运行得非常令人满意"，并说道"如果有什么问题的话，那就是'接错电话号'的事情比在旧系统时期要少一点。""Phone Efficiency to Cost Company about \$4,000,000," *Globe*（Toronto），January 22, 1923.

[24] 这种变化估计一年要为加拿大贝尔公司节省40000加拿大元。"Must Consult Clocks Now," *Toronto Telegram*, February 20, 1923.

[25] R.R. Hopkins, letter to the editor, *Globe*（Toronto），February 24, 1923.

[26] Michèle Martin, "Gender and Early Telephone Culture," in *Sound Studies Reader,* ed. Jonathan Sterne（London: Routledge, 2012），343. 另请参见 R.T. Barrett, "The Telephone as a Social Force," *Bell Telephone Quarterly* 19（1940）: 129-38.

[27] Amy Sue Bix, *Inventing Ourselves Out of Jobs: America's Debate over Technological Unemployment, 1929-1981*（Baltimore: Johns Hopkins University Press, 2000）.

[28] 下面这篇文章指出了这两个电话概念之间的区别 "Can't Abuse Central with Dial Service," *Star*（Toronto），January 20, 1923, 文章指出："居民不再在'电话'呼叫对方，而是相互拨打。"

[29] 汉密尔顿采用五转制，而多伦多采用六转制。目前还不清楚贝尔为什么选择实施不同的系统，特别是考虑到这两个城市之间的地理位置接近。

[30] Regent Theatre（Toronto）program, April 6, 1925, BCHC, Newspaper Clippings.

[31] "Number, Please? ," *Ottawa Citizen,* November 10, 1925.

[32] "Must Consult Clocks Now," *Toronto Telegram*, February 20, 1923.

[33] 《蒙特利尔公报》（*Montreal Gazette*）上一篇报道贝尔公司在扶轮社演示拨号电话的文章指出："贝尔科技公司（BTCo）的经理对于向公众教授最新的方法感到焦虑"，作者同样质疑电话用户需要多长时间才能"熟练到足够"使用这项服务。"Automatic Phone at

Rotary Club," *Gazette*（Montreal）, February 11, 1925.

[34] Bell, "Introduction of Dial Service in Hamilton," BCHC 31097-1, section U, sheet 1.

[35] Joseph J. Corn, "'Textualizing Technics': Owner's Manuals and the Reading of Objects," in *American Material Culture: The Shape of the Field,* ed. Ann Smart Martin and J. Ritchie Garrison（Winterthur, DE: Winterthur Museum, 1997）, 170, 191, 194.

[36] 使用演示可以被视为是对19世纪末电气发明家和制造商（包括亚历山大·格雷厄姆·贝尔）成功推广其技术的策略的回归。Armstrong and Nelles, *Monopoly's Moment,* 63-65, 将戏剧性的演示和"娴熟的公共关系"的结合效果描述为"科学戏剧",部分是"公共娱乐",部分则是"道德盛会"。

[37] Bell, "Introduction of Dial Service in Hamilton," BCHC 31097-1.

[38] 加拿大贝尔公司在其《汉密尔顿手册》中包括了对媒体关于拨号服务对接线员就业影响的询问的书面回复。Bell, "Introduction of Dial Service in Hamilton," BCHC 31097-1, section I-1, part 2, exhibit 12A, "Girls to Retain Jobs."

[39] Bell, "Introduction of Dial Service in Hamilton," BCHC 31097-1, section I-1, sheet 18.

[40] "Can't Abuse Central with Dial Service," *Star*（Toronto）, January 20, 1923; "300 Waiting for Phones," *Toronto Telegram,* January 22, 1923; "York County News," *Mail*（Toronto）, January 22, 1923; "Phone Efficiency to Cost Company about $4,000,000," *Globe*（Toronto）, January 22, 1923.

[41] "Automatic Systems for Telephones," *Gazette*（Montreal）, June 26, 1923.

[42] "When You Get a Wrong Number-Whose Fault Is It?," *Star*（Toronto）, February 17, 1923.

[43] "Soon Be Your Own Central," *Star Weekly*（Toronto）, May 17, 1923.

[44] F.H. Williams, "Effective Window Display Publicity," *Telephony,* May 29, 1920, 13-14.

[45] 关于如何安排橱窗展示的建议在加拿大贝尔公司的以下文件中进行了描述,"Introduction of Dial Service in Hamilton," BCHC 31097-1, section I-1, sheet 18.

[46] 关于这一主题,特别参见 Keith Walden, "Speaking Modern: Language, Culture, and Hegemony in Grocery Window Displays, 1870-1920," *Canadian Historical Review* 70, 3（1989）: 285-310.

[47] 新闻报道表明,为警察和消防部门举行的演示活动是由加拿大贝尔公司的男性代表进行的,通常是地区经理或商业部门代表。

[48] Martin, "Gender and Early Telephone Culture."

[49] 有时加拿大贝尔公司还在交通繁忙的地区租用空置的商店,用作示范中心。Bell, "Introduction of Dial Service in Hamilton," BCHC 31097-1, section I-1, sheet 17, item 17.

[50] 同上, section I-1, sheet 16, item 14.

[51] 同上, section I-1, sheet 17, item 16.

第 7 章

本章的研究得到了加拿大社会科学和人文科学研究委员会和皮埃尔·埃利奥特·特鲁多基金会的支持。我要感谢安玛丽·亚当斯（Annmarie Adams）、皮埃尔·格利尔·弗瑞斯特（Pierre Gerlier Forest）、摩根·马西森（Morgan Matheson）、克里斯托弗·汤普森以及本卷编辑提供的评论、建议、帮助和支持。

［1］参见 William Feindel and Richard Leblanc, eds., *The Wounded Brain Healed: The Golden Age of the Montreal Neurological Institute, 1934-1984*（Montreal/Kingston: McGill-Queen's University Press, 2016）; and William Feindel, "Historical Vignette: The Montreal Neurological Institute," *Journal of Neurosurgery* 75, 5（1991）: 821-22.

［2］加拿大医学研究委员会（MRC）计算机拨款（ME-3822，打印稿，1969 年）的副本在克里斯托弗·汤普森的私人收藏中。PDP 计算机系列与加拿大在"二战"后的科学史有着密切的联系；参见 Gordon Bell, "STARS: Rise and Fall of Minicomputers（Scanning Our Past）," *Proceedings of the IEEE* 102, 4（2014）: 629-38, http://ethw.org/index.php? -title=Rise_and_Fall_of_Minicomputers&oldid=112936: "In 1963, DEC built the PDP-5 to interface with a nuclear reactor at Canada's Chalk River Laboratories. The design came from a requirement to connect sensors and control registers to stabilize the reactor, whose main control computer was a PDP-1."

［3］加拿大医学研究委员会计算机拨款，1969。

［4］未署日期皮埃尔·P.格洛尔的备忘录，复印照片，克里斯托弗·汤普森的私人收藏品。

［5］C.J. Thompson, "Activation Analysis with an On-Line PDP-9 Computer," *Nuclear Applications* 6, 6（1969）: 559-66.

［6］R.W. Tolmie and C.J. Thompson, "Mobile Equipment for Combined Neutron Activation and X-Ray Fluorescence Analysis," in *Proceedings of the IAEA Symposium on Nuclear Techniques for Mineral Exploration and Exploitation*, 1969（Krakow, Poland: IAEA Vienna, 1971）, 7-26.

［7］C.J. Thompson and G. Bertrand, "A Computer Program to Aid the Neurosurgeon to Locate Probes Used during Stereotaxic Surgery on Deep Cerebral Structures," *Computer Programs in Biomedicine* 2, 4（1972）: 265-76; G. Bertrand, A. Olivier, and C.J. Thompson, "Computer Display of Stereotaxic Brain Maps and Probe Tracts," *Acta Neurochirurgica: Supplementum* 21（1974）: 235-43.

［8］史蒂文·帕尔默（Steven Palmer）最近在加拿大图书馆和档案馆重新发现了一部 1967 年

的电影，该片拍摄的是吉勒·伯特兰（Gilles Bertrand）正在进行立体定向手术。这部电影在第67届世博会期间在人类及其健康馆的美迪影院（Meditheatre）放映。Robert Cordier, dir., *Miracles in Modern Medicine/Miracles de la médecine moderne,* 1967（eighteen minutes）.

[9]"大科学"这一术语早期使用是在Alvin M. Weinberg, "Impact of Large-Scale Science on the United States," *Science* 134, 3473（1961）: 161-64. 有关大型科学的历史研究，参见J.H. Capshew and K.A. Rader, "Big Science: Price to the Present," *Osiris* 7, 1（1992）: 3-25; J.L. Heilbron, "Creativity and Big Science," *Physics Today* 45, 11（1992）: 42-47; and Peter Galison and Bruce Hevly, eds., *Big Science: The Growth of Large-Scale Research* （Stanford, CA: Stanford University Press, 1992），especially Hevly's afterword, "Reflections on Big Science and Big History," 355-63.

[10] Norbert Wiener, *Cybernetics: Or, Control and Communication in the Animal and Machine* （Cambridge, MA: MIT Press, 1948），25.

[11] 所谓的大物理学是大科学的典范；参见Peter Galison, *Image and Logic: A Material Culture of Microphysics*（Chicago: University of Chicago Press, 1997）.

[12] Derek John de Solla Price, *Little Science, Big Science*（New York: Columbia University Press, 1963）.

[13] 例如，在早期，基因组研究引发的社会、伦理和法律问题变成研究本身的一部分；见Daniel J. Kevles and Leroy Hood, eds., *The Code of Codes: Scientific and Social Issues in the Genome Project*（Cambridge, MA: Harvard University Press, 1992）.

[14] 但是对比John Robert Christianson, *On Tycho's Island: Tycho Brahe and His Assistants, 1570-1601*（Cambridge, UK: Cambridge University Press, 2000），他认为大型科学是早期现代性的一个特征。

[15] 依赖手工的小型科学即将消失，这是关于资助科学的现代辩论的一个比喻。例如，参见布鲁斯·阿尔伯茨的社论，"The End of 'Small Science'?," *Science* 337, 6102（2012）: 1583.

[16] H.M. Collins, "LIGO Becomes Big Science," *Historical Studies in the Physical and Biological Sciences* 33, 2（2003）: 264.

[17] Bart Penders, Niki Vermeulen, and John N. Parker, eds., *Collaboration in the New Life Sciences*（London: Ashgate, 2012）.

[18] 示例来自Jeff Hughes, *The Manhattan Project: Big Science and the Atom Bomb*（New York: Columbia University Press, 2002），1-7.

[19] 例如National Research Council, *A Space Physics Paradox: Why Has Increased Funding Been Accompanied by Decreased Effectiveness in the Conduct of Space Physics Research?*（Washington, DC: National Academies Press, 1994），13-14.

[20] Wiener, *Cybernetics*. 维纳在1961年出版了本书的第二版，也是增订版。

[21] 同上，9。

[22] 同上，8。

[23] 同上，38。

[24] 同上，8。

[25] 参见 Peter Galison, "Trading Zones: Coordinating Action and Belief," in *The Science Studies Reader*, ed. Mario Biagioli (London: Routledge, 1999), 137-60. 感谢爱德华·琼斯－伊姆霍特普提供这一建议。

[26] Wiener, *Cybernetics*, 8-9.

[27] 跨学科结构出现在 Galison, *Image and Logic*, 803-84; Michael E. Gorman, *Trading Zones and Interactional Expertise: Creating New Kinds of Collaboration* (Cambridge, MA: MIT Press, 2010); Michael E. Gorman, "Levels of Expertise and Trading Zones: A Framework for Multidisciplinary Collaboration," *Social Studies of Science* 32, 5-6 (2002): 933-42; H.M. Collins and R.J. Evans, "The Third Wave of Science Studies: Studies of Expertise and Experience," *Social Studies of Sciences* 32, 2 (2002): 235-96; and S.L. Star and J.R. Griesemer, "Institutional Ecology, 'Translations,' and Boundary Objects: Amateurs and Professionals in Berkeley's Museum of Vertebrate Zoology, 1907-39," *Social Studies of Science* 19, 3 (1989): 387-420. 伊拉娜·洛维（Ilana Loewy）撰写了大量有关医学里的边界工作参见 "The Strength of Loose Concepts: Boundary Concepts, Federative Experimental Strategies, and Disciplinary Growth: The Case of Immunology," *History of Science* 30, 4 (1992): 371-439, and in "Historiography of Biomedicine: 'Bio,' 'Medicine,' and in Between," *Isis* 102, 1 (2011): 116-22.

[28] Galison, *Image and Logic*, 553.

[29] Rem Koolhaas and Bruce Mau, *S,M,L,XL*, ed. Jennifer Sigler (New York: Monacelli Press, 1995). 有关此书的重要性，参见 Alicia Imperiale and Enrique Ramirez, eds., *#SMLXL*, special issue of *Journal of Architectural Education* 69, 2 (2015).

[30] Wiener, *Cybernetics*, 31-32, 指出沃尔特·麦卡洛克（Walter McCulloch）和沃尔特·皮茨（Walter Pitts）在控制论发展中对神经网络的重要工作。

[31] 参见同上，26-27; and Steve J. Heims, *Constructing a Social Science for Postwar America: The Cybernetics Group, 1946-1953* (Cambridge, MA: MIT Press, 1993).

[32] 城市规划师杰奎琳·泰维特（Jacqueline Tyrwhitt）曾帮助创建了多伦多大学的研究生项目，是这一网络中的关键节点。参见 Mark Wigley, "Network Fever," *Grey Room* 4 (2001): 82-122. 白南准（Nam June Paik）在1998年京都艺术与哲学奖获奖感言中谈到了维纳和麦克卢汉之间的思想融合，演讲题目如下："诺伯特·维纳和马歇尔·麦克卢汉：通信革命"（Norbert Wiener and Marshall McLuhan: Communication Revolution）。

[33] 在《图像与逻辑》(*Image and Logic*) 整部书中，就有盖里森认为物理实验室学习了

工业生产的综合工厂技术。有关 21 世纪跨学科的数据，参见 Vincent Larivière and Yves Gingras, "Measuring Interdisciplinarity," in *Beyond Bibliometrics: Harnessing Multidimensional Indicators of Scholarly Impact,* ed. Blaise Cronin and Cassidy R.Sugimoto (Cambridge, MA: MIT Press, 2014), 187-200.

[34] 这个术语是笔者借用了 Annmarie Adams, "Borrowed Buildings: Canada's Temporary Hospitals during World War I," *Canadian Bulletin of Medical History* 16, 1 (1999): 25-48.

[35] 有关 MNI 的建筑，参见 William Feindel and Annmarie Adams, "Building the Institute," in Feindel and Leblanc, *The Wounded Brain Healed*, 441-58. 也可参见 "Montreal Neurological Institute," *Royal Architectural Institute of Canada Journal* 11, 10 (1934): 140-45. 关于该企业的强大生产力，参见 Jacques Lachapelle, *Le fantasme métropolitain: L'architecture de Ross et Macdonald: Bureaux, magasins, et hôtels, 1905-1942* (Montréal: Presses de l'Université de Montréal, 2001).

[36] 数字成像催生了一个医疗设备制造和销售的新行业，而数字成像需要医院专家的协同合作，这两者合起来可能构成大型科学的一个例子。参见 Joseph Dumit, *Picturing Personhood: Brain Scans and Biomedical Identity* (Princeton, NJ: Princeton University Press, 2004).

[37] 加拿大医学研究委员会计算机拨款，1969。

[38] 学者们已经表明，基于互联网的通信工具和存储库的到来改变了大型科学的范畴（即小型科学家们相互连接的工作何时才能成为大型科学？）。参见 Leah A. Lievrouw, "Social Media and the Production of Knowledge: A Return to Little Science？," *Social Epistemology* 24, 3 (2010): 219-37. 然而，在 MNI 成立的早些年里，迷你计算机是一个独立装置，没有和任何电脑网络相连接。

[39] 有关计算机技术和迷你计算机的简明历史，参见 Martin Campbell-Kelly and William Aspray, *Computer: A History of the Information Machine* (New York: Basic Books, 1996); and Paul Ceruzzi, *A History of Modern Computing,* 2nd ed. (Cambridge, MA: MIT Press, 2003).

[40] 在加拿大，大学里面大概在 1964 年首先建立了计算机科学系。然而，计算机科学指的是计算机设计，编写程序还是仅仅使用计算方法，这一点并不明确。参见 Zbigniew Stachniak and Scott M. Campbell, *Computing in Canada: Building a Digital Future* (Ottawa: Canada Science and Technology Museum, 2009), 40-43.

[41] J. Gotman, D.R. Skuce, C.J. Thompson, P. Gloor, J.R. Ives, and W.F. Ray, "Clinical Applications of Spectral Analysis and Extractions of Features from EEGs with Slow Waves in Adult Patients," *Electroencephalography and Clinical Neurophysiology* 35, 3 (1973): 225-35.

[42] 增加专业化的概念非常普遍，以至于科学写作的一种类型是反对专业化的长篇大论。例

如，参见Rogers Hollingsworth,"The Snare of Specialization," *Bulletin of the Atomic Scientists* 40, 6 (June–July 1984): 34–37.

[43] 参见Babak Ashrafi, "Big History? ," in *Positioning the History of Science,* ed. Kostas Gavroglu and Jürgen Renn (Dordrecht: Springer, 2007), 7–11.

[44] 参见Jonathan Furner, "Little Book, Big Book: Before and after *Little Science, Big Science:* A Review Article," *Journal of Librarianship and Information Science* 35, 2 (2003): 115–25.

[45] 例如，参见Paul Erickson, Judy L. Klein, Lorraine Daston, Rebecca Lemov, Thomas Sturm, and Michael D. Gordin, *How Reason Almost Lost Its Mind: The Strange Career of Cold War Rationality* (Chicago: University of Chicago Press, 2013).

[46] 参见Yves Gingras, "Existetil des chercheurs multidisciplinés? ," in *Par-delà les frontières disciplinaires: L'interdisciplinarité: Actes de colloques* (Montréal: n.p., 1998), 65–73. 我要感谢蒂娜·阿德考克给我的提议，她说环境史学家也是这种情况。

[47] 马可·阿德里亚（Marco Adria）提出了一个附带的论点，即工业化（包括大型工程项目）的增长是国民身份论兴起的条件。Marco Adria, *Technology and Nationalism* (Montreal/Kingston: McGill-Queen's University Press, 2010).

[48] 笔者感谢一位匿名评论家，因为他坚持认为，除非我能清楚地表达我对"加拿大"的理解，否则这种推测是空洞的。然而，我正在寻找历史学的实用性，所以我将"谁的加拿大"这个问题看作是结果而不是先决条件。

[49] 有关加拿大移民和科学的研究，参见Sasha Mullally and David Wright, "La grande séduction? The Immigration of Foreign-Trained Physicians to Canada, c. 1954–76," *Journal of Canadian Studies* 41, 3 (2007): 67–89; and Laurence Monnais and David Wright, eds., *Doctors beyond Borders: The Transnational Migration of Physicians in the Twentieth Century* (Toronto: University of Toronto Press, 2016).

[50] 卡琳·克诺尔·采蒂纳（Karin Knorr Cetina）认为生物学是一门独立的、非合作的科学，与实验室工作台紧密相连；参见*Epistemic Cultures: How the Sciences Make Knowledge* (Cambridge, MA: Harvard University Press, 1999), 216–40. 但其他人则描绘了一个从体外生物学到生物信息学的过程，其中研究被构造为计算介导的协作。参见Hallam Stevens, *Life Out of Sequence: A Data-Driven History of Bioinformatics* (Chicago: University of Chicago Press, 2013); and Alberto Cambrosio and Peter Keating, *Biomedical Platforms: Realigning the Normal and the Pathological in Late-Twentieth-Century Medicine* (Cambridge, MA: MIT Press, 2003).

[51] 研究建筑的科学历史学家倾向于规定主义或例外主义。分别参见William J. Rankin, "The Epistemology of the Suburbs: Knowledge, Production, and Corporate Laboratory Design," *Critical Inquiry* 36, 4 (2010): 771–806; and Scott G. Knowles and Stuart W. Leslie, "'Industrial Versailles': Eero Saarinen's Corporate Campuses for GM, IBM,

and AT&T," *Isis* 92, 1(2001): 1-33.

[52] 参见 Lorraine Daston, "Science Studies and the History of Science," *Critical Inquiry* 35, 4(2009): 798-813.

第8章

[1] 布尔的长篇专著, "A Review and Study of the Case History of Dr. G.V. Bull and the Space Research Corporation and Its Related Companies in North America with Supporting Relevant Documents," 没有正式出版。他的技术系谱也是作为合著 Gerald V. Bull and Charles H. Murphy, *Paris Kanonen-the Paris Guns (Wilhelmgeschütze) and Project HARP: The Application of Major Calibre Guns to Atmospheric and Space Research* (Herford, Germany: E.S. Mittler and Sohn, 1988). 布尔强烈反对给他冠以"军火商"这个名字，相反，他更愿意将自己看作是科学和技术顾问。然而，1980年对他的起诉是基于他的公司向南非政府出售了30000枚炮弹、炮管和技术计划，他的行为违反了联合国安全理事会第418(1977)号决议，该决议明确禁止与南非的销售和武器许可安排。本章的部分目的是质疑作为思想的武器和作为实物的武器之间的区别。

[2] 有关巴黎作为现代性的首都，参见 David Harvey, *Paris, Capital of Modernity* (New York: Routledge, 2006).

[3] 有关巴黎炮的概述，请参阅 Henry Willard Miller, *The Paris Gun: The Bombardment of Paris by the German Long Range Guns and the Great German Offensives of 1918* (New York: J. Cape and H. Smith, 1930). 有关当时炮击事件的报道，请参阅 *Source Records of the Great War,* ed. Charles F. Horne, vol. 6 (New York: National Alumni, 1928).

[4] 有关高空飞行研究计划的概述，参见 Charles H. Murphy and Gerald V. Bull, "A Review of Project HARP," *Annals of the New York Academy of Sciences* 140, 4(1966): 337-57; and Bull and Murphy, *Paris Kanonen*.

[5] Bull and Murphy, *Paris Kanonen,* 146.

[6] 同上。

[7] 有关布尔人生的大起大落，参见 James Adams, *Bull's Eye: The Assassination and Life of Supergun Inventor Gerald Bull* (New York: Times Books, 1992).

[8] 有关现代性特有的失落感，参见 Sumathi Ramaswamy, *The Lost Land of Lemuria: Fabulous Geographies, Catastrophic Histories* (Berkeley: University of California Press, 2004); Eugen Weber, *France, Fin de Siècle* (Cambridge, MA: Belknap Press, 1986); Matt K. Matsuda, *The Memory of the Modern* (New York: Oxford University Press, 1996); and Marshall Berman, *All that Is Solid Melts into Air: The Experience of Modernity* (New York: Viking Penguin, 1988).

[9] 有关恢复这一主题，请参见，例如，Simon Schaffer, "Newton on the Ganges: Asiatic

Enlightenment of British Astronomy," Harry Camp Memorial Lecture, Stanford Humanities Center, Stanford University, January 16, 2008, http://shc.stanford.edu/multimedia/newton-ganges-asiatic-enlightenment-british-astronomy; and Dick Teresi, *Lost Discoveries: The Ancient Roots of Modern Science-from the Babylonians to the Maya*(New York: Simon and Schuster, 2002).

[10] 在本章中，笔者使用"现代主义"一词来描述现代意义的自我意识表达。

[11] 有关加拿大的利基（niche）反应，参见 Edward Jones-Imhotep, *The Unreliable Nation: Hostile Nature and Technological Failure in the Cold War*(Cambridge, MA: MIT Press, 2017); Andrew B. Godefroy, *Defence and Discovery: Canadas' Military Space Program, 1945-74*(Vancouver: UBC Press, 2012); Richard A. Jarrell, *The Cold Light of Dawn: A History of Canadian Astronomy*(Toronto: University of Toronto Press, 1988); Robert Bothwell, *Nucleus: The History of Atomic Energy of Canada Limited*(Toronto: University of Toronto Press, 1988); Yves Gingras, *Physics and the Rise of Scientific Research in Canada*(Montreal/Kingston: McGill-Queen's University Press, 1991); and John N. Vardalas, *The Computer Revolution in Canada: Building National Technological Competence*(Cambridge, MA: MIT Press, 2001).

[12] 有关高度现代主义的一般讨论，参见 James C. Scott, *Seeing like a State:How Certain Schemes to Improve the Human Condition Have Failed*(New Haven, CT: Yale University Press, 1998). 有关批判性的回应，参见 Daniel Macfarlane, *Negotiating a River: Canada, the US, and the Creation of the St. Lawrence Seaway* (Vancouver: UBC Press, 2014), 以及他在本书中的章节; Tina Loo, "People in the Way: Modernity, Environment, and Society on the Arrow Lakes," *BC Studies* 142-43(2004): 161-96.

[13] 有关这种广泛的焦虑的讨论，参见 Pankaj Mishra's introduction to *The Time Regulation Institute*, by Ahmet Hamdi Tanpinar, trans. Maureen Freely and Alexander Dawe (1954; reprinted, New York: Penguin, 2014), iv-xx.

[14] 正如 James Hull, Dorotea Gucciardo, Jan Hadlaw, Beth Robertson, and David Theodore 在本书中阐明的，技术在创造、塑造和表达加拿大现代化的意义方面发挥了核心作用。有关加拿大的中等权力政治，参见 Adam Chapnick, *The Middle Power Project: Canada and the Founding of the United Nations*(Vancouver: UBC Press, 2005); and Andrew Fenton Cooper, Richard A. Higgott, and Kim Richard Nossal, *Relocating Middle Powers: Australia and Canada in a Changing World Order*(Vancouver: UBC Press, 1993).

[15] 有关具体是哪国特工可能对此次暗杀负责，有很多猜测。有关对摩萨德（以色列情报局）和中央情报局的猜测，参见 Adams, *Bulls' Eye*; and William Lowther, *Arms and the Man: Dr. Gerald Bull, Iraq, and the Supergun*(Novato, CA: Presidio Press, 1991). 欲了解指向英国特种空勤局（SAS）特工的看似确凿的证据，参见 "Project Babylon: The Iraqi

Supergun," CIA Intelligence Summary SW 91-50076X (Washington, DC: Directorate of Intelligence, CIA, 1991), 25.

[16] Adams, *Bulls' Eye*, 26.

[17] 同上。

[18] Lowther, *Arms and the Man*, 49.

[19] 有关战场作为现代早期科学的关键资源，参见 Kelly DeVries, "Sites of Military Science and Technology," in *The Cambridge History of Science*, vol. 3, *Early Modern Science*, ed. Katharine Park and Lorraine Daston (Cambridge, UK: Cambridge University Press, 2006), 306-19.

[20] 参见 Jim Bennet, "The Mechanical Arts," in *The Cambridge History of Science*, 3: 673-95.

[21] 1674年伦敦皇家协会的成员，包括罗伯特·胡克（Robert Hooke），在布莱克西斯进行了大炮实验来测试伽利略的研究结果。参见 A. Rupert Hall, "Gunnery, Science, and the Royal Society," in *The Uses of Science in the Age of Newton*, ed. John G. Burke (Berkeley: University of California Press, 1983), 111-42. 也可参见 A. Rupert Hall, *Ballistics in the Seventeenth Century: A Study in the Relations of Science and War with Reference Principally to England* (Cambridge, UK: Cambridge University Press, 1952).

[22] 参见 Sir Isaac Newton, *A Treatise of the System of the World* (London: F. Fayram, 1728), 6. 这部作品最初是作为《数学原理》（*Principia Mathematica*）的第二册，写于1684年年末或1685年年初，牛顿在这部作品中给出了自己的例子和插图。对于围绕这部作品的谜团，它从《数学原理》中的删除，以及它的出版历史，参见 I. Bernard Cohen's introduction in Isaac Newton, *A Treatise of the System of the World* (Mineola, NY: Dover, 2004).

[23] 关于马赫的弹道实验，请参见 John T. Blackmore, *Ernst Mach: His Work, Life, and Influence* (Berkeley: University of California Press, 1972), 110; Christoph Hoffmann, "The Pocket Schedule, Note-Taking as a Research Technique: Ernst Mach's Ballistic-Photographic Experiments," in *Reworking the Bench: Research Notebooks in the History of Science*, ed. Frederic Lawrence Holmes, Jürgen Renn, and Hans-Jörg Rheinberger (Dordrecht: Kluwer Academic Publishers, 2003), 183-202.

[24] Dorothy Fisk, *Exploring the Upper Atmosphere*, illus. Leonard Starbuck (London: Faber and Faber, 1934), 113-15.

[25] 参见 Robert Merton, "Science and the Social Order," and "The Normative Structure of Science," in *The Sociology of Science: Theoretical and Empirical Investigations* (1938; reprinted, Chicago: University of Chicago Press, 1973), 254-56, 265-78. 关于作为现代冲动的净化，参见 Bruno Latour, *We Have Never Been Modern*, trans. Catherine Porter (Cambridge, MA: Harvard University Press, 1993).

[26] 关于第一次世界大战和现代性，参见 Modris Eksteins, *Rites of Spring: The Great War and*

the Birth of the Modern Age (Boston: Houghton Mifflin, 2000).

[27] Lowther, *Arms and the Man*, 50.

[28] 对于加拿大国防研究委员会的研究史，参见 D.J. Goodspeed, *A History of the Defence Research Board of Canada* (Ottawa: Queen's Printer, 1958); and Jonathan Turner, "The Defence Research Board of Canada, 1947 to 1977" (PhD diss., University of Toronto, 2012).

[29] Adams, *Bulls' Eye*, 42-43; Lowther, *Arms and the Man*, 70-71.

[30] Lowther, *Arms and the Man*, 58.

[31] 同上。

[32] "Space Science and Space Technology-Summary of Points Affecting Canada's Future Position," paper prepared for the Committee of the Privy Council on Scientific and Industrial Research, DRB, December 17, 1958, 9; Library and Archives Canada (hereafter LAC), RG 25, Department of External Affairs (DEA), DRBS 170-80/A16 (CDRB), box 112, vol. 1, file 4145-09-1.

[33] Gerald V. Bull and Charles Murphy, "Aerospace Applications of Gun Launched Projectiles and Rockets," paper presented at the American Astronautical Society symposium Future Space Programs and Impact on Range Network Development, New Mexico State University, March 1967, 4.

[34] Charles H. Murphy, Gerald V. Bull, and Eugene D. Boyer, "Gun-Launched Sounding Rockets and Projectiles," in *Annals of the New York Academy of Sciences* 187 (1972): 304-23.

[35] Bull and Murphy, "Aerospace Applications of Gun Launched Projectiles and Rockets," 2; Bull and Murphy, *Paris Kanonen*, 221.

[36] 关于技术内在中立性的观点也是现代技术决定论的基础。参见 Langdon Winner, "Do Artifacts Have Politics? ," *Daedalus* 109, 1 (1980): 121-36.

[37] 参见，例如，Marshall Sahlins, *Islands of History* (Chicago: University of Chicago Press, 1985); Pamela H. Smith and Paula Findlen, *Merchants and Marvels: Commerce, Science, and Art in Early Modern Europe* (New York: Routledge, 2002); and Richard Grove, *Green Imperialism: Colonial Expansion, Tropical Island Edens, and the Origins of Environmentalism, 1600-1860* (Cambridge, UK: Cambridge University Press, 1995).

[38] Paul M. Kennedy, "Imperial Cable Communications and Strategy, 1870-1914," *English Historical Review* 86, 341 (1971): 728-52; Daniel R. Headrick, *The Invisible Weapon: Telecommunications and International Politics, 1851-1945* (New York: Oxford University Press, 1991), 24, 98; Ruth Oldenziel, "Islands," in *Entangled Geographies: Empire and Technopolitics in the Global Cold War*, ed. Gabrielle Hecht (Cambridge, MA: MIT Press, 2011), 15.

[39] 这包括马绍尔群岛、北马里亚纳群岛和帕劳。参见 Oldenziel, "Islands."

[40] Thomas Bender, *A Nation among Nations: America's Place in World History*（New York: Hill and Wang, 2006）, Chapter 1. 关于政治化海洋空间的早期现代起源，请参见 Elizabeth Mancke, "Early Modern Expansion and the Politicization of Oceanic Space," *Geographical Review* 89, 2（1999）: 225-36.

[41] David Vine, *Island of Shame: The Secret History of the U.S. Military Base on Diego Garcia*（Princeton, NJ: Princeton University Press, 2011）, 41-43.

[42] 欲了解详细的讨论，请参见 Oldenziel, "Islands."

[43] 同上；Bartholomew H. Sparrow, *The Insular Cases and the Emergence of American Empire*（Lawrence: University Press of Kansas, 2006）. 这一裁决有助于为迪戈加西亚岛等中情局黑暗地带和关塔那摩湾等异地拘留中心建立法律框架。

[44] Oldenziel, "Islands," 20.

[45] Lowther, *Arms and the Man*, 72. 魁北克北部是国家资助的现代主义项目的所在地。欲了解水力发电的情况，参见 Caroline Desbiens, *Power from the North: Territory, Identity, and the Culture of Hydroelectricity in Quebec*（Vancouver: UBC Press, 2014）.

[46] Stanley Brice Frost, *McGill University for the Advancement of Learning*, vol. 2（Montreal/Kingston: McGill-Queen's University Press, 1980）, 336.

[47] 关于 Hare 参与北方航空摄影，请参见 Stephen Bocking, "A Disciplined Geography: Aviation, Science, and the Cold War in Northern Canada, 1945-1960," *Technology and Culture* 50, 2（2009）: 265-90. 关于麦吉尔大学在巴巴多斯的活动，请参见 Kirsten Greer, "The Geographic Tradition in Caribbean Environmental History: David Watts, McGill University, and the Caribbean Project"（paper presented at the 16th International Conference of Historical Geographers, London, UK, July 2015）.

[48] 关于热带的认识状态，请参见，例如，Alexander von Humboldt, *Cosmos: A Sketch of a Physical Description of the Universe*, vol. 1（London: Longman, 1868）；关于热带属性，参见 David Arnold, *The Problem of Nature: Environment, Culture, and European Expansion*（Oxford: Blackwell, 1996）. 欲了解北方和温带地区之间的关系，请参见 Jones-Imhotep, *The Unreliable Nation;* and Patricia Fara, "Northern Possession: Laying Claim to the Aurora Borealis," *History Workshop Journal* 42（1996）: 37-57.

[49] Murphy and Bull, "A Review of Project HARP," 341.

[50] 同上。

[51] 尤马设施基本上是巴巴多斯场地的复制品，请参见 Bull and Murphy, *Paris Kanonen*, 156.

[52] 请参见 C.H. Murphy and G.V. Bull, "HARP 5-Inch and 16-Inch Guns at Yuma Proving Ground, Arizona," Ballistic Research Laboratories Memorandum Report 1825, February 1967; and Yuma Proving Ground, "HARP Firing Result," SRI-Technical Note 767, July 1967.

[53] 有关冷战的"敌对地区",请参见 Matthew Farish, *The Contours of America's Cold War* (Minneapolis: University of Minnesota Press, 2010), 64; P. Whitney Lackenbauer and Matthew Farish, "The Cold War on Canadian Soil: Militarizing a Northern Environment," *Environmental History* 12, 4 (2007): 921; and Jones-Imhotep, *The Unreliable Nation,* Chapter 4.

[54] Oldenziel, "Islands."

[55] Murphy and Bull, "A Review of Project HARP."

[56] 关于迪戈加西亚的情况,请参见 Vine, *Island of Shame*.

[57] 例如,圣诞岛被选为阿特拉斯导弹和弹头的现场测试地点,因为它将风险从美国公民身上转移到了太平洋岛民身上。请参见 Donald A. MacKenzie, "Missile Accuracy: A Case Study in the Social Processes of Technological Change," in *The Social Construction of Technological Systems,* ed. Wiebe E. Bijker, Thomas P. Hughes, and Trevor J. Pinch (Cambridge, MA: MIT Press, 1987), 195-222.

[58] Lowther, *Arms and the Man,* 82-83.

[59] 请参见 Paul Erickson, Judy L. Klein, Lorraine Daston, Rebecca Lemov, Thomas Sturm, and Michael D. Gordin, *How Reason Almost Lost Its Mind: The Strange Career of Cold War Rationality* (Chicago: University of Chicago Press, 2013).

[60] 同上。

[61] 约翰·罗尔斯(John Rawls)将"理性的"和"讲道理的"进行了对比,认为第一个词语为与理性选择理论有关,第二个与在决定目标或目的是否有效时的道德考量有关。John Rawls, "Kantian Constructivism in Moral Theory," *Journal of Philosophy* 77, 9 (1980): 515-72. 也可参见 W.M. Sibley, "The Rational versus the Reasonable," *Philosophical Review* 62 (1953): 554-60; and John Rawls, *Political Liberalism,* rev. ed. (New York: Columbia University Press, 1996), 47-88, especially 50-54. Scott, *Seeing like a State,* 152-67,也讨论了极端现代主义背景下的"理性"。

[62] Erickson et al., *How Reason Almost Lost Its Mind.*

[63] Fred Kaplan, *The Wizards of Armageddon* (Stanford, CA: Stanford University Press, 1991); Sharon Ghamari-Tabrizi, *The Worlds of Herman Kahn: The Intuitive Science of Thermonuclear War* (Cambridge, MA: Harvard University Press, 2005). 有关冷战"理性"的特征,请参见 Erickson et al., *How Reason Almost Lost Its Mind,* 3-4.

[64] Justin Vaïsse, *Neoconservatism: The Biography of a Movement* (Cambridge, MA: Belknap Press of Harvard University Press, 2010), 151.

[65] Albert Wohlstetter, Fred Hoffman, Robert Lutz, and Henry Rowan, "Selection and Use of Strategic Air Bases," RAND Corporation, Santa Monica, CA, R-266, 1954.

[66] Andrew Richter, *Avoiding Armageddon: Canadian Military Strategy and Nuclear Weapons, 1950-63* (Vancouver: UBC Press, 2002), 73.

[67] 与加拿大不同,美国对战略思想的主要贡献通常由民防部门而非由政府官员做出。请参见同上。欲了解加拿大国防研究委员会在这方面的工作,例如,请参见 "Active Defence for North America," October 16, 1959, LAC, RG 24, vol. 21, 754, file 2184.4.D, part 1. A key figure here was Harold Larnder. 或参见 Ronald G. Stansfield, "Harold Larnder: Founder of Operational Research," *Journal of the Operational Research Society* 34, 1 (1983): 2-7.

[68] 参见 James Lee and David Bellamy, "Dr R.J. Sutherland: A Retrospective by James Lee and David Bellamy," Directorate of History and Heritage of the Department of National Defence, collection 87/253 III, box 6, file 0, 1.

[69] 同上。

[70] Joint Ballistic Missile Defence Staff, "The Effect of the Ballistic Missile on the Prevention of Surprise Attack," February 23, 1960, LAC, General Burns Papers, MG 31, G6, vol. 14; emphasis added.

[71] 这种洞察力使萨瑟兰区分了"第一次打击"和"第二次打击"核力量。参见"A Military View of Nuclear Weapons," February 28, 1961, LAC, RG24, Accession 1983-84/167, box 7373, DRBS 170-80/J56, vol. 3.

[72] 同上。

[73] 欲了解城市只注重郊区发展所造成的影响,请参见 Peter Galison, "War against the Center," *Grey Room* 4 (2001): 5-33.

[74] Lowther, *Arms and the Man*, 26.

[75] 关于冷战的环境史,请参见 J.R. McNeill and Corinna R. Unger, eds., *Environmental Histories of the Cold War* (Cambridge, UK: Cambridge University Press, 2013).

[76] 关于高度批评,参见 Bull and Murphy, *Paris Kanonen*, 207-8.

[77] 同上。

[78] 同上。关于极端现代主义对"事实"和"数字"的依赖的另一个例子,请参见 Tina Loo and Meg Stanley, "An Environmental History of Progress: Damming the Peace and Columbia Rivers," *Canadian Historical Review* 92, 3 (2011): 399-427.

[79] 关于科学表述的文献非常丰富。几个代表性的作品包括 Martin J.S. Rudwick, "The Emergence of a Visual Language for Geological Science 1760-1840," *History of Science* 14, 3 (1976): 149-95, and *Scenes from Deep Time: Early Pictorial Representations of the Prehistoric World* (Chicago: University of Chicago Press, 1992); Bruno Latour and Steve Woolgar, *Laboratory Life: The Social Construction of Scientific Facts* (Princeton, NJ: Princeton University Press, 1979); Bruno Latour, "Visualization and Cognition," in *Knowledge and Society: Studies in the Sociology of Culture Past and Present*, vol. 6, ed. Henrika Kuklick and Elizabeth Long (Greenwich, CT: Jai Press, 1986), 1-40, and "How to Be Iconophilic in Art, Science, and Religion," in *Picturing Science,Producing*

Art, ed. Peter Galison and Caroline Jones（New York：Routledge, 1998）, 418-40; Brian Baigrie, *Picturing Knowledge: Historical and Philosophical Problems Concerning the Use of Art in Science*（Toronto：University of Toronto Press, 1996）; Michael Lynch, "Discipline and the Material Form of Images: An Analysis of Scientific Visibility," *Social Studies of Science* 15, 1（1985）: 37-66, and "The Externalized Retina: Selection and Mathematization in the Visual Documentation of Objects in the Life Sciences," *Human Studies* 11, 2（1988）: 201-34; Michael Lynch and Steve Woolgar, *Representation in Scientific Practice*（Cambridge, MA: MIT Press, 1990）; Catelijne Coopman, Janet Vertesi, Michael Lynch, and Steve Woolgar, eds., *Representation in Scientific Practice Revisited*（Cambridge, MA: MIT Press, 2014）; Peter Galison and Caroline Jones, eds., *Picturing Science, Producing Art*（New York: Routledge, 1998）; David Kaiser, *Drawing Theories Apart: The Dispersion of Feynman Diagrams in Postwar Physics*（Chicago: University of Chicago Press, 2005）; and Luc Pauwels, *Visual Cultures of Science: Rethinking Representational Practices in Knowledge Building and Science Communication*（Lebanon, NH: University Press of New England, 2006）.

[80] 关于阿芙罗"箭"式战斗机，参见 Julius Lukasiewicz, "Canada's Encounter with High-Speed Aeronautics," *Technology and Culture* 27, 2（1986）: 223-61; and Donald C. Story and Russell Isinger, "The Origins of the Cancellation of Canada's Avro CF-105 Arrow Fighter Program: A Failure of Strategy," *Journal of Strategic Studies* 30, 6（2007）: 1025-50.

[81] 参见 Mark Phythian, *Arming Iraq: How the U.S. and Britain Secretly Built Saddam's War Machine*（Boston: Northeastern University Press, 1997）.

[82] 这次行动的细节被记载于当时的一份中央情报局秘密文件中。请参见 "Project Babylon: The Iraqi Supergun," CIA Research Paper SW 91-50076X, Directorate of Intelligence, CIA, 1991.

[83] Samira Haj, *The Making of Iraq, 1900-1963: Capital, Power, and Ideology*（Albany: SUNY Press, 1997）; Paul W.T. Kingston, *Britain and the Politics of Modernization in the Middle East, 1945-1958*, vol. 4（Cambridge, UK: Cambridge University Press, 2002）, 94-100.

[84] Ben Kiernan, "From Bangladesh to Baghdad," in *Blood and Soil: A World History of Genocide and Extermination from Sparta to Darfur*（New Haven, CT: Yale University Press, 2008）, 585-87; Jerry M. Long, *Saddam's War of Words: Politics, Religion, and the Iraqi Invasion of Kuwait*（Austin: University of Texas Press, 2009）, 52-53; Milton Viorst, "IV: Freedom Is," in *Sandcastles: The Arabs in Search of the Modern World*（New York: Alfred A. Knopf, 1994）, 28-46.

[85] Ebubekir Ceylan, *The Ottoman Origins of Modern Iraq: Political Reform, Modernization, and

Development in the Nineteenth-Century Middle East（London：I.B. Tauris, 2011），201-4.

[86] Lowther，*Arms and the Man,* 75.

[87] Bull and Murphy，*Paris Kanonen,* 231.

[88] 布尔在去世的时候正在设计着另外两门炮管长度分别为100英尺和200英尺的火炮，它们能够被抬升也能瞄准目标。如果完成它们本会成为世界上最大的火炮，射程能够抵达土耳其、伊朗、沙特阿拉伯、以色列，以及可能的一些欧洲国家。请参见 Adams，*Bulls' Eye,* 261.

[89] Kevin Toolis, "The Man behind Iraq's Supergun," *New York Times,* August 26, 1990.

[90] "Project Babylon," 4.

[91] 同上。

[92] 同上。

[93] 同上。

[94] 同上，24-25。

[95] 对于技术政治解决方案的其他示例，请参见，例如 Gabrielle Hecht，*The Radiance of France: Nuclear Power and National Identity after World War II*（Cambridge, MA：MIT Press, 2009）；Ken Alder，*Engineering the Revolution: Arms and Enlightenment in France, 1763-1815*（Princeton, NJ：Princeton University Press, 1997）；and Paul N. Edwards, *The Closed World: Computers and the Politics of Discourse in Cold War America*（Cambridge, MA：MIT Press, 1997）.

[96] Jarrell, *The Cold Light of Dawn.*

第9章

[1] 德夫林库耶克（Devlin Kuyek）认为，自19世纪末以来，加拿大农业经历了三个不同的"种子制度"，我们也可以将其解释为农业现代化的不同阶段。Devlin Kuyek, "Sowing the Seeds of Corporate Agriculture：The Rise of Canada's Third Seed Regime," *Studies in Political Economy* 80（2007）：31-54. 也可参见 Deborah Fitzgerald，*Every Farm a Factory: The Industrial Ideal in American Agriculture*（New Haven, CT：Yale University Press, 2003）.

[2] Rod Bantjes, "Modernity and the Machine Farmer," *Journal of Historical Sociology* 13, 2（2000）：121-41；Rod Bantjes, *Improved Earth: Prairie Space as Modern Artefact, 1869-1944*（Toronto：University of Toronto Press, 2005）；J.W. Morrison, "Marquis Wheat-a Triumph of Scientific Endeavor," *Agricultural History* 34, 4（1960）：182-88；H.S. Ferns, "Landholding Systems and Political Structures：Causes and Consequences," *Business History Review* 67, 2（1993）：297-98.

[3] James C. Scott, *Seeing like a State: How Certain Schemes to Improve the Human Condition*

Have Failed (New Haven, CT: Yale University Press, 1999), 270; Devlin Kuyek, *Good Crop/Bad Crop: Seed Politics and the Future of Food in Canada* (Toronto: Between the Lines, 2007); Brewster Kneen, *The Rape of Canola* (Toronto: NC Press, 1992); and Clinton Lorne Evans, *The War on Weeds in the Prairie West:An Environmental History* (Calgary: University of Calgary Press, 2002). 加诺拉油菜是一种低芥酸油菜，由加拿大农业部和马尼托巴大学的农作物科学家开发，使其可供人类和牲畜食用。

[4] 据统计，加诺拉油菜种植者迅速并广泛种植了抗农达油菜。然而，抗农达油菜种植者只占加拿大农民总数的一部分，作为一个职业群体的农民占总人口的比例不超过2%。此外，农民并不是唯一对抗农达系列感兴趣的人。最后，农民选择种植抗农达作物的原因远比仅仅对这个产品喜欢更为复杂。它们涉及紧迫的经济问题、劳工需求以及孟山都广告承诺所带来的期望。关于加拿大农民种植抗农达油菜的动机，请参见 Gabriela Pechlaner, *Corporate Crops: Biotechnology, Agriculture, and the Struggle for Control* (Austin: University of Texas Press, 2012).

[5] 此前没有任何研究从孟山都的专利历史的技性科学背景对其进行过分析。有一项研究确实仔细研究了孟山都的专利，但是是从分子生物学的角度，而不是从科学技术史的角度。这项研究就是 Nathan A. Busch, "Genetically Modified Plants Are Not Inventions and Are, Therefore, Not Patentable, " *Drake Journal of Agricultural Law* 10, 3 (2005): 387-482.

[6] 请参见例如，William Peekhaus, *Resistance Is Fertile: Canadian Struggles on the BioCommons* (Vancouver: UBC Press, 2013); Kuyek, *Good Crop/Bad Crop;* Pechlaner, *Corporate Crops;* Jack Ralph Kloppenburg Jr., *First the Seed: The Political Economy of Plant Biotechnology,* 2nd ed. (Madison: University of Wisconsin Press, 2004); and Richard C. Lewontin, "The Maturing of Capitalist Agriculture: Farmer as Proletarian," *Monthly Labor Review* 50, 3 (1998): 72-84.

[7] Scott, *Seeing like a State,* 270.

[8] 对孟山都进行广泛评论和批评的是 Marie-Monique Robin, *The World According to Monsanto: Pollution, Corruption, and the Control of the Worlds' Food Supply,* trans. George Holoch (New York: New Press, 2010).

[9] Stephen O. Duke and Stephen B. Powles, "Glyphosate: A Once-in-a-Century Herbicide," *Pest Management Science* 64, 4 (2008): 319-25.

[10] Rick Weiss, "Seeds of Discord," *Washington Post,* February 3, 1999, https://www.washingtonpost.com/archive/politics/1999/02/03/seeds-of-discord/c0f613a0-02a1-476f-b54d-af25413844f5/.

[11] 请参见 Nicole C. Karafyllis, "Growth of Biofacts: The Real Thing or Metaphor? ," in *Tensions and Convergences: Technological and Aesthetic Transformations of Society,* ed. Reinhard Heil, Andreas Kaminski, Marcus Stippak, Alexander Unger, and Marc Ziegler (Bielefeld: Verlag, 2007), 141-52. 卡拉菲利斯（Karafyllis）引入了新词

"biofact"（将"bios"和"artifact"两个词合成而来，意思是"生物制品"）来指代"一种既有自然因素也有人工因素的一种混合存在"，也就是一种"通过有目的的人类行为而产生的物质，但通过成长过程而存在"（145）。该术语很有帮助，因为它促进了对"生物技术设计活动"（142）领域中"自然产物"和"技术产物"之间的差异的研究，以及如何或在何处划这条线来区分这些新生物的"自然产物"与"发明行为"方面。

[12] Stephen R. Padgette, Diane B. Re, Gerard F. Barry, David E. Eichholtz, et al., "New Weed Control Opportunities: Development of Soybeans with a Roundup Ready™ Gene," in *Herbicide-Resistant Crops: Agricultural, Economic, Environmental, Regulatory, and Technological Aspects*, ed. Stephen O. Duke (Boca Raton, FL: CRC Press, 1996), 66. The quotation is from Gerald M. Dill, "Glyphosate-Resistant Crops: History, Status, and Future," *Pest Management Science* 61, 3 (2005): 220. 另请参见 Daniel Charles, *Lords of the Harvest: Biotech, Big Money, and the Future of Food* (Cambridge, MA: Perseus, 2001), 60-69.

[13] Stephen R. Padgette, Gerard F. Barry, and Ganesh M. Kishore, "Glyphosate Tolerant 5-Enolpyruvylshikimate-3-Phosphate Synthases," Canadian Patent 2, 088, 661, filed August 28, 1991, and issued December 18, 2001, 13; Laurence E. Hallas, William J. Adams, and Michael A. Heitkamp, "Glyphosate Degradation by Immobilized Bacteria: Field Studies with Industrial Wastewater Effluent," *Applied and Environmental Microbiology* 58, 4 (1992): 1215-19.

[14] Padgette et al., "New Weed Control Opportunities," 67.

[15] "专利合作条约"（PCT），允许单个专利申请（通常用英语书写）成为一系列国家申请，由每个国家专利局单独处理。请参见 Eda Kranakis, "Patents and Power: European Patent-System Integration in the Context of Globalization," *Technology and Culture* 48, 4 (2007): 689-728. Monsanto's PCT patent application for the CP4 invention, with international publication number WO 92/04449, is available at https://worldwide.espacenet.com/publicationDetails/originalDocument? CC=WO&NR=9204449A1&KC=A1&FT=D&ND=3&date=19920319&DB=&locale=en_EP.

[16] 请参见 Government of Canada, Canadian Food Inspection Agency, "DD1995-02: Determination of Environmental Safety of Monsanto Canada Inc.'s Roundup® Herbicide-Tolerant Brassica Napus Canola Line GT73," March 1995, http://www.inspection.gc.ca/plants/plants-with-novel-traits/approved-under-review/decision-documents/dd1995-02/eng/1303706149157/1303751841490#a3. 也可参见 Monsanto Company, "Petition for Determination of Nonregulated Status: Soybeans with a Roundup Ready™ Gene," September 14, 1993, https://www.aphis.usda.gov/brs/aphisdocs/93_25801p.pdf. The approval by the US Department of Agriculture, Animal and Plant Health Inspection Service, is available at https://www.aphis.usda.gov/brs/

aphisdocs2/93_25801p_com.pdf.

[17] *Re Application of Abitibi Co.* (1982), 62 CPR (2d).

[18] 同上。

[19] 这个说法基于我对加拿大专利局持有的本专利申请文件的审查。

[20] Dilip M. Shah, Stephen G. Rogers, Robert B. Horsch, and Robert T. Fraley, "Glyphosate-Resistant Plants," Canadian Patent 1, 313, 830, filed August 6, 1986, and issued February 23, 1993.

[21] 这一规则不仅适用于加拿大，也是全球专利法的一项基本原则。

[22] 禁止双重专利不仅是加拿大专利法的一项规定，也是世界各国专利法的标准规定。

[23] Padgette, Barry, and Kishore, "Glyphosate Tolerant 5-Enolpyruvylshikimate-3-Phosphate Synthases," Canadian Patent 2, 088, 661.

[24] 孟山都员工亚伦·米切尔（Aaron Mitchell）在施梅瑟案初审时演示了快速测试，并确认其可以专门测试 CP4 基因的存在。请参见 *Monsanto Canada Inc. v Schmeiser*, FCC A-367-01, document 21, trial transcript, testimony of Aaron Mitchell, 511-22.

[25] Monsanto Company, written submission in preparation to/during oral proceedings, February 11, 2000, European Patent Office, European Patent Register, https://register.epo.org/application? number=EP91917090&lng=en&tab=doclist. 孟山都向欧洲专利局提交的材料，是针对一些公司提起的法律诉讼而做出的，这些公司反对孟山都 CP4 发明获得欧洲专利。（回想一下孟山都为 CP4 发明进行的欧洲和加拿大专利申请来自一份专利合作条约申请。）

[26] Monsanto Company, reply of the patent proprietor to the notice (s) of opposition, April 30, 1998, 14, European Patent Office, European Patent Register, https://register.epo.org/application? number=EP91917090&lng=en&tab=doclist.

[27] A. Menges, letter to the European Patent Office re Monsanto Patent 0546 090, March 6, 2005, 11, 91917090-2005-03-06-APPEAL-ORAL-Letter dealing with oral proceedings during the appeal procedure, European Patent Office, European Patent Register, https://register.epo.org/application? number=EP91917090&lng=en&tab=doclist.

[28] 这些是 1313830 号专利的发明人之一罗伯特·傅瑞磊（Robert Fraley）使用的词语，引用于 Josh Flint, "Roundup Ready Retrospective: 15 Years Post Release," *Dakota Farmer*, July 2011, 27, http://magissues.farmprogress.com/DFM/DK07Jul11/dfm027.pdf. 也可参见 Charles, *Lords of the Harvest*, 65-69. 孟山都公司的研究人员于 1986 年发表了这项发明的科学报告: Dilip M. Shah, Robert B. Horsch, Harry J. Klee, Ganesh M. Kishore et al., "Engineering Herbicide Tolerance in Transgenic Plants," *Science* 233, 4762 (1986): 478-81.

[29] Patrick D. Kelly, "Drafting a Patent Application," *Bent of Tau Beta Pi* 93, 4 (2002):

23, https://www.tbp.org/pubs/Features/F02Kelly.pdf.

[30] 同上. 根据加拿大专利权威大卫·维弗（David Vaver），"专利权人的游戏，特别是在竞争激烈的行业中，是尽可能少地披露，尽可能多地主张权利。"David Vaver, *Intellectual Property Law: Copyright, Patents, TradeMarks* (Toronto: Irwin Law, 1997), 139. 关于生物技术中的"投机性专利"趋势，请参见 I. Mgbeoji and B. Allen, "Patent First, Litigate Later! The Scramble for Speculative and Overly Broad Genetic Patents: Implications for Access to Health Care and Biomedical Research," *Canadian Journal for Law and Technology* 2, 2 (2003): 83-98.

[31] Kelly, "Drafting a Patent Application," 22.

[32] Shah et al., "Glyphosate-Resistant Plants," Canadian Patent 1, 313, 830, 68.

[33] 1313830号专利类似于臭名昭著的塞尔登汽车专利。在每一种情况下，要求权利的措辞都经过精心设计，以尽可能广泛地覆盖其领域内现有和未来的技术实践。塞尔登专利最终因缺乏"可实施性"而无效。请参见 William Greenleaf, *Monopoly on Wheels: Henry Ford and the Selden Automobile Patent,* rev. ed. (Detroit: Wayne State University Press, 2011).

[34] Padgette et al., "Glyphosate Tolerant 5-Enolpyruvylshikimate-3-Phosphate Synthases," Canadian Patent 2, 088, 661.

[35] 同上，110。

[36] Canadian Intellectual Property Office, *Manual of Patent Office Practice,* Chapter 9, Section 9.02.05.

[37] Vaver, *Intellectual Property Law,* 138-39.

[38] 高"催化效率"对于作物保持旺盛生长和草甘膦耐受性至关重要。孟山都公司早期专利申请中的矮牵牛叶子发黄病恹恹的，那是因为它们草甘膦耐受水平（较低）再加上它们的催化效率也降低。

[39] *Pioneer Hi-Bred Ltd. v Canada (Commissioner of Patents),* [1987] 3 FC 8, 77 NR 137.

[40] *Pioneer Hi-Bred Ltd. v Canada (Commissioner of Patents),* [1989] 1 SCR 1623.

[41] Busch, "Genetically Modified Plants Are Not Inventions."

[42] Padgette et al., "Glyphosate Tolerant 5-Enolpyruvylshikimate-3-Phosphate Synthases," Canadian Patent 2, 088, 661, 55-63.

[43] 孟山都公司的一系列专利（本章中未全部讨论）和孟山都公司科学家发表的研究文章中的证据表明，本段中描述的所有现象在抗农达油菜的发展中都出现了。基因工程对机会和运气的依赖得到了进一步的分析。请参见 Kathleen McAfee, "Neoliberalism on the Molecular Scale: Economic and Genetic Reductionism in Biotechnology Battles," *Geoforum* 34, 2 (2003): 203-19.

[44] Kneen, *Rape of Canola,* 64-65; Michael E. Gorman, Jeanette Simmonds, Caetie Ofiesh, Rob Smith, and Patricia H. Werhane, "Monsanto and Intellectual Property," *Teaching

Ethics 2, 1 (2001): 91-100.

[45] Jeroen van Wijk, "Plant Breeders' Rights Create Winners and Losers," *Biotechnology and Development Monitor* 23 (1995), http://biotech-monitor.nl/2306.HTM. 也可参见 Weiss, "Seeds of Discord."

[46] Gorman et al., "Monsanto and Intellectual Property," 94.

[47] 开发这些作物的杂交品种并非不可能，但由于各种原因，例如成本和复杂性，这项工作尚未完成，至少直到最近都没有完成。

[48] *Monsanto Canada Inc. v Schmeiser*, FCC A-367-01, document 21, trial transcript, testimony of Aaron Mitchell, 565.

[49] Quoted in Kneen, *Rape of Canola*, 65.

[50] *Monsanto Canada Inc. and Monsanto Company v Percy Schmeiser*, FCC (Trial Division), Case 1593-98, document 8, Monsanto motion record, affidavit of Carolyn Chambers, August 6, 1998.

[51] *Monsanto Canada Inc. and Monsanto Company v. Percy Schmeiser*, FCC (Trial Division), Case 1593-98, document 57, exhibit A, affidavit of Aaron Mitchell, August 10, 1999.

[52] 同上，exhibit B.

[53] 孟山都公司发布了一份非法复制种子业务通讯，其中包括其热线电话。Monsanto published a *Seed Piracy* newsletter, which included its hotline number. 样品参见 http://www.monsanto.ca/newsviews/Documents/seed_piracy_news letter_oct_2009.pdf.

[54] *Percy Schmeiser et al. v Monsanto Canada Inc. et al.*, FCA A-367-01, document 20, appeal book, vol. 2, exhibit 4.

[55] *Schmeiser v Monsanto*, FCC, Case 1593-98, affidavit of Aaron Mitchell, exhibit A. (This exhibit is a copy of the Grower's Agreement.)

[56] 同上。

[57] Pechlaner, *Corporate Crops;* Michael Stumo, "Down on the Farm: Farmers Get the Biotech Blues," *Multinational Monitor* 21, 1-2 (2000): 17-22.

[58] Evans, *The War on Weeds*, 108.

[59] 同上，16。

[60] 在加拿大的农作物中，众所周知油菜"由于杂草控制问题成为最难种植的作物之一"，因为它和许多杂草都是近亲。它们与油菜的基因的相似性意味着能够控制它们的除草剂也会伤害油菜。请参见 Pechlaner, *Corporate Crops*, 80.

[61] *Monsanto Canada Inc. v Schmeiser*, 2001 FCT 256, para 17.

[62] 建议孟山都单独通过生物技术改变农业的政治经济并非笔者特意，尽管该公司确实以新的方式推动了这些系统，并产生了重大后果。然而，孟山都在企业资本主义、工业化农业、知识产权制度和生物技术的兴起等更广泛的背景下运作，最终这些成为正在改变世界各地的农业制度的制度。几项研究有助于将孟山都的活动置于这些更大的

背景下。除了在注释6引用的作品外，另请参见（按照时间顺序）Cary Fowler, Eva Lachkovics, Pat Mooney, and Hope Shand, "The Laws of Life: Another Development and the New Biotechnologies," *Development Dialogue*, 1988, 1-2, http://www.daghammarskjold.se/publication/laws-life-another-development-new-bio technologies/; Cary Fowler and Pat Mooney, *Shattering: Food, Politics, and the Loss of Genetic Diversity* (Tucson: University of Arizona Press, 1990); Robert Bud, *The Uses of Life: A History of Biotechnology* (Cambridge, UK: Cambridge University Press, 1994); Pat Roy Mooney, "The Parts of Life: Agricultural Biodiversity, Indigenous Knowledge, and the Role of the Third System," *Development Dialogue*, 1996, 1-2, http://www.daghammarskjold.se/publication/parts-life-agricultural-biodiversity-indigenous-knowledge-role-third-system/; Brewster Kneen, *Farmageddon: Food and the Culture of Biotechnology* (Gabriola Island, BC: New Society, 1999); Fitzgerald, *Every Farm a Factory*; and Abby J. Kinchy, *Seeds, Science, and Struggle: The Global Politics of Transgenic Crops* (Cambridge, MA: MIT Press, 2012).

[63] Norwich BioScience Institutes, "Shatter-Resistant Pods Improve Brassica Crops," *Science Daily*, May 27, 2009, https://www.sciencedaily.com/releases/2009/05/0905 27151134.htm.

[64] Meredith G. Schafer, Andrew A. Ross, Jason P. Londo, Connie A. Burdick et al., "The Establishment of Genetically Engineered Canola Populations in the US," *PLoS One* 6, 10 (2011): e25736.

[65] See Lindsey Konkel, "The Great Escape: Gene-Altered Crops Grow Wild," *Environmental Health News*, January 27, 2012, http://ehn.org/ehs/news/2012/gm-crops-escape-and-grow-wild.

[66] Shah et al., "Glyphosate-Resistant Plants," Canadian Patent 1, 313, 830, 10.

[67] 加拿大食品检验局关于"受限研究现场试验"的规定发布在其网站上，http://www.inspection.gc.ca/plants/plants-with-novel-traits/approved-under-review/field-trials/eng/1313872595333/ 1313873672306.

[68] Sally L. McCammon and Sue G. Dwyer, eds., *Workshop on Safeguards for Planned Introduction of Transgenic Oilseed Crucifers: Proceedings* (Ithaca, NY: Cornell University, 1990), https://archive.org/stream/CAT10750314? ui=embed#page/n1/mode/2up.

[69] Government of Canada, Canadian Food Inspection Agency, "DD199502: Determination of Environmental Safety of Monsanto Canada Inc.'s Roundup Herbicide-Tolerant Brassica Napus Canola Line GT73," March 1995, http://www.inspection.gc.ca/plants/plants-with-novel-traits/approved-under-review/decision-documents/dd1995-02/eng/ 1303706149157/ 1303751841490#a3.

[70] *Monsanto Canada Inc. v Schmeiser*, FCC A-367-01, document 21, trial transcript,

testimony of Aaron Mitchell, 564.

[71] 2001 年的 2088661 号专利发布于加拿大的一项新规定出台之后：自申请之日起 20 年内有效。孟山都在这项专利发布之前不能起诉任何人。如果该公司等到 2001 年，它将失去六年的专利收入——专利寿命的近三分之一。原则上，孟山都公司可以在专利发布后追溯起诉，但到那时，抗农达油菜会扩散到足以影响公司控制法律状况的能力（例如，通过集体诉讼或较宽松的司法判决），因为许多传统农民的油菜田会受到污染。

[72] *Monsanto Canada Inc. and Monsanto Company v Percy Schmeiser*, FCC, Case 1593-98, document 57, affidavit of Aaron Mitchell, August 10, 1999, 5; *Monsanto Canada Inc. v Schmeiser*, FCC A-367-01, document 21, trial transcript, testimony of Aaron Mitchell, 472-73, 560.

[73] *Monsanto Canada Inc. v Schmeiser*, 2001 FCT 256; *Monsanto Canada Inc. v Schmeiser*, 2002 FCA 309; *Monsanto Canada Inc. v Schmeiser*, [2004] 1 SCR 902, 2004 SCC 34.

[74] Kelly, "Drafting a Patent Application," 23.

[75] 同上，18。

[76] Ian Binnie, "Science in the Courtroom: The Mouse that Roared," *University of New Brunswick Law Journal* 56 (2007): 320.

[77] Vaver, *Intellectual Property Law*, 140.

[78] 施梅瑟说有一次孟山都派了 19 名律师出庭。参见施梅瑟于 2011 年 10 月 21 日在西华盛顿大学的讲话。https://www.youtube.com/watch?v=RUwuNR42qP0.

[79] 1313830 专利号的技术挑战需要生物技术专利法方面的法律团队专家。这样的案件之所以能够受理，是因为 1998 年有了关键的证据。最重要的是，对于 CP4 发明在加拿大的专利申请（后来作为加拿大专利 2088661 发布）在孟山都起诉施梅瑟之前几年就已经发表公开。

[80] *Monsanto Canada Inc. v. Schmeiser,* FCC A-367-01, document 21, trial transcript, testimony of Doris Dixon, 239; emphasis added.

[81] *Monsanto Canada Inc. v Schmeiser,* FCC A-367-01, document 21, trial transcript, testimony of Robert Horsch, 70.

[82] 同上，70-71。

[83] 同上，71。

[84] 本章因篇幅而忽略的一个重要问题是最高法院 2004 年对施梅瑟案的判决与 2002 年对哈佛大学肿瘤小鼠（OncoMouse）案的判决之间的关系。肿瘤小鼠案的判决裁定哈佛大学的"高等生命形式"专利申请主题本身是不可申请的，这为施梅瑟向最高法院上诉打开了大门。*Harvard College v Canada (Commissioner of Patents)*[2002] 4 SCR 45, 2002 SCC 76.

[85] Binnie, "Science in the Courtroom," 311.

[86] 几位法律学者批评了法院在施梅瑟案中对基因漂移的处理。请参见，例如 Bruce Ziff, "Travels with My Plant: *Monsanto v. Schmeiser* Revisited," *University of Ottawa Law*

and *Technology Journal* 2, 2（2005）: 493-509; and Katie Black and James Wishart, "Containing the GMO Genie: Cattle Trespass and the Rights and Responsibilities of Biotechnology Owners," *Osgoode Hall Law Journal* 46, 2（2008）: 397-425.

[87] Busch, "Genetically Modified Plants Are Not Inventions"，讨论了施梅瑟案中法院未能充分解决的自然与发明之间界限的问题。

[88] Jeremy de Beer and Robert Tomkowicz, "Exhaustion of Intellectual Property Rights in Canada," *Canadian Intellectual Property Review* 25, 3（2009）: 15, 23.

[89] 同上，16。

[90] Busch, "Genetically Modified Plants Are Not Inventions," 445; Jeremy de Beer, "The Rights and Responsibilities of Biotech Patent Owners," *UBC Law Review* 40, 1（2007）: 343-73; Sean Robertson, "Re-Imagining Economic Alterity: A Feminist Critique of the Juridical Expansion of Bioproperty in the Monsanto Decision at the Supreme Court," *University of Ottawa Law and Technology Journal* 2, 2（2005）: 227-53.

[91] De Beer and Tomkowicz, "Exhaustion of Intellectual Property Rights in Canada," 23.

[92] *Monsanto Canada Inc. v Schmeiser,* [2004] 1 SCR 902, 2004 SCC 34, para 85.

[93] 引用来自 Robert Stack, "How Do I Use This Thing? What's It Good for Anyway? A Study of the Meaning of Use and the Test for Patent Infringement in the *Monsanto Canada Inc. v. Schmeiser* Decisions," *Intellectual Property Journal* 18（2004）: 277. 最高法院判决中的反对意见引用了关键的专利法原则，多数派做出的判决忽视了这些原则。学者们的批评（除了已经引用的那些之外）的例子有 Martin Phillipson, "Giving Away the Farm? The Rights and Obligations of Biotechnology Multinationals: Canadian Developments," *King's Law Journal* 16, 2（2005）: 362-72; de Beer, "The Rights and Responsibilities of Biotech Patent Owners"; Wendy A. Adams, "Confronting the Patentability Line in Biotechnological Innovation: *Monsanto Canada Inc. v. Schmeiser*," *Canadian Business Law Journal* 41（2005）: 393-412; Wendy Adams, "Determinate/Indeterminate Duality: The Necessity of a Temporal Dimension in Legal Classification," *Alberta Law Review* 44, 2（2006）: 403-28; and Wilhelm Peekhaus, "Primitive Accumulation and Enclosure of the Commons: Genetically Engineered Seeds and Canadian Jurisprudence," *Science and Society* 75, 4（2011）: 529-54.

[94] E. Ann Clark, "The Implications of the Percy Schmeiser Decision," Synthesis/Regeneration 26（2001）: 1, http://www.greens.org/s-r/26/26-08.html; Busch, "Genetically Modified Plants Are Not Inventions," 389.

[95] Bruno Latour, *We Have Never Been Modern,* trans. Catherine Porter（Cambridge, MA: Harvard University Press, 1993），认为，事实上，现代性一直处于混乱状态，因为它建立在一种错误的意识形态之上，即自然和社会是完全独立的领域。然而，他说，只要我们忽视这种意识形态和现实生活之间的差异，我们就保持"现代"。从这个角度来看，本章

讲述的故事显示了施梅瑟案和抗农达油菜是如何使这种差异越来越明显，从而变得更加棘手。

［96］Scott, *Seeing like a State*, 89-90.

［97］在施梅瑟诉讼启动后，孟山都在美国进行了一系列类似的诉讼，他们同样对农业现代化的原则提出了质疑。

［98］这段话出自施梅瑟在加拿大健康食品协会（CHFA）西部展览上的演讲 n.d., http：//old.globalpublicmedia.com/transcripts/237. In a talk that he gave at Western Washington University (see note 78), he emphasized that he had no idea prior to the lawsuit that patents on plant parts even existed.

［99］Donald L. Barlett and James B. Steele, "Monsanto's Harvest of Fear," *Vanity Fair*, May 2008, https：//www.vanityfair.com/news/2008/05/monsanto200805; Weiss, "Seeds of Discord."

［100］Schmeiser, speech at CHFAExpo West, http：//old.globalpublicmedia.com/transcripts/ 237.

［101］Stratus Ag-Research, "One Million Acres of Glyphosate Resistant Weeds in Canada: Stratus Survey," blog, May29, 2013, http：//www.stratusresearch.com/newsroom/one-million-acres-of-glyphosate-resistant-weeds-in-canada-stratus-survey.

［102］拉图（Latour）在《我们从未成为现代人》(*We Have Never Been Modern*)一书中解释了科学家如何通过定义什么构成"自然"并将其从概念上与其他一切区分开来来进行这种划分。例如，想想科学家在消除自然领域的魔法方面的作用。

［103］最高法院的裁决在乐高积木和植物细胞之间进行了类比，以支持以下结论：对油菜植物细胞授予专利可以控制整个植物，但这一类比忽略了一个关键点，即植物具有不同类型的细胞，它们的功能不同，并且以复杂而关键的方式相互作用，孟山都公司只将修饰的基因放入一种类型的植物细胞中。

［104］引用来自 *Monsanto Canada Inc. v Schmeiser*, [2004] 1 SCR 902, 2004 SCC 34, para 35, 引用了最高法院的早期的一个判决。最高法院一再申明，《专利法》的基本目标是通过给予发明者对其发明的暂时垄断，以换取他们分享其所体现的所有新知识和诀窍，从而促进社会的发展。请参见，例如，*Pioneer Hi-Bred Ltd. v Canada (Commissioner of Patents)*, [1989] 1 SCR 1623.

［105］*Monsanto Canada Inc. v Schmeiser*, [2004] 1 SCR 902, 2004 SCC 34, para 2.

［106］同上，para 90。

［107］这一说法是基于过去十年咨询的各种来源；将它们列在这里将是一项不成比例且乏味的工作。

［108］例如，先正达、陶氏和拜耳现在使用孟山都这样的种植者协议；一些可以在互联网上找到。拜耳的协议禁止种子保存，并允许拜耳检查和复制种植者的相关财务记录。A copy of Bayer's "Grower Trait Licensing Agreement" is available at https：//legendseeds. net/wp-content/uploads/2014/07/2010_Bayer_GTL.pdf.

[109] 请参见，例如, Scott Prudham, "The Fictions of Autonomous Invention：Accumulation by Dispossession, Commodification, and Life Patents in Canada," *Antipode* 39, 3（2007）：406-29; Peekhaus, "Primitive Accumulation and Enclosure of the Commons"; Robertson, "Re-Imagining Economic Alterity"; and Wenwei Guan, "The Poverty of Intellectual Property Philosophy," *Hong Kong Law Journal* 38, 2（2008）：359-97.

[110] 该声明可在加拿大农业和农业食品部网站上找到，http：//www.agr.gc.ca/eng/industry-markets-and-trade/statistics-and-market-information/by-product-sector/org anic-products/organic-production-canadian-industry/? id=1183748510661.

[111] 我在这里不是说孟山都的转基因生物或施梅瑟案导致了这些发展，而是说上述两个事物促成了它们的扩散和影响。例如，目前兴起了对生物技术行业推动的还原主义科学进行批评的研究热潮，如 McAfee, "Neoliberalism on the Molecular Scale"; and Prudham, "The Fictions of Autonomous Invention."

[112] GM-Free Ireland Network, "News Release, Dublin, 24 May 2006-BASF Admits Defeat of GMO Potato Experiment," http：//www.global-vision.org/press/GMFI/GMFI26.pdf.

[113] Ted Nace, "Breadbasket of Democracy," in *Money and Faith: The Search for Enough*, ed. Michael Schut（Denver：Church, 2008）, 117-27; Kelly Bronson, "What We Talk about When We Talk about Biotechnology," *Politics and Culture*, 2009, 2, 80-94; Sean Pratt, "Schmeiser Decision May Help Organic Case," *Western Producer*, May 27, 2004, https：//www.producer.com/2004/05/schmeiser-decision-may-help-organic-case/. An in-depth analysis of the Canadian movement to stop RR wheat is presented in Emily Eaton, "Getting behind the Grain：The Politics of Genetic Modification on the Canadian Prairies," *Antipode* 41, 2（2009）：256-81.

[114] *Monsanto Canada Inc. v Schmeiser*, FCC A-367-01, document 21, trial transcript, testimony of Percy Schmeiser, 877-78.

[115] "Percy Schmeiser," Monsanto, https：//www.monsanto.com/newsviews/pages/percy-schmeiser.aspx.

[116] *Monsanto Canada Inc. v Schmeiser*, FCC A-367-01, document 21, trial transcript, testimony of Percy Schmeiser, 813-15.

第10章

[1] Trevor H. Levere and Richard A. Jarrell, eds., *A Curious Field-Book: Science and Society in*

Canadian History (Toronto: Oxford University Press, 1974).

[2] 在本文中，笔者将"科学"称为历史构建的知识和相关实践形式，由受过正规培训的个人实施，在社会和智力方面区别于其他认识方式，如原住民或本地知识。许多科学学科和人与环境之间的关系有关，包括田野科学（如生态学和海洋学）、资源管理相关学科（如林业和渔业科学）以及实验室科学（如毒理学）。这些科学领域也与技术史有关——例如，收割技术、航空勘测飞机和污染控制设备。

[3] 有关概述，参见，例如，Bernard Lightman, ed., *A Companion to the History of Science* (Chichester, UK: Wiley Blackwell, 2016).

[4] Matthew Evenden, "A View from the Bush: Space, Environment, and the Historiography of Science," *Scientia Canadensis: Canadian Journal of the History of Science, Technology, and Medicine* 28 (2005): 27-37; Diarmid A. Finnegan, "The Spatial Turn: Geographical Approaches in the History of Science," *Journal of the History of Biology* 41, 2 (2008): 369-88.

[5] 这一简短的讨论参考了大量关于加拿大环境的史学文献。该文献的条目由讨论 *The Landscape of Canadian Environmental History* 的八篇文章提供，由 Alan MacEachern, "The Text that Nature Renders?," *Canadian Historical Review* 95, 4 (2014): 545-54. 作为导引。

[6] 当然，关于现代化的文献有很多。其中一个有用的概述来自 Carol Gluck, "The End of Elsewhere: Writing Modernity Now," *American Historical Review* 116, 3 (2011): 676-87.

[7] 参见例如，Tina Adcock, "Many Tiny Traces: Antimodernism and Northern Exploration between the Wars," in *Ice Blink: Navigating Northern Environmental History, ed. Stephen Bocking and Brad Martin* (Calgary: University of Calgary Press, 2017), 131-77.

[8] Morris Zaslow, *Reading the Rocks: The Story of the Geological Survey of Canada 1842-1972* (Toronto: Macmillan, 1975); Suzanne Zeller, *Inventing Canada: Early Victorian Science and the Idea of a Transcontinental Nation* (Toronto: University of Toronto Press, 1987); W.A. Waiser, *The Field Naturalist: John Macoun, the Geological Survey, and Natural Science* (Toronto: University of Toronto Press, 1989); Jennifer Hubbard, *A Science on the Scales: The Rise of Canadian Atlantic Fisheries Biology, 1898-1939* (Toronto: University of Toronto Press, 2006). 最终，这个工作站为1912年成立的加拿大生物委员会奠定了基础。

[9] Richard C. Powell, "Science, Sovereignty, and Nation: Canada and the Legacy of the International Geophysical Year, 1957-1958," *Journal of Historical Geography* 34 (2008): 618-38; Stephen Bocking, "Science and Spaces in the Northern Environment," *Environmental History* 12 (October 2007): 868-95. 知识产权不可能一蹴而就。例如，直到20世纪50年代，"野鸭基金会"和美国鱼类和野生动物管理局（US Fish and Wildlife Service）为美国提供专业知识，支持草原地区的水禽保护，因为加拿大野生动物管理局

（Canadian Wildlife Service）还无法履行这一职责；参见 Shannon Stunden Bower, *Wet Prairie: People, Land, and Water in Agricultural Manitoba* (Vancouver: UBC Press, 2011).

[10] Matthew Farish, "Frontier Engineering: From the Globe to the Body in the Cold War Arctic," *Canadian Geographer* 50, 2 (2006): 177-96; Edward Jones-Imhotep, "Communicating the North: Scientific Practice and Canadian Postwar Identity," *Osiris* 24, 1 (2009): 144-64; Powell, "Science, Sovereignty, and Nation"; *Simone Turchetti and Peder Roberts*, eds., *The Surveillance Imperative: Geosciences during the Cold War and Beyond* (New York: Palgrave Macmillan, 2014).

[11] Klaus Dodds and Mark Nuttall, *The Scramble for the Poles* (Cambridge, UK: Polity, 2016); Elizabeth Riddell-Dixon, *Breaking the Ice: Canada, Sovereignty, and the Arctic Extended Continental Shelf* (Toronto: Dundurn, 2017).

[12] 关于这一观点的突出例子是 Morris Zaslow, *The Northward Expansion of Canada, 1914-1967* (Toronto: McClelland and Stewart, 1988).

[13] Hugh Brody, *Maps and Dreams: Indians and the British Columbia Frontier* (Vancouver: Douglas and McIntyre, 1988).

[14] 许多研究在特定的地方描述了这一过程。例如，参见，Jocelyn Thorpe, *Temagami's Tangled Wild: Race, Gender, and the Making of Canadian Nature* (Vancouver: UBC Press, 2012); and John Thistle, *Resettling the Range: Animals, Ecologies, and Human Communities in British Columbia* (Vancouver: UBC Press, 2015).

[15] Richard A. Rajala, *Clearcutting the Pacific Rain Forest: Production, Science, and Regulation* (Vancouver: UBC Press, 1998); Bruce Braun, *The Intemperate Rainforest: Nature, Culture, and Power on Canada's West Coast* (Minneapolis: University of Minnesota Press, 2002); Caroline Desbiens, *Power from the North: Territory, Identity, and the Culture of Hydroelectricity in Quebec* (Vancouver: UBC Press, 2013); Stéphane Castonguay, "Naturalizing Federalism: Insect Outbreaks and the Centralization of Entomological Research in Canada, 1884-1914," *Canadian Historical Review* 85, 1 (2004): 1-34.

[16] Richard A. Rajala, "'This Wasteful Use of a River': Log Driving, Conservation, and British Columbia's Stellako River Controversy, 1965-72," *BC Studies* 165 (2010): 31-74. 在濒危物种问题上，联邦政府也明显不愿侵犯各省的管辖权。

[17] Stephen Bocking, "A Disciplined Geography: Aviation, Science, and the Cold War in Northern Canada, 1945-1960," *Technology and Culture* 50, 2 (2009): 320-45; Matthew Evenden, "Locating Science, *Locating Salmon: Institutions, Linkages, and Spatial Practices in Early British Columbia Fisheries Science,*" *Environment and Planning D: Society and Space* 22 (2004): 355-72.

[18] Robert E. Kohler and Jeremy Vetter, "The Field," in *A Companion to the History of Science*.

[19] Bocking, "Science and Spaces in the Northern Environment."

[20] Jennifer Read, "'A Sort of Destiny': The Multi-Jurisdictional Response to Sewage Pollution in the Great Lakes, 1900-1930," *Scientia Canadensis: Canadian Journal of the History of Science, Technology, and Medicine* 22, 51 (1998-99): 103-29; Lynne Heasley and Daniel Macfarlane, eds., *Border Flows: A Century of the Canadian American Water Relationship* (Calgary: University of Calgary Press, 2016).

[21] 罗伯特·科勒注意到地方知识与田野科学的持续历史相关性。Robert E. Kohler, *All Creatures: Naturalists, Collectors, and Biodiversity, 1850-1950* (Princeton, NJ: Princeton University Press, 2006).

[22] Daniel Macfarlane, *Negotiating a River: Canada, the US, and the Creation of the St. Lawrence Seaway* (Vancouver: UBC Press, 2014); Tina Loo and Meg Stanley, "An Environmental History of Progress: Damming the Peace and Columbia Rivers," *Canadian Historical Review* 92, 3 (2011) 399-427.

[23] B.E. Fernow, "Conditions in the Trent Watershed and Recommendations for Their Improvement," *Trent Watershed Survey: A Reconnaissance*, ed. C.D. Howe and J.H. White (Ottawa: Commission of Conservation, 1913), 4. *Landscapes of Science in Canada* 275.

[24] Michel Girard, *L'ecologisme retrouvé: Essor et declin de la Commission de la Conservation du Canada* (Ottawa: Presses de l'Université d'Ottawa, 1994).

[25] Darcy Ingram, *Wildlife, Conservation, and Conflict in Quebec, 1840-1914* (Vancouver: UBC Press, 2013); Tina Loo, "Making a Modern Wilderness: Conserving Wildlife in Twentieth-Century Canada," *Canadian Historical Review* 82, 1 (2001): 1-18.

[26] 引用于 Joseph E. Taylor III, "Making Salmon: The Political Economy of Fishery Science and the Road Not Taken," Journal of the History of Biology 31 (1998): 38; 还可参见 William Knight, "Samuel Wilmot, Fish Culture, and Recreational Fisheries in Late 19th Century Ontario," *Scientia Canadensis: Canadian Journal of the History of Science, Technology, and Medicine* 30, 1 (2007): 75-90. 然而，正如泰勒所解释的，到20世纪20年代，科学家们对鱼类养殖越来越持怀疑态度，到1937年，他们的影响导致所有联邦孵化场关闭。

[27] Hubbard, *Science on the Scales*.

[28] Thistle, Resettling the Range; Gerald Killan and George Warecki, "J. R. Dymond and Frank A. MacDougall: Science and Government Policy in Algonquin Provincial Park, 1931-1954," *Scientia Canadensis: Canadian Journal of the History of Science, Technology, and Medicine* 22, 51 (1998-99): 131-56; George Colpitts, "Conservation, Science, and Canada's Fur Farming Industry, 1913-1945," *Histoire sociale/Social History* 30, 59 (1997): 77-107.

[29] 参见 "A Sort of Destiny."

[30] Arn Keeling, "Sink or Swim: Water Pollution and Environmental Politics in Vancouver, 1889-1975," *BC Studies* 142-43 (2004): 69-101; Michèle Dagenais, *Montréal et l'eau: Une histoire environnementale* (Montréal: Boréal, 2011); Stephen Bocking, "Constructing Urban Expertise: Professional and Political Authority in Toronto, 1940-1970," *Journal of Urban History* 33, 1 (2006): 51-76.

[31] Janet Foster, *Working for Wildlife: The Beginning of Preservation in Canada*, 2nd ed. (Toronto: University of Toronto Press, 1998); Loo, "Making a Modern Wilderness"; Tina Loo, *States of Nature: Conserving Canada's Wildlife in the Twentieth Century* (Vancouver: UBC Press, 2006); Ingram, Wildlife; John Sandlos, *Hunters at the Margin: Native People and Wildlife Conservation in the Northwest Territories* (Vancouver: UBC Press, 2007); Peter Kulchyski and Frank James Tester, Kiumajut (Talking Back): *Game Management and Inuit Rights, 1950-70* (Vancouver: UBC Press, 2007).

[32] 例如，参见 Robert McDonald and Arn Keeling, "'The Profligate Province: Roderick Haig-Brown and the Modernizing of British Columbia," *Journal of Canadian Studies* 36, 3 (2001): 7-23; Loo, *States of Nature*; J. Alexander Burnett, *A Passion for Wildlife: The History of the Canadian Wildlife Service* (Vancouver: UBC Press, 2003); and Briony Penn, *The Real Thing: The Natural History of Ian McTaggart Cowan* (Victoria: Rocky Mountain Books, 2015).

[33] 例如，参见 Thistle, *Resettling the Range; and Wendy Dathan, The Reindeer Botanist: Alf Erling Porsild, 1901-1977* (Calgary: University of Calgary Press, 2012). 皮埃尔·丹瑟罗在魁北克建立了植物生态学的研究，他是生态学与实际问题之间关系的一个例外；参见 Stephen Bocking, "Dansereau, Pierre Mackay," in *New Dictionary of Scientific Biography* (New York: Charles Scribner's Sons, 2008), 2: 234-37.

[34] Penn, *The Real Thing*. 20 世纪初，科勒详细讨论了地方知识和环境对生态学研究实践的意义；他的方法有待应用于加拿大生态学的早期历史中。

[35] Burnett, A Passion for Wildlife.

[36] Alan MacEachern, "The Sentimentalist: Science and Nature in the Writing of H.U. Green, a.k.a. Tony Lascelles," *Journal of Canadian Studies* 47, 3 (2013): 16-41.

[37] Mark Kuhlberg, "'We Have "Sold" Forestry to the Management of the Company': Abitibi Power & Paper Company's Forestry Initiatives in Ontario, 1919-1929," *Journal of Canadian Studies* 34, 3 (1999): 187-209; Mark J. McLaughlin, "Green Shoots: Aerial Insecticide Spraying and the Growth of Environmental Consciousness in New Brunswick, 1952-1973," *Acadiensis* 40, 1 (2011): 3-23; Jeremy Wilson, "Forest Conservation in British Columbia, 1935-85: Reflections on a Barren Political Debate," *BC Studies* 76 (1987-88): 3-32.

[38] Bocking, "Science and Spaces in the Northern Environment"; Hubbard, *Science on the*

Scales; Richard A. Jarrell, "Science and the State in Ontario: The British Connection or North American Patterns?," in *Patterns of the Past: Interpreting Ontario's History*, ed. Roger Hall and Anthony Westell (Toronto: Dundurn Group, 1996), 238-54; John Sandlos, "Nature's Nations: The Shared Conservation History of Canada and the USA," *International Journal of Environmental Studies* 70, 3 (2013): 358-71.

[39] Theodore M. Porter, *Trust in Numbers: The Pursuit of Objectivity in Science and Public Life* (Princeton, NJ: Princeton University Press, 1996).

[40] Rajala, "'This Wasteful Use of a River'"; Jamie Linton, *What Is Water? The History of a Modern Abstraction* (Vancouver: UBC Press, 2010); Desbiens, *Power from the North*; Hubbard, *Science on the Scales*; Dean Bavington, *Managed Annihilation: An Unnatural History of the Newfoundland Cod Collapse* (Vancouver: UBC Press, 2010).

[41] 关于这类水体，参见 Arn Keeling, "Charting Marine Pollution Science: Oceanography on Canada's Pacific Coast, 1938-1970," *Journal of Historical Geography* 33 (2007): 403-28.

[42] Braun, *The Intemperate Rainforest*.

[43] Erik Swyngedouw, "Modernity and Hybridity: Nature, Regeneracionismo, and the Production of the Spanish Waterscape 1890-1930," *Annals of the Association of American Geographers* 89, 3 (1999): 443-65; James C. Scott, *Seeing like a State: How Certain Schemes to Improve the Human Condition Have Failed* (New Haven, CT: Yale University Press, 1999); Tina Loo, "High Modernism, Conflict, and the Nature of Change in Canada: A Look at Seeing Like a State," *Canadian Historical Review* 97, 1 (2016): 34-58.

[44] Rajala, *Clearcutting the Pacific Rain Forest*.

[45] R. Peter Gillis, "Rivers of Sawdust: The Battle over Industrial Pollution in Canada, 1865-1903," *Journal of Canadian Studies* 21, 1 (1986): 84-103; Taylor, "Making Salmon"; Rajala, "'This Wasteful Use of a River.'"

[46] 这更多的是由于大坝地点的可用性，而不是由于渔业科学家的争论——事实上，人们希望他们能够提出一种技术解决方案，既允许大坝的存在，也允许鲑鱼的生存。参见 Matthew D. Evenden, *Fish versus Power: An Environmental History of the Fraser River* (Cambridge, UK: Cambridge University Press, 2004).

[47] Thistle, *Resettling the Range*.

[48] Sandlos, *Hunters at the Margin*; Matthew Evenden, *Allied Power: Mobilizing HydroElectricity during Canada's Second World War* (Toronto: University of Toronto Press, 2015).

[49] Loo and Stanley, "An Environmental History of Progress"; Desbiens, *Power from the North*.

[50] Rajala, "'This Wasteful Use of a River'"; George M. Warecki, *Protecting Ontario's*

Wilderness: A History of Changing Ideas and Preservation Politics, 1927-1973 (Bern: Peter Lang, 2000).

[51] Macfarlane, *Negotiating a River*.

[52] Darcy Ingram, "Governments, Governance, and the 'Lunatic Fringe': The Resources for Tomorrow Conference and the Evolution of Environmentalism in Canada," *International Journal of Canadian Studies* 51 (2015): 69-96.

[53] McLaughlin, "Green Shoots"; Owen Temby, "Trouble in Smogville: The Politics of Toronto's Air Pollution during the 1950s," *Journal of Urban History* 39, 4 (2013): 669-89; Rajala, "'This Wasteful Use of a River.'"

[54] Ryan O'Connor, *The First Green Wave: Pollution Probe and the Origins of Environmental Activism in Ontario* (Vancouver: UBC Press, 2015). 尽管许多历史学家都曾提到科学在加拿大环境保护主义兴起中的作用，但对这一主题的集中研究尚未出现。

[55] Bocking, "Science and Spaces in the Northern Environment."

[56] James Waldram, *As Long as the Rivers Run: Hydroelectric Development and Native Communities in Western Canada* (Winnipeg: University of Manitoba Press, 1988).

[57] Jennifer Read, "'Let Us Heed the Voice of Youth': Laundry Detergents, Phosphates, and the Emergence of the Environmental Movement in Ontario," *Journal of the Canadian Historical Association* 7, 1 (1996): 227-50.

[58] G. Bruce Doern, Graeme Auld, and Christopher Stoney, *Green-Lite: Complexity in Fifty Years of Canadian Environmental Policy, Governance, and Democracy* (Montreal/Kingston: McGill-Queen's University Press, 2015).

[59] Philip Van Huizen, "Building a Green Dam: Environmental Modernism and the Canadian-American Libby Dam Project," *Pacific Historical Review* 79, 3 (2010): 418-53.

[60] S.N. Eisenstadt, "Multiple Modernities," *Daedalus* 129, 1 (2000): 1-29.

[61] David Leonard Downie and Terry Fenge, eds., *Northern Lights against POPs: Combatting Toxic Threats in the Arctic* (Montreal/Kingston: McGill-Queen's University Press, 2003).

[62] Don Munton, "Using Science, Ignoring Science: Lake Acidification in Ontario," in *Science and Politics in the International Environment*, ed. N.E. Harrison and G.C. Bryner (Lanham, MD: Rowman and Littlefield, 2004), 143-72.

[63] Nancy Langston, *Toxic Bodies: Hormone Disruptors and the Legacy of DES* (New Haven, CT: Yale University Press, 2010).

[64] 引用于 Terry Glavin, *Dead Reckoning: Confronting the Crisis in Pacific Fisheries* (Vancouver: Douglas and McIntyre, 1996), 18.

[65] Milton M.R. Freeman, "Looking Back-and Looking Ahead-35 Years after the Inuit

Land Use and Occupancy Project," *Canadian Geographer* 55, 1（2011）: 20-31.

［66］Carly A. Dokis, *Where the Rivers Meet: Pipelines, Participatory Resource Management, and Aboriginal-State Relations in the Northwest Territories*（Vancouver: UBC Press, 2015）.

［67］Sheila Jasanoff, *Designs on Nature: Science and Democracy in Europe and the United States*（Princeton, NJ: Princeton University Press, 2005）, 14.

［68］Loo, "High Modernism, Conflict, and the Nature of Change in Canada."

第11章

感谢格雷格·米特曼（Gregg Mitman）、里克·凯勒（Rick Keller）、理查德·斯特利（Richard Staley）、比尔·克罗农（Bill Cronon）、林恩·尼哈特（Lynn Nyhart）、珍妮丝·卡维尔（Janice Cavell）、爱德华·琼斯－伊姆霍特普、蒂娜·阿德考克和两位匿名书评人对我思考和写作的帮助。感谢加拿大富布赖特和卡尔顿大学为本章在2016年年初完成的档案研究提供的制度和资金支持。

［1］*Ottawa Journal*, April 29, 1926. 还可参见 Janice Cavell, "A Circumscribed Commemoration: Mrs. Rudolph Anderson and the Canadian Arctic Expedition Memorial," *Journal of the Canadian Historical Association* 23, 1（2012）: 249-82.

［2］Trevor Levere, "Vilhjalmur Stefansson, the Continental Shelf, and a New Arctic Continent," British Journal for the History of Science 21, 2（1988）: 235-36. 事实上，关于加拿大北极考察的科学报告中唯一提到的是斯蒂芬森和鲁道夫·马丁·安德森之间酝酿已久的恩怨。他们的分歧使他们无法完成对探险考察的其中两个部分的叙述。

［3］Gísli Pálsson, "Hot Bodies in Cold Zones: Arctic Exploration," *Scholar and Feminist Online* 7, 1（2008）: 7, http: //sfonline.barnard.edu/ice/palsson_01.htm. 还可参见 Gísli Pálsson, *Travelling Passions: The Hidden Life of Vilhjalmur Stefansson*, trans. Keneva Kunz（Lebanon, NH: Dartmouth College Press, 2005）. 这些并不是加拿大北极探险考察队被人们记住的唯一方式。探险考察队成员发布的游记和最近出版的贸易书籍都强调了在北极旅行的危险，以及"卡鲁克"号船上11人的死亡。参见 Robert Bartlett, *The Last Voyage of the* Karluk（Toronto: McClelland, Goodchild and Stewart, 1916）; and Jennifer Niven, *The Ice Master: The Doomed 1913 Voyage of the Karluk*（London: Pan Books, 2001）.

［4］最近，环境历史学家亚当·索沃德斯（Adam Sowards）研究了加拿大北极考察期间和之后出现的多种形式的主张，一方面关注地质和地理方面的科学报告，另一方面关注斯蒂芬森的流行游记。索沃德展示了环境因素、知识趋势和政治抱负如何影响了这些作家对北极领土和真相的主张。他只使用了《报告》中的两卷作为整个报告的替代品，并没有

审查报告的生产、印刷或分发过程,因此在许多方面补充了我在这里提出的分析。Adam Sowards, "Claiming Spaces for Science: Scientific Exploration and the Canadian Arctic Expedition of 1913-1918," *Historical Studies in the Natural Sciences* 47, 2(2017): 164-99.

[5] 政府于1926年结束该《报告》的拨款印刷,但有一份滞后的报告于1946年才出版。见本章最后一节。

[6] A.W. Greeley, *The Polar Regions in the Twentieth Century: Their Discovery and Industrial Evolution*(Boston: Little, Brown, 1928), 73.

[7] Frédéric Regard, ed., *The Quest for the Northwest Passage: Knowledge, Nation, and Empire, 1576-1806*(New York: Pickering and Chatto, 2013); Frédéric Regard, ed., *Arctic Exploration in the Nineteenth Century: Discovering the Northwest Passage*(New York: Pickering and Chatto, 2013).

[8] Janice Cavell, "Arctic Exploration in Canadian Print Culture, 1890-1930," Papers of the *Bibliographic Society of Canada* 44, 2(2006): 7-42.

[9] Janice Cavell and Jeffrey David Noakes, *Acts of Occupation: Canada and Arctic Sovereignty, 1918-1925*(Vancouver: UBC Press, 2010); Janice Cavell, "The Second Frontier: The North in English-Canadian Historical Writing," *Canadian Historical Review* 83, 3(2002): 364-89.

[10] 以物质的方式考察"翻译社会学"是布鲁诺·拉图尔"循环引用"研究的初衷。Bruno Latour, "Circulating Reference: Sampling the Soil in the Amazon Forest," in *Pandora's Hope: Essays on the Reality of Science Studies*(Cambridge, MA: Harvard University Press, 1999), 24-79.

[11] Lissa Roberts, "Situating Science in Global History: Local Exchanges and Networks of Circulation," *Itinerario* 33, 1(2009): 9-30.

[12] 关于近代早期大西洋世界的科学,参考英属北美殖民地,参见 Joyce Chaplin, *Subject Matter: Technology, the Body, and Science on the Anglo-American Frontier, 1500-1676*(Cambridge, MA: Harvard University Press, 2001). 关于20世纪的加勒比和太平洋世界,参见 Camilo Quintero, "Trading in Birds: Imperial Power, National Pride, and the Place of Nature in US-Colombia Relations," *Isis* 102, 3(2011): 1-25; and Gregory T. Cushman, *Guano and the Opening of the Pacific World: A Global Ecological History*(Cambridge, UK: Cambridge University Press, 2013). 我曾在其他地方从这些有利的角度考虑加拿大北极探险考察队的实地工作。参见 Andrew Stuhl, *Unfreezing the Arctic: Science, Colonialism, and the Transformation of Inuit Lands*(Chicago: University of Chicago Press, 2016).

[13] Robert E. Kohler, "Finders, Keepers: Collecting Sciences and Collecting Practice," *History of Science* 45, 4(2007): 428-54.

[14] G.J. Desbarats and R. McConnell to R.M. Anderson, January 4, 1917, file 23b, box 53,

1996-077 Series A-R.M. Anderson, Canadian Museum of Nature Archives（加拿大自然博物馆档案，以下简称"CMNA"）。

[15] 北极生物委员会会议记录，May 20, 1920, file 23b, box 53, CMNA; R.M. Anderson to R.E. Lyons, June 16, 1924, file 14, box 57, CMNA. 1920年休伊特和麦肯去世后，国家植物标本馆主任M.O. 马尔特（M.O. Malte）和大西洋生物站主任A.G. 亨茨曼（A.G. Huntsman）接替了他们的职位。几乎与此同时，加拿大北极探险考察队的地质学家、地理学家和人类学家从第一次世界大战中服役归来，他们试图将《报告》的议程扩展到生物学之外。为了反映这一变化，北极生物委员会邀请地质调查人类学部门主任爱德华·萨皮尔博士加入他们的团队，并将其名称改为北极出版委员会，后来改为加拿大北极考察委员会。关于向政府印刷事务委员会小组委员会提交的报告，参见Fred Cook, F.C.T. O'Hara, and F.C.C. Lynch, "Report No. 14, Ottawa, February 15, 1918," file 23a, box 53, CMNA. On the "new standard," 参见J.M. Macoun to C.G. Hewitt, January 24, 1917, file 23a, box 53, CMNA.

[16] J.M. Macoun to E.E. Prince, March 24, 1917, file 23a, box 53, CMNA.

[17] 安德森将"战争的迫切性"归咎于加拿大北极探险考察队未能及时安排专家协助研究结果。"Report of the Canadian Arctic Expedition, 1913-1918," vol. 10, file 13, MG30-40, 加拿大国家图书和档案馆（以下简称LAC）。休伊特和普林斯告诉政府印刷委员会小组委员会，"华盛顿史密森学会的一些小组中有充足的阿拉斯加北极材料予以提供，大英博物馆有来自各种北极探险考察的材料，而格陵兰地区则有丹麦和挪威的收藏品，因此一些小组的标本已被送往其中一些国家进行测定。"参见Cook, O'Hara, and Lynch, "Report No. 14." 大多数专家都来自生物科学领域，特别是昆虫学、海洋生物学和植物学。探险考察队的人类学家（戴蒙德·詹尼斯）、地理学家（约翰·考克斯和肯尼斯·奇普曼）和地质学家（J.J. 奥尼尔）直接用他们的野外笔记和收集的资料来写他们的分析。那些监督编写报告但自己并不撰写报告的加拿大科学家没有被列在表格中。

[18] Rudolph Martin Anderson, "Field Study of Life-Histories of Canadian Mammals," *Canadian Field-Naturalist* 33（1919）: 87.

[19] Sophie Lemercier-Goddard and Frédéric Regard, "Introduction: The Northwest Passage and the Imperial Project: History, Ideology, Myth," in *Regard, Quest for the Northwest Passage*, 7.

[20] Cook, O'Hara, and Lynch, "Report No. 14." 还可参见北极生物委员会会议纪要，May 31, 1918, file 23a, box 53, CMNA. 一些专家还收到了未被委员会确定为"唯一"或"类型"的标本，因此被认为是"多余的"。

[21] Lynn K. Nyhart, "Voyaging and the Scientific Expedition Report 1800-1940," in *Science in Print: Essays on the History of Science and the Culture of Print*, ed. Rima D. Apple, Gregory J. Downey, and Stephen L. Vaughn（Madison: University of Wisconsin Press, 2012）, 65-85.

[22] Canada, Parliament, *House of Commons Debates*, 14th Parl., vol. 60, no. 63（May 8, 1925）.

[23] Marianne Gosztonyi Ainley, "Rowan vs Tory: Conflicting Views of Scientific Research in Canada, 1920-1935," *Scientia Canadensis: Canadian Journal of the History of Science, Technology, and Medicine* 12, 1（1988）: 3-21. 也可参见蒂娜·阿德克的本书第 2 章。

[24] 该《报告》并非单独应要求分发的。北极生物委员会从 1922 年开始起草"分发清单"，向"杰出的科学家"以及生物学、人类学、地质学和地理学等领域的"重要"图书馆和机构发送单独的报告和装订册。光是人类学卷宗的名单就有七八百个地址。关于分发清单，参见加拿大北极探险考察委员会会议纪要，February 6, 1922, file 23b, box 53, CMNA.

[25] Foster H. Benjamin to Director, *National Museum of Canada*, December 27, 1929, file 29a, box 49, CMNA；Francis Pospisil to R.M. Anderson, January 14, 1930, file 29a, box 49, CMNA. 由于每一份报告都附有完整的卷单，科学家们知道他们缺少某些文件，特别是那些从未发表过的。

[26] R.M. Anderson to Mr. F. McVeigh, October 30, 1928, file 29a, box 49, CMNA.

[27] 这些规则规定，当一个物种从原来的属转移过来，或该特定名称与它最初发表时的属以外的任何属名结合时，该特定名称的作者的名字保留在注释中，但放在括号内。

[28] *Zoologist, Biological Division, Geological Survey*, to E.E. Prince, June 12, 1919, file 24, box 49, CMNA.

[29] R.M. Anderson to E.E. Prince, November 24, 1922, file 24, box 49, CMNA.

[30] 标题的精确措辞成为北极生物委员会和维尔哈穆尔·斯蒂芬森之间争论的焦点。最初，委员会倾向于只包括 1913—1916 年的标题。C. 戈登·休伊特指出，任何其他日期范围都将招致南方远征队"因工作量而产生的不当批评"。因为他的北方远征队直到 1918 年才返回渥太华，斯蒂芬森对并游说海军部副部长 G.J. 德巴拉茨（G.J. Desbarats）使用 1913—1918 年的日期。尽管他们对斯蒂芬森玩弄权力感到愤怒，但委员会成员同意为装帧卷的封面提供全部日期，并在反映该小组工作的任何单独报告的扉页上添加"南方远征队 1913—1916 年"。参见 C. Gordon Hewitt to R.G. McConnell, February 27, 1919, file 23a, box 53, CMNA.

[31] Vladimir Walters, "The Fishes Collected in the Canadian Arctic Expedition, 1913-1918, with Additional Notes on the Icthyofauna of Western Arctic Canada," *National Museum of Canada Bulletin* 128（1953）: 257-74; Kamal Khidas, "The Canadian Arctic Expedition 1913-1918 and Early Advances in Arctic Vertebrate Zoology," *Arctic* 68, 3（2015）: 283-92.

[32] 作为一个样本，对《报告》的请求来自阿德莱德大学（澳大利亚）、长老会学院（加拿大）、西北地区和育空分馆（加拿大）、摩拉维亚博物馆（捷克斯洛伐克）、利物浦公共图书馆（英国）、萨克森国家图书馆（德国）、克里斯滕森捕鲸博物馆（挪威）、科学局（菲律宾）、太平洋科学渔业研究站（西伯利亚）、皇家大学图书馆（瑞典）和阿拉斯加狩猎委

员会（美国）。1927 年至 1929 年的请求在加拿大自然博物馆档案，第 49 框，第 29a 号文件。

[33] Adrian Howkins, *Frozen Empires: An Environmental History of the Antarctic Peninsula* (Oxford: Oxford University Press, 2016).

[34] Peter J. Bowler, *The Fontana History of the Environmental Sciences: Geography, Geology, Oceanography, Meteorology, Natural History, Paleontology, Evolution Theory, Ecology* (London: Fontana, 1992), 391; David N. Livingstone, "Geography," in *Companion to the History of Modern Science*, ed. R.C. Olby, G.N. Cantor, J.R.R. Christie, and M.J.S. Hodge (New York: Routledge, 1990), 743-58; Janet Browne, *The Secular Ark: Studies in the History of Biogeography* (New Haven, CT: Yale University Press, 1983), 117-37.

[35] Bowler, *The Fontana History of the Environmental Sciences*, 380.

[36] C. Gordon Hewitt, "Introduction and List of New Genera and Species Collected by the Expedition," in *Report of the Canadian Arctic Expedition*, 1913-1918, vol. III, Insects (Ottawa: Thomas Mulvey, Printer to the King's Most Excellent Majesty, December 10, 1920), v; Albert Mann, "Part F: Marine Diatoms," in *Report of the Canadian Arctic Expedition, 1913-1918*, vol. IV, Botany (Ottawa: Thomas Mulvey, Printer to the King's Most Excellent Majesty, November 12, 1922), 4F; Harrison G. Dyar, "Part C: Mosquitoes," in *Report of the Canadian Arctic Expedition, 1913-1918*, vol. III, Insects (Ottawa: Thomas Mulvey, Printer to the King's Most Excellent Majesty, July 14, 1919), 31C.

[37] C. Hart Merriam, *Life Zones and Crop Zones of the United States*, Bulletin 10 (Washington, DC: US Department of Agriculture, 1898), 19. 还可参见 Rexford F. Daubenmire, "Merriam's Life Zones of North America," *Quarterly Review of Biology* 13, 3 (1938): 327-32.

[38] Lars Brundin, "Transantarctic Relationships and Their Significance, as Evidenced by Chironomid Midges," in *Foundations of Biogeography: Classic Papers with Commentaries*, Parts 5-8, ed. Mark V. Lomolino, Dov F. Sax, and James H. Brown (Chicago: University of Chicago Press, 2004), 658-67.

[39] Rudolph Martin Anderson, "Recent Zoological Explorations in the Western Arctic," 由 M.W. 里昂二世（M.W. Lyon Jr）在华盛顿生物学会前宣读，April 5, 1919, reprinted in Journal of the Washington Academy of Sciences 9, 11 (1919): 312-15. "支柱产业理论"是由政治经济学家哈罗德·英尼斯（Harold Innis）几乎在同一时期提出的，主张加拿大的政治、文化和经济是基于对皮毛、鱼类、木材、小麦、金属和化石燃料的开发形成的。对英尼斯工作的回顾，参见 W.T. Easterbrook and M.H. Watkins, "Introduction" and "Part 1: The Staple Approach," in *Approaches to Canadian Economic History* (Ottawa: Carleton University Press, 1984), ix-xviii, 1-15. Rudolph Martin Anderson, "Field

Studies of the Life Histories of Canadian Mammals," *Canadian Field Naturalist* 33, 5 (1919): 86-89.

[40] Sowards, "Claiming Spaces for Science."

[41] Rudolph Anderson to Chas E. May, November 1, 1916, MG 30-40, vol. 2, file "Aug-Dec 1916," LAC.

[42] 斯蒂芬森关于国家北方的吸引力以及捕鲸业对因纽特人生活的影响的观点都可以在他的书中找到。参见 Vilhjalmur Stefansson, *My Life with the Eskimo* (New York: Macmillan, 1913); Vilhjalmur Stefansson, *The Friendly Arctic: The Story of Five Years in Polar Regions* (New York: G.P. Putnam's Sons, 1921); and Vilhjalmur Stefansson, *The Northward Course of Empire* (New York: Harcourt, Brace, 1922).

[43] Rudolph Martin Anderson to J.E. Anderson, November 14, 1919, vol. 3, file "Correspondence, 1919," LAC. 斯蒂芬森和安德森之间的不愉快关系一直是斯蒂芬森传记作者们分析的焦点。参见 Gísli Pálsson, *Writing on Ice: The Ethnographic Notebooks of Vilhjalmur Stefansson* (Hanover, NH: University Press of New England, 2001), 1-13.

[44] Rudolph Martin Anderson to J.E. Anderson, November 14, 1919, vol. 3, file "Correspondence, 1919," LAC. 这句话出自 "Denmark Conducting Unique Experiment," Ottawa Citizen, May 3, 1924, found in vol. 26, file 3, "Clippings, 1921-1923," LAC. 更多关于安德森对20世纪20年代加拿大北部地区发展的看法，参见 Rudolph Anderson, "Canada's Arctic Regions," vol. 24, file 2, "Lecture Notes, 1923, 1929, n.d.," LAC. 还可参见 "Zoological Work in the Arctic Regions," Natural Regions of Canada 7, 10 (1928), found in RG 45, vol. 67, file 4079, Department of the Interior, LAC.

[45] Anderson, "Field Study of Life-Histories of Canadian Mammals," 87.

[46] "Report of the Canadian Arctic Expedition, 1913-1918," vol. 10, file 13, LAC.

[47] "Stefansson Bobs Up Again," Montreal Standard, January 21, 1922. 安德森可能要为这份报纸的一篇社论负责，该社论声称斯蒂芬森的行为"更像一个剥削者，而不是一个探险家"。安德森毫不犹豫地指出他有博士学位，而斯蒂芬森没有。

[48] 因此，安德森从事了一种政治和认知的划界工作，呼应阿德考克在本书第2章的主题。关于他对自然保护的投入，参见 John Sandlos, *Hunters at the Margin: Native People and Wildlife Conservation in the Northwest Territories* (Vancouver: UBC Press, 2007).

[49] Cavell and Noakes, *Acts of Occupation*; Sandlos, *Hunters at the Margin*.

[50] 第二次世界大战后，新一代历史学家对北极科学的传播产生了相当大的兴趣。Stephen Bocking, "Cold Science: Arctic Science in North America during the Cold War, 1945-1991-A Workshop," http://environmental-history-science.blogspot.ca/2016/04/cold-science-arctic-science-in-north.html. 关于坚持将加拿大北部地区作为边疆的想法，参见 Andrew Stuhl, "The Politics of the 'New North': Putting History and Geography at Stake in Arctic Futures," *Polar Journal* 3, 1 (2013): 94-119.

[51] 加拿大文明博物馆（现为加拿大历史博物馆）于2011年1月举办了一场关于加拿大北极探险考察的展览。这次展览催生了一些关于探险考察的教育网站。Canadian Museum of History, "Canadian Arctic Expedition," http：//www.historymuseum.ca/cmc/exhibitions/tresors/ethno/etp0200e.shtml; Canadian Museum of History, "Northern People, Northern Knowledge: The Story of the Canadian Arctic Expedition 1913-1918," http：//www.historymuseum.ca/cmc/exhibitions/hist/cae/splashe.shtml; Grayhound Information and Mountain Studios, "Canadian Arctic Expedition 1913-1918," http：//canadianarcticexpedition.com/2013-expedition; Stuart E. Jenness, Stefansson, Dr. Anderson, and the Canadian Arctic Expedition, 1913-1918 (Gatineau, QC: Canadian Museum of Civilization, 2011); Anne Watson, "Canada's Unsung Expedition," *Canadian Geographic* 133, 1 (2013): 21-22.

[52] Adriana Craciun, "The Franklin Mystery," *Literary Review of Canada*, May 2012, http：//reviewcanada.ca/magazine/2012/05/the-franklin-mystery/.

[53] 最终作者是 A. 邓迪（A. Dendy）［英］和 L.M. 弗雷德里克（L.M. Frederick）［英］。

[54] 最终作者是 J.H. 艾什沃思（J.H. Ashworth）［苏格兰］。

[55] 以"加拿大北极海岸地理笔记"（*Geographical Notes on the Arctic Coast of Canada*）为标题出版。

[56] 在1922年至1946年，对12—16卷进行了重组和重新命名。一些报告被移到其他卷中。"黄铜部落因纽特人之歌"成为独立的卷（14）。这里的标题反映了截至1920年12月的报告计划。

[57] 最终作者是约翰·卡梅隆［加］，S.G.里奇（S.G. Ritchie）［加］，J.斯坦利·巴格纳尔（J. Stanley Bagnall）［加］。

[58] 最终作者是戴蒙德·詹尼斯［加］。

第12章

我要感谢亨特·海克（Hunter Heyck）、玛西亚·莫尔菲尔德（Marcia Mordfield）、塞尔维·伯特兰德（Sylvie Bertrand）以及加拿大航空航天博物馆图书馆和档案馆的其他工作人员、匿名审稿人和本书的编辑们，感谢他们的意见、支持和帮助，为本章做出了贡献。

[1] "John Fisher Reports: Up and Down" (script), May 2, 1948, Air Canada fonds, RG 70, vol. 254, Library and Archives Canada (hereafter LAC).

[2] Maurice Charland, "Technological Nationalism," *Canadian Journal of Political and Social*

Theory 10, 2（1986）：197. 还可参见 Marco Adria, *Technology and Nationalism*（Montreal/Kingston：McGill-Queen's University Press, 2009）, especially 33-71.

[3] Robert MacDougall, "The All-Red Dream: Technological Nationalism and the TransCanada Telephone System," in *Canadas of the Mind: The Making and Unmaking of Canadian Nationalisms in the Twentieth Century*, ed. Norman Hillmer and Adam Chapnick（Montreal/Kingston：McGill-Queen's University Press, 2007）, 46-62; Liza Piper, *The Industrial Transformation of Subarctic Canada*（Vancouver：UBC Press, 2010）; Caroline Desbiens, *Power from the North: Territory, Identity, and the Culture of Hydroelectricity in Quebec*（Vancouver：UBC Press, 2013）. 更多有关铁路的资料，参见 A.A. Den Otter, *The Philosophy of Railways: The Transcontinental Railway Idea in British North America*（Toronto：University of Toronto Press, 1997）; and R. Douglas Francis, *The Technological Imperative in Canada: An Intellectual History*（Vancouver：UBC Press, 2009）.

[4] 在加拿大近期的交通环境历史的导言中，编辑们哀叹航空仍然是"一个需要更多关注的话题"。Ben Bradley, Jay Young, and Colin M. Coates, eds., *Moving Natures: Mobility and the Environment in Canadian History*（Calgary：University of Calgary Press, 2016）, 16.

[5] 在此期间，客运量稳步攀升：环加拿大航空公司在1945年运送了约18.5万名乘客，1948年运送了54万名乘客，1951年运送了110多万名乘客。

[6] Bernhard Rieger, *Technology and the Culture of Modernity in Britain and Germany, 1890-1945*（Cambridge, UK：Cambridge University Press, 2005）, 34. 还可参见 Wolfgang Schivelbusch, *The Railway Journey: The Industrialization of Time and Space in the Nineteenth Century*（Berkeley：University of California Press, 1986）.

[7] David Harvey, *The Condition of Postmodernity: An Inquiry into the Origins of Cultural Change*（Oxford：Blackwell, 1989）, 265-66. "日常"的技术互动出现在最近的现代化后殖民主义研究中，如 David Arnold, *Everyday Technology: Machines and the Making of India's Modernity*（Chicago：University of Chicago Press, 2013）; and Rudolf Mrázek, *Engineers of Happyland: Technology and Nationalism in a Colony*（Princeton, NJ：Princeton University Press, 2002）. 有关航空的更多资料，参见 Chandra Bhimull, "Empire in the Air: Speed, Perception, and Airline Travel in the Atlantic World"（PhD diss., University of Michigan, 2007）.

[8] Carl Berger, "The True North Strong and Free," in *Canadian Culture: An Introductory Reader*, ed. Elspeth Cameron（Toronto：Canadian Scholars Press, 1997）, 83-103.

[9] Robert Grant Haliburton, "The Men of the North and Their Place in History," Ottawa Journal, March 20, 1869.

[10] 关于支柱产品理论，参见 Harold Innis, *The Fur Trade in Canada*（New Haven, CT：Yale University Press, 1930）; for the Laurentian thesis, see Donald Creighton, *The Commercial Empire of the St. Lawrence, 1760-1850*（Toronto：Ryerson Press, 1937）.

[11] 关于劳伦斯理论，参见如，Daniel Macfarlane, *Negotiating a River: Canada, the US, and the Creation of the St. Lawrence Seaway*（Vancouver：UBC Press, 2014），especially 13-15. 关于支柱产品理论，参见 Eric W. Sager, "Wind Power: Sails, Mills, Pumps, and Turbines," in *Powering Up Canada: A History of Power, Fuel, and Energy from 1600*, ed. R.W. Sandwell（Montreal/Kingston: McGill-Queen's University Press, 2016），162–85.

[12] Gillian Poulter, *Becoming Native in a Foreign Land: Sport, Visual Culture, and Identity in Montreal, 1840–85*（Vancouver：UBC Press, 2009）; Patricia Cormack and James Cosgrave, *Desiring Canada: CBC Contests, Hockey Violence, and Other Stately Pleasures*（Toronto：University of Toronto Press, 2013），52.

[13] 加拿大的"北方神话"和北极，参见 Sherrill Grace, *Canada and the Idea of North*（Montreal/Kingston: McGill-Queen's University Press, 2007）; and Renée Hulan, *Northern Experience and the Myths of Canadian Culture*（Montreal/ Kingston：McGill-Queen's University Press, 2002）.

[14] Jonathan Vance, *High Flight: Aviation and the Canadian Imagination*（Toronto：Penguin Canada, 2002），179.

[15] 1943年年初，环加拿大航空公司正式被分配到加拿大政府跨大西洋航空服务队，但该航空公司的人员和机队在多年前就已被非正式调动。

[16] 当时的总裁戈登·麦格雷戈在他的回忆录中声称，1948年是该航空公司可以不受战争影响运营的第一年。Gordon McGregor, *Adolescence of an Airline*（Montreal：Air Canada, 1970），6.

[17] *North Star over the Atlantic*（brochure），1947, Air Canada Collection, Canada Aviation and Space Museum（hereafter CASM）.

[18] *Horizons Unlimited*（booklet），1949, Air Canada Collection, CASM.

[19] *Canada's National Air Service*（brochure），c. 1946, 5-6, Air Canada Collection, CASM.

[20] Marionne Cronin, "Flying the Northern Frontier: The Mackenzie River District and the Emergence of the Canadian Bush Plane, 1929–1937"（PhD diss., University of Toronto, 2006），17-22. 还可参见 Marionne Cronin, "Shaped by the Land: An Environmental History of a Canadian Bush Plane," in *Ice Blink: Navigating Northern Environmental History*, ed. Stephen Bocking and Brad Martin（Calgary：University of Calgary Press, 2017），103-30.

[21] "Air Service from Waterways Links Simpson to Steel," *Edmonton Journal*, January 8, 1929.

[22] D.C. Bythell, "Institutional Advertising-Personalities"（memorandum），October 28, 1950, Air Canada Collection, CASM.

[23] 其他的是一名飞行员，一名电气工程师，一名空乘和一名乘务长，但只有凯利和工程师

的资料被重新发布。"Check... Check... Check..."（advertisement），1949, Air Canada Collection, CASM.

[24] "Doing a Job for Canada," *Between Ourselves*, March 1947, 12.

[25] "North Stars across the Continent," Between Ourselves, December 1947, 16-17.

[26] "Air Lines Map of Trans Canada Air Lines," c. 1947, Air Canada Collection, CASM.

[27] "John Fisher Reports: Up and Down"（script），May 2, 1948, Air Canada fonds, RG 70, vol. 254, LAC.

[28] "What Others Think of Us—'Crow's Wing,'" *Between Ourselves*, January 1953, 3.

[29] "What Others Think of Us," *Between Ourselves*, September 1950, 15.

[30] Bhimull, "Empire in the Air," 67-122; David Courtwright, *Sky as Frontier: Adventure, Aviation, and Empire*（College Station: Texas A&M University Press, 2005）; David Courtwright, "The Routine Stuff: How Flying Became a Form of Mass Transportation," in *Reconsidering a Century of Flight*, ed. Roger Launius and Janet Daly Bednarek（Chapel Hill: University of North Carolina Press, 2003），209-22.

[31] Horizons Unlimited（booklet），1949, Air Canada Collection, CASM.

[32] "北极星"系列飞机由环加拿大航空公司、加拿大太平洋航空公司、加拿大皇家空军和英国海外航空公司运营，在那里它们被称为"阿尔戈号"。

[33] 1947年4月在环加拿大航空公司服役的第一批"北极星"（被称为DC-4M1）是从加拿大皇家空军借来的，因为项目非常匆忙，所以没有对其增压；到1948年6月，它们被增压的DC-4M2取代。Larry Milberry, *The Canadair North Star*（Toronto: CanAv Books, 1982），42-46. 更多关于"北极星"系列飞机的除冰系统，参加 Rénald Fortier, *Propellers*（Ottawa: National Aviation Museum, 1996），especially 22-24. 想了解更多除冰技术的历史，参见 William Leary, "A Perennial Challenge to Aviation Safety: Battling the Menace of Ice," in Launius and Bednarek, *Reconsidering a Century of Flight*, 132-50.

[34] Gregory Votolato, *Transport Design: A Travel History*（London: Reaktion Books, 2007），198.

[35] 例如参见 Warren Baldwin, "Drew Wants More Data on North Stars Deal," Globe and Mail, April 9, 1949, 3; and James Hornick and William P. Snead, "Secret TCA Plans Bared to Replace North Star Engines," *Globe and Mail*, May 16, 1949, 1.

[36] 客流量的季节性失衡不是环加拿大航空公司独有的现象，也不是普遍的航空旅行焦虑。参见 Courtwright, *Sky as Frontier*, 140-45; and Richard Popp, "Commercial Pacification: Airline Advertising, Fear of Flight, and the Shaping of Popular Emotion," *Journal of Consumer Culture* 16, 1（2016）: 61-79.

[37] 从1948年年初到1968年，他担任总裁。McGregor, *Adolescence of an Airline*, 8.

[38] Address by Gordon McGregor, February 14, 1950, MG 30 E283, vol. 13, Gordon R.

McGregor fonds, LAC.

[39] 麦格雷戈在晋升为总裁之前是运输经理，在任职期间，他一直对交通感兴趣，包括广告和公共关系。

[40] 更多关于考克菲尔德＆布朗公司，参见 Daniel J. Robinson, "Cockfield, Brown & Company," in *The Advertising Age Encyclopedia of Advertising*, ed. John McDonough and Karen Egolf (Chicago: Fitzroy Dearborn, 2003), 341-43. 有关加拿大历史上的政府广告，参见 Jonathan Rose, "Government Advertising and the Creation of National Myths: The Canadian Case," *International Journal of Nonprofit and Voluntary Sector Marketing* 8, 2(2003): 153-65; and Jonathan Rose, Making "Pictures in Our Heads": *Government Advertising in Canada* (Westport, CT: Praeger, 2000).

[41] D.C. Bythell, "30, 000, 000 'Fly TCA's,'" *Between Ourselves*, December 1949, 5-6.

[42] "TCA Tops the Weather" (advertisement), 1949, Air Canada Collection, CASM.

[43] Memorandum by D.C. Bythell, December 19, 1949, *Air Canada Collection*, CASM.

[44] Memorandum by D.S. McLauchlin, "Institutional Advertising-All-Weather Flying," November 26, 1951, *Air Canada Collection*, CASM.

[45] "Why Doesn't Somebody Do Something about the Weather?" (advertisement), 1951, Air Canada Collection, CASM.

[46] Address by Gordon McGregor, March 27, 1950, MG 30 E283, vol. 13, Gordon R. McGregor fonds, LAC.

[47] "Bermuda Bound," *Between Ourselves*, April 1948, 8.

[48] "TCA Goes to the Caribbean," *Between Ourselves*, January 1949, 4.

[49] Gordon McGregor to C.D. Howe, November 10, 1948, RG 70, vol. 254, Air Canada fonds, LAC.

[50] "Now There's Time for Everything" and "Your Ticket to Summer" (advertisements), 1950, Air Canada Collection, CASM.

[51] Mimi Sheller, *Consuming the Caribbean: From Arawaks to Zombies* (London: Routledge, 2003); Charles Stoddard, *Cruising among the Caribbees* (New York: Scribner, 1903), 14-19.

[52] Jack Scott, "Our Town," *Vancouver Sun*, May 1948, RG 70, vol. 254, Air Canada fonds, LAC.

[53] "We're the Only Airline that Flies Non-Stop to Florida" (advertisement), February 1967, Air Canada Collection, CASM.

[54] Godefroy Desrosiers-Lauzon, "Nordicité et identities québécoise et canadienne en Floride," *Globe revue international d'études québécoises* 9, 2(2006): 143; 我的翻译（强调原文）。还可参见 Sophie-Laurence Lamontagne, *L'hiver dans la culture québécoise* (Québec: Institut de recherche sur la culture québécoise, 1983).

[55] "How You Feel about Winter Often Depends on Where You Sit" (advertisement), September 1967, Air Canada Collection, CASM.

[56] "It's Easy to Be a Good Sport about Winter" (advertisement), October 1967, Air Canada Collection, CASM.

[57] *Island Vacations Winter* 1970/1971 (brochure), RG 70, vol. 117-15.4, Air Canada fonds, LAC.

[58] Canada, House of Commons Debates, October 25, 1977 (John Crosbie), http://parl.canadiana.ca/view/oop.debates_HOC3003_01/254? r=0&s=1.

[59] Godefroy Desrosiers-Lauzon, *Florida's Snowbirds: Spectacle, Mobility, and Community since 1945* (Montreal/Kingston: McGill-Queen's University Press, 2011), 214, 219.

[60] Harvey, *The Condition of Postmodernity*, 292.

[61] Calin Rovinescu, "Let It Snow," *EnRoute Magazine*, December 2014, 29.

[62] "John Fisher Reports" (script), April 6, 1947, MG 27, vol. 94, C.D. Howe fonds, LAC.

第13章

我要感谢雪莉·蒂洛森（Shirley Tillotson）、蒂娜·卢、詹姆斯·斯科特、亨利·特里姆（Henry Trim）、H.V. 内尔斯、匿名审稿人，以及为本章提出意见和想法的编辑们。

[1] Daniel Macfarlane, *Negotiating a River: Canada, the US, and the Creation of the St. Lawrence Seaway* (Vancouver: UBC Press, 2014).

[2] James C. Scott, *Seeing like a State: How Certain Schemes to Improve the Human Condition Have Failed* (New Haven, CT: Yale University Press, 1998), 89.

[3] 同上，90页，斯科特认为，在前现代或早期现代欧洲，国家使用极端现代主义技术这一先驱来积累"描述性"信息（例如，地图），而极端现代主义国家是"规范性"的。在这一卷中，斯蒂芬·博金和安德鲁·斯图尔也讨论了"易读性"的问题。

[4] Carolyn Johns, "Introduction," in *Canadian Water Politics: Conflicts and Institutions*, ed. Mark Sproule-Jones, Carolyn Johns, and B. Timothy Heinmiller (Montreal/Kingston: McGill-Queen's University Press, 2008), 4. 也可参见 Environment Canada, "Water, Art, and the Canadian Identity," n.d., accessed February 12, 2013, http://www.ec.gc.ca/eau-water/default.asp? lang=En&n=5593BDE0-1.

[5] Jean Manore, "Rivers as Text: From Pre-Modern to Post-Modern Understandings of Development, Technology, and the Environment in Canada and Abroad," in *A History*

of Water, Series 1, vol. 3, The World of Water, ed. Terje Tvedt and Eva Jakobsson (London: I.B. Tauris, 2006), 229.

[6] "Laurentian Thesis," Canadian Encyclopedia, http://www.thecanadianencyclopedia.com/en/index.cfm? PgNm=TCE&Params=A1ARTA0004556; Donald Creighton, The Empire of the St. Lawrence (Toronto: Macmillan, 1956), originally published in 1937 as The Commercial Empire of the St. Lawrence, 1760-1850; Donald Creighton, ***Dominion of the North: A History of Canada*** (Toronto: Houghton Mifflin, 1944). 关于加拿大历史上河流叙事力量的精彩讨论，参见 Christopher Armstrong, Matthew Evenden, and H.V. Nelles, ***The River Returns: An Environmental History of the Bow*** (Montreal/Kingston: McGill-Queen's University Press, 2009), 10-20.

[7] 一般来说，这是通过国际联合委员会完成的，不过也可以在国际联合委员会之外达成两国协议。关于国际奥委会与五大湖圣劳伦斯盆地水位的历史，参见 Murray Clamen and Daniel Macfarlane, "The International Joint Commission, Water Levels, and Transboundary Governance in the Great Lakes," *Review of Policy Research* 32, 1 (2015): 40-59.

[8] 除了本书中他的那一章，参见 James Hull, "A Gigantic Engineering Organization: Ontario Hydro and Technical Standards for Canadian Industry, 1917-1958," Ontario History 93, 2 (2001): 179-200; and James Hull, "Technical Standards and the Integration of the U.S. and Canadian Economies," *American Review of Canadian Studies* 32, 1 (2002): 123-42. 关于电能和卓越的技术，人们当然要参考大卫·奈（David Nye）的著作 *American Technological Sublime* (Cambridge, MA: MIT Press, 1994) 和 *Electrifying America: Social Meanings of a New Technology, 1880-1940* (Cambridge, MA: MIT Press, 1990).

[9] R. Douglas Francis, *The Technological Imperative in Canada: An Intellectual History* (Vancouver: UBC Press, 2009). 还可参见 Macfarlane, *Negotiating a River*, 78-80; Marco Adria, *Technology and Nationalism* (Montreal/Kingston: McGill-Queen's University Press, 2010); and Cole Harris, "The Myth of the Land in Canadian Nationalism," in ***Nationalism in Canada***, ed. Peter Russell (Toronto: McGraw-Hill, 1966), 27-43.

[10] 在20世纪90年代，理查德·怀特（Richard White）、乔尔·塔尔（Joel Tarr）、马丁·梅洛西（Martin Melosi）、马克·菲格（Mark Fiege）和杰弗里·斯坦（Jeffrey Stine）因其著作而被认为是探索"混合"自然的先驱学者。研究水和环境历史的学者通常采用"环境技术"历史的方法，在过去十年中一直将"混合"作为一个关键概念。还有一些探索环境技术领域的作品集；例如，Martin Reuss and Stephen H. Cutcliffe, eds., *The Illusory Boundary: Environment and Technology in History* (Charlottesville: University of Virginia Press, 2010); and Dolly Jørgensen, Finn Arne Jørgensen, and Sara B. Pritchard, eds., *New Natures: Joining Environmental History with Science and Technology Studies* (Pittsburgh: University of Pittsburgh Press, 2013). 除了这些作品

集，还有一些作品探讨了混合性和环境技术史的方法论，参见 Edmund Russell, James Allison, Thomas Finger, John K. Brown, Brian Balogh, and W. Bernard Carlson, "The Nature of Power: Synthesizing the History of Technology and Environmental History," *Technology and Culture* 52, 2（2011）: 246-59; Sara B. Pritchard, "Toward an Environmental History of Technology," in *The Oxford Handbook of Environmental History*, ed. Andrew C. Isenberg（New York: Oxford University Press, 2014）, 227-58; and Paul S. Sutter, "The World with Us: The State of American Environmental History," *Journal of American History* 100, 1（2013）: 94-119. 最近的环境技术专著包括 Joy Parr, *Sensing Changes: Technologies, Environments, and the Everyday*（Vancouver: UBC Press, 2010）; Sara B. Pritchard, Confluence: The Nature of Technology and the Remaking of the Rhône（Cambridge, MA: Harvard University Press, 2011）; Finn Arne Jørgensen, *Making a Green Machine: The Infrastructure of Beverage Container Recycling*（New Brunswick, NJ: Rutgers University Press, 2011）; Edmund Russell, *Evolutionary History: Uniting History and Biology to Understand Life on Earth*（New York: Cambridge University Press, 2011）; Christopher Jones, *Routes of Power: Energy and Modern America*（Cambridge, MA: Harvard University Press, 2014）; and Ashley Carse, *Beyond the Big Ditch: Politics, Ecology, and Infrastructure in the Panama Canal*（Cambridge, MA: MIT Press, 2014）.

[11] Tina Loo, "People in the Way: Modernity, Environment, and Society on the Arrow Lakes," *BC Studies* 142-43（2004）: 165. 其他涉及加拿大极端现代主义的作品包括 Matthew Farish and P. Whitney Lackenbauer, "High Modernism in the Arctic: Planning Frobisher Bay and Inuvik," *Journal of Historical Geography* 35, 3（2009）: 517-54; James L. Kenny and Andrew G. Secord, "Engineering Modernity: Hydroelectric Development in New Brunswick, 1945-1970," *Acadiensis* 39, 1（2010）: 3-26; Tina Loo and Meg Stanley, "An Environmental History of Progress: Damming the Peace and Columbia Rivers," *Canadian Historical Review* 92, 3（2011）: 399-427; Benjamin Forest and Patrick Forest, "Engineering the North American Waterscape: The High Modernist Mapping of Continental Water Projects," *Political Geography* 31, 3（2012）: 167-83; and Tina Loo, "High Modernism, Conflict, and the Nature of Change in Canada: A Look at Seeing like a State," *Canadian Historical Review* 97, 1（2016）: 34-58. 最近关于加拿大水力发电的著作包括 Armstrong, Evenden, and Nelles, *The River Returns*; Thibault Martin and Steven M. Hoffman, eds., *Power Struggles: Hydro-Electric Development and First Nations in Manitoba and Quebec*（Winnipeg: University of Manitoba Press, 2009）; Meg Stanley, *Voices from Two Rivers: Harnessing the Power of the Peace and Columbia*（Vancouver: Douglas and McIntyre, 2011）; David Massell, *Quebec Hydropolitics: The Peribonka Concessions of the Second World War*（Montreal/Kingston:

McGill-Queen's University Press, 2011); Christopher Armstrong and H.V. Nelles, *Wilderness and Waterpower: How Banff National Park Became a Hydro-Electric Storage Reservoir* (Calgary: University of Calgary Press, 2013); Caroline Desbiens, *Power from the North: Territory, Identity, and the Culture of Hydroelectricity in Quebec* (Vancouver: UBC Press, 2013); Macfarlane, Negotiating a River; and Matthew Evenden, *Allied Power: Mobilizing Hydro-Electricity during Canada's Second World War* (Toronto: University of Toronto Press, 2015).

[12] Graeme Wynn, *Canada and Arctic North America: An Environmental History* (Santa Barbara, CA: ABC-CLIO, 2006), 284.

[13] William H. Becker, *From the Atlantic to the Great Lakes: A History of the U.S. Army Corps of Engineers and the St. Lawrence Seaway* (Washington, DC: Government Printing Office, 1984); Robert W. Passfield, "The Construction of the St. Lawrence Seaway," *Canal History and Technology Proceedings 22* (2003): 1-55. 帕斯菲尔德撰写了一系列关于加拿大水利工程历史的出版物，包括苏运河、特伦特运河和里多运河。参见他的书和章节 Robert W. Passfield, "Waterways", *Building Canada: A History of Public Works*, ed. Norman R. Ball (Toronto: University of Toronto Press, 1988), 113-42. 关于加拿大更广泛的工程历史，请参考 *Building Canada* 和 Norman R. Ball, "Mind, Heart, and Vision": *Professional Engineering in Canada 1887 to 1987* (Ottawa: National Museum of Science and Technology, 1988) 的其余部分。

[14] 加拿大人在冬天不停地浇筑混凝土，而美国人却停止了。

[15] IJC, Canadian Section, 64-4-4-2: 2, Preservation & Enhancement of Niagara Falls, International Niagara Falls Engineering Board, March 1, 1953.

[16] Scott M. Campbell, "Backwater Calculations for the St. Lawrence Seaway with the First Computer in Canada," *Canadian Journal of Civil Engineering* 36, 7 (2009): 1164-69.

[17] Ronald Stagg, *The Golden Dream: A History of the St. Lawrence Seaway at Fifty* (Toronto: Dundurn Press, 2010), 216.

[18] Daniel Macfarlane, "Fluid Meanings: Hydro Tourism and the St. Lawrence and Niagara Megaprojects," *Histoire sociale/Social History* 49, 99 (2016): 327-46.

[19] Adam Chapnick, "Principle for Profit: The Functional Principle and the Development of Canadian Foreign Policy, 1943-1947," *Journal of Canadian Studies* 37, 2 (2002): 68-85.

[20] 在圣劳伦斯项目完成时，彼得·斯托克斯（Peter Stokes）写了一篇文章，对许多重建要素提出了批评，他认为"环形街道的改善没有得到重视，因为以前的城镇规模不够大，人们无法认识到旧网格系统的交通危害。" Peter Stokes, "St. Lawrence, a Criticism," *Canadian Architect*, February 1958, 43-48. 还可参见 Sarah Bowser, "The Planner's

Part," *Canadian Architect*, February 1958, 38-40.

[21] 要进一步探索与交通和移动有关的问题，参见 Daniel Macfarlane, "Creating the Seaway: Mobility and a Modern Megaproject," in *Moving Natures: Environments and Mobility in Canadian History*, ed. Ben Bradley, Colin M. Coates, and Jay Young (Calgary: University of Calgary Press, 2016), 127-50.

[22] 安大略水电委员会（以下简称HEPCO），SPP series, "Memorandum to Lamport: House to House Survey-Village of Farran's Point," February 10, 1955; HEPCO, SPP series, "Memorandum to Carrick: Property Transactions-St. Lawrence Seaway," July 12, 1954. 还可参见 Loo, "People in the Way"; 以及 and Loo and Stanley, "An Environmental History of Progress."

[23] 例如，HEPCO, SPP series, "St. Lawrence Rehabilitation: Meeting at Osnabruck," November 23, 1954.

[24] HEPCO, SPP series, "Report on the Acquisition of Lands and Related Matters for the St. Lawrence Power Project (by Property Office)," 1955-56; HEPCO, SPP series, "The Acquisition of Lands and Related Matters for the St. Lawrence Power Project," supplementary report to James S. Duncan, chairman, and HEPCO commissioners, January 2, 1957.

[25] Government of Ontario, RG 19-61-1-Municipal Affairs, Research Branch-Special Studies, St. Lawrence Seaway Study, box 21, file 14.1.5-Minutes of Meetings-St. Lawrence Seaway #1, "Memorandum of Meeting Re: Iroquois," December 21, 1954; HEPCO, SPP series, "Report on the Acquisition of Lands and Related Matters for the St. Lawrence Power Project (by Property Office)," 1955-56.

[26] Scott, Seeing like a State, 88.

[27] E.A. Heaman, *A Short History of the State in Canada* (Toronto: University of Toronto Press, 2015), 222; Armstrong and Nelles, *Wilderness and Waterpower*, 215.

[28] Macfarlane, *Negotiating a River*, 118-24.

[29] 除了斯蒂芬·博金对这本书的贡献外，还有大量关于科学不确定性和五大湖环境相关政策制定的文献，例如 Terence Kehoe, *Cleaning Up the Great Lakes: From Cooperation to Confrontation* (Dekalb: Northern Illinois University Press, 1997).

[30] 这个引用来自 IJC, Canadian Section, docket 68-2-5: 1-9-St. Lawrence Power Application. 还可参见 Executive Session 1957/04 and 1957/10, IJC, St. Lawrence Power Development, Semiannual Meeting, Washington, DC, April 9, 1957.

[31] IJC, Canadian Section, St. Lawrence Power Application Model Studies-vol. 1, "The Importance to Canada of the Construction of a Hydraulic Model for the Determination of the Effects of the Gut Dam and Channel Improvements in the Galops Rapids Section of the St. Lawrence River," December 9, 1953. 关于20世纪的美国陆军工兵部队和

水力模型，除了大量关于陆军工兵部队的不同地区和项目的文献外，参见马丁·罗伊斯（Martin Reuss）的作品，尤其是"The Art of Scientific Precision: River Research in the United States Army Corps of Engineers to 1945," *Technology and Culture* 40, 2 (1999): 292-323.

[32] IJC, Canadian Section, docket 68-8-6: 3-St. Lawrence Power Application; Federal Power Commission in the United States Court of Appeals 1953-54, St. Lawrence Power Application, Model Studies-vol. 1, "Associate Committee of the National Research Council on St. Lawrence River Models"（draft）, October 15, 1953.

[33] Paul Josephson, *Industrialized Nature: Brute Force Technology and the Transformation of the Natural World*（Washington, DC: Island Press/Shearwater, 2002）; Richard P. Tucker, "Containing Communism by Impounding Rivers: American Strategic Interests and the Global Spread of High Dams in the Early Cold War," in *Environmental Histories of the Cold War*, ed. J.R. McNeill and Corinna R. Unger（Cambridge, UK: Cambridge University Press, 2013）, 139-63; Dorothy Zeisler Vralsted, *Rivers, Memory, and Nation-Building: A History of the Volga and Mississippi Rivers*（New York: Berghan Books, 2015）; David Pietz, *The Yellow River: The Problem of Water in Modern China*（Cambridge, MA: Harvard University Press, 2015）.

[34] Linda Nash, "Traveling Technology? American Water Engineers in the Columbia Basin and the Helmand Valley," in *Where Minds and Matters Meet: Technology in California and the West*, ed. Volker Janssen（Oakland: University of California Press, 2012）, 135-58.

[35] 关于尼亚加拉大瀑布，参见 Daniel Macfarlane, "Creating a Cataract: The Transnational Manipulation of Niagara Falls to the 1950s," in *Urban Explorations: Environmental Histories of the Toronto Region*, ed. L. Anders Sandberg, Stephen Bocking, Colin Coates, and Ken Cruikshank（Hamilton: L.R. Wilson Institute for Canadian History, McMaster University, 2013）, 251-67; and Daniel Macfarlane, "'A Completely ManMade and Artificial Cataract': The Transnational Manipulation of Niagara Falls," *Environmental History* 18, 4（2013）: 759-84.

[36] Scott, *Seeing like a State*, 88.

[37] 同上，101-2。

[38] 同上，224，斯科特确定了三个要素：改善、官僚管理和美学维度。

[39] 斯科特在《国家的视角》一书的序言中提到，在书的早期草稿中，他最初将田纳西流域管理局作为一个极端现代主义项目的美国例子。这项研究后来被发表为"High Modernist Social Engineering: The Case of the Tennessee Valley Authority," in *Experiencing the State*, ed. Lloyd I. Rudolph and John Kurt Jacobsen（Toronto: Oxford University Press, 2006）, 1-21.

[40] Jess Gilbert, "Low Modernism and the Agrarian New Deal: A Different Kind of State," in *Fighting for the Farm: Rural America Transformed, ed. Jane Adams* (Philadelphia: University of Pennsylvania Press, 2003), 129-46; Jess Gilbert, *Planning Democracy: Agrarian Intellectuals and the Intended New Deal* (New Haven, CT: Yale University Press, 2015).

[41] Loo and Stanley, "An Environmental History of Progress."

[42] Loo, "High Modernism, Conflict, and the Nature of Change in Canada."

[43] Pietz, *The Yellow River*, 256-57.

[44] 从当代的角度来看，有些人可能会说，20世纪50年代的北美政治机构不够具有代表性或民主性。

[45] 的确，从某种意义上说，这个航道是失败的，因为它从未承载过预测的运量，因此无法实现自我摊销。

[46] 关于政治协商的详细讨论，参见 Macfarlane, *Negotiating a River*.

结语

[1] 实际上，纸币最早出现在12世纪的中国宋朝，但直到很久以后才在其他地方使用。欧洲的第一张纸币于1661年由瑞典发行。直到19世纪中期，大多数纸币都是由独立的私人银行发行，而不是由民族国家发行（因此被称为"银行券"）。

[2] James C. Scott, *Seeing like a State: How Certain Schemes to Improve the Human Condition Have Failed* (New Haven, CT: Yale University Press, 1998).

[3] Jacques E.C. Hymans, "International Patterns in National Identity Content: The Case of Japanese Banknote Iconography," *Journal of East Asian Studies* 5, 2 (2005): 315-46.

[4] Emily Gilbert, "'Ornamenting the Façade of Hell': Iconographies of 19th-Century Canadian Paper Money," *Environment and Planning D: Society and Space* 16, 1 (1998): 57-80.

[5] 纸币正面的图案是乔治五世国王和玛丽王后的长子，威尔士亲王爱德华穿着上校制服的肖像。正面和背面的浮雕都是由雕刻大师哈里·P. 道森（Harry P. Dawson）制作的。

[6] Gilbert, "Ornamenting the Façade of Hell."

[7] 同上。在加拿大，这种采用古代和寓言的例子可以在罗伯特·辛普森公司与1927年加拿大联邦"钻石庆典"一起发行的印刷品中看到。在这幅画中，象征富足和丰饶的经典服饰将他们的礼物送给了拟人化的加拿大。这一图像由简·尼古拉斯在"Gendering the Jubilee: Gender and Modernity in the Diamond Jubilee of Confederation Celebrations, 1927," *Canadian Historical Review* 90, 2 (2009): 268 中得以复制。

[8] 马修·D. 埃文登（Matthew D. Evenden）探讨了水电开发与鱼类生存之间的冲突，Matthew D. Evenden, *Fish versus Power: An Environmental History of the Fraser River*

（Cambridge, UK: Cambridge University Press, 2004）.

[9] 更多关于加拿大妇女劳动的报道，例如，参见，R.W. Sandwell, *Canada's Rural Majority: Households, Environments, and Economies*, 1870-1940（Toronto: University of Toronto Press, 2016）; and Joy Parr, "What Makes Washday Less Blue? Gender, Nation, and Technology Choice in Postwar Canada," *Technology and Culture* 38, 1（1997）: 153-86.

[10] Nicholas, "Gendering the Jubilee," 266.

[11] 可以从葛伦堡博物馆的摄影档案中找到这两座大坝的照片，http://ww2.glenbow.org/search/archivesPhotosSearch.aspx. 例如，参见 photographs PD-365-1-93 and PD-365-1-95.

[12] 请参阅本书中詹姆斯·赫尔和丹尼尔·麦克法兰所著章节（第5章和第13章）中的注释，以参考这一丰富的文献。

[13] 整个1935年系列的图片可以从加拿大银行博物馆获得，https://www.bankofcanadamuseum.ca/complete-bank-note-series/1935-first-series/.

[14] R.W. Sandwell, ed., Powering Up Canada: The History of Power, *Fuel, and Energy from 1600*（Montreal/Kingston: McGill-Queen's University Press, 2016）中的这些章节表明，即使在"现代"电力和化石燃料可用之后，加拿大人仍倾向于使用多种不同的能源。在这种背景下，旧的蒸汽火车和新的电动火车在货币系列中都代表"现代"加拿大的形象是有道理的。

[15] 参见 Nelly Oudshoorn and Trevor Pinch, eds., *How Users Matter: The Co-Construction of Users and Technology*（Cambridge, MA: MIT Press, 2003）; and Thomas Berker, Maren Hartmann, Yves Punie, and Katie J. Ward, *Domestication of Media and Technology*（Maidenhead, UK: Open University Press, 2006）.

[16] Karl Froschauer, *White Gold: Hydroelectric Power in Canada*（Vancouver: UBC Press, 1999）, 57.

[17] Laurel Sefton MacDowell, *An Environmental History of Canada*（Vancouver: UBC Press, 2012）, Chapter 4.

[18] 我使用了最常被纸币爱好者引用的目录来搜索带有这种图像的货币：*Standard Catalog of World Paper Money, General Issues 1368-1960*, 12th ed., ed. George S. Cuhaj（Iola, WI: Krause, 2008）; and *Standard Catalog of World Paper Money, Modern Issues 1961-Present*, 14th ed., ed. George S. Cuhaj（Iola, WI: Krause, 2008）.

[19] 虽然在 Paul J. Crutzen and Eugene F. Stoermer in "The Anthropocene," *Global Change Newsletter* 41（2000）: 17-18, and in Paul J. Crutzen, "Geology of Mankind: The Anthropocene," *Nature* 415（2002）: 23, 中最初被提出为地质时代"人类世"一词已经开始代表人类大规模改变地球生态系统的能力，包括生物上的改变。例如，参见 Will Steffen, Jacques Grinevald, Paul Crutzen, and John McNeill, "The Anthropocene: Conceptual and Historical Perspectives," *Philosophical Transactions of the Royal Society*

A 369（2011）: 842-67; and Rudolfo Dirzo, Hillary S. Young, Mauro Galetti, Gerardo Ceballos, Nick J. B. Isaac, and Ben Collen, "Defaunation in the Anthropocene," *Science* 345（2014）: 401-6.

[20] 关于日期选择的概述，参见 Simon L. Lewis and Mark A. Maslin, "Defining the Anthropocene," *Nature* 519（2015）: 171-80. 国际地层学委员会人类世工作组最初的建议是将地质调查的重点放在核时代上，核时代始于第二次世界大战结束时的核爆炸和试验。

[21] 我们应该记住，虽然加拿大在2017年庆祝了建国150周年，但自16世纪初以来，欧洲人一直在其领土上定居，原住民居民在现在被称为加拿大的土地上生活了数千年。因此，这个纪念日标志着一个"现代"国家的建立，它也为这本关于现代加拿大的书提供了一个合适的参考。

[22] Dipesh Chakrabarty, "The Climate of History: Four Theses," *Critical Inquiry* 35, 2（2009）: 208.

[23] Pierre Bélanger, ed., *Extraction Empire: Sourcing the Scales, Systems, and States of Canada's Global Resource Empire*（Cambridge, MA: MIT Press, 2017）.

[24] 查克拉巴蒂讨论了将资本主义全球化重新思考为一种人类时代现象的问题。一些学者甚至主张将这一时期称为"资本世"。参见 Donna Haraway, "Anthropocene, Capitalocene, Plantationocene, Chthulucene: Making Kin," *Environmental Humanities* 6（2015）: 159-65; and Jason Moore, "The Capitalocene, Part I: On the Nature and Origins of Our Ecological Crisis," *Journal of Peasant Studies* 44, 3（2017）: 594-630.

索 引

A

阿凯乔　37-41
阿克塞尔海伯格岛　52
安大略省渔业研究实验室　211
安大略省自然主义者联合会　216

B

巴巴多斯　17，153，161，163-167，171
巴比伦计划　155，171-173，175
巴黎炮　153，155，158-159，173，175
班夫国家公园　219
保护委员会　213，217
北极生物委员会　233-239
本土知识　10，27，227
不列颠哥伦比亚省　211，214，216-217，219-220，223
布法罗自然科学学会　58

C

草甘膦　24，177，179-187，191，194，196，200
超级大炮　17，24，155-156，169-170，172-176
城市景观　218
丛林飞行　257-258

D

DEC 公司　134，146
大西洋导弹靶场　163-164
大鱼河探险　33，47
岛屿领土　162
地缘政治　169，176，245-246
电化学　74，106
电话号码系统　123
甸尼人　34，36-37，41-43，245

F

反现代主义　4，6，8-9，21
分子生物学　194-195

G

高空飞行研究计划　17，153-155，164-167，170-176
格陵兰　54-56，61，220，240-241，243-244
功能主义　275
古巴导弹危机　166-167
国际联合委员会　279，281
国际领土　212
国家监管　110
国家认同　26，252-253，260，267-268
国家行为者　262，268
国家研究委员会　104，109，274

H

哈得孙湾公司　14，20，33，44-45，210
海洋学　58，210，237
红法夫　209
候鸟公约法　54-55，62
环境价值观　221
环境科学　220，223，226
皇家工业培训和技术教育委员会　110
混合环境技术系统　272

J

技术混合体　260
加拿大地质调查局　53，209，244

加拿大的大学　104
加拿大国防研究委员会　156，159，168-169，210
加拿大军备研究机构　156-157，159，168
加拿大柳叶刀　72，76-77
加拿大森林产品实验室　108，112
加拿大生物委员会　111，233
加拿大野生动物管理局　216
加拿大野生动物基金会　225
加拿大制造商协会　109
加拿大最高法院　196，203
聚合物公司　106

K

考古学　53，58，171，250
科学边界　83
克里人　34，36，41-42

L

兰德公司　168-169
劳里埃繁荣时期　101，103-104
联邦法院　177，198
旅游赤字　267

M

马更些河谷管道调查　225
麦吉尔大学　23，106，134，140，145，152-153，160，163-165，170-171，212
麦康奈尔脑成像中心　146
美国博物馆格陵兰岛探险队　55

美国地理学会　64
美国国家标准局　109
美国自然历史博物馆　54，57-58，63-64

N

脑电图　135，147
纽约州电力局　278-279，282

P

喷气式飞机　17，265-267

Q

七人画派　9
契帕瓦人　34，36，41-42

R

热带研究实验室　164
入侵物种　224，282

S

身份认同　6，255，264，268，271-272
生物地理学　216，240，242
生物制品　180，184
圣劳伦斯航道　27，116，148，212，219，221，272，275，278
实验湖区　220，222
索尔托人　34-35

T

探险家俱乐部　55，65
特伦特分水岭　213
田纳西流域管理局　282，284

X

西北航道　231，258
小型科学　16，23，134，136-140，142-151，274

Y

野生动物保护咨询委员会　55
易洛魁人　34，41
英国国家物理实验室　109
尤马试验场　165
铀　28，103
渔业研究委员会　210，214，221
原子时代　28，83-84，96

Z

照明　69，96，106，131
植物再生技术　186
专利合作条约　181
专利专员　181，185
转基因作物　177，179，192，202，291，293

致　谢

本书起源于2015年4月在加拿大约克大学举行的关于本国科学、技术和现代化的研讨会。本书的编撰向理查德·贾雷尔（Richard Jarrell）致敬。他在约克大学工作了43年之久，于2013年12月突然辞世。理查德是加拿大科学和技术史领域的开创者，与他人共同创立了该领域最重要的学术组织，每年举办该领域的年度会议，并创办了该领域的期刊。他也是我们亲密的朋友和同事。作为本书策划者，这本书能致敬他，我们非常荣幸。

我们要感谢约克大学的以下个人和机构：科技研究所（Institute for Science and Technology Studies）[特别是在其中供职的伯尼·莱特曼（Bernie Lightman）、娜塔莎·迈尔斯（Natasha Myers）和伯尼·麦克·安德森（Bernie Michael Anderson）]、科学学院、拉森德工程学院（Lassonde School of Engineering）、研究与创新学院的副校长办公室，以及罗巴茨加拿大研究中心（Robarts Centre for Canadian Studies）为本次会议提供的慷慨资助。我们也要感谢加拿大社会及人文科学研究局（Social Sciences and Humanities Research Council）的"定位科学"研究团。我们还要感谢约克大学的研究生（现博士）乔丹·比姆（Jordan Bimm）和雅娜·博耶娃（Yana Boeva），感谢他们在组织和举办那次研讨会时提供的宝贵帮助。

对于允许本书第8章中重现杰拉尔德·布尔（Gerald Bull）的遗产图像，我们表示感激。塔姆传媒（Tamm Media）的弗雷德里克·维特（Frederic Witt）和斯蒂芬妮·瓦尔耶尔（Stefanie Valjeur）也帮助我们寻找并获取了图像许可。不列颠哥伦比亚大学出版社（UBC Press）的策划编辑达西·卡伦（Darcy Cullen）使这本书得以成形，卡特里娜·佩特里克（Katrina Petrik）则成功地完成了最后的制作，和他们一起工作很愉快。

编辑一本书是一项复杂的工作。我们非常幸运地与一群优秀的学者一起工作，他们认真守时，勤奋幽默，遵循准则。除了这本书的参与者之外，我们还要感谢我们的家人和朋友，也要感谢我们的同事，他们对这个项目很早就产生了兴趣，并在项目开发过程中提供了支持，他们是凯蒂·安德森（Katey Anderson）、蒂娜·崔（Tina Choi）、伊夫·金格拉斯（Yves Gingras）、克里斯·格林（Chris Green）、尼古拉斯·肯尼（Nicolas Kenny）、肖恩·赫拉杰（Sean Kheraj）、伯尼·莱特曼（Bernie Lightman）、埃里克·米尔斯（Eric Mills）、大卫·潘塔洛尼（David Pantalony）、迈克·佩蒂特（Mike Pettit）和阿西夫·西迪奇（Asif Siddiqi）。

最后，两位主编互相致敬。蒂娜感谢爱德华邀请她共同编辑这本书，她认为爱德华是绝佳的合作伙伴。在整个合作过程中，他的才华和热情贯穿始终。爱德华也向蒂娜致谢。自从编辑本书的项目开始以来，和她一起交谈、思考和写作都是一件令人愉快的事情。这本书的方方面面都因为她的智慧、学识和奉献而日臻完美。

爱德华·琼斯－伊姆霍特普

蒂娜·阿德考克